Mosquito Verlag

Verborgene Wahrheit

Verbotenes Wissen

Die Zeit ist reif, um zu wissen.

Steven M. Greer

Steven M. Greer, MD

Verborgene Wahrheit – Verbotenes Wissen
Die Zeit ist reif, um zu wissen.

Titel der Originalausgabe: „Hidden truth, forbidden knowledge: it is time for you to know“

Deutsche Erstausgabe

Deutsche Übersetzung: Daniel Wagner
Layout: Inna Kralovyetts

Mosquito Verlag

www.mosquito-verlag.de

ISBN: 978-3-928963-15-2

Dieses Buch ist all unseren Kindern gewidmet sowie der Errichtung einer zukunftsfähigen Zivilisation auf Erden – einem Leben in universellem Frieden.

Inhaltsverzeichnis

Danksagung

Mein herzlichster Dank geht sowohl an die folgenden Leute, die direkt an „Verborgene Wahrheit – Verbotenes Wissen" mitgearbeitet haben, als auch an die unzähligen anderen, die meine Arbeit all die Jahre unterstützt haben.

Norm Fletcher, der sich die Zeit nahm, das Buchdiktat auf Band aufzuzeichnen;
Joan Korenbilt und Vicki Longhofer, die beim Editieren halfen;
Brian O'Leary für das Vorwort;
Ron Russell für das Cover-Layout;
Joel Howard für seine graphischen Fertigkeiten;
Jan Bravo für ihre aufopfernde Unterstützung bei allem
und meiner Frau Emily für ihre Unterstützung, Liebe und Hilfe in ihrer Position als – wie einer der Zeugen sie nannte – „Stabschef".

Vorwort

„Die UFO-Forschung führt uns zappelnd und schreiend zur Wissenschaft des 21. Jahrhunderts."

J. Allen Hynek

Das menschliche Experiment auf der Erde steht kurz vor seiner Selbstzerstörung. Angesichts der Gefahren eines Nuklearkrieges, der chemischen und biologischen Umweltzerstörung, den ausufernden Waffensystemen auf der Erde und im Weltraum, der Gier der Unternehmen, der sich ausbreitenden Vettern- und Misswirtschaft der US-Regierung, den aufgeblähten Militärbudgets und den Aggressionen, der Verstörtheit unserer Kultur, der wachsenden Angst und Dummheit, der Unterdrückung überlebenswichtiger Technologien, der Schere zwischen Arm und Reich … ist es ein Wunder, dass wir immer noch hier sind. Mit Müh und Not.

Gibt es noch Hoffnung? Meine Antwort lautet: Wir können es nur versuchen. Und wenn wir es tatsächlich versuchen wollten, wo könnten wir Antworten finden? Probieren Sie es bei Dr. Steven Greer.

20 Jahre ist es her, als ich Steve Greer zum ersten Mal traf – ich hielt einen Vortrag in der Einheitskirche in Arden, North Carolina. Nachdem ich meine Karriere als etablierter Weltraum-Wissenschaftler an der Princeton University und der Science Applications International Corporation beendet hatte, begann ich mich aus den Begrenzungen und Erwartungen der westlichen Wissenschaft zu lösen. Ich studierte schon damals intensiv das UFO/ET-Phänomen, dessen Erforschung die meisten meiner Kollegen ablehnten. Nun fühlte ich mich von dieser Last befreit, konnte ungehindert forschen und unsere transzendente Wirklichkeit zum Ausdruck bringen.

Steve war wie ich. Als ich Dr. Greer, einen jungen, brillanten Notarzt mit UFO/ET-Erfahrung, zum ersten Mal traf, diskutierten wir bis tief in die Nacht. Wir zogen Schlüsse aus Ereignissen, die wir beide gerade erst zu begreifen begannen: Die ET Besuche waren nicht nur real, sondern konnten uns womöglich dabei unterstützen, die vom Menschen geschaffene globale Krise zu überwinden. Seit dieser Zeit hat sich Steve als herausragende Führungspersönlichkeit etabliert, die nicht nur die Rätsel des Phänomens an sich verfolgt, sondern ebenso die dunklen Ecken der US-Regierung und der beteiligten Unternehmen ausleuchtet. Dabei hat er sich immer wieder als furchtloser und tatkräftiger Krieger an der Spitze des planetaren Wandels erwiesen.

Zuerst gründete er das Center for the Study of Extraterrestrial Intelligence (CSETI) – wo er das Konzept des Botschaftertums zwischen Menschen und außerirdischen Kulturen einführte –, nur dieses Mal nicht als bloße Science Fiction. Während nächtelanger Ausflüge zu bekannten UFO-Sichtungsorten auf der ganzen Welt, leiteten seine Gruppen gezielt Raumschiffe mit Hilfe von Licht, Geräuschen und Visualisierung in die Gegend. Diese Treffen bezeichnet er als Begegnungen der Fünften Art oder CE-5 [Close Encounters of a Fifth Kind]. Seine Workshops werden noch immer interessierten Studenten angeboten.

Als nächstes nahm er sich der schweren Aufgabe an, mit Hilfe des *Disclosure Projects* hunderte von Video-Zeugenaussagen und über hundert UFO/ET-Zeugen der US-Regierung zu sammeln. Seine Bemühungen gipfelten im Mai 2001 in einer großen Pressekonferenz in Washington, DC. Diese Enthüllungen decken eine lange und schmutzige Geheimhaltung durch Regierung und Medien auf, die den Erwerb von Technologien außerirdischer Herkunft verschwiegen, zu denen die Mikroelektronik, Antigravitationsantriebe und Nullpunkt-, oder „Freie" Energie gehörten. Seit nunmehr sechs Jahrzehnten existiert diese massive Vertuschung, seit dem Absturz des Roswell-UFOs in New Mexico 1947, ein Ereignis, das ganz sicher nicht von Wetterballons hervorgerufen wurde, wie die US-Air-Force behauptet. Solche Märchen glauben nur die Unwissenden – oder die Mächtigen und ihre Untergebenen.

Dr. Greers Pionierarbeit führt unvermeidlich zu einem tieferen Verständnis und größerer Glaubwürdigkeit der Kontaktberichte mit Außerirdischen sowie der Geheimnistuerei selbst, beispielsweise der hochgeheimen Forschungen im berühmt-berüchtigten Groom Lake, Nevada, und anderswo.

Steve Greer ist ein spiritueller Krieger mit höherer Berufung, der sich den Kräften, die sich selbst als die „Vereinigten Staaten" bezeichnen, entgegenstellt. Bei ihnen handelt es sich um Verbrecher, die vor ein Gericht gestellt werden müssen – aus Gründen, die für immer mehr Menschen immer offensichtlicher werden, während wir dem Zerfall des amerikanischen Imperiums zusehen. Dr. Greer hat mehr als irgendjemand anderes die eindeutigsten Beweise für eine UFO/ET-Vertuschung auf den Tisch gelegt – nun liegt es an uns, diese Informationen anzunehmen. „Verborgene Wahrheit – Verbotenes Wissen" berichtet aus einer autobiographischen Perspektive über den aktuellsten Stand seiner Forschungen. Es ist die Geschichte der Enthüllung der größten Rätsel der Neuzeit, die Geschichte einer mutigen Seele, die sich von der Tyrannei, die uns in der mächtigsten Nation der Erde im Griff hält, nicht einsperren lässt.

Gleichzeitig erzählt das Buch vom friedlichen Wesen dieser außerirdischen Kulturen, dass wir von Wesen besucht werden, die sich wahrhaftig um uns sorgen, ohne direkt einzugreifen (die sogenannte „Hauptdirektive" oder „Nichteinmischungsdirektive", wie sie durch Star Trek bekannt geworden ist). Es ist ernüchternd festzustellen, dass die modernen Sichtungen, Kontakte und Technologie-Transfers erst begonnen haben, nachdem die USA 1945 das nukleare Zeitalter mit der fürchterlichen Zerstörung von Hiroshima und Nagasaki einleiteten. In Roswell waren die Langstrecken-Atombomber stationiert, die Bombe wurde in Los Alamos gebaut, die erste Explosion erfolgte in Alamagordo, und Fernlenkraketen, die zukünftige Bomben tragen sollten, wurden in White Sands getestet – alles Orte in New Mexico, einem Knotenpunkt im Netzwerk des militärisch-industriellen Komplexes. War es nur ein Zufall, dass sich der UFO-Absturz von Roswell 1947 gerade dort ereignete? Es regt schon zum Nachdenken an: Ausgerechnet der Horror der Kerntechnik zieht mitfühlende Außerirdische in solche Gegenden, die auch immer wieder in der Nähe von Militärbereichen und Kernkraftanlagen auftauchen. Vielleicht möchten sie die Greuel vermeiden helfen, die von unverantwortlichen Menschen ausgelöst werden könnten.

Wir Erdlinge benötigen jede Hilfe, die wir bekommen können. Warum also sollten wir das Phänomen nicht als das annehmen, was es ist, über das Wunder der Existenz staunen und unsere kulturellen Vorurteile hinter uns lassen? Nur indem wir unser Wissen erweitern und politisch aktiv werden, können wir die nötigen Veränderungen hervorrufen, wie Dr. Greer so eindrucksvoll beweist.

Auf manche Art lehrt uns das UFO-Phänomen auch mehr über uns selbst, als über unsere rätselhaften Besucher, denn diese halten uns einen beängstigenden Spiegel vor die Nase –der aber auch Hoffnung weckt, wir Dr. Greer sagt. Nehmen wir die Gründung seiner Space Energy Access Systems (SEAS), die Erfinder revolutionärer neuer Energietechnologien fördert, um der Welt saubere, billige und dezentralisierte Energie zur Verfügung zu stellen. Das wäre das Ende der Öl-, Kohle- und Kernkraftära – und damit das Ende der vom Menschen verursachten Umweltverschmutzung und des Klimawandels. Wir vom New Energy Movement arbeiten eng mit SEAS-Power und anderen Organisationen zusammen, um die Wichtigkeit der Forschung und Entwicklung neuer Energietechnologien zu bekräftigen, deren Herausgabe derzeit von mächtigen Interessen unterdrückt wird.

An dem Abend, als ich mich das erste Mal mit Dr. Greer traf, gab mir die Pastorin der Einheitskirche, Chad O'Shea, einen Aufkleber: „Die Wahrheit wird dich frei machen, aber zunächst macht sie dich wütend." Wenn wir die schreckliche Lage, in der wir uns befinden, nicht leugnen und Schritt für Schritt auf neue Lösungen zugehen, könnten wir als Zivilisation eine Chance haben.

Diese couragierte Arbeit ist nichts für Sanftmütige. Viele führende Wissenschaftler wurden bedroht, ermordet oder durch Unmengen an Desinformationen und Rufmord zerstört. Dr. Greer hat all dies, zum Glück für uns, überlebt.

Dieses Buch könnte das wichtigste sein, das Sie je gelesen haben. Es steckt nicht nur voller transzendenter Wahrheiten, es ist ein Aufruf zu einem Paradigmenwechsel, der aus der irdischen Tyrannei in eine friedliche, nachhaltige und kosmische Gesellschaft führt.

Dr. Brian O'Leary, Apollo-Astronaut, 14. September 2005

Im April 2004 versammelten sich rund 25 Personen in unserem Landhaus in Albemarle County, Virginia, das in der Nähe von Thomas Jeffersons Wohnsitz Monticello liegt. Sie alle kamen zu uns, weil ich ein Woche lang mündlich über mein Leben berichten wollte.

Das Buch, das Sie in den Händen halten, ist das Resultat dieser Zusammenkunft.

Um ehrlich zu sein, veröffentliche ich das Buch mit ein wenig Beklommenheit. Es erzählt von persönlichen Erlebnissen und Erfahrungen, die einfach unglaublich erscheinen. Das Lesen der Transkripte der Tonaufzeichnungen ließ mir manchmal die Tränen in die Augen steigen und war emotional schwer zu fassen. Ich weiß auch, dass viel davon verwendet werden kann, um mich persönlich anzugreifen.

Doch der Zeitpunkt ist gekommen, an dem Sie die Wahrheit erfahren sollen: Warum gab ein Notarzt seinen Posten als Einsatzleiter der Notaufnahme auf, um die Botschaft zu verkünden, dass wir nicht allein im Universum sind? Was hatte ich persönlich – seit meiner Kindheit – erlebt, das mir das Wissen über kosmische Kulturen und kosmisches Bewusstsein gab und mich einen Blick auf die wundersame Zukunft der Menschheit werfen ließ? Welches sind die geheim gehaltenen Energie- und Antriebssysteme, die uns in eine neue Welt ohne Umweltverschmutzung, Armut und Konflikt führen könnten? An welcher Schnittstelle treffen Geist, Raum, Zeit und Materie aufeinander – und wie könnte sie von fortgeschrittenen Zivilisationen genutzt werden? Wie sieht der Plan für die nächsten 500.000 Jahre menschlicher Zivilisation auf Planet Erde aus – und wie können wir in diese Zeit gelangen? Was fand ich heraus – und erfuhr ich persönlich –, als ich mich mit führenden Staatsmännern, CIA-Beamten, Milliardären und verdeckten Agenten traf, die einerseits verzweifelt versuchen, die Geheimhaltung aufrecht zu erhalten, während sie andererseits nach Befreiung aus dem dunklen Sarg bitten, in den sie sich selbst eingenagelt haben? Wer hat die Verborgene Wahrheit und das Verbotene Wissen geheim gehalten – und viel wichtiger, warum?

In diesem Buch geht es um all das – und mehr. Es ist meine eigene Entdeckungsreise. Als Leiter des von mir gegründeten *Disclosure Projects* denke ich, dass es an der Zeit ist, den Millionen Menschen, die unsere Arbeit verfolgt haben, die Wahrheit zu sagen, wie ich zu ihr gelangt bin – und was ich herausgefunden habe.

Ich erwarte nicht, dass der Durchschnittsleser all das glaubt – oder irgendetwas davon. Um ehrlich zu sein, erwarte ich gar nichts. Ich stelle die Wahrheit so dar, wie sie sich mir offenbart hat und es ist liegt mir am Herzen, diese Wahrheit auszusprechen. Ich hoffe, dass ich Ihnen auf diesem Wege – mit Herz und Verstand – etwas Persönliches mitgeben kann.

Wie ernst die Situation ist, schildert ein Treffen, das ich vor ein paar Jahren mit einem führenden General des Pentagon hatte. Er war zu der Zeit das Oberhaupt einer wichtigen Geheimdienstabteilung im Pentagon und bat mich, ihn selbst und einige Stabsangehörige über das UFO-Thema zu unterrichten. Während unser militärischer Berater und ich im Empfangsraum des Generals warteten, bemerkten wir eine Beamtin, die erstaunt von ihren Papieren aufsah. Schließlich fragte sie, ob ich Dr. Greer sei, und ich bejahte. Sie sagte, das gesamte Personal sei wegen meines Briefings sehr aufgeregt. Sie und ihre Kollegen hätten sogar Strohhalme gezogen, um zu bestimmen, wer von ihnen anwesend sein dürfte! Offenbar durfte nur ein Beamter aus ihrer Abteilung dabei sein.

Wir wurden in den Konferenzraum des Generals eskortiert, und nach einiger Zeit sagte er: „Ich habe keine Zweifel daran, dass sie die Wahrheit erzählen. Doch habe ich in meiner eigenen Behörde durch gewisse Kanäle Nachforschungen anstellen lassen, und niemand konnte mir irgendetwas sagen! Alles, was man mir gab, war *dies*!" Daraufhin ging er zu einem Bücherregal, nahm eine kleine Alien-Puppe in die Hand und hielt sie hoch, damit alle sie sehen konnten. Er sagte: „Das ist alles, was ich für meine Nachforschungen durch diese Kanäle bekam – einfach lächerlich ..."

Ich erklärte ihm, dass selbst der CIA-Direktor und andere hohe Beamte solche Erfahrungen machen mussten, als sie Erkundigungen zu diesem Thema einziehen wollten.

Dieser altgediente General erzählte mir dann eine beunruhigende und ganz persönliche Geschichte: Als er noch ein kleiner Junge war, hatte sein Vater innerhalb der Regierung eine korrupte Unternehmung und Verschwörung entdeckt, die ihn sehr beunruhigte – doch niemand wollte ihm glauben. Die Angelegenheit war äußerst bedeutend – doch selbst der General musste zugeben, dass er dachte, sein Vater sei ein Spinner. Letztlich beging sein Vater deshalb Selbstmord (oder er wurde ermordet, während man alles nach einem Selbstmord aussehen ließ). Dann sagte der General: „Erst in *dieser* Position des Pentagons stellte ich fest, dass der alte Mann Recht hatte!"

Bis der General als hoher Beamter des Pentagon mit der Wahrheit konfrontiert wurde, glaubte er nicht einmal seinem eigenen Vater. Wie kann ich also erwarten, dass Sie mir glauben? Alles, was ich tun kann, ist Ihnen die Wahrheit mitzuteilen, so wie ich sie erfahren habe – der Rest liegt an Ihnen.

Noch ein paar Kommentare zum Buch: Es wurde nicht direkt niedergeschrieben, sondern ist vielmehr ein bearbeitetes Transkript von über 45 Stunden Audiomaterial, das im April 2004 während meiner Erzählung auf unserer Farm entstand. Ich bitte den Leser um Vergebung, wenn einige Fehler oder Bearbeitungen übersehen wurden. Man sollte dieses Buch als mündliche Geschichte auffassen, die in eine schriftliche Form transkribiert wurde. Ich hatte keinerlei Aufzeichnungen bei mir, als ich aus meinem Leben berichtete.

Zwischen 1991 und 1995 führte ich ein Tagebuch (als Mitschrift von Audioaufzeichnungen), das bereits damals über 2.000 Seiten dick war. Deshalb kann dieses Buch, das Erlebnisse eines halben Jahrhunderts umspannt, ganz sicher nur die wichtigsten Erfahrungen und zentralen Lektionen darstellen, die ich in der Zeit sammelte. Keineswegs ist das Buch vollständig. Es kann nicht alle Informationen enthalten, die mir in tausenden von Gesprächen und Treffen mit verdeckten Kontaktpersonen innerhalb der Schattenregierung mitgeteilt wurden.

Viele Namen dieser verdeckten Agenten sind verändert oder abgekürzt. Die Originalaufzeichnungen und -transkripte, die sich an verschiedenen sicheren Orten befinden, enthalten dagegen alle Namen, Unternehmen und Personen, die an den illegalen, klandestinen Operationen beteiligt sind und können später veröffentlicht werden, wenn dies vonnöten ist.

Dieses Buch ist auch keine Wiederholung oder Zusammenfassung der ausführlichen Dokumentationen meiner beiden früheren Bücher. Für ausführliche Fallstudien und ET-Kontaktberichte des Center for the Study of Extraterrestrial Intelligence (CSETI) sollte der Leser mein Buch „Extraterrestrial Contact – The Evidence and Implications" zu Rate ziehen. Eine weiteres, 600 Seiten starkes Buch mit Regierungsdokumenten und Transkripten von über 60 Top-Secret-Zeugenaussagen zu [in]offiziellen Regierungsprojekten erhalten Sie unter dem Titel „Disclosure". Beide Bücher können Sie unter www.disclosureproject.org erwerben.

Die Zeit ist gekommen, ein Kapitel der Menschheitsgeschichte abzuschließen, und das nächste aufzuschlagen. Werden wir den Mut haben, dieser neuen Welt mit offenen Armen entgegenzugehen? Einer Welt, die durch universellen Frieden, Erleuchtung und eine echte, hochtechnologische Zivilisation gekennzeichnet sein wird und tausende von Jahren bestehen wird? Die rückwärtsgewandten Kräfte, die versuchen, die Menschheit in eine Zeit zu treiben, in der Weltraumkriege, globale Zerstörung, eine ruinierte Umwelt und kultureller Wahnsinn vorherrschen, müssen durch das entschlossene und mutige Handeln von Menschen ersetzt werden, die einen völlig neuen Seinszustand leben.

Es ist an der Zeit, dass Sie erkennen – und dass wir alle handeln. Denn nur durch die kollektiven Anstrengungen derer, die sich nach der positiven Zukunft sehnen, die die Menschheit erwartet, können wir über den Abgrund der bevorstehenden Zerstörung springen. Nur so können wir eine Welt erschaffen, die bereit ist, ihren Platz unter den kosmischen Kulturen einzunehmen, erleuchtet und friedlich.

Steven M. Greer, MD
Albemarle County, Virginia
1. Februar 2006

Anmerkung des Autors

Das Buch besteht aus drei Teilen. Der erste erhellt die Ereignisse, die die Bühne für alles Folgende bereiteten; er handelt von meiner Kindheit und meinem Leben als junger Erwachsener, bis ins Jahr 1990. Der zweite Teil verfolgt die Spuren vom Jahr 1990 bis zum heutigen Tag. In dieser Zeit gründeten wir das Center for the Study of Extraterrestrial Intelligence, das *Disclosure Project* sowie Space Energy Access Systems. Der dritte Teil beschäftigt sich mit unserer Zukunft und wagt den Blick in eine Zeit, in der sich die Verheißungen für die Menschheit erfüllen werden – eine Zeit, die 500.000 Jahre andauern wird.

Um einen ersten Referenzrahmen zu liefern, möchte ich Ihnen einige interessante Statistiken mitteilen. 1980 gelang es der Weltgesellschaft, die Pockenkrankheit auf der Erde auszurotten. Die WHO prognostiziert, dass wir bis Ende 2006 auch die entferntesten Dörfer in Afrika und Asien erreichen werden, um auch Polio zu besiegen. Solche Errungenschaften sollten uns, als Bürger dieser Welt, mit Genugtuung erfüllen. Dennoch kann ich die Leistungen nur mit unterdrückter Freude würdigen. Warum? Weil traurigerweise in derselben Zeit, in der Sie das erste Kapitel dieses Buches lesen (ca. 15 Minuten), die folgende Dinge geschehen werden: 250 Kinder verhungern; 15 Menschen sterben an AIDS; 31 an Malaria und 50 an Tuberkulose.

Sie könnten nun die Frage stellen, was das mit den Außerirdischen und CSETI oder dem *Disclosure Project* zu tun hat. All das hängt stark zusammen mit Kontrolle, Macht, religiösen Ideologien und Gier. Wir wissen, dass mit Technologien, die schon seit vielen Jahren existieren, nicht nur Pocken und Polio viel früher hätten eliminiert werden können, sondern die eben genannten und auch andere Krankheiten, die die Weltgesellschaft plagen. Wir wissen, dass Technologien existieren, die die Welt mit einem Überfluss an Energie versorgen könnten, ohne die wertvollen Ressourcen der Natur zu verschwenden. Unglücklicherweise haben die Leute, die diese Technologien entdeckt haben, sie nicht mit uns allen geteilt.

Ich erwähne das nicht, um Sie zu entmutigen, sondern nur, weil es real ist. Dennoch ist es eine Realität, die wir ändern können. Wenn Sie „Verborgene Wahrheit – Verbotenes Wissen" lesen, werden Sie bemerken, dass der Wandel bereits bei gerade jenen Personen einsetzt, die mit derartigen Technologien zu tun haben; ein Wandel, der diese Welt friedlich machen kann und *WIRD*.

1 Unerwartete Boten

„Wir reservieren den kleinen Holloman-Raum für Ihre Veranstaltung … Der hat genau die richtige Größe."

„Nein – wir benötigen den Ballsaal."

„Aber der wird nie genutzt – nur für sehr große und extrem wichtige Veranstaltungen."

„Dies *wird* eine sehr große und extrem wichtige Veranstaltung!"

„Sie müssen verrückt geworden sein."

„Ich bleibe dabei. Wir nehmen den ganzen Ballsaal!"

„Aber der Ballsaal war zum letzten Mal voll, als Präsident Reagan dort war!"

„Reservieren Sie ihn einfach! Tun Sie es."

„Gut – Sie wollen nicht auf mich hören … aber ich werde ihn reservieren."

Beim eben erwähnten Raum handelt es sich um den Ballsaal des National Press Club in Washington, DC. Der verbale Schlagabtausch zwischen mir – Dr. Steven Greer – und einer Presseagentin gab mir am 9. Mai 2001 Recht. Sie hielt Ihr Wort, und mein Instinkt hatte sich ebenfalls als richtig erwiesen! An jenem Tag füllte sich der Ballsaal bis auf den letzten Meter: Fast zwei Dutzend Fernsehkameras und eine Armee von Journalisten waren gekommen, um die Aussagen von 21 Zeugen aus Militär, Geheimdiensten, Regierung, Unternehmen und wissenschaftlichen Organisationen zu hören und aufzuzeichnen.

Die Zeugen traten an die Öffentlichkeit, um von ihren persönlichen Erfahrungen mit außerirdischen Gefährten (ETVs oder UFOs) und außerirdischen Lebensformen zu berichten. Dabei entstanden mehr als zwei Stunden öffentliche Zeugenaussagen, die die Realität der ETV-/UFO-Begegnungen bestätigten, sowie ein noch weitgehend unbekanntes Phänomen beschrieben: Dass der Kontakt mit außerirdischen Intelligenzen fortschrittliche Energien und Antriebstechnologien hervorgebracht hat, doch dieses Wissen seit Jahrzehnten der Öffentlichkeit verschwiegen wurde.

Mit der Veranstaltung entstand das *Disclosure Project* als Frucht der jahrelangen Bemühungen des Center for the Study of Extraterrestrial Intelligence (CSETI). Gleichzeitig war sie ein Meilenstein meines persönlichen Lebenswegs, der mich von meinem Posten als Notarzt in Asheville, NC, zu einer völlig neuen Rolle geführt hatte – als Überbringer einer denkwürdigen Botschaft, die unbedingt gehört werden will. Es war ein weiterer Schritt auf dem manchmal steinigen Pfad, der seinen Anfang nahm, als ich als Neunjähriger in den Straßen von Charlotte, North Carolina, spielte.

An einem sonnigen Nachmittag im Jahr 1965 streunte ich mit den üblichen Straßenjungen aus der Nachbarschaft herum. Wir waren typische Kinder des Südens, immer auf der Suche nach Abenteuern – etwas zum Bauen, Anschauen oder Nachhausenehmen. Doch waren wir nicht vorbereitet auf das, was plötzlich am südwestlichen Himmel auftauchte: ein silbernes, ovales, schimmerndes Raumschiff – offensichtlich kein Flugzeug oder Hubschrauber. Es hatte keine Nähte und war völlig lautlos – anders als alles, was wir je gesehen hatten. Nachdem es eine Weile dort in der Luft geschwebt hatte, verschwand es unverzüglich.

Wir spürten, dass wir etwas höchst Ungewöhnliches erlebt hatten. Wie vorherzusehen war, tat meine Familie das Ereignis als kindliche Phantasie ab. Doch meine Freunde und ich wussten, dass wir etwas Außergewöhnliches gesehen hatten. Es war meine erste Begegnung mit einem „ETV", ein Ausdruck, den die NSA für außerirdische Raumschiffe verwendet, die der Allgemeinheit auch als UFOs bekannt sind.

Seit jenem Tag fühle ich mich mit diesem Raumschiff verbunden, und die Ereignisse der folgenden Wochen stärkten das Band noch mehr: Ich hatte eine Reihe von luziden Träumen und nächtliche Begegnungen mit Wesen, die nicht von der Erde kamen. Da ich noch ein kleiner Junge war, konnte ich mit all dem „spielend" umgehen – es schien eine natürliche Fortsetzung des Vorfalls mit meinen drei Freunden zu sein. Ich glaube, die ETs wollten, dass ich mir Dingen bewusst werde und akzeptieren lerne, die jenseits unserer sichtbaren Welt liegen. Meine kindliche Unschuld erlaubte es mir, diese Geschehnisse vorurteilslos zu betrachten. Dennoch sprach ich in den darauffolgenden Jahren nie darüber (um mich nicht der Lächerlichkeit preiszugeben).

Diese frühkindliche Verbundenheit veränderte mein Leben. Ganz eindeutig begann daraufhin eine intensive Suche nach Wahrheit, die immer stärker werden sollte.

Obwohl ich in den nachsten Jahren keine direkte Begegnung mit Außerirdischen mehr hatte, wuchsen mein Interesse und meine Neugierde zu diesem Thema. Bis zum Alter von zwölf Jahren sammelte ich alle relevanten Artikel aus Zeitschriften wie *True*, *Argosy* und *Life* sowie Bücher über UFO-Begegnungen, aus denen ein beachtliches Geheimversteck in meinem Schrank erwuchs! Der Gedanke an Menschen von anderen Planeten verzauberte mich und förderte die Verwunderung und Freude, die ich verspürte, wenn ich in den nächtlichen Sternhimmel aufsah. Dabei verspürte ich niemals Angst – vielmehr fühlte es sich an, als wäre ich zu Hause. Meine Einstellung zur Idee außerirdischen Lebens war also von vornherein verständnisvoll: Ich nahm es als „gegeben" an, dass die außerirdischen Wesen über unsere Entwicklung auf der Erde Bescheid wussten. Diese Vertrautheit mit der unermesslichen Weite der Schöpfung stimmte mich immer freudig und friedvoll, selbst im Vorschulalter. Besonders inmitten der Natur spürte ich, dass etwas Bewusstes und Göttliches hinter dem Alltagsleben verborgen war. Ich glaube, mein ganzes Leben lang gab es etwas – wie eine Hand auf meiner Schulter –, die mir half und mich zu einer erwachten Wahrnehmung führte, eine geheimnisvolle, bewusste Präsenz, die sich mir öffnete, sobald ich in den Himmel sah oder draußen spielte. Es gibt ein persisches Sprichwort: „Der beste Weg, Gott zu lieben, besteht darin, Seine Schöpfung zu bewundern." Auf eine unschuldige, elementare Art war ich von Beginn an mit dieser Wahrnehmung gesegnet.

Es war eine unkonventionelle Sicht auf das Leben, möglicherweise die natürliche Folge meiner ebenso unkonventionellen Kindheit. Ich wuchs in einer herrlich exzentrischen Familie des Südens auf. Meine Mutter war eine Mischung aus Scarlett O'Hara und Bette Davis in „Wiegenlied für eine Leiche", mit einem Hauch von Joan Crawfords „Meine liebe Rabenmutter"! Mein Vater war zur Hälfte Ureinwohner, seine Mutter eine Cherokee.

Allerdings wuchs ich in einer sehr zerrütteten Familie auf. Kinder aus solchen sozialen Verhältnissen folgen normalerweise einem von zwei Lebenswegen: Entweder erliegen sie selbstzerstörerischen Gewohnheiten und Süchten, die manchmal bis zum Selbstmord führen, oder sie finden genügend innere Kraft, um ein sinnvolles und produktives Leben zu führen. Dank der Gnade Gottes und bestimmter Einflüsse aus der sichtbaren und unsichtbaren Welt wählte ich den letzteren Weg.

Ich habe nie eine traumatischere, disfunktionalere Familiensituation kennengelernt als unsere. Die meisten Menschen sind sich meiner Vergangenheit nicht bewusst; sie sehen in mir den erfolgreichen Arzt und die öffentliche Person (auch wenn diese manchmal sehr exzentrisch ist!) und nehmen an, dass ich aus konventionellen, normalen Verhältnissen stamme.

Als junger Erwachsener sah ich mir einmal mit meiner Zwillingsschwester den Film „Meine liebe Rabenmutter" an. Danach schauten wir uns beide an und sagten: „Großer Gott, so war der schönste Tag unserer Kindheit!" Die Menschen hören so etwas nur ungern. Mit unseren Eltern als Alkoholikern und einer dementsprechenden Familiensituation erfuhren wir als Kinder häufig Zustände von Verlassenheit, Abweisung und Missbrauch. Ich erinnere mich, dass ich als Vorschulkind Zigarettenasche, Sand und Schmutz aß, wenn nichts anderes zu finden war. Als Mediziner ist mir heute klar, dass ich damit zumindest die Grundversorgung des Körpers mit Mineralien gewährleistete: Es war ein instinktives Verlangen, das mein Körper erzeugte, um zu überleben. Ich war regelmäßig sehr krank, besonders im Winter, und hatte schwere Lungenentzündungen und Bronchitis. Von diesen Kämpfen hat meine Lunge noch heute Narben.

Doch gerade die Notzeiten machten mich stark. Ich wurde dadurch sehr zäh. Die Verbitterung, die ich aus einer solchen Kindheit hätte mitnehmen können, verschwand völlig, als mir bewusst wurde, dass ich widerstandsfähig geworden war – ein Überlebenskämpfer. Als ich auf die Highschool kam, gelobte ich, mein Leben in den Griff zu bekommen und einen anderen Weg einzuschlagen. Und das tat ich.

Einige Jahre lang versorgte ich mich selbst und hatte sogar eine eigene Wohnung. Ich arbeitete in einem städtischen Restaurant bis 1:00 Uhr nachts, stand dann jeden Morgen um 6:00 Uhr auf und fuhr mit dem Rad zur Schule.

Ich schaffte es, ein erstklassiger Schüler zu sein, wurde in die Ehrengesellschaft aufgenommen und nahm an vielen Schulaktivitäten teil.

Mein erblühendes Verantwortungsgefühl dehnte sich auch auf meine drei Schwestern aus. Oft nannte ich sie „meine Töchter", so stark war mein fürsorglicher Beschützerinstinkt. Das negative Vorbild meiner Eltern lehrte mich, wie man es *nicht* tun sollte. Die Meisterung dieser Herausforderungen ließ mich erkennen, dass wir unsere Zukunft selbst in der Hand haben, egal, aus welchen Verhältnissen wir stammen. Armut, Missbrauch und andere Notlagen können überwunden werden durch den Gebrauch des menschlichen Willens.

Während der Highschoolzeit war ich viel zu beschäftigt, um mich von der Popkultur verzaubern zu lassen, die viele Teenager in den 1960ern und 1970ern in ihren Bann zog. Ich konnte mir den Luxus einfach nicht leisten, den die meisten Jugendlichen aus der Mittelschicht für selbstverständlich hielten, und war beständig mit dem bloßen Überleben beschäftigt. Experimente mit Drogen und Alkohol lagen mir völlig fern!

Dagegen begann ich, die Veden zu lesen (die uralten, heiligen Schriften Indiens) und Sanskrit zu lernen. Ich brachte mir selbst das Meditieren bei und verstand das Konzept der Transzendenz, das sehr gut zu meiner eigenen Psyche passte. Dadurch gelangte ich zu einer Religiosität fernab der Beschränkungen der etablierten Religionen. Meine Eltern gingen nicht zur Kirche, denn sie waren leidenschaftliche Atheisten. Das Fehlen jeglicher Dogmen in meiner religiösen Erziehung machte mich offen für Ideen und Gedanken, die jenseits des komfortablen Sicherheitsbereichs jener lagen, die innerhalb der konventionellen religiösen Traditionen aufwuchsen. Das hatte zur Folge, dass ich, ohne von äußeren, belehrenden Einflüssen abgelenkt zu werden, auf ganz natürliche Weise in Bereiche meditativer Erfahrungen und höheren Bewusstseins vorstieß. Durch Lesen und direkte Erfahrung brachte ich mir allein bei, zu beten und zu meditieren. Dieses Streben, gepaart mit meinem Interesse für Umwelt- und Friedensthemen an der Schule, öffnete in mir eine neue Erfahrungsebene und ließen mein Bewusstsein wachsen. Zu jener Zeit machte sich auch etwas bemerkbar, das ich heute „Nichtlokalität des Bewusstseins" nenne. Sobald ich die Zeit aufbringen konnte, fuhr ich mit dem Rad aufs Land und versuchte, diesen Zustand der Verbundenheit willentlich zu erzeugen.

Ich legte mich auf eine Wiese und praktizierte die Techniken, die sich mir aus meinem Inneren erschlossen hatten. Ich reiste in meinem Bewusstsein in andere Stadtteile von Charlotte, sah entfernte Erdteile oder den Weltraum, den ich deutlich wahrnahm. Diese Übungen wurden zur Gewohnheit. Im Alter von 15 Jahren öffnete sich in mir unaufhaltsam eine wundervolle Kraft, die unabhängig von jeglicher Tradition war. Sie kam direkt aus meinem Innern.

Dann, im Frühjahr 1973, verletzte ich mich an meinem linken Oberschenkel. Ich hatte geplant, mit dem Rad von Charlotte zu den Barrier Islands an der Küste von North Carolina zu fahren, eine Reise von rund 300 Kilometern. Ungeachtet der Verletzung führte ich meinen Plan aus, legte die komplette Strecke bis zur Küste an einem Tag zurück und kehrte dann zu meiner kleinen Einzimmerwohnung in Charlotte zurück. Daraufhin entwickelte sich eine grässliche Infektion in meinem Bein, die sich im ganzen Körper ausbreitete.

Ich war fürchterlich krank! Schon vor der Fahrt war ich völlig k.o., da mich die Arbeit und die Schule bis aufs Äußerste beanspruchten. Arm war ich auch – ein Doktor stand also völlig außer Frage. Als Arzt weiß ich nun, was damals mit mir geschah: Ich vereiterte, d.h. mein Blutkreislauf war infiziert, begleitet von einem sehr hohen Fieber. Meine Skelettmuskeln verkümmerten, was meine Nieren überbeanspruchte. All das sind potentiell tödliche Symptome, und so näherte ich mich langsam dem Tod: Ein 17-Jähriger ohne Telefon, der verzweifelt versuchte, wieder gesund zu werden und den Ernst der Situation verkannte. In diesem Zustand hatte ich eine Nahtoderfahrung, in der ich mich plötzlich außerhalb meines Körpers befand.

Sie führte mich in die Tiefen des Weltraums, wo ich mich wie zu Hause fühlte. Dort erlebte ich etwas, das ich heute als Gottesbewusstsein verstehe, eine Erfahrung, in der meine Individualität beinahe völlig verschwand, während ich mit dem glänzenden, grenzenlosen, reinen, unendlichen Geist verschmolz. An einem solchen Ort gab es keine Trennung. Da in diesem Bewusstseinszustand das normale Zeitgefühl verschwindet, fühlte es sich wie eine Ewigkeit an. Ich konnte die gesamte Schöpfung sehen, die unermessliche Weite des Kosmos, dessen Schönheit sich nicht mit Worten beschreiben lässt. Nichts daran war beängstigend – es gab nur unendliche Bewusstheit, Freude und die Wahrnehmung einer endlosen, perfekten Schöpfung.

Schließlich näherten sich mir zwei gleißende, funkelnde Lichter aus dem Sternhimmel. Heute weiß ich, dass es sich um Avatare handelte: Manifestationen Gottes. Sie waren weder anthropomorph noch anthropozentrisch, sondern erschienen wie zwei funkelnde Lichtpunkte – reine, bewusste Energie. Es handelte sich um die Zwillingsavatare unseres Zeitalters.

Als die Avatare mich erreichten, trat ich mit ihnen in einen Zustand der Einheit. Es war unglaublich schön. Dann wurde ich einer präverbalen Übertragung von *Wissen* gewahr; ein Wissen, das mit Worten nicht beschrieben werden kann. Es ist, als wenn man das Wort „Apfel" ausspricht, in dem das tatsächliche Bild des Apfels enthalten ist, möglicherweise in astraler Form (eine Art Lichtbild). Und innerhalb *dieses* Bewusstseinsbildes verbirgt sich die reine Idee der Gestalt des Apfels selbst – seine Essenz. Auf dieser Ebene fand die Informationsübertragung statt.

Ich weiß nicht, wie lange die Einheit mit Gott währte. Ich war von der Schönheit des Ganzen eingenommen und vollkommen überwältigt.

Dann wandelte sich das Geschehen zu einer linearen Kommunikation. Einer der Avatare sagte: „Du kannst mit Uns mitkommen, oder zur Erde zurückkehren." In meinem damaligen Bewusstseinszustand fragte ich: „Was ist Euer Wille?" Und das Wesen antwortete: „Nun, Wir würden uns wünschen, dass du wieder auf die Erde zurückkehrst und andere Dinge erledigst." Das machte mich sehr traurig, denn zu dem Zeitpunkt hatte ich nicht das geringste Interesse, zur Erde zurückzukehren. Ich hätte mich gefreut, in diesem

Zustand der Bewusstheit zu bleiben, an diesem Ort, der kein Ort war. Doch irgendwie wusste ich, dass der höchste Ausdruck des menschlichen Willens darin besteht, den Göttlichen Willen anzunehmen und auszuführen, und so antwortete ich: „Einverstanden."

In dem Augenblick wurde mir alles völlig klar: ihre Realität, die Existenz erhabener himmlischer Wesen, die Existenz der Gottheit und die Einheit von Gott und Schöpfung. Ich erfuhr eine vollkommene, perfekte Einheit zwischen dem unbegrenzten Geist und der Schöpfung. Dann verlor ich das Bewusstsein und fiel sehr schnell in meinen Körper zurück.

Ich musste jedoch sehr lange draußen gewesen sein, denn ich schien die bewusste Verbindung zu meinen neuralen Zentren verloren zu haben, obwohl meine Sinne funktionierten. Noch heute kann ich ganz deutlich den Ahornbaum außerhalb meines kleinen Zimmers sehen, wie er sich vor einer Straßenlaterne hin- und herbewegt. Ich dagegen konnte mich nicht rühren und dachte: „Na prima. Ich bin nicht nur wieder in diesem heruntergekommenen Körper, sondern auch noch paralysiert." Ich dachte damals tatsächlich, dass die ernste Infektion mich so zugerichtet hatte, dass ich durch einen Herzinfarkt paralysiert worden war.

(Wie sich später herausstellte, handelte es sich nur um ein kurzfristiges Phänomen. Heute ist allgemein bekannt, dass man nach längeren Nahtoderfahrungen einige Zeit benötigt, um wieder völlige Kontrolle über den physischen Körper zu erlangen.)

Dann spürte ich ein Wesen in meinem Zimmer, das gekommen war, um meinen Überlebenswillen zu prüfen. Es flößte mir große Angst ein, doch war es möglicherweise eine notwendige Erfahrung, die mich dazu zwang, meine Willenskraft einzusetzen, um in meinem Körper zu bleiben. Ich verließ mehrmals meinen physischen Körper und kehrte wieder zurück. Es bedurfte einer großen Willensanstrengung, um im physischen Körper zu bleiben und gleichzeitig den Astralkörper aus Licht sowie den bewussten Geistkörper zu integrieren. Nach mehr als einem halben Dutzend Versuchen gelang es mir, ich konnte sie zusammenhalten und blieb hier. Danach erwachte ich vollständig und hatte alle meine motorischen Fähigkeiten zurück.

Man könnte sagen, ich war völlig „platt"! Diese Erfahrung veränderte mein Leben mehr als irgendetwas zuvor. Sie stellte alles auf den Kopf, was mir beigebracht worden war – dass es kein Göttliches Wesen gebe oder eine bewusste Existenz nach dem Tod des Körpers. Nun wusste ich aus persönlicher, direkter Erfahrung, dass dies nicht der Wahrheit entsprach. Gott existiert, genau wie Seine Boten. Nichts würde für mich beim Alten bleiben. Ich lernte, dass man den Tod nicht fürchten muss, da es so etwas wie den Tod in Wirklichkeit nicht gibt – es gibt nur den Wandel von einem Zustand zu einem anderen.

Während ich langsam wieder in die Welt zurückkehrte, blieb ich immer noch in diesem Zustand unglaublicher Verzückung – ein verfeinerter Zustand höheren Bewusstseins, der die Grenzenlosigkeit der kosmischen Wahrheit in sich trug. Umgeben von einem physischen Raum, war mir dennoch die Unendlichkeit bewusst. Die Mystiker nennen diesen Zustand kosmisches Bewusstsein – ein Zustand, den ich auch später immer wieder erlebte.

Interessanterweise heilte urplötzlich mein krankes Bein. Während der ganzen Zeit hatte ich weder einen Arzt konsultiert noch irgendwelche Antibiotika eingenommen.

Der Kreis schließt sich 2

Ab meinem 18. Geburtstag erlernte ich eine strukturierte Form der Meditation namens Transzendentale Meditation oder TM. Ich hungerte nach allem, das mir die Fähigkeit verschaffen würde, willentlich in höhere Bewusstseinszustände einzutreten. Es schien, als wären die TM-Kurse der Weg dorthin.

Schnell bemerkte ich, dass die TM ohne ihre zeremoniellen Fallstricke ein sehr einfacher Prozess ist. Man intoniert im Sitzen gedanklich ein Mantra oder einen Gesang, um die bewussten, linearen Gedanken zu transzendieren und in ein grenzenloses Bewusstsein einzutauchen.

Gemeinsam mit meinem Lehrer begann ich mit den Übungen. Was dann folgte, war für ihn verwunderlich, doch für mich völlig normal. Ich trat in einen Zustand transzendentalen Bewusstseins ein – reines *Samadhi*. Wieder einmal befand ich mich also dort – im Zustand kosmischer Bewusstheit. Es war sehr schön, und die Technik war so wirkungsvoll, weil ich den Kanal bereits geöffnet hatte – dank meiner Nahtoderfahrung im März zuvor.

Danach sah mich mein Lehrer an und fragte: „Du warst dort, nicht wahr?" – „Ja." – „Zum ersten Mal?" – „Nun, ich bin mir nicht sicher, ob es das erste Mal war, aber es war gewiss das erste Mal mit Ihnen!"

Nach diesem Erlebnis begann ich meine Fähigkeit zu trainieren, den kosmischen Bewusstseinszustand willentlich herbeizuführen. Das eröffnete mir eine noch außergewöhnlichere Perspektive auf die Welt und mich selbst. Ich konnte nun mit der Erde, der Natur und der Göttlichkeit in einem sehr reinen Zustand in Kontakt treten – auf einer Ebene, die nicht durch menschliche Eingriffe korrumpiert worden war. Ich entdeckte die Reinheit und Unschuld meines Bewusstseins als kleiner Junge wieder, doch diesmal *verstand* ich den Zustand tiefer.

Im darauffolgenden Sommer verließ ich die Stadt, um mich an der Appalachian State University in Boone, NC, einzuschreiben. Ich wählte die Universität nur aufgrund ihrer Lage mitten in der Wildnis, in meinen geliebten Blue Ridge Mountains, zu denen ich mich schon immer hingezogen gefühlt hatte. Diese Affinität hat meiner Meinung nach genetische Ursachen, die mit meiner indianischen Herkunft in Verbindung stehen.

Jede freie Minute wollte ich in den Bergen verbringen, bei jeder Wetterlage – ein spiritueller Spaziergänger in völligem Einklang mit der Natur. Eifrig trainierte ich meine neu erworbenen Meditationspraktiken sowie die Erfahrung der Einheit mit Gott. An der Grenze zum Erwachsenenalter hatte ich mich also aus einem Elternhaus heraus entwickelt, das keine Gebete kannte – ja, nicht einmal wusste, dass es so etwas gab, geschweige denn einen göttlichen Einheitszustand – zur Erfahrung der kosmischen Bewusstheit. Und all das hatte ich selbst entdeckt.

Die fehlende religiöse Erziehung erwies sich im Nachhinein als Segen. Meiner Meinung nach gibt es einen absoluten Widerspruch zwischen Religion und Spiritualität, mit nur wenigen Ausnahmen. Ohne die konventionelle Religiosität konnte ich einfach nach der Wahrheit suchen, ohne mit beschönigenden Dogmen belastet zu sein.

In diesem Herbst erlebte ich eine außergewöhnliche Erweiterung dessen, was ich über sechs Monate früher während meiner Nahtoderfahrung erlebt hatte. Ich befand mich auf dem Rich's Mountain, rund 1.500 Meter über der Stadt Boone. Auf seiner Spitze, am Ende einer Schotterstraße, lag ein verschlossener Feuerwehrturm. Ich erreichte den Gipfel genau zur richtigen Zeit, um während des Sonnenuntergangs zu meditieren.

Bevor ich mit der Meditation begann, blickte ich in Richtung Südwest und sah ein außerirdisches Raumschiff. Es war ziemlich weit entfernt, doch sah es genau wie das aus, das ich als neunjähriger Junge gesehen hatte. Aus irgendeinem Grund war mein erster Gedanke: „Die schon wieder" – doch ich hielt mich nicht lang daran auf – ich akzeptierte einfach die Tatsache, dass sie dort waren. Dann verschwand das Schiff, genau wie jenes, das ich Jahre zuvor gesehen hatte.

Ich meditierte also und hatte eine wundervolle, tiefe Erfahrung des unbegrenzten Geistes. Als ich meine Augen wieder öffnete, war es stockdunkel, doch der Himmel war voller Sterne. Stellen Sie sich vor, in dieser Höhe in der kristallklaren, trockenen Luft die Milchstraße und die unzähligen Sterne zu sehen! Während ich dort stand, tauchte plötzlich ein Gedanke auf, der nicht von mir selbst stammte: „Sieh, was für ein wundervolles Universum Gott geschaffen hat."

Bei dem Gedanken kehrte ich in exakt den gleichen Bewusstseinszustand zurück, den ich während meines Todes hatte: Ein vollkommen erwachtes, göttliches Bewusstsein, eins mit der gesamten Schöpfung, nur diesmal stand ich auf der Spitze des Berges. Es war großartig.

Als ich mich auf den Rückweg machte, bemerkte ich am Rande des Berges ein Glühen und spürte, dass dort jemand war. Plötzlich tauchte auf meiner rechten Seite eine außerirdische, biologische Lebensform auf und hielt meine Schulter fest, sodass es sich anfühlte, als berühre mich ein starker Finger. Ich schaute nach unten und sah den Abdruck auf meiner Jacke: Mir standen die Haare zu Berge!

Etwas kindisch dachte ich als nächstes: „Was will diese Kreatur mit mir anstellen?" Ich legte mich auf den Boden wie ein Fötus im Mutterleib (ich hasse es, das zuzugeben!), sah nach oben – und er schaute zurück. Er war männlich, sehr friedvoll und unbedrohlich, und hatte schöne, rehartige Augen.

Dann wurde ich plötzlich auf das Raumschiff gebracht, wo wir uns mitten im Weltraum wiederfanden. Wir saßen. Ich erinnere mich, dass das Raumschiff völlig durchsichtig wurde. Es fühlte sich an, als schwebte ich mitten im Weltraum, umgeben von nichts, als bestünde das gesamte Schiff aus Fiberglas, mit einer Hülle, die unsichtbar werden konnte. Um uns herum konnten wir den Weltraum sehen.

Ich war also dort gemeinsam mit den ETs, die etwa ein bis anderthalb Meter groß waren, und alle hatten diese anziehenden Augen. Und wir schienen nur zu einem Zweck dort zu sein: um gemeinsam zu meditieren. Sie interessierten sich für mich, weil sie Kontakt zu einem menschlichen Wesen suchten, um zu erfahren, wie wir das kosmische Bewusstsein gemeinsam mit ihnen erleben würden. Ich zeigte ihnen zunächst, wie sich dieser Zustand für uns anfühlt, und dann erlebten wir es gemeinsam – eine unglaubliche Begegnung, ganz anders als jene Geschichten, die sonst über außerirdische Kontakte im Umlauf waren.

Die Erfahrung war äußerst nichtlokal; Zeit, Raum und Relativität befanden sich in einem Bereich, der sich von unserer normalen Wirklichkeit völlig unterschied. In diesem Bewusstseinszustand existieren weder Sekunden, Stunden noch Jahre, da man sich jenseits von Raum und Zeit befindet. Diese unendliche Ewigkeit ist der natürliche Zustand des Geistes, des erwachten Selbsts, das sich in jedem von uns befindet.

Während ich mit diesen Wesen zusammen war, erschufen wir gemeinsam einen Code, der es Menschen ermöglichen sollte, mit ihnen in Kontakt zu treten. Es war die Geburtsstunde der CE-5-Initiative (Close Encounters of the Fifth Kind – Begegnungen der Fünften Art). Wir verwenden nicht nur Geräusche und Licht, sondern auch nichtlokales Bewusstsein und zielgerichtete, kohärente Gedanken, um mit außerirdischen Wesen und ihren elektronischen Geräten zu kommunizieren. All dies geschah im Oktober 1973, zur Zeit des Yom-Kippur-Krieges.

Für mich war offensichtlich, dass die ETs die Menschen dazu auffordern wollten, den Pfad der sicheren gegenseitigen Auslöschung zu verlassen und zu einer friedlichen Zivilisation zu werden, die mit dem Weltall in Harmonie koexistieren könnte. Die Erde selbst war auf der Suche nach Botschaftern, die dieses Ziel verfolgen würden. Und so bot ich mich an, ein solcher zu werden, und die Möglichkeit meinen menschlichen Geschwistern mitzuteilen. Einfach das, nichts weiter.

Dann kehrte ich sehr plötzlich in einen „regulären" Bewusstseinszustand zurück und befand mich wieder auf der Schotterstraße in der Nähe des Feuerwehrturms, ein Stückchen weiter unten als zuvor, doch immer noch auf der Spitze der Erhöhung. Ich dachte: „Oh mein Gott, wie wundervoll." Die Einheitserfahrung mit ihnen trug eine Schlüsselbotschaft: Der bewusste Geist, der jeden von uns in diesem Augenblick wach sein und beobachten lässt, ist der Geist des Göttlichen Wesens – *und es ist der Geist aller Wesen.*

Erwin Schrödinger hatte vollkommen Recht, als er sagte, die Gesamtsumme des universellen Geistes sei eins. Es gibt nur einen bewussten Geist, der wir alle sind. Folglich gibt es nur ein Volk im Universum, und das sind wir. Kein „außerirdisch" oder menschlich; nur ein ungeteiltes, perfektes, nahtloses und bewusstes Leben im Universum, dessen Teil wir alle sind.

Ich erinnere mich an ein Sprichwort aus der Sufi-Tradition: „Denkst du, du bist ein kümmerliches Geschöpf – obwohl das ganze Universum in dir verborgen ist?" Es ist eine rhetorische Frage. Wir sind *nicht* nur dieses kümmerliche Geschöpf. Die Gesamtheit des Universums befindet sich *in* uns. Und genau das verspürte ich, als ich mit den ETs zusammen war.

Die einzige Möglichkeit für uns Menschen, Frieden auf der Erde herzustellen – und selbstverständlich auch im Kosmos –, besteht in der Erkenntnis, dass es keinen wirklichen Unterschied zwischen uns gibt. Es spielt keine Rolle, wie wir aussehen – denken Sie nur an die verschiedenen physischen Erscheinungen, die allein auf der Erde existieren! Worauf es wirklich ankommt ist, dass in uns dasselbe einzigartige Bewusstseinslicht strahlt, unendlich und ewig gegenwärtig, egal, ob wir uns ihm zu einem bestimmten Augenblick öffnen oder nicht. Es ist der Grundstein unserer Beziehungen zueinander und zum ganzen Universum. Es ist dauerhaft und ewig – und genau das erfuhren wir gemeinsam in seiner vollendeten, reinsten Form. Es war überaus wundervoll und hatte absolut nichts furchterregendes.

Dass ich erst 18 Jahre alt war, spielte dabei keine Rolle. Die Außerirdischen kümmerten sich nicht um solche Stigmata wie Alter, Rasse, Familie, Herkunft oder Reichtum. Doch spielte sehr wohl die Tatsache eine Rolle, dass ich offenherzig genug war, um die Wahrheit unvoreingenommen und frei von den Beschränkungen unserer materiellen Welt wahrzunehmen. Da die Wahrheit in jeder Sprache die gleiche ist, konnte ich den gemeinsamen Nenner jeder kulturellen Lehre erkennen, die die Menschen über die Zeitalter angenommen hatten. Was wir an jenem Tag gemeinsam erschufen, bewies, dass wir Menschen, und zwar jeder Einzelne von uns, sowohl miteinander verbunden sein können als auch mit dem unbegrenzten Bewusstsein des Universums, aber auch mit den außerirdischen Zivilisationen, solange wir die einfache Tatsache akzeptieren, dass wir bewusste, erwachte Wesen sind. Wenn Sie dies hier im Augenblick bewusst lesen oder hören, ist die Wach-heit, mit der Sie es wahrnehmen, eine Singularität. Sie ist nicht gespalten. In unseren Egos und im Intellekt trennen wir sie auf, doch in Wirklichkeit ist es das gleiche Bewusstsein wie in jedem Wesen, ja sogar in jedem Stern. Der gesamte Kosmos ist in das gleiche Licht des Daseins eingehüllt. Es ist eine großartige Bewusstseinssonne, die in jedem Einzelnen gespiegelt und gebrochen wird, aber dennoch eins bleibt. Wenn Sie in einen derartigen Zustand eintreten und ihn erfahren, dann erscheint Ihnen keine dieser Lebensformen weit entfernt oder ungewöhnlich – oder fremd –, weil sie es im Grunde nicht ist.

Bei jener Begegnung entstand das CSETI-Konzept des einen Volks im einen Universum. Es gibt nur ein Volk im Universum, und wir sind wie sie. Ein einziges bewusstes Wesen leuchtet in jedem von uns. Und dieses Wesen kann nicht aufgeteilt werden, so sehr wir uns auch anstrengen mögen. Wir können versuchen, es aufzutrennen, aber es bleibt immer eins. Es ist von jeher eine perfekte Singularität. Die außerirdischen Wesen, die uns besuchen, verstehen das Konzept, denn sie könnten nicht den interstellaren Raum bereisen, ohne das Prinzip der Nichtlokalität verstanden zu haben. Und dazu braucht es eine hohen Grad an Wissen und Erleuchtung.

Das Wissen um unsere Einheit ist das wahre Fundament einer mitfühlenden und friedfertigen Gesellschaft. Ohne die Erfahrung bleibt nur der Intellekt übrig – und der währt niemals lange. Schon mit ziemlich jungen Jahren stellte ich also fest, dass die Probleme der Welt eigentlich spiritueller Natur sind und somit auch ihre Lösung eine spirituelle sein muss. Und diese Annahme hat sich als richtig erwiesen.

Ich befand mich also wieder auf dem Berg unter einem wundervollen, sternklaren Himmel, um gleich darauf das nächste eigenartige Phänomen zu erleben. Etwa 100 Meter weiter unten auf der Schotterstraße geschah es: Während ich den Berg hinabstieg, spürte ich, wie ich mit jedem Schritt leichter wurde, als ob ich auf dem Mond spazieren ginge!

Jeder Schritt war ein Satz von sechs bis neun Metern! Es war mehr ein Schweben als ein Gehen. Um mich herum war eine seltsame, magnetische Antigravitationshülle, die mich leichter machte. Es war nicht nur ein Produkt meiner Phantasie; mein physischer Körper *war* leichter.

Ich freute mich wie ein Schneekönig! Gerade erst hatte ich eine Begegnung mit einem ETV, da hüpfte ich nun mit unglaublicher Schrittlänge den Berg hinunter: „boing … boing … boing". Es war ein unbeschreibliches Glücksgefühl. Als ich mich der Stadt näherte, ließ das Phänomen nach, und mein normales Gewicht kehrte zurück.

Dann kam ich in die kleine Stadt Boone zurück, die so ausgestorben aussah, als wäre ein Atomkrieg ausgebrochen! Ich dachte, es wäre gegen 21:00 oder 22:00 Uhr – alle Geschäfte hätten noch geöffnet sein müssen. Bedenken Sie, dass es sich um eine kleine Collegestadt in den Bergen von North Carolina handelt. Ich dachte: „Was zum Teufel ist hier los? Ob der Yom-Kippur-Krieg außer Kontrolle geraten und ein thermonuklearer Weltkrieg ausgebrochen ist und ich der letzte bin, der davon erfährt?" Dann sah ich auf die Uhr: Es war 1:00 Uhr nachts! Meine kosmische Erfahrung hatte drei oder vier Stunden gedauert!

Nach diesem aufregenden Abend beschloss ich, alles zu üben, was ich mit den Außerirdischen gelernt hatte. Jede Nacht vor dem Schlafengehen meditierte ich. Ich trat ins unbegrenzte Bewusstsein ein und dehnte dann meinen eigenen, bewussten Geist in den Raum mit dem Wissen aus, dass er allgegenwärtig ist. Auf den Flügeln der omnipräsenten Bewusstheit schwebte ich in den Weltraum, sah die Sterne und das All und spürte, dass allem ein wacher Geist innewohnt. Ich war eins mit dieser Wach-heit, die mich nach draußen, ins Weltall getragen hatte.

Dann sandte ich einen klaren Gedankenstrahl zu den Außerirdischen, um meine Anwesenheit kundzutun. Auf etwas kindische Art sagte ich: „Ich weiß nicht, ob ihr euch an mich erinnert, aber mein Name ist Steve. Und hier bin ich – ich zeige euch, wo ich mich befinde." Ich absolvierte also das Protokoll, das wir für die CE-5-Initiative entwickelt hatten.

In diesem höheren Bewusstseinszustand kehrte ich um, und anstatt in die Weite des Alls hinauszublicken, sah ich zurück – und wies den ETs den Weg zu meinem Standort auf der Erde.

Ich zeigte ihnen die Milchstraße und zoomte dann zu unserem Sonnensystem mit der Sonne und der Erde. Dann begab ich mich über Nordamerika zu den östlichen Staaten und in die Appalachen. Zuletzt zoomte ich zu meiner Position in Boone, North Carolina; zu meinem genauen Standort im Haus. Danach schlief ich ein.

Monatelang geschahen wirklich außergewöhnliche Dinge. Ab Oktober 1973 mehrten sich die UFO-Sichtungen in diesen Bergen. Es war wie eine Art

Beta-Test des Systems, das wir gemeinsam auf dem Schiff erschaffen hatten, um zu sehen, ob es wirklich funktionierte. Und offensichtlich tat es das. Es gab Zeitungsberichte von Rangern, die in den Wäldern riesige Raumschiffe gesehen hatten, die über den Bergen schwebten, im Süden im Shining Rock Wilderness und im Bereich um Linville George … hier, dort, überall!

Ich experimentierte weiter damit bis zu jenem Tag, als in der örtlichen Zeitung der Bericht eines Mannes erschien, der eine Straße außerhalb von Morganton, North Carolina, entlanggefahren war. Für ein ETV lag der Ort nur Sekunden neben meinem Standort. Der Mann, der ein wenig wie ich aussah, fuhr also diese Straße entlang, als sein Wagen plötzlich angehalten wurde. Ein Raumschiff schwebte über der Straße, und ein ET schaute durch das Fenster seines Wagens! Der Fahrer war total verängstigt.

Meiner Meinung nach teilten die ETs mir damit indirekt mit: „Wir wissen, was du uns sagen willst." Ich dachte: „Achtung, du spielst hier mit dem Feuer. Solange du nicht herausfindest, was du damit anfangen sollst, lass es am besten erstmal bleiben."

Lange Zeit erzählte ich niemandem von den Erlebnissen. Doch die Leute wollen verstehen, warum ich eine etablierte Karriere als Arzt aufgab – sowie die Viertelmillion Dollar, die ich pro Jahr verdiente – um das zu sagen, was ich wusste. Garantiert nicht, weil es sich „nur um eine Theorie handelt"!

Während ich mich schlafend in diesem Zustand befand, kommunizierte ich fortwährend mit den außerirdischen Wesen. Mein Mitbewohner erzählte mir später, dass er monatelang nachts aufgewacht sei und gehört habe, wie ich leise im Schlaf gesprochen hätte.

Er sagte: „Du hast geredet, aber in einer Sprache, die nicht aus dieser Welt stammt." Und ich dachte: „Mein Gott, irgendwie muss ich mich in einem Bewusstseinszustand befunden haben, in dem ich die Sprache der ETs sprechen konnte." Und er hörte es ganz deutlich. Er sagte: „Ganz sicher – das war keine irdische Sprache."

Nach diesem Ereignis entschloss ich mich, dass, solange ich keinen wirklichen Grund für die Ausführung der Protokolle hatte, es wirklich besser sei, sich im Stillen der Fähigkeit bewusst zu sein, aber sie für mich zu behalten.

1974 verließ ich das traditionsreiche College von Boone, um eine Lehramtsausbildung an der Maharishi International University in Iowa zu beginnen. Meine Erfahrungen während der Ausbildungszeit waren immer noch recht außergewöhnlich, zum Teil auch deshalb, weil ich immer noch frei von den institutionellen, dogmatischen Aspekten dieser Gruppe war. Nichtsdestotrotz erörterten wir dort einen Fundus tiefgreifenden Wissens.

Ich selbst tauchte immer weiter ins Studium der Veden und des Sanskrit ein. Die Menge an Wissen, das in den Veden enthalten war, beeindruckte mich sehr – besonders, wie darin das Bewusstsein und die universelle Bewusstheit beschrieben wurden. Diese Zeit widmete ich völlig der Entwicklung höherer Bewusstseinszustände.

Am tiefsten verinnerlichte ich dabei den Aufbau des Kosmos. Ich lernte diesen jedoch nicht auf rein didaktischem Weg, sondern eher durch konkrete Erfahrungen in den astralen und kausalen Gedankenbereichen und den Lichtebenen.

Hat man einmal den Aufbau der Schöpfung verstanden und detailliert erlebt, begreift man, wie Menschen von der Zukunft träumen, ihren physischen Körper levitieren lassen oder sich dematerialisieren und an einem anderen Ort wieder erscheinen können. Das macht auch all die Geschichten verständlicher, die als Mythologie oder Wunder bezeichnet werden. Jeder einzelne Mensch ist in der Lage, solche Wunder zu vollbringen. Ja, eines Tages werden alle Wesen solche Erfahrungen machen können. Sie sind unser Geburtsrecht – nicht nur das Recht der Menschen, sondern jedes Wesens im gesamten Universum. Wir alle sind Kinder Gottes, und all diese Geschenke und Zustände existieren in jedem von uns.

In jenem Jahr erlebte ich Dinge, die mich das unendliche Wesen in unserer materiellen Welt sehen ließen. Ich betrachtete einen Stein und wusste, dass auch er reines Bewusstsein enthält. Der Stein enthält die Energie und Frequenz einer Lichtform, eine astrale Hülle, die seine Struktur und kristalline Matrix erzeugt. In dieser Hülle wiederum verbirgt sich die reine Idee, und in dieser Idee der ursprüngliche Gedanke, der alle Dinge erschaffen hat. Das Zentrum des Gedankens ist reiner, ruhender, bewusster Geist. Im Grunde ist alles, was existiert, nichts anderes als reine, wache Bewusstheit, die in verschiedenen Phasenlagen und Formen, auf unterschiedliche Arten spielt und miteinander in Resonanz steht.

Ein Großteil der Erkenntnisse, die mit dem Wissen einhergehen, müssen direkt erfahren werden. Doch ich kann Ihnen versichern, dass jeder Einzelne in bestimmten Momenten seines Lebens dieses Gefühl der Integration und Einheit bereits erlebt hat. Sie müssen sich nur daran erinnern. Mein Anliegen ist es, dieses Gefühl so zu beschreiben, *dass* Sie sich erinnern. Wenn ich aus meinem sozialen Milieu heraus derartige Zustände erreichen konnte – aufgewachsen in der völligen Abwesenheit spirituellen Wissens –, dann können auch Sie das!

Als sich all das in meinem Leben zu entfalten begann, widmete ich einige Jahre dem Lehren von Meditation und höheren Bewusstseinszuständen. In dieser Zeit nahm ich an einem Fortgeschrittenen-Kurs in den Catskills, New York, teil. Während der Zusammenkunft fastete ich und meditierte mehrere Stunden am Tag, ein wirklich schöner, stiller Zustand.

Ich entwickelte dabei wieder eine Fähigkeit, die ich bereits in meiner Kindheit ansatzweise erfahren hatte: Die Fähigkeit, Dinge im Bewusstsein wahrzunehmen, die ich mit bloßem Auge nicht erkennen konnte. Ging ich einen Flur entlang, versuchte ich, um die Ecke zu sehen. Meistens konnte ich deutlich wahrnehmen, was sich dort befand oder wer mir entgegenkam. Nicht, dass ich raten musste, bis ich richtig lag – ich befand mich vielmehr in einem andauernden, stabilen Bewusstseinszustand, in dem ich es wirklich *sah*.

Später versuchte ich Ereignisse wahrzunehmen, die an einem anderen Ort oder zu einer anderen Zeit stattfinden – am nächsten Tag oder in der darauffolgenden Woche. Gerade das übte ich ganz besonders. Es wurde mir zur Gewohnheit, vor dem Einschlafen einen Ort oder ein Ereignis zu sehen, das am nächsten Tag geschehen würde.

Diese Dinge sind weder ungewöhnlich noch mysteriös, wenn Sie die allgegenwärtige Natur des Bewusstseins verstehen. Eben weil es allgegenwärtig ist, befindet es sich jenseits der Beschränkungen von Raum und Zeit. Das heißt auch, dass Sie selbst die Grenzen überschreiten können, wenn sie in diesen Bewusstseinszustand eintreten. Dann werden Sie ebenfalls Dinge sehen, die sie „eigentlich nicht" sehen dürften. Raum und Zeit existieren nicht mehr, und Sie können *wirklich* sehen.

Eines Tages während des Kurses dachte ich über die sogenannten Siddhis (oder spirituellen Kräfte) nach, die in den Veden beschrieben werden.

Ich hielt es für interessant, deren Grenzen im physischen Körper auszutesten und begann, über unsere Fähigkeiten nachzusinnen: Wenn wir alle Bewusstsein wären und unsere Körper mit dem Licht des Wissens erfüllt wären – was könnten wir wirklich erreichen? Eines Tages befand ich mich in einem sehr fröhlichen, freudvollen und friedlichen Zustand. Es war ein herrlich klarer Frühlingstag, und ich ging spazieren. Im Einklang mit Erde und Natur konnte das Folgende geschehen: Auf der Wiese hinter dem Anwesen, auf dem wir untergebracht waren, begann ich spontan – ohne willentliche Anstrengung und ohne daran gedacht zu haben – zu levitieren. Es erinnerte mich an die Erfahrung auf dem Berg im Oktober 1973, nach der Begegnung mit den ETs. Dieses Mal erhob ich mich jedoch senkrecht und schwebte etwa 60 bis 90 Zentimeter über dem Boden.

Anstatt weiter geradeaus auf der Erde zu laufen, schwebte ich nach oben, ein vertikales Levitieren. Im nächsten Augenblick schaltete sich plötzlich mein Intellekt ein und rief: „Du meine Güte, was geht denn hier vor sich? Wie kann ich so etwas tun?", und ich sank wieder nach unten. Mein Intellekt und mein Ego verhinderten es!

Ich lernte bei dieser Gelegenheit unter anderem, dass man für solche außergewöhnlichen Erfahrungen eine gewisse Gnade, aber auch Glauben benötigt. Damit meine ich nicht religiösen Glauben an sich, sondern vielmehr die *Gewissheit* oder das *Wissen* um unsere latenten Fähigkeiten. Doch findet man das Wissen nicht im Selbst, im Ego oder im Verstand. Wenn wir uns selbst freiwillig hingeben können, können wir die unglaublichsten Dinge erreichen. Und wenn die Kräfte nicht fließen, dann nur, weil wir es verhindern. Letztlich heißt das für jeden von uns, die Kraft Gottes in uns zu erkennen und zu umarmen.

Dieses Erlebnis bestätigte mir nur umso mehr, dass in uns allen Fähigkeiten schlummern, und dass jeder die Fähigkeiten erwerben und entwickeln kann. Wir bewegen uns in ein Zeitalter, in dem diese Dinge zur Gewohnheit werden und als „Normalität" akzeptiert werden.

Menschen aus verschiedenen spirituellen und religiösen Gruppen neigen oft dazu, andere Menschen, die solche Erfahrungen gemacht oder ein bestimmtes Wissen erworben haben, in den Himmel zu heben, als wären die Fähigkeiten unerreichbar und einzigartig. Sie sind es *nicht*, und es ist äußerst wichtig, das zu begreifen. Etwas zu ikonisieren, das man als Geburtsrecht jedes Einzelnen verstehen sollte, verleugnet sowohl die Natur als auch das Potential der Menschheit.

1975 reiste ich mit einigen Freunden in die Seealpen nach Isola, Frankreich, um Meditationslehrer zu werden. Während dieses speziellen Kurses erlebte ich mehrmals höhere Bewusstseinszustände, die ich als Einheits- oder Gottesbewusstsein bezeichnen würde.

Eines Tages erinnerte ich mich an das, was damals in den Bergen von North Carolina geschehen war und fragte mich, ob ich diese außergewöhnliche Erfahrung wiederholen könne. Im Hotelzimmer ging ich also durch das Protokoll, das wir 1973 in dem Raumschiff erschaffen hatten.

Ich begab mich wie gehabt in das unbegrenzte Bewusstsein und dehnte es über die Berge, um die Alpen, in den Weltraum und über unser Sonnensystem aus. In der unermesslichen Weite des Alls sagte ich zu den ETs an Bord des Raumschiffs: „Mein Name ist Steve. Ich weiß nicht, ob ihr euch an mich erinnert, aber wir haben uns vor ein paar Jahren getroffen, und jetzt bin ich in den französischen Seealpen, in Isola."

Und so zeigte ich ihnen unsere wundervolle Spiralgalaxie, die Milchstraße, unser Sternsystem mit der Sonne und ihren Planeten, und die Erde. Dann zoomte ich nach Europa, zu den Seealpen in Frankreich. Ich zeigte ihnen unsere Position im Hotelkomplex und sagte: „Falls ihr uns besuchen könnt, dann kommt." All das geschah in einem 20-minütigen konstanten Bewusstseinsfluss.

Später, nach dem Mittagessen, entschloss ich mich mit ein paar Freunden, in den Bergen um das Hotel spazieren zu gehen. Es war ungefähr 13:00 Uhr. Ich sah nach oben in die kristallklare, alpine Luft und bemerkte ein wundervolles, riesiges tetraedales Raumschiff, das in der Sonne glänzte. Es war deutlich zu erkennen, vollständig materialisiert und näherte sich uns langsam und geräuschlos.

Eine gute Freundin aus der Gruppe, die von meinen Erfahrungen mit außerirdischen Raumschiffen wusste, schnappte nach Luft: „Mein Gott, Steve, hast du die hierher gerufen?" – und sie verlor die Fassung: „Allmächtiger, das kann ich nicht glauben." Ich antwortete: „Ja, ich habe sie kontaktiert, indem ich das Protokoll durchgeführt habe, von dem ich dir erzählt habe." Sie fragte: „Mensch, warum hast du mich nicht vorgewarnt?"

Als auch einige andere aus der Gruppe ängstlich wurden, stoppte das ETV und schwebte langsam zurück. Dann „dematerialisierte" sich das riesige Schiff plötzlich und verschwand aus unserer Raumzeit. Ich drehte mich zu ihr um und lachte sie an: „Also, ich nehme an, das Protokoll funktioniert." Sie antwortete: „Mein Gott, sag mir das nächste Mal bitte vorher Bescheid. Warne mich, bevor du es tust!" Ich war die ganze Zeit lauthals am Lachen!

Diese Situation lehrte mich, dass ich wirklich die ETs kontaktieren konnten und sogar andere Menschen dabei sein konnten. Es war das erste Mal seit meiner Kindheit, dass ich eines dieser außerirdischen Raumschiffe zusammen mit anderen Menschen gesehen hatte. Und es war eine echte CE-5, bei der ein Mensch das Schiff eingeladen hatte und es unter Zeugen erschienen war. Ganz offensichtlich funktionierten die Protokolle. In mir tauchte der

Gedanke auf, dass man diese auch anderen Leuten beibringen könne – jeder sollte wissen, dass so etwas möglich ist.

Doch im Laufe der Zeit stellte ich es wieder in Frage. Wenn etwas derart Außergewöhnliches geschieht, schleichen sich immer Zweifel ein! Eine Weile später lebte ich wieder in den Bergen von North Carolina, außerhalb von Blowing Rock, zusammen mit einem Freund, der an den Trainingskursen teilgenommen hatte. Wir waren zur gleichen Zeit Meditationslehrer geworden.

Eines Tages im Spätherbst 1977 beschloss ich, das Protokoll erneut zu testen. In dieser Nacht saß ich im Bett und meditierte. Ich begab mich in den Zustand erweiterten Bewusstseins, fühlte, wie ich mich in den Weltraum ausdehnte, sah die Fülle und Unendlichkeit des Alls, das mit bewusstem Licht erfüllt war – und in dem Licht die außerirdischen Wesen, denen ich mich erneut vorstellte: „Ich bin Steve."

Nachdem so viel Zeit vergangen war, dachte ich, sie könnten sich vielleicht nicht an mich erinnern und sagte: „Also, mein Name ist Steve Greer, und ich wurde am 28.06.1955 in Charlotte, North Carolina, geboren." Dann gab ich ihnen eine vollständige Autobiographie! Ich zeigte ihnen Charlotte und wie sie aus dem Weltraum zu meiner Position in den Bergen North Carolinas gelangen könnten, die rund 150 Kilometer entfernt lagen. Nachdem ich ihnen dies in einem ununterbrochenen Bewusstseinsfluss mitgeteilt hatte, schlief ich ein.

In den frühen Morgenstunden, zwischen 1:00 Uhr und 4:00 Uhr, erwachte ich plötzlich. Und da war es: ein wunderschönes, blauweißes Schiff, das in einer Höhe von neun Metern vor dem Fenster schwebte. Das Bewusstsein der Besatzung wurde direkt in mein Schlafzimmer projiziert! Ich konnte es förmlich greifen.

Wir befanden uns mitten im Nirgendwo, umgeben von Bergen, Viehweiden und Stille. Ach ja, und dann war da noch dieses Schiff, das geräuschlos vor meinem Fenster schwebte! Plötzlich erwachte auch mein Mitbewohner; er kam zu mir gerannt und rief: „Siehst du das?" Etwas betreten antwortete ich: „Ja." – „Mein Gott, da ist ein Raumschiff direkt vor unserem Fenster." – „Ja, ich weiß. Ich habe sie eingeladen."

Daraufhin wurde er etwas ungehalten: „Verdammt, mach so etwas nie wieder, ohne mir davor Bescheid zu geben! Du hast mir eine Scheißangst eingejagt!" Auch er spürte eine intelligente Präsenz, unsichtbar, aber wie eine Art Bewusstseinsprojektion aus dem Schiff ins Zimmer.

Wir gingen dann ins Wohnzimmer, und das Schiff folgte uns um das Haus herum bis zum großen Panoramafenster, das auf den Grandfather Mountain zeigte. Dann, so denke ich, spürten sie die Angst meines Freundes, woraufhin das Schiff zurückwich, über das Tal schwebte und – swusch – im Weltraum über dem Grandfather Mountain verschwand.

Gleich am nächsten Tag hörten wir im Radio und in den Nachrichten, dass auf dem Radar des Douglas Airport in Charlotte zwei Raumschiffe aufgetaucht seien. Man hatte sie mit einem Polizeihelikopter namens Snoopy verfolgt. Zu meiner Überraschung erfuhr ich, dass die Sichtungen in dem

Stadtteil stattgefunden hatten, in dem ich geboren wurde und aufgewachsen war – der Ort, den ich ihnen in meinem Bewusstsein übermittelt hatte.

Eines der Schiffe kam offenbar dem Helikopter sehr nahe, ebenso einem Flugzeug der Eastern Airlines. Diese Ereignisse wurden vom Luftverkehrs-Kontrollturm aufgezeichnet, was die CE-5 bestätigte.

Jahre später brachte mir ein Mann die Audio-Aufzeichnung der FAA von diesem Ereignis. (Das Band befindet sich in den Archiven des CSETI.) Nach dem Transkript löste sich eins der Schiffe einfach in Luft auf, während die Spur des anderen Richtung Nordwesten führte: zu den Bergen, in denen ich mich befand. Danach muss es vor meinem Fenster erschienen sein.

Hier haben wir also eine sehr frühe CE-5, die nicht nur einen Zeugen hatte – meinen unglückseligen Mitbewohner –, sondern auch vom offiziellen Radar und Piloten kommerzieller Fluglinien beobachtet sowie von einem Polizeihelikopter verfolgt wurde.

Offen gesagt war ich von der Präzision des Ereignisses verblüfft und auch ein wenig überfordert. Ich dachte: „Wow. Das ist echt eine ernste Angelegenheit! Ich sollte diese Dinge nicht mehr tun, bis ich ein formalisiertes Programm dafür entwickelt habe." Und tatsächlich führte ich das Protokoll von 1977 bis 1990 nicht mehr durch – bis ich das Center for the Study of Extraterrestrial Intelligence, CSETI, ins Leben rief.

3 Aus dem Schatten heraus

Die Erlebnisse meiner Jugend hatten mich eines über das Wesen fortgeschrittener außerirdischer Zivilisationen ganz deutlich gelehrt: Sie hatten Friedfertigkeit als natürlichen evolutionären Schritt gewählt. Ganz einfach, weil ihre hohe Bewusstseinsebene mit Konzepten wie Trennung oder Konflikt unvereinbar ist. Mit diesen unglaublichen Technologien in ihren Händen hätten sie sich sonst längst selbst zerstört.

Ohne das Wissen um die Einheit werden Unterschiede sonst nur als Alarmsignale wahrgenommen und erzeugen Angst, Feindseligkeit und Gewalt. Den Beweis dafür liefert die gesamte Menschheitsgeschichte …

Man muss sich nur den heutigen Zustand der Menschheit betrachten. Global gesehen wächst die Feindseligkeit und das Misstrauen zwischen abweichenden Religionen, ethnischen Gruppen und Nationen, was zu Krieg und unaussprechlichem Leiden führt. Diese Gedanken der Trennung und Teilung gilt es abzulegen – sonst kann kein Friede herrschen.

Die Menschheit steht im Augenblick an einer Wegscheide: Entweder fahren wir damit fort, die Erde und ihre Bewohner durch Dummheit, Krieg und Konflikt zu zerstören, oder wir erreichen einen Zustand spiritueller Erleuchtung und sozialer Reife, indem wir die uns allen innewohnende Einheit anerkennen. Tun wir das nicht, werden die mächtigen Technologien weiterhin in den Händen derjenigen bleiben, die aus Unwissenheit und Aberglauben handeln und damit Konflikte erzeugen.

Doch diese Zustände sind unvereinbar mit dem Einheitsgedanken, der wahren Quelle des Mitgefühls. Wie bereits Buddha sagte: Man kann einem anderen Wesen kein Leid antun, wenn man die Einheit erfahren hat.

Es gibt Leute, die in den gleichen Situationen wie ich in blankes Entsetzen geraten würden: ein Schiff vor dem Fenster; eine Sichtung über einem Berg. Meine Nahtoderfahrung lehrte mich jedoch, diesen Dingen ohne Angst zu begegnen. Es gibt keinen Tod; wovor sollte man sich also fürchten?

Man sollte wissen, dass eine ungeheure und raffinierte Desinformationskampagne rund um die außerirdische Frage existiert: Mindestens 90 Prozent der Informationen und Bilder, die gezielt auf die Menschheit losgelassen werden, erzeugen Angst, aus der der Hass gegenüber allem Fremden erwächst. Glaubt man all dem Unsinn, den uns Kinofilme, Fernsehsendungen und Bücher zu diesem Thema vorgaukeln, könnte man meinen, dass nahezu jeder Amerikaner bereits in der Nacht aus seinem Haus entführt und misshandelt wurde. Völlig falsch. Doch Angst und Horror verkaufen sich gut, und die üblichen Verdächtigen ziehen ihren Nutzen aus einer verängstigten, desinformierten Bevölkerung.

Wir wissen, dass klandestine paramilitärische Operationen existieren, die von einer schattenhaften Gruppe kontrolliert werden, die simulierte UFO-Erscheinungen durchführt. Dies ist nicht nur eine Vermutung: Wir haben viele unabhängige Militärs interviewt, die diese Aussage stützen und selbst Teil eines Teams waren, das vorsätzlich Personen „entführt" hat, um die Illusion einer echten außerirdischen Begegnung zu erzeugen.

Innerhalb der „UFO-Industrie" gibt es eine mehrere Millionen schwere Entführungs-Subkultur, die von mächtigen, reichen Interessengruppen finanziert wird (dazu gehören gewisse europäische Adelsfamilien und ihre industriellen Abkömmlinge in den USA). Die veröffentlichten Geschichten werden sehr sorgfältig vorselektiert. Kommt jemand zu diesen Entführungs-Befürwortern und legt Aussagen vor wie die von mir gesammelten, dann wird einem sofort die Tür gezeigt. Diese Gruppen wählen nur die furchteinflößenden Geschichten – von Menschen, denen inszenierte Begegnungen widerfuhren, die ihnen von militärischen Kreisen aufgezwungen wurden, um psychologische Propaganda zu erzeugen. Indem man Trennung zwischen menschlichen und außerirdischen Wesen sät, gewährleistet man jedwede zukünftige Ausgabe für „Star Wars"-Projekte.

Das gegenseitige Ausspielen verschiedener Gruppen ist Teil eines gut durchdachten Plans: Man kreiert eine Gefahr und verteufelt den erwünschten „Feind". Die meisten veröffentlichten Informationen über UFOs und ETs stammen aus Spionagekreisen, psychologischen Operationen und von Desinformanten, um die spezifisch gewünschten Effekte zu erzeugen.

Zunächst zieht man das Thema einfach ins Lächerliche, da die meisten Geschichten einer genaueren Untersuchung nicht standhalten. Zweites Ziel der Desinformation ist meiner Meinung nach, ein Klima der Angst zu erzeugen, auf dem man das Star-Wars-Gebäude errichten kann. Niemand Geringeres als Wernher von Braun berichtete einem unserer Team-Mitglieder, Carol Rosin, dass genau dies vor sich ging: dass Waffen im Weltraum stationiert werden sollten, weshalb die Erschaffung eines psychologischen Netzes erforderlich wurde, durch das die Menschen alles Fremde fürchteten; um dann (wenn die Masse, die sich an der multi-milliardenschweren Goldgrube der derzeitigen industriellen und militärischen Operationen „erfreut", meint, dass sie nun lange genug hinters Licht geführt wurde) zu proklamieren, dass sich die Welt vereinigen müsse, um den „Außerirdischen in den Hintern zu treten" (wie im Film „Independence Day" zitiert).

Bedenken Sie, dass die Profite, die ein solches Szenario dem industriell-militärischen Komplex einbringen würde, die Erlöse des Kalten Krieges und aller anderen aktuellen Ereignisse weit übertreffen würden. Anstatt wie bisher unbegrenzt Dollars für militärische Operationen aus den USA und den westlichen Industrienationen abzusaugen, würde die eingebildete „Bedrohung" genügend Xenophobie erzeugen, um – natürlich im Namen der Sicherheit und des Weltfriedens – einen „Blanko-Scheck" auszustellen oder zumindest für einen regelmäßigen Fluss von Regierungsgeldern zu sorgen. Klingt das irgendwie vertraut?

Diese Schlussfolgerungen stammen aus den zahlreichen Interviews, die wir mit Insidern der Organisationen führten. Man sagte mir geradeheraus, dass die Agenda bereits mindestens seit den 1950ern verfolgt würde. Diese Operationen nutzen sogenannte „außerirdische Nachbauten", die von einem Konsortium hergestellt werden, zu dem unter anderem Lockheed Martin,

Nothrup, SAIC, E-Systems, EG&G und die Mitre Corporation gehören. Diese künstlichen, von Menschenhand geschaffenen Antigravitations-Raumschiffe werden seit den 1950ern benutzt, ebenso elektronische Waffensysteme und „programmierte Lebensformen", auch PLF genannt. Diese biologischen, künstlichen Lebensformen sehen aus wie die sogenannten „Grauen" – nur dass die PLFs eben nicht außer-irdisch sind. Sie werden in einigen wenigen Anlagen genetisch erzeugt, von denen eine im Gebiet der Four Corners in der Nähe von Dulce, New Mexico, liegt.

Dies ist ein abgekartetes Spiel, um eine falsche „außerirdische Bedrohung" zu simulieren. Erzählt jemand eine gegenteilige Version der offiziellen Geschichte, werden dieser Person Vorträge verweigert und es ihr unmöglich gemacht, ihre Geschichte in Buchform oder durch andere Kanäle der Öffentlichkeit oder den Medien zugänglich zu machen. Diejenigen allerdings, die schreckenerregende Botschaften haben – ähnlich denen im Kinofilm „Independence Day" oder gewissen Entführungsbüchern –, erhalten hochdotierte Verträge mit Film- und Vermarktungsrechten. Dafür wird in jedem Fall gesorgt.

Die Weltelite will diese alarmierenden Geschichten ins Massenbewusstsein säen und die Wahrheit verheimlichen. Ich habe bereits selbst Personen kennengelernt, die derartige Entführungskulte in den USA und Europa finanzieren.

Neben den besagten Interviewpartnern des Militärs, die diese Pseudo-Entführungen durchgeführt haben, wurde mir von keinem Geringeren als einem herrschenden Mitglied einer europäischen Königsfamilie persönlich bestätigt, dass er diese Anstrengungen fördere. Er meint, die furchterregenden Geschichten müssten veröffentlicht werden, um der Welt bewusst zu machen, dass die „bösen Außerirdischen" existieren und bekämpft werden müssen. Er ging sogar so weit zu behaupten, dass jedwedes maßgebliche Ereignis seit Adam und Eva auf die Machenschaften der dämonischen Außerirdischen zurückzuführen sei. Er glaubt das wirklich! Gleichzeitig ist er der Hauptförderer von Opus Dei, ein Orden im rechten Spektrum des Vatikans, dessen geheime innere Zelle direkt an den Operationen beteiligt ist. Weiterhin sagte er mir, dass er die Unterstützung eines berühmten Autors in diesem Bereich (den ich hier nicht nennen will) gestrichen habe, da dessen Geschichten nicht alarmierend genug seien: Er stellte die Beziehungen zwischen Menschen und Außerirdischen zu positiv dar. Dieser Sponsor wollte, dass nur die erschreckendsten Märchen an die Öffentlichkeit gelangen!

Ein prominenter Führer einer der Entführungsgruppen sagte mir direkt ins Gesicht, dass jemand, der auf ihren Treffen erscheine und dessen Erfahrungen nicht mit den (grauenhaften) militärischen Entführungen übereinstimmten, sofort hinausgewiesen würde. Dieser ganze heimtückische Prozess dreht sich im Kreis.

Die gut geölte Maschinerie produziert auch erfundene „Begegnungen mit Außerirdischen". Diese werden bestimmten Forschern eingetrichtert, deren Geschichten dann in spezielle Kinofilme, Dokumentationen und / oder Bücher eingeschleust werden. Das alles bringt auch noch massig Geld. Alles, was man damit erreichen will, ist massive Propaganda, um die Massen gegen eine außerirdische Bedrohung aufzuwiegeln – und ganz nebenbei erhält und verstärkt man damit die jetzt schon himmelschreiende Lüge.

Innerhalb der Schattenregierung gibt es einen harten Kern von Eschatologen: Menschen, die vom Ende der Welt besessen sind und diese gerne in einem ökologisch-außerirdischen Kataklysmus untergehen sehen wollen, um die Wiederkehr des Messias zu beschleunigen! Und das ist ihr Plan: Sie behaupten, dass die Welt sich im allerschrecklichsten Zustand befinden muss, um das Zweite Erscheinen Christi hervorzurufen, und sie möchten den Weg dafür ebnen. Das ist vollkommen verrückt. Diese Mischung aus Hyper-Religion, Fanatismus und kultischer Geheimhaltung, gepaart mit schier unendlicher Macht, führt zu ungeheuerlichen Auswirkungen.

Vor einigen Jahren traf ich mich mit Mrs. Boutros-Ghali, der Frau des UN-Generalsekretärs, und mit einigen aus dem Zirkel der „New York 100". Eine Frau trat an mich heran und sagte: „Ich wollte Sie nur wissen lassen, dass ich 26 Bücher über UFOs und Entführungen gelesen habe."

Ich antwortete: „Mit allem nötigen Respekt heißt das, dass sie 26 Mal mehr Desinformation und Unsinn in ihr Bewusstsein gelassen haben als jemand, der nur ein einziges Buch gelesen hat." Ich bin mir nicht sicher, ob ich mich damit bei ihr beliebt gemacht habe, aber das ist die Wahrheit.

Ich habe meine Einsichten sowohl einigen alteingesessenen Militärs mitgeteilt als auch Menschen wie Mrs. Boutros-Ghali und anderen. Ihre ersten Reaktionen waren nicht derart, dass sie mir nicht glauben würden – vielmehr ängstigte sie, dass es wahr sein *könnte*.

Oft stellen sich die Leute die Frage, ob die Entwicklungsphase, in der sich die Menschheit befindet, auch von anderen Planeten erlebt wurde. Ich meine, dass bei verschiedenartigen Wesen auch völlig andere Fähigkeits- und Erfahrungsspektren möglich sind. Ich weiß, dass außerirdische Zivilisationen existieren, die nie Kriege und Konflikte hatten. Und natürlich gibt es auch andere, die womöglich unseren Weg gegangen sind, ihre Lektion gelernt und sich zu einer friedlichen Welt entwickelt haben.

Je weiter sich eine Zivilisation vom spirituellen Weg entfernt, desto gewalttätiger wird sie. Und ich meine hier echte Spiritualität im Gegensatz zur Religiosität. Was heutzutage als „Religion" bezeichnet wird, ist größtenteils eine menschliche Erfindung – eine Korruption der ursprünglichen Idee.

Wenn sich eine Zivilisation von ihrer eigentlichen Spiritualität abtrennt, aber gleichzeitig enorme intellektuelle und technologische Fähigkeiten entwickelt, ist ein Konflikt unvermeidlich. Die Erde versucht nun, diese Dynamik auszugleichen. Leider haben wir selbst bisher nicht gerade großartig dazu beigetragen.

Man kann durchaus sagen, dass sich die ETs der Risiken und Fallen bewusst sind, denen wir Menschen in diesen stürmischen Zeiten des Wandels gegenüberstehen – wobei ich gern den Vergleich zu einem Organismus ziehe, der sich von seiner Kindheit zur Reife entwickelt, und wir uns mitten in einer ausgedehnten Adoleszenzphase befinden. Wir sind chaotisch und aufrührerisch und versuchen, unseren Standpunkt zu finden, doch wir sind noch nicht erwachsen. Und unglücklicherweise verhalten sich einige unserer Mitbewohner wie pubertierende Jungs, denen ein paar Handgranaten in die Hände gefallen sind, an deren Auslöser sie nun herumspielen.

Betrachtet man die Menschheit und den Zustand der Welt nüchtern durch die Augen einer außerirdischen Zivilisation, gibt es in der Tat Grund zur Besorgnis. Aus diesem Blickwinkel sind die Eingriffe der Außerirdischen verständlich, als sie einige unserer Anstrengungen verhinderten oder uns die Flügel stutzten, als wir versuchten, Waffen im Weltraum zu stationieren. (Wir wissen von den Aussagen verschiedener voneinander unabhängiger Disclosure-Project-Zeugen, dass dies geschehen ist.)

Diese Eingriffe *könnten* als Akt der Feindseligkeit betrachtet werden … Ich jedoch betrachte sie als eine erleuchtete Handlung, die aus Mitgefühl geschehen ist. Die ETs wissen, dass wir damit nicht nur uns selbst gefährden, sondern auch andere Welten. Darüber hinaus ist unsere technologische Entwicklung unserer spirituellen und sozialen deutlich voraus, was uns, offen gesagt, zu einem gefährlichen Volk macht.

Die Zeit, in der wir leben, ist äußerst bedeutungsvoll, doch sie läuft uns davon. Wir haben keinen wirklichen Kurswechsel vorgenommen und müssen nun mit einigen sehr ernsthaften Konsequenzen leben, die die natürliche Folge unseres rückschrittlichen Verhaltens sind. Kombiniert man außergewöhnliche Technologien mit der Neigung, alles, was wir nicht verstehen oder kontrollieren können, zu verteufeln, führt das zu der äußerst gefährlichen Situation, in der wir uns gerade befinden.

Die außerirdischen Zivilisationen beobachten die Erde sehr genau. Ich habe keine Zweifel daran, dass aus diesem Grund viele unserer militärischen Zeugen davon berichteten, dass die außerirdischen Gefährte Startrampen für Interkontinental-Raketen observierten, Waffenlager, Waffenfabriken, Starts von Weltraumflügen und ICBMs. Sie wollen sich einfach vergewissern, dass diese Waffen nicht zum Einsatz kommen und beobachten unser Verhalten. Würden wir völlig außer Kontrolle geraten, gäbe es eine Intervention, um den Super-GAU zu verhindern.

Wir sind an einem Punkt in unserer Entwicklung angelangt, an dem sich die Erde der Last entledigt, die wir ihr auferlegt haben – es sei denn, wir tun es selbst. Es bleiben nicht mehr viele Generationen übrig, um alles wieder gerade zu biegen; und ich wäre überrascht, wenn wir diesen Weg noch weitere 50 Jahre verfolgen können.

1991 kontaktierten mich einige Leute, die an den supergeheimen Projekten mit UFOs und fortschrittlichen Energiesystemen beteiligt waren. Sie hatten eine meiner frühen Abhandlungen über das Konzept der Einheit und unserer Zivilisation gelesen, in dem es auch um die Erfahrung des kosmischen Bewusstseins und Begegnungen mit kosmischen Wesen ging. Sie hielten es für äußerst notwendig, die Informationen in ihrer Gruppe bekannt zu geben. Diese Personen kamen aus Operationen der CIA, Lockheed, McDonnell Douglas und ähnlichen. Alles, was ich bis dahin geschrieben hatte, richtete sich hauptsächlich an diese Gruppe.

Die meisten Menschen wollen einfach nur ein friedliches Leben führen. Sie denken nicht im Traum daran, irgendjemandem die Kehle aufzuschlitzen. Nur eine kleine Minderheit von Personen ist notorisch gewalttätig, psychisch gestört und leidet unter einer Art Kontrollzwang. Die Feuer des Hasses und Konflikts wurden nur geschürt, weil sie dieser gewalttätigen Gruppe zupass-kommen.

Gerade die allgemeine Bevölkerung sollte diese Informationen hören. Sie müssen es erfahren, weil sie ein Recht darauf haben und die Verantwortung, darauf zu reagieren. Durch die Ausübung ihres Willens können sie den schlimmsten Übergriffen der geheimen Gruppe Einhalt gebieten. Allerdings haben sich einige Elemente innerhalb dieser gefährlichen Gruppe derart in ihrer Bösartigkeit verschanzt, dass ihnen eine spirituelle Perspektive erst erläutert werden muss.

Wenn ich mich an meinen Schreibtisch setze und etwas schreibe, dann tue ich das bis heute hauptsächlich für die Leute, die es am ehesten hören müssen. Die meisten Menschen auf der Erde würden am liebsten einfach friedlich zusammenleben, sich an den unterschiedlichen Kulturen erfreuen, diese Technologien besitzen, sich entwickeln und ihre Kinder großziehen, sie an die Universität schicken und ein schönes Leben verbringen.

Es ist nicht so, dass 99 Prozent der Weltbevölkerung darauf versessen sind, ohne Fass die Niagarafälle herunterzuspringen. Nur eine relativ kleine Anzahl von Menschen hat eine rückschrittliche Perspektive. Sie blicken in ihren Rückspiegel und verwechseln diesen Anblick mit der Zukunft. Unsere Aufgabe besteht folglich darin, ihren Kopf nach vorn zu richten.

Es ist äußerst wichtig, dass wir die mächtigen industriellen, militärischen und religiösen Kreise für lernfähig halten.

Wir haben die letzten 50 Jahre vergeudet, in denen die Erde zu uns sprach, ihre Lebewesen uns warnten, die Berge weinten, die Polkappen schmolzen und die Außerirdischen den Zeigefinger hoben. 50 Jahre lang haben wir rücksichtslos gehandelt. Wir müssen zuhören und handeln – und zwar jetzt.

Die Leute, die diese geheimen Projekte betreiben, sind bewusste Wesen, die erziehbar, lern- und wachstumsfähig sind, die Informationen erhalten und ihre Weltsicht ändern können, bevor es zu spät ist. In unseren Meditationen und Gebeten sollten wir um Transformation und Erleuchtung für diese Leute bitten, anstatt noch mehr Feindschaft und Spannung zu erzeugen.

4 Eine himmlische Hochzeit

Im Januar 1978 reiste ich nach Israel, zunächst nur für zehn Tage. Am Ende sollten daraus drei Jahre werden, in denen ich in der Zentrale der Baha'i-Religion auf dem Berg Karmel in Haifa arbeitete. Ich hatte die Gelegenheit, einige sehr heilige Stätten zu besichtigen – eine beeindruckende und interessante Erfahrung. Bei all meinen Reisen in dieser Gegend spürte ich die Anwesenheit der spirituellen Lehrer, die sich in dem kleinen Teil der Welt aufgehalten hatten – doch war mir gleichzeitig bewusst, dass jeder Stein mit dem Blut des Konflikts durchtränkt war.

Gerade in Israel treffen die seltsamsten Extreme aufeinander. Zum einen traten dort all die erhabenen Propheten wie Christus, Moses, Abraham, Mohammed, Baha'u'llah oder der Báb auf. Zum anderen sind die Feindseligkeit und der Fanatismus in dieser Region schier unglaublich. Doch die Propheten kommen immer in der dunkelsten Stunde an die dunkelsten Orte.

Mehrere Jahre lang ging ich abends zu Bett und konnte Dinge sehen, die am nächsten Tag, im nächsten Monat oder irgendwann in der Zukunft geschehen würden. Je öfter ich mich in die höheren Bewusstseinszustände begab, desto intensiver waren meine Visionen. Im Winter 1978 lebte ich in einer Wohnung auf dem Berg Karmel, aus der ich das Mittelmeer überblicken konnte. Eines Nachts hatte ich folgenden Traum: Ich befand mich plötzlich in einem Raum, der sehr klar abgegrenzt war, aber keine Wände hatte. Er war sehr hell. In der Nähe meiner Wohnung gab es eine Stätte, an der die Überreste von Abdu'l-Baha aufbewahrt wurden, einer zentralen Persönlichkeit innerhalb des Baha'i-Glaubens. Man beschreibt ihn als sehr sanftmütig, weise, herzlich und liebenswert und als außergewöhnlich erleuchtete Person – ein nahezu perfekter Mensch. Dieser Mann erschien in meinem Traum und stellte mir eine Frau vor. Er sagte: „Dies ist die Frau, von der wir wünschen, dass du sie heiratest." Dann beschrieb er sie mir genauer: „Sie kommt von weit her, um Israel zu besuchen, und wird wieder abreisen. Doch in Israel werdet ihr heiraten. Sie ist älter als du, aber das wird kein Problem sein." Dann sah ich diese Frau und konnte genau erkennen, wer sie war und welche Kleidung sie trug.

Diesen Traum hatte ich in vier oder fünf aufeinanderfolgenden Nächten. Ich war gerade mal 22, ein Alter, in dem ich noch weniger Interesse an einer Heirat verspürte als der Mann im Mond! Doch zum Thema spirituelle Führung kann ich nur sagen: Sie wird einen nicht weiterbringen, solange man sie nicht annimmt. Also antwortete ich: „Ich glaube, ich sollte diese Person finden."

Ein oder zwei Monate später war ich in den Baha'i-Gärten auf dem Berg Karmel, in denen sich der Schrein mit dem Leichnam von Abdu'l-Baha befindet, als plötzlich Emily durch die Pforte trat. Ich war hellauf begeistert, denn sie war die Person aus meinem Traum. Doch man geht nicht zu einem völlig fremden Menschen und sagt: „Hallo, ich habe von dir geträumt und wir sollen heiraten!" Wir verabredeten uns und sprachen eine oder anderthalb Stunden miteinander – es war, als ob wir uns schon immer gekannt hatten. Meinen Traum jedoch erwähnte ich damals noch nicht.

Sie war aufgrund einer Tagung in Israel, und am letzten Tag ihres Aufenthalts liefen wir uns kurzzeitig noch einmal über den Weg. Zu der Zeit, als die Tore geschlossen werden sollten, die in die wundervollen Gärten und zu den Schreinen führen, war Emily dort, um zu beten. Ich sagte: „Du solltest dich beeilen, denn sie schließen gleich." Sie ging, und dies war das vorerst letzte Mal, dass ich sie sah.

Später begab ich mich zum Schrein, betete und sagte zu Gott: „Wenn das wirklich die Person ist, von der Du wünschst, dass ich sie heirate, dann wird sie mich wiederfinden müssen. Ich habe ihr weder von dem Traum erzählt noch versucht, sie erneut zu kontaktieren."

Emily wollte Urlaub bei ihrer Mutter in London machen. Als sie dort ankam, hatte sie einen merkwürdigen Drang, mir zu schreiben, doch sie kannte nicht einmal meinen Nachnamen! Sie wusste nur, dass ich Steve heiße. Glücklicherweise kannte jemand aus der Gruppe, mit der sie unterwegs gewesen war, meinen Nachnamen, und so konnte sie mir über die Zentrale der Baha'i in Israel einen Brief zukommen lassen.

Emily schrieb mir, dass sie sich sehr über unser Treffen gefreut hatte. Genau darauf hatte ich gewartet. Zuerst schrieb ich ihr einen ganz normalen und freundlichen Brief. Im zweiten Brief erzählte ich dann die ganze Geschichte, wie sie mir vorgestellt worden war und was Abdu'l-Baha im Traum zu mir gesagt hatte. Sie schrieb zurück und sagte: „Wenn dies der göttliche Wille ist, dann werden wir es tun."

Wir schrieben uns ein ganzes Jahr lang. Im Juni 1979 packte Emily all ihre Sachen, wir trafen uns am Flughafen in Seattle und flogen für zehn Tage gemeinsam nach Alaska. Danach war uns klar, dass wir heiraten wollten – und im August 1979 taten wir es auch: auf dem Berg Karmel in Israel! In diesem Jahr (2006) haben wir unseren 27. Hochzeitstag. Wie man sieht, werden manche Ehen wirklich im Himmel geschlossen!

Ich erzähle die Geschichte, weil vielen Menschen eine spirituelle Führung angeboten wird, diese aber ablehnen, weil sie keinen Sinn zu machen scheint. Doch wahre Führung ist nicht immer intellektuell verständlich. Gemeinsam hatten wir eine phantastische Zeit, eine wundervolle Ehe und vier bildhübsche Kinder. Wir haben all die Dinge getan, von denen Sie noch lesen werden, und ich liebe Emily heute mehr als je zuvor!

Zu unserer Hochzeit trug sie einen wunderschönen Seiden-Sari mit goldenen Fäden. Sie wusste damals nicht, dass ich sie in genau dieser Kleidung während meines luziden Erlebnisses mit Abdu'l-Baha gesehen hatte. Als ich sie so sah, sagte ich: „Genau das ist es."

Unsere erste Tochter wurde auf dem Berg Karmel in Israel an unserem ersten Hochzeitstag geboren, deshalb gaben wir ihr den Namen Carmel.

Nach ihrer Geburt gingen wir in die USA zurück, wo ich eine medizinische Hochschulausbildung begann. Ich entschied mich für die Notfallmedizin nicht nur aus dem Grund, weil sie eine große Herausforderung für mich darstellte, sondern weil ich dort die Wissenschaft und Technologie der modernen Medizin in ihrer fortschrittlichsten Form anwenden konnte. Daneben nahm ich an Versuchsprojekten teil, die sich mit Meditation und holistischer Gesundheit befassten. Wir gründeten das Shambhala-Institut und boten Kurse über holistische Gesundheit und Heilung an.

Mehrere Jahre lang zog ich mit Emily nicht nur vier Kinder groß, sondern war auch Leiter der Notfallmedizin und arbeitete in der Notaufnahme, dazu gründete ich CSETI und das *Disclosure Project*. Ich war also rund um die Uhr beschäftigt!

Vergebung und Glaube 5

Eine bedeutende Lektion, die ich bereits als Teenager gelernt hatte, war die des Verzeihens. Denkt man über die Situation nach, in der sich unsere Welt auf globaler Ebene befindet, ist es meiner Meinung nach wichtig, das Weltgeschehen auf eine sehr persönliche Ebene zurückzuführen: Der Mikrokosmos unseres eigenen Lebens wird von der gesamten Gesellschaft widergespiegelt, wir alle funktionieren wie ein universeller Resonator. Für mich selbst habe ich festgestellt, dass das Göttliche und Heilige existiert – es ist real und wirkt auf unserer Erfahrungsebene durch Liebe und Vergebung.

Als Allererstes vergab ich daher meinen Eltern die Dinge, die sie mir als Kind angetan hatten. Man vergisst so etwas nicht, aber man kann verzeihen. Und weil man dadurch das Negative loslässt, setzt eine solche Handlung ein enormes Maß an innerem Frieden und Energie frei. Der Akt des Vergebens und der der Liebe sind in der Tat zwei der höchsten Ausdrucksformen spiritueller Erkenntnis.

Ich habe festgestellt, dass Vergebung und Liebe echte Selbstlosigkeit erfordern – einen Zustand, in dem man über sich selbst hinauswächst. Als ich in meiner Jugend über die Welt nachdachte, wurde mir klar, dass die meisten globalen Probleme aufgrund von Egoismus entstanden waren. Es gibt einen wundervollen Spruch, der Abdu'l-Baha zugeschrieben wird: „Wo die Liebe ist, gibt es nur wenig Streit, aber immer genügend Zeit." Daran glaube ich wirklich. Es ist ein Teil von dem, was wir hier auf Planet Erde lernen sollen.

Ich musste mir meine eigene Spiritualität aus dem Nichts erschaffen – doch war ich dadurch auch völlig unvorbelastet, wie ein unbeschriebenes Blatt: In meiner Nahtoderfahrung ging ich nicht durch eine Himmelspforte, hinter der ein wütender, alter Mann mit Bart saß, der Blitze auf die Menschheit schleuderte, uns Heuchler und Sünder richtete und in die Hölle warf.

Wie gesagt, bestand eine meiner ersten Herausforderungen darin, den Menschen zu vergeben, die mir am nächsten standen. Auch die Menschheit muss dieses Vergeben lernen. Selbst wenn ich ausdrücklich betone, dass wir den Pfad, auf dem wir uns befinden, verlassen müssen, sage ich dennoch nicht, dass wir denjenigen, die uns in das Chaos geritten haben, rachedurstig die Eingeweide herausreißen müssen. Sie sollten unterrichtet werden und, wenn nötig, eingeschränkt.

Doch selbst diese Handlungen geschehen ohne Liebe oder den Sinn für das, was getan werden muss. Sie müssen aus einer vergebenden Haltung heraus geschehen. Ich versuche immer noch, so zu handeln. Auf diesem Planeten zu sein, bedeutet für mich nicht, mir vorzumachen, ich sei perfekt. Ein Zitat, das einem deutschen Schriftsteller zugeschrieben wird, lautet: „Jene, die vorgeben, Engel zu sein, werden sich wie die Tiere benehmen."

Die fürchterlichsten und gefährlichsten Kultanhänger sind diejenigen, die sich über andere erhaben fühlen. Es ist besser, so zu sein, wie man ist, aufrichtig und menschlich. Gleichzeitig kann man beginnen, die spirituellen

Eigenschaften und das Göttliche auf Erden zu leben – doch dazu braucht man nicht vollkommen zu sein.

Auf Planet Erde gibt es niemanden, der perfekt ist, es sei denn, es handelt sich um einen Avatar – einen der hohen Propheten oder eine Manifestation der Gottheit. Seit über 100 Jahren – bis heute – hat es keinen solchen Avatar auf der Erde gegeben, und das gilt auch für die kommenden 1.000 Jahre.

Große Propheten oder Manifestationen der Gottheit sind sehr selten. Im Grunde gehören sie einer völlig anderen Gattung von Lebewesen an. Sie kommen aus Ebenen, die selbst einem völlig erleuchteten Menschen nicht zugänglich sind. Das heißt, Sie könnten den höchsten Grad menschlicher Vollkommenheit erlangen, ohne je in diese Ebenen vorzudringen. Es ist eine völlig andere Entwicklungslinie. Genau deshalb sind diese einzigartigen Wesen so wichtig und mächtig. Daher meine ich auch, dass es eines der schlimmsten Dinge ist, zu behaupten, man sei eine solche Person, obwohl man es nicht ist. Wir können höchstens das Licht dieser Gottheit widerspiegeln.

Wir alle hier sind relativ unvollkommen und befinden uns auf der Erde, um verschiedene Perfektionsgrade zu manifestieren. Mehr sollten wir uns nicht anmaßen. Jene, die behaupten, sie seien perfekt, sind Betrüger. Punkt. Es interessiert mich nicht, wer diese Leute sind. Nur indem wir sind, wer wir sind, und wissen, an welchem Punkt wir uns befinden, können wir uns entwickeln.

Der Süden ist so verrückt – ich genieße es, dort zu leben und fühle mich zu Hause. Als ich in den 1950er und 1960er Jahren dort aufwuchs, war es immer noch der Alte Süden. Ich kannte wundervolle schwarze Frauen, die zu mir kamen und sagten: „Du bist eine alte Seele." Sie sahen mich an und erzählten mir Dinge aus meiner Zukunft. Diese Frauen waren wundervoll und bescheiden, das Salz der Erde.

Solche Menschen trifft man auf der ganzen Welt. In Tempeln, Kathedralen oder Ashrams wird man sie lange suchen, doch an anderen Orten wird man ihnen begegnen. Als ich noch ein Kind war, wurden mir einige Dinge von diesen weisen und verständigen Leuten bestätigt. Ich war vier oder fünf Jahre alt und geriet nicht in die Fallen der formalisierten Spiritualität, die man in der Welt der Priester oder den Hierarchien der Gurus und Ashrams vorfindet, sondern fühlte mich viel mehr zur echten Spiritualität hingezogen, einer ehrlichen, direkten, klaren und einfachen Spiritualität. Diese Erfahrungen ermöglichten es mir, mein Herz zu öffnen und aus Vergebung und Liebe zu handeln, fernab von dem, was mir mein familiärer Hintergrund eigentlich vermittelt hatte.

Was ich Ihnen hiermit sagen will: Sie können Ihre eigenen Begrenzungen überschreiten, wenn Sie es zulassen, sich anderen Erfahrungsbereichen zu öffnen. Sie müssen Ihren freien Willen nutzen, um Ihre eigene Wirklichkeit zu erschaffen. Wenn ich zurückblicke, war genau dies die wichtige Lektion, die ich in den ersten 20 Jahren meines Lebens lernte. Die eigentümlichen Erlebnisse, die ich hatte, waren traumhaft, und es war ein Segen, diese Erfahrungen zu machen – selbst wenn ich dazu zunächst durch das Fegefeuer großer Anstrengungen und Leiden gehen musste. Es fällt mir leicht, darüber zu reden, doch war es weniger leicht, sie zu meistern. Das Leben auf der Erde ist nicht zwangsläufig leicht. Es gibt hier sowohl Vollkommenheit als auch Unvollkommenheit, und unsere Aufgabe besteht darin, so viele gute Eigenschaften und Grade der Vollkommenheit zu leben wie möglich.

Damals musste ich mein Leben physisch wieder ganz neu aufbauen. Meine Kindheit war eine einzige Qual. Ich musste alles läutern – meinen Körper, meinen Verstand, meinen Geist und mein Herz. Es war ein schamanistischer Prozess. Und ich schaffte es nicht allein durch die Ausübung meines Willens, sondern auch, weil ich die Kraft hatte, meine eigenen Grenzen zu überschreiten.

Sie können das gerne Glauben nennen – jedoch handelte es sich dabei um keinen Glauben in Form von festen Ansichten und Dogmen, wie ihn religiöse Menschen vertreten. Glaube ist für mich das Wissen und die Gewissheit von Dingen, die wir noch nicht sehen und noch nicht vollständig begreifen können. Doch in unseren Herzen und in unserem Geist existiert die Gewissheit, dass wir es irgendwann *können*. Durch diesen Glauben konnte ich meine Visionen verwirklichen und manifestieren und sah Dinge geschehen, die an Wunder grenzten.

Ich erinnere mich beispielsweise daran, wie ich am College mit der Kraft des Gebetes zu experimentieren begann, nachdem ich Meditationstechniken gelernt hatte. Ich war in einem Schlafsaal untergebracht, und da gab es eine Gruppe von Jungs, die sich immer betranken und sich auf einem wirklich gefährlichen Weg befanden. Jedes Jahr starben ein paar von ihnen, als sie betrunken eine heimtückische zweispurige Straße zwischen Boone und Blowing Rock entlangfuhren.

Eines Nachmittags saß ich im Schlafsaal und meditierte. Ich hörte, wie diese Typen hereinkamen, völlig betrunken und rauflustig. Ich begab mich in einen Zustand göttlichen Bewusstseins, und ohne gereizt zu sein oder negativ über sie zu denken – ich verurteilte sie nicht – sah ich im Geist, wie sie den Flur entlang auf mich zukamen. Ich umgab sie mit göttlichem Licht und bat für sie um Vergebung. Dann bat ich darum, dass sie erwachen mögen und sähen, was sie sich antaten, und dass sie sich nicht weiter so schädigen sollten. Ungefähr fünf Minuten später klopfte es an der Tür. Dort standen sie, sahen völlig nüchtern aus und baten um Vergebung – *durch* mich an eine höhere Macht. Dieses Ereignis veränderte sie grundlegend, und ich sah sie nie wieder betrunken!

Im gleichen Jahr entdeckte ich, dass man sich auch mit Tieren auf diese Art verbinden konnte – dass es eine Möglichkeit gab, mit Wesen, die in der östlichen Welt als Devas oder Naturenergien bezeichnet werden, zu kommunizieren. Ich saß oft zur Meditation hinter dem Schlafsaal unter den Bäumen eines riesigen, uralten Waldes.

Eines Tages, als ich unter einem gewaltigen alten Schierlingsbaum saß und meditierte, spürte ich, dass ich beobachtet wurde. Ich öffnete langsam die Augen und sah zu meiner Entzückung, dass die Tiere einen Halbkreis um mich bildeten. Darin saßen ein paar Vögel, ein Eichhörnchen, ein Backenhörnchen und ein Waschbär. Ich weiß, das alles klingt nach einer Erzählung von Siddharta, aber es geschah wirklich. Die Tiere sahen mich friedlich an und schienen völlig ruhig und glücklich zu sein.

In uns wohnt ein großartiger, göttlicher Geist – doch wir müssen ihn kennen lernen, ihn praktizieren und ihn in unserem Leben anerkennen, damit die Dinge geschehen können. Genau das bedeutet Glaube für mich: Man handelt, als ob es so wäre, und dann ist es so. Wenn man aus dieser Überzeugung handelt, wird es geschehen. Letztlich führen die Übungen dazu, alles aufzugeben und das Selbst dem großen Geist zu überlassen.

Unbeschreibliche Einheit 6

Die Sufi-Tradition erzählt die Geschichte eines Meisters, der seinem Schüler lehren möchte, wie man über das Wasser geht. Am Rand des Wassers schaltet sich der Verstand des Schülers ein und dieser denkt: „Ich bin schwerer als Wasser; ich werde untergehen und ertrinken." Der Meister wendet sich zum Schüler um und sagt: „Lass dein Ich zurück, und geh dann über das Wasser."

Es ist diese operative Gnade, die es ermöglicht, solche spirituellen Erfahrungen zu machen. Sie müssen es üben und sich entfalten lassen.

Dazu müssen Sie in Ihrem Herzen *wissen*, dass es möglich ist – nicht nur im gewöhnlichen Sinn daran glauben. Sie müssen sagen: „So wird es sein", und es dann tun. Allerdings wird dabei nicht Ihr Ego handeln, sondern der größere Geist, der in Ihnen wohnt.

Werden Sie sich bewusst, dass wir es hier mit einem Paradoxon zu tun haben: Einerseits sind unsere individuellen Charaktere das Gefährt, durch das sich das Unbegrenzte manifestieren und ausdrücken kann. Haben Sie das einmal verstanden, begreifen Sie auch die Vorstellung, wie man ein reiner Träger des Geistes sein kann. Aus dieser Perspektive heraus ist also die Individualität notwendig, damit die Dinge geschehen können. Andererseits aber müssen Sie sich gerade von diesem Ich lösen, um das größere göttliche Wesen durchscheinen zu lassen, das solche Erfahrungen ermöglicht. Dann werden sie auch geschehen.

Ich habe meine eigene Jugend nur überlebt, weil ich es für mich selbst herausfand – mit ein wenig Hilfe aus den unsichtbaren Welten. Doch ich bin mir sicher: Hätte ich jene Wahrheit nicht entdeckt, wäre ich vor meinem 20. Lebensjahr gestorben. Normalerweise enden Menschen aus solchen Verhältnissen als Drogenabhängige oder Kriminelle. Ich verdanke meine Transformation der Führung, dem Schutz und der Inspiration des Großen Geistes, des Göttlichen Wesens – und irgendwie war ich gewillt, mich dem zu öffnen. Und als Ich mich öffnete, erfüllte Es mich. Es hatte nur auf mich gewartet, mehr noch, Es wartet auf jeden von uns.

Ich sage den Menschen: „Sobald Sie bereit sind, sich Ihm zu öffnen, ist Es da." Aus irgendeinem Grund ist es da. Es spielt keine Rolle, ob Sie in der Notaufnahme arbeiten und versuchen, Leben zu retten, oder ob Sie Pilot oder Zimmermann sind. Der unbegrenzte Göttliche Geist befindet sich in jedem von uns. Es kommt nur darauf an, dies zu wissen, sich der Erfahrung zu öffnen und Es zuzulassen. Sie müssen also Ihren eigenen Weg verlassen und Es einfach geschehen lassen.

Als ich in Israel lebte, wurde mein Vater, ein Kettenraucher und Alkoholiker, tödlich krank. Heute ist mir klar, dass er auch sehr stark am posttraumatischen Stresssyndrom aus dem Zweiten Weltkrieg litt, das aus der Zeit stammte, als er auf den pazifischen Inseln gegen die Japaner gekämpft hatte. Eines Tages kam mir durch die Familie zu Ohren, dass er einen nicht operierbaren golfballgroßen Tumor in seinem rechten Lungenflügel hatte. Damals – es war ungefähr 1978 – dachte man nicht, dass die verfügbare Chemotherapie funktionieren würde, wollte es aber dennoch versuchen. Man rief mich also in die Staaten zurück, wo ich mich um sein Begräbnis kümmern sollte: Die Ärzte sagten, er hätte noch sechs Wochen zu leben. Als ich meinen Vater sah, fragte ich ihn: „Willst du wirklich an dieser Sache sterben?" Er antwortete: „Nein, ich bin noch nicht so weit." Also lehrte ich ihn zu meditieren und zu beten. Sie sollten wissen, was für ein hartgesottener Atheist er war: ein verbitterter Mann aus der 1916er-Generation. Doch trotzdem sagte er: „Ich werde das tun." Ich gab ihm ein paar Bücher zu lesen und brachte ihm persönlich bei, zu meditieren, zu visualisieren und wie man mit Hilfe des inneren Geistes seine Selbstheilungskräfte anregt.

Zunächst müssen Sie sich zentrieren und in einen tiefen, ruhigen Zustand des Bewusstseins begeben, der sich außerhalb Ihres Ichs befindet. Dort liegt die wahre Macht, die göttliche Macht. Es ist die Kraft, die das Ego übersteigt. Aus dem Zustand heraus sollten Sie die Visualisierung beginnen. Sie bringen damit einen Faktor ins Spiel, den ich den Gottfaktor oder den Faktor des göttlichen Geistes nenne.

Dies also brachte ich meinem Vater bei. Ich sagte: „Mach es einfach. Auf die Art kannst du dein Leben retten. Ob du daran glaubst oder nicht, handle, als ob du glaubst." Und das tat er.

Danach kehrte ich nach Israel zurück und begab mich zu dem wundervollen Baha'i-Schrein auf dem Berg Karmel. Täglich zur Mittagszeit ging ich dorthin und machte die gleichen Visualisierungen wie mein Vater. Dann betete ich für seine Heilung.

Ein paar Wochen später ging er wieder zu seinem Arzt. (Wir hatten schon seine Begräbnisstätte auf dem Friedhof ausgesucht, aber ich wusste, dass er wieder genesen würde.) Der Arzt machte ein paar Röntgenaufnahmen und fand heraus, dass der riesige Tumor plötzlich verschwunden war. Er sagte: „Großer Gott!" – es war eine dieser „wundersamen" Spontanheilungen. Wir dagegen wussten genau, was geschehen war.

Mein Vater starb viele Jahre später an kongestivem Herzversagen und Emphysemen, die vom Rauchen kamen, seine Lunge hatte einfach ausgedient. Bevor er starb, erinnerte ich mich an eine Situation in meiner Kindheit. Damals war ich zwölf Jahre alt, und wir saßen im Hinterhof unseres Hauses in Charlotte. Er sagte: „Weißt du, ich will wirklich nicht allzu lange leben, nur lange genug, bis ihr Kinder alle erwachsen seid und das Haus verlassen habt." (Er war damals ziemlich berauscht.)

Als er den besagten Lungentumor hatte, wohnte meine kleine Schwester noch bei ihm im Haus. Ein Jahr, nachdem sie ausgezogen war, starb er. Ich sagte meiner Schwester: „Wie du weißt, erschaffen wir uns unsere eigene Wirklichkeit." Er war der beste Beweis. Der Krebs, der ihn hätte umbringen sollen, schaffte es nicht – doch gleich nachdem alle Kinder erwachsen geworden waren und ihr eigenes Leben führten, gab er sein Leben völlig auf und starb. Er tat genau das, was er sich vorgenommen hatte, auch wenn ich mir sicher bin, dass er sich nicht bewusst an das erinnern konnte, was er zu mir gesagt hatte.

Wir sind folglich viel mächtiger als wir denken, völlig egal, wer wir sind. Wir erschaffen uns unser Leben selbst.

Zu dieser Zeit lernte ich auch, wie ich weit entfernte Personen besuchen konnte. Viele Leute würden sagen: „Oh, das heißt, Sie haben Astralreisen gemacht." Astral reiste ich als Jugendlicher, aber das hier war anders!

Ich hatte erkannt, dass man den Astralkörper nicht vom physischen Körper trennen musste. Ich brauchte mir nur gewahr sein, dass die Gesamtheit der Schöpfung in jedem Individuum zu finden ist. Wir sind wirklich ein Quantenhologramm der ganzen Schöpfung. Wenn gesagt wird: „Denkst du, du bist ein kümmerliches Geschöpf – obwohl das ganze Universum in dir verborgen ist?", dann deutet diese rhetorische Frage auf eine profunde Wahrheit: Alles ist in einem erwachten Geist enthalten.

Eine relativ primitive Methode, anderen auf geistigem Weg einen Besuch abzustatten, ist die Astralprojektion, bei der der physische Körper und der Astralkörper sich voneinander lösen und man davonschweben kann. Doch ein entwickelter, einfacherer und sicherer Weg, dies zu tun, führt über die Erkenntnis, dass all das in einem selbst stattfindet.

In einem nichtlokalen Bewusstseinszustand, dem transzendentalen Zustand der Wachheit, kann man jeden Punkt in Zeit und Raum betreten. Unter subtilem Einsatz Ihres Willens können Sie sich dann innerlich öffnen und einen geliebten Freund an einem fernen Ort besuchen. Zumindest würde ich dies mit meinen Freunden tun.

Kurz bevor ich nach Israel ging, erlebte ich Folgendes: Ich hatte eine Großtante, die sehr krank war. Sie litt an Lungenkrebs und lag im Sterben. Diese Tante war eines der wenigen Familienmitglieder, die sich wirklich um uns gesorgt hatten, deshalb fühlte ich mich ihr immer sehr verbunden. Tante Irenes herzliche und freundliche Art ist mir immer noch in Erinnerung.

An dem Tag, als sie verstarb, erwachte ich in meinem Schlafzimmer – und da stand sie. Statt als 70-jährige, vom Krebs gezeichnete Frau, sah ich sie mit ungefähr 40 Jahren vor mir. Sie strahlte und sah bildhübsch aus. Ich kann mich nicht erinnern, dass wir irgendwelche Worte wechselten; es war einfach ein schönes, liebevolles Ereignis, ein Abschied, der zu einer anhaltenden Verbindung führte. Am nächsten Tag rief mich meine Zwillingsschwester an und ich erzählte ihr von meinem Erlebnis. Sie sagte: „Ich rufe dich gerade an, weil sie uns verlassen hat." Ich fragte: „Um welche Uhrzeit?", und es stellte sich heraus, dass meine Begegnung *genau* zu diesem Zeitpunkt stattgefunden hatte.

Wir sind also immer durch die Einheit des großen Geistes miteinander verbunden. Das tiefe Verständnis dieser Tatsache führt uns zu der Erkenntnis, dass Raum und Zeit keine wirklichen Grenzen sind.

Ich erinnere mich auch daran, wie ich mit einem Freund in den versteinerten Wäldern von Arizona campte. Meine Frau Emily war zu Hause in North Carolina geblieben.

Plötzlich spürte ich, dass sie irgendwie mit mir kommunizieren wollte, doch ich war mitten in der Wildnis. Als ich mich unter dem Vollmond schlafen legte, begann ich zu meditieren und begab mich in das Einheitsbewusstsein.

In diesem friedlichen Bewusstseinszustand sah ich Emily in unserem Schlafzimmer. Ich sollte hinzufügen, dass Emily sich nur selten an ihre Träume erinnert. Da ich wusste, dass sie schlief, begab ich mich ins Schlafzimmer und trat mit ihrer Seele in Verbindung. Ich zeigte ihr ganz genau, wo ich mich befand und was ich tat. Ich hinterließ die Botschaft, dass ich jederzeit da sein würde, wenn sie mich wirklich bräuchte – dass wir immer zusammen sind – geeint durch den Geist.

Einige Tage später, als wir aus der Wildnis zurückkehrten, rief ich sie an. Sie sagte: „Du wirst nicht glauben, was für einen Luzidtraum ich hatte! Du warst an diesem Ort …", und sie beschrieb mir exakt, wo wir gecampt hatten! „Und du sagtest Folgendes: …", wobei sie die Nachricht wiederholte, die ich ihr hinterlassen hatte. Es war für uns beide eine wundervolle Erkenntnis, die uns bestätigte, zu was wir fähig sind. Wir sind niemals allein, weil es so etwas wie Trennung nicht gibt.

Als wir Menschen kollektiv gewählt hatten, die Truhe der Trennung zu öffnen, gab man uns auch den Schlüssel dazu. Dieser Schlüssel ist der erwachte Geist in uns und unser Wille, ihn anzuwenden. Dazu ist ein lebendiger Glaube nötig. Yogananda (ein berühmter vedischer Lehrer) sagte einst, dass die Menschen sich nicht weiterentwickeln würden, weil sie an geistiger Trägheit litten und es ihnen an spiritueller Abenteuerlust mangele.

Wenn sich diese Erfahrungen einmal zu entfalten beginnen und man bemerkt, dass sie möglich sind, erhöht sich die eigene Gewissheit, dass es tatsächlich funktioniert: Man praktiziert es öfter und es wird mit jedem Mal intensiver. Das erzeugt eine positive Rückkopplungsschleife.

Es ist wie ein Schneeball, der den Berg hinabrollt. Er gewinnt von selbst an Fahrt – doch den ersten Anstoß muss man ihm selbst geben!

Einen unserer Hochzeitstage verbrachten Emily und ich in Costa Rica in der Nähe der Pazifikküste. Eines Nachts, wir waren schon eingeschlafen, geschah etwas Erstaunliches.

Emily wachte mitten in der Nacht auf, und als sie sich zu mir wandte, sah sie eine silbrige graue Gestalt, die sich aus meinem Körper erhob und aus dem Hotelfenster schwebte. Sie dachte: „Mein Gott. Ich sitze in Costa Rica fest, zu Hause warten vier Kinder auf mich, und gerade ist Steve gestorben!"

Ich hatte einen meiner fliegenden Luzidträume, wie ich sie nannte, Träume, die mich mein ganzes Leben begleiteten. Ich flog über den Dschungel und den Rand des Ozeans. Da ich das Geschehen mit einer Art Astralblick wahrnahm, konnte ich, obwohl es Nacht war, das farbenprächtige Wasser und den Dschungel wie am Tag sehen. Jedoch strahlte alles irgendwie von innen, aus sich selbst heraus, im Gegensatz zum gewöhnlichen Reflexionslicht der Sonne. Es war eines der schönsten Dinge, die ich je sah. Ich schwebte in einem Zustand vollkommener Freude und Gelassenheit.

Ganz plötzlich befand ich mich wieder in unserem Zimmer und dachte, ich erwache gerade aus einem Traum. Ich spürte, dass Emily mich ansah. Ich schaute zurück – sie hatte riesige Augen! „Gott sei Dank, du bist zurück!", rief sie aus. – „Zurück? Wo war ich denn?", fragte ich. – „Du hattest mich verlassen." – „Nie und nimmer. Ich bin die ganze Zeit hier gewesen." – „Nein, ich habe gesehen, wie du deinen Körper verlassen hast!" Und dann beschrieb sie mir, was sie gesehen hatte. Damals wurde mir bewusst, dass viele meiner hervorragenden Luzidträume eigentlich Seelenreisen waren. Normalerweise hat Emily diese metaphysischen Erfahrungen nicht – sie ist meine vollkommen erdgebundene Hälfte und liebt jede Minute auf ihr! Doch da sie sich meiner Meinung nach in jenem Moment in einem entspannten Zustand befand, in dem alle ihre Filter ausgeschaltet waren, konnte sie meine davonfliegende Seele beobachten. Diese abgestellten Filter erlaubten es ihr, meinen Geist zu sehen, als er sich aus dem physischen Körper erhob und davonflog. Sie sah den Beginn meiner erhebenden Reise in die tiefe, spirituelle Schönheit der Erde.

Als erstes fand ich die Göttlichkeit über meinen Zugang zur Schöpfung, die vom Göttlichen Wesen initiiert wurde. Deren höchster Ausdruck sind natürlich die Erde und der Himmel, die uns umgeben. Es ist ein typisch indianischer Gedanke: Als halber Cherokee und halber Catawba empfand ich schon immer eine tiefe Liebe zur Erde.

Die Arbeit, der ich jetzt nachgehe, hat damit viel zu tun. Es ist meine mitfühlende Liebe zur Natur und zum Geist, die mich antreibt. Mich motiviert die Zukunft, die ich für die Erde und ihre Kinder kommen sehe. Ich sehe sie und weiß, dass sie möglich ist.

Man sagt, der beste Weg, Gott zu lieben, besteht darin, seine Schöpfung zu lieben. Ich sehe es folgendermaßen: Es gibt den göttlichen, unbegrenzten Geist, der das innere Wesen der Gottheit, der Höchsten Wesenheit, ist. Doch auch die gesamte Schöpfung ist unendlich, nur stellt sie eher das Gewand oder den Mantel Gottes dar. Die Schöpfung ist der äußere Ausdruck desselben Wesens, und beide sind eins, vollkommen eins.

Schon als Kind, als ich in den Himmel und zu den Sternen aufsah, spürte ich, dass der Weltraum nicht leer ist. Freudig erregt konnte ich eine erwachte Präsenz wahrnehmen. Ich fühlte das göttliche Wesen, das sich durch die Natur und in seiner Schöpfung ausdrückte. Auch als Wissenschaftler sehe ich das so. Aus dieser Sicht ist es kein Widerspruch, die Biochemie der Blumen zu untersuchen – zu sehen, wie unglaublich wundersam und außergewöhnlich alles zusammengefügt ist, ob es sich nun um Genetik handelt, Physik, Elektromagnetismus, Quantenphysik, Stringtheorie, Biochemie, Moleküle, Anatomie, Physiologie – alles ist der Ausdruck eines unglaublich bewussten, lebenden Wesens. All das ist der äußere Körper Gottes, der als Materie, Raum, Zeit oder Energie ständig in Bewegung ist und mit sich in Resonanz steht.

Somit ist jedes Geschöpf eine Tür zum Schöpfer. Walt Whitman wusste dies, auch Thoreau und Emerson. Die Natur ist ein großer Lehrer. Wir alle stammen aus dem Schoß von Mutter Erde, die selbst ein äußerer Ausdruck der unendlichen Gottheit ist. Die Unendlichkeit befindet sich in uns und auch in allen anderen Dingen, doch ist sie im Innern nicht getrennt – sie ist in ihrer vollkommenen Ganzheit ewig. Alles befindet sich innen, und alles ist perfekt miteinander verwoben. Ein perfektes Quanten-Hologramm.

Die Frage ist: Gibt es eine Art Leitmotiv, das all diese Erfahrungen verbinden kann? Die sichtbaren und die unsichtbaren Ebenen sind eine unbeschreibliche Einheit. Einheit.

Wenn Sie die Fähigkeit haben, in den Bewusstseinszustand zu treten, in dem Sie Raum, Zeit und Materialismus überschreiten, kann es passieren, dass Ihnen Menschen aus anderen Kulturen der Erde, Außerirdische oder Wesen aus anderen Ebenen begegnen. Doch anstatt die Wesen als „anders" zu betrachten, werden Sie sie als „gleich" wahrnehmen. Das ist sehr wichtig, denn das „Anderssein" wurzelt in der Unwissenheit. Anderssein ist Unwissenheit, Einheit ist Erleuchtung.

Wenn Sie andere Wesen betrachten und sehen können, dass diese ebenfalls wach und bewusst sind, dann können Sie die Einheit mit ihnen erfahren. Dabei kommt es nicht auf ihren Intellekt, ihren Körper, ihre emotionale Klangfarbe oder ihren Wissensstand an. All die Dinge, die wir normalerweise für wichtig erachten, sind nicht von Dauer. Konzentrieren wir uns dagegen auf die Tatsache, dass diese Wesen wach und bewusst sind, und erfahren wir zudem einen Bewusstseinszustand, in dem wir den allumfassenden Wert des unbegrenzten Geistes erkennen, dann werden wir sie nicht als „fremd" oder „andersartig" beurteilen. Dies ist eine unumstößliche Wahrheit, egal, ob man aus Simbabwe, Saudi Arabien oder Alpha Centauri stammt. All diese Dinge spielen wirklich keine Rolle – denn bei dem Anderen handelt es sich um ein empfindendes, bewusstes Wesen, hinter dessen Realität sich dieselbe universelle Wachheit verbirgt, die auch ein Teil von uns ist.

In diesem Zustand der Einheit können Sie sich zu allererst mitteilen, was sehr wichtig ist. Zweitens werden Sie fühlen, dass es absolut nichts zu befürchten gibt. Drittens werden Sie erkennen, dass es keinen Grund für Streit oder Konflikt gibt, weil die Dinge, die uns unterscheiden, weder essentiell noch wichtig sind.

Ferner denke ich, dass man alle Religionsgründer der Erde zusammenbringen könnte und sie ohne größere Unstimmigkeiten eine großartige Zeit miteinander haben würden. Das eigentliche Problem wird durch die Einteilungen der Menschen hervorgerufen, die aus Egoismus, Materialismus, Chauvinismus, Unwissenheit, Hass und Dummheit handeln. Die Erfahrung der Einheit ist eine Erfahrung, die in dieser Zeit dringend nötig ist …

Das Leitmotiv, das ich aus meinen eigenen Erlebnissen mit verschiedenen Bewusstseinszuständen gezogen habe, ist das der Einheit. Es ist auch das Leitmotiv der nächsten 500.000 Jahre: wachsende Grade von Einheit. Und aus diesen erwächst vollkommene Harmonie, Frieden und Erleuchtung.

Sie können das auch um sich herum beobachten: Die Welt wächst zusammen. Eine der großen Herausforderungen, vor die uns die außerirdische Frage stellt, ist: Welchen Grad der Einheit muss die Menschheit erreichen, um universell zu werden – fähig, in friedlichen Austausch mit bewussten, aber nicht-menschlichen Lebensformen zu treten?

Wir leben in einem kosmischen Moment, an dem die Menschen beginnen, den Weltraum zu bereisen. Langsam wird uns auch bewusst, dass wir von außerirdischen Zivilisationen besucht werden – und mit dieser Erkenntnis reicht es nicht aus, nur die Einheit der Menschheit im Sinn zu haben. Wir werden selbst die Grenze überschreiten und uns auf eine Ebene begeben müssen, auf der wir den universellen Aspekt des Geistes verinnerlichen: Dass der bewusste Geist, die Wachheit-an-sich, eine allumfassende Singularität ist und die Wachheit innerhalb einer „außerirdischen" Lebensform identisch mit unserer eigenen ist. Auch wenn sich unser Intellekt, unsere Körper oder unser Wissen unterscheiden – diese Dinge sind nicht essentiell.

Alles spricht für die Notwendigkeit einer universellen Spiritualität. Wir leben in einer Zeit, in der wir nicht nur den Weltfrieden begründen müssen, sondern sogar den kosmischen Frieden. Eine Zeit, in der ein solcher Friede nur erreicht werden kann, indem wir die allumfassende Natur des Geistes und die allumfassende Natur des Bewusstseins erkennen. Tun wir dies nicht, könnten wir sagen: „Gut, die Menschheit ist geeint, und wir Menschen haben Frieden, aber dann gibt es da draußen noch all die anderen" – und was sollen wir mit *denen* tun?

Die Wahrheit ist, dass diese Lebensformen bewusst und wach sind – es ist die gleiche innere Wachheit, die auch in jedem von uns strahlt. Diese Wachheit verbindet uns.

Das Wissen um die Einheit besiegt alle Ängste – in einem derartigen Bewusstseinszustand befinden Sie sich außerhalb der Begrenzungen der Zeit, ewig und unsterblich. Er ist unendlich, da er auch nicht durch den Raum begrenzt wird. Dieser Bewusstseinszustand ist der sicherste Grund, auf dem wir den Weltfrieden und den universellen Frieden errichten können. Deshalb ist die wirkliche Herausforderung der heutigen Welt eine spirituelle.

7 Universeller Friede

Wir leben in einem kosmischen Moment, an dem die Menschheit die Mittel besitzt – auch wenn nur innerhalb klassifizierter Programme –, zu den Sternen zu reisen. Wir müssen uns also von einer menschlich orientierten Spiritualität zu einer wahrhaft universellen Spiritualität entwickeln. Geschieht dies nicht, wird es uns nicht möglich sein, zur nächsten Stufe der menschlichen Evolution voranzuschreiten.

Einige werden sagen: „Das ist ein bisschen viel verlangt. Wir schlagen uns hier immer noch *gegenseitig* die Köpfe ein – und jetzt sollen wir uns plötzlich mit Lebewesen auseinandersetzen, die von anderswo kommen." Aus einer erweiterten Perspektive sieht es aber so aus: Gestehen wir uns ein, dass wir nicht allein im Universum sind, dann werden Menschen – und zwar alle Menschen – zu unseren engsten Verwandten. Um die Herausforderung des Kontakts mit fremden Zivilisationen zu meistern, müssen wir unsere anthropozentrische Sicht der Spiritualität transzendieren und eine universelle Spiritualität entwickeln. Und das ist eine wirklich positive Entwicklung. Diese Herausforderungen werden die Menschheit notwendigerweise dazu bringen, eine wahrhaftige, größere, echte Spiritualität zu entwickeln – eine Spiritualität, die uns in unseren fehlgeleiteten und trennenden Glaubenssystemen bisher gefehlt hat.

Die Wahrheit ist, dass es keine Trennung gibt. Ich habe mit vielen Indianern gesprochen, die berichten, dass eines der ungewöhnlichsten Dinge, die ihre Vorfahren im Kontakt mit Europäern feststellen mussten, unsere ausgeprägte Vorstellung von der Getrenntheit der Dinge war. Die Indianer hielten dieses Denken für äußerst seltsam. Es ist vergleichbar mit den Aborigines in Australien, die in ihrer „Traumzeit" leben und sich bewusst sind, dass es keine Trennung gibt. Sie spüren ihre Verbindung mit den Sternen, der Unendlichkeit der Dinge, anderen Menschen, Welten und untereinander. Je mehr wir der getrennten Sichtweise verfallen, desto mehr leiden wir. Leben wir dagegen im Bewusstsein der Einheit miteinander und allem, was existiert, dann hat das Leiden ein Ende.

Meiner Meinung nach ist das eine grundlegende Thematik, die sich immer wiederholt. Es ist die Erfahrung der universellen Einheit, die auf einer Erfahrung des nichtlokalen, kosmischen Geistes beruht. Der Weltfriede allein wird in Zukunft nicht ausreichen: Es wird Zeit für den universellen Frieden. Entweder dieser, oder gar nichts. Ohne universellen Frieden hat die Menschheit keine Zukunft.

Das ist die Zeit, in der wir leben, und es ist die Herausforderung des kommenden Zeitalters. Wir müssen uns als universelle, erwachte Wesen erkennen, denn auf dieser Basis kann der universelle Friede begründet werden. Zunächst wird es nur eine intellektuelle Aufgabe sein, doch letztlich muss sie gelebt werden.

In unserer Zeit sollte eine allgemeine Ausbildung und die Fähigkeit zu lesen jedem Bewohner des Planeten das gesamte Wissensspektrum eröffnen. Jene, die diesem freien Wissensfluss im Wege stehen oder als Wächter fungieren, sollten einfach von ihrem hohen Ross herabsteigen und beiseite treten.

Seien wir ehrlich. Es gab eine Zeit, in der einer von 1.000 Menschen auf der Erde lesen konnte. Die Kleriker waren die Schriftgelehrten, und sie waren es, die der breiten Masse die spirituellen Lehren vermittelten.

Solche Leute werden in einer Zeit der allgemeinen, universellen Bildung, in der die meisten Menschen lesen können, nicht mehr gebraucht. Also bilden Sie sich selbst weiter, versammeln Sie sich in ihrer eigenen spirituellen Gemeinschaft und teilen Sie miteinander Ihr Wissen. Sie brauchen niemandem zum Guru oder Priester zu weihen, denn das ist Ihrer spirituellen Entwicklung nur abträglich. Es spielt dabei keine Rolle, ob es sich um einen New-Age-Guru handelt oder um Personen in Gewändern, die behaupten, sie seien Ihr Weg zur Gnade Gottes. Für mich sind dies alles schädliche Überbleibsel einer Zeit, die nun hinter uns liegt.

Ich sage nicht, dass all jene, die solche Dinge lehren oder daran teilnehmen, Betrüger sind. Ich sage, dass Menschen, die ihre eigene Meinung als Gesetz betrachten und sich folglich selbst als wahre Priester spiritueller Gesetze betrachten, fehlgeleitet sind. Diese Zeit ist vorüber. Wir leben seit 100 oder 150 Jahren in einer Zeit, in der kein Mensch auf Erden einen Priester, Rabbi, Mullah oder Guru benötigt, *es sei denn* als lehrenden Vermittler.

Letztlich werden die Menschen aufwachen und die Wahrheit erkennen, doch die spirituelle Infantilisierung der Massen ist fest im Glaubenssystem verwurzelt. Mit spiritueller Infantilisierung meine ich, dass die Ermächtigung und der Zugang zur Erleuchtung oder zu spirituellem Wissen durch diese Filter, oder Kontrollpunkte, verhindert wird. Jeder Einzelne wird wie ein Kind behandelt, als passiver Empfänger. Es handelt sich dabei um ein anerzogenes, konditioniertes Verhalten – und dieses Verhalten sollten Sie wieder verlernen. Es handelt sich um spirituelle Co-Abhängigkeit.

Selbstverständlich wird es immer Leute geben, die spirituelles Wissen lehren oder von Generation zu Generation weitergeben wollen. Doch ich rede hier von Hierarchien und deren Machteinfluss, dem Kontrolldrama und der geistigen Indoktrination, die allesamt spirituelle Abhängigkeit erzeugen. Unglücklicherweise ist die spirituelle Co-Abhängigkeit sehr, sehr einflussreich, denn sie lockt den menschlichen Geist auf die falsche Fährte. Dies führt dazu, dass die Menschen denken, sie könnten die Wahrheit nicht selbst erkennen und erfahren, sondern bräuchten jemanden, der ihnen bei jedem Schritt unter die Arme greift.

Eine der positiven Erkenntnisse, die ich aus meinen frühen Lebensjahren zog, war, dass ein Individuum diese Wahrheiten selbst lernen und Erleuchtung erfahren kann, ohne eine besondere Ausbildung oder eine Person zu haben, die den Weg dirigiert.

Die engstirnige Orthodoxie der Religion wird nur noch von der Engstirnigkeit der Wissenschaftler übertroffen, die in unserer Gesellschaft die neuen

Hohepriester geworden sind. Bedenken Sie: Wissenschaftler sind zuallererst Menschen und werden erst später zu Wissenschaftlern. Sie haben also genau dieselben Mängel und Schwächen wie Sie und ich. Nur weil ein Professor einen Doktortitel aus Harvard hat, heißt das noch lange nicht, dass er vor den Fallgruben gefeit ist, in die auch ein Priester stürzen kann: Selbstverherrlichung und Egoismus. Auch die Wissenschaftler können innerhalb des Glaubenssystems, mit dem sie indoktriniert wurden, fanatisch und dogmatisch werden, anstatt sich der Wahrheit zu verpflichten.

Die meisten Probleme, mit denen wir heutzutage konfrontiert sind, seien sie spirituell, religiös oder wissenschaftlich, politisch oder ökonomisch, wurzeln darin, dass die Menschen an Sichtweisen festhalten, die nichts mit der Wahrheit, sondern mit ihrem eigenen Glaubenssystem und ihrer Abhängigkeit von überholten Dingen zu tun haben, von denen sie nicht ablassen können. Das gilt insbesondere für Wissenschaftler. Es gibt zahlreiche Beispiele dafür, dass die schulwissenschaftliche Gemeinschaft kolossale Durchbrüche verworfen hat, weil diese nicht in ihr Glaubenssystem gepasst haben.

Darum sage ich immer: „Man sollte nur wenige Überzeugungen haben, aber einen fruchtbaren Glauben." Sie können einen unbegrenzten Glauben haben – doch sollten Sie nur an wenigen, spezifischen *Überzeugungen* festhalten. Andererseits verfallen die Menschen einem engstirnigen religiösen oder wissenschaftlichen Dogma. Sie werden zu chauvinistischen Egoisten, und sobald dies geschieht, hören sie auf, nach der Wahrheit zu suchen.

Was wir dringend benötigen, ist eine echte, demütige, universelle Spiritualität. Wir müssen uns willentlich auf die Wahrheit zubewegen. Und wenn die nächste Tür, die sich uns öffnet, einige unserer alten Überzeugungen aufhebt, dann soll es so sein. Egal, ob Sie Arzt, Wissenschaftler oder Ökonom sind oder spirituelle Arbeit verrichten: An einer bestimmten Idee festzuhalten, verhindert die Wahrheitsfindung. Allein die klare Fokussierung auf die Erkenntnis der Wahrheit wird uns weiterbringen.

Persönlich bin ich sehr dankbar, dass ich mich, bevor ich Medizin zu studieren begann, bereits mit Meditation, Gesundheit und Ernährung beschäftigt hatte und so die Ausbildung aus einem größeren Blickwinkel betrachten konnte. Ich konnte die konstruktiven Entwicklungen aus dem medizinischen und wissenschaftlichen Bereich herausnehmen, ohne gehirngewaschen zu werden.

Diese Fallstricke finden sich in jedem Beruf und jedem Bereich. Die Menschen verfangen sich darin, weil sie den aktuellen Wissensstand mit dem endgültigen Wissen verwechseln. Dieses endgültige Wissen hat niemand außer dem Göttlichen Wesen. Doch die Meisten denken, ihr eigenes Wissen sei alles. Die Wahrheit ist, dass vieles, was es wirklich zu wissen gibt, von niemandem je gewusst werden kann.

Ich denke, der einzige Weg, die Fallgruben der wissenschaftlichen und religiösen Hohepriester zu vermeiden, besteht darin, aufrichtig und hingebungsvoll nach der Wahrheit zu suchen und bereit zu sein, die eigenen Einstellungen zu revidieren. Dann gibt es nur wenige Dinge, die absolut feststehen. Alles andere ist relativ. Und genau das ist das Wesen der Welt, in der wir leben – es ist eine relative Welt. Und in dieser existieren nur wenige Dinge, die absolut feststehen.

Wenn Sie die zentralen Lehren aller spirituellen Traditionen auf Erden studieren, werden Sie folgende Übereinstimmungen entdecken: die Existenz Gottes; Vergebung und Liebe; sowie die großen spirituellen Themen. Dies alles sind universelle Prinzipien. Sie unterscheiden sich nur in ein paar gesellschaftlichen Regeln oder kulturellen Ausrichtungen – und diese sind wirklich vergänglich und ändern sich mit jeder spirituellen Tradition. Sie sind einfach nebensächlich.

Von mir aus können Sie in manchen Bereichen ruhig orthodox sein, und solange das für Sie selbst funktioniert, ist es in Ordnung. Aber denken Sie niemals, Sie seien im Besitz des gesamten Wissens aller spirituellen Traditionen. Das sind Sie nicht. Wir benötigen nur sehr wenige Dinge als ewige, sichere Wahrheiten. Alles andere sollte ständig neu eingeschätzt werden und sich entwickeln können.

Doch dazu werden wir nicht erzogen. Unser religiöses und wissenschaftliches Erziehungssystem macht uns zu starren Fanatikern. Und selbstverständlich wollen diejenigen, die von der Struktur dieses Glaubenssystems profitieren, ihren Machtbereich um jeden Preis schützen. Gerade in der Wissenschaft kann man dies beobachten, wo es Leute gibt, die, egal wie viele Beweise man ihnen vorlegt, sagen: „Das kann nicht stimmen."

Unser wissenschaftlicher Berater beim *Disclosure Project*, Dr. Loder, kennt einen Kollegen an der University of New Hampshire, der behauptete, es würde ihn nicht interessieren, wenn man ihm eine dieser neuen Freie-Energie-Maschinen vorlegen würde, selbst wenn er sie testete und zeigen könnte, dass sie funktioniere: Er würde es nicht glauben, weil es nicht möglich ist!

Mit einer solchen Einstellung wird das wissenschaftliche Weltbild ebenso fanatisch und tragisch wie der Dogmatismus, den bestimmte religiöse Extremisten vertreten. Das alles schadet letztlich der Gesellschaft.

Eine der Erfahrungen, die ich mit Ihnen teilen möchte, geschah während meiner Ausbildung zum Meditationslehrer am MIU. Ich experimentierte dort mit der Anwendung höherer Bewusstseinszustände. Eines Nachts, es war schon spät, saß ich und meditierte, als ich in meinem geistigen Auge eine junge Frau aus unserer Klasse sah. Ich lud sie ein, in mein Zimmer zu kommen, wo wir gemeinsam über spirituelle Themen diskutieren und meditieren könnten.

Sie tauchte ganz plötzlich in meinem Geist auf. Ich befand mich in einer tiefen, entspannten Meditation und sah, wie sie den Schlafsaal verließ, über den Campus ging, die Treppe heraufkam und dann an meine Tür klopfte. Ich erschrak, denn alles kam mir eher wie ein Traum vor, den ich allerdings sehr lebendig wahrnahm. Ich öffnete die Tür und sagte: „Oh, du *bist* es." Sie sagte: „Hast du mich erwartet?" – „Ja, ich habe dich kommen sehen." Und zwar kristallklar.

Im Alter zwischen 16 und 20 Jahren erlebte ich solche Dinge fast täglich, manchmal sogar mehrmals täglich in regelmäßiger Folge. Ich verwendete diese Fähigkeiten, um CSETI und das *Disclosure Project* zu gründen sowie viele unserer Geheimdienstquellen und Zeugen ausfindig zu machen. Manchmal kommen auch sie auf mich zu, doch meist finde ich sie, oder ziehe sie zumindest an. Ich werde Ihnen später mehr darüber berichten. Die Erlebnisse sind manchmal äußerst skurril.

Erinnern Sie sich daran, dass sich das Universum in uns befindet, und jedes menschliche Wesen unermessliche Kräfte besitzt – nicht nur ich oder Sie, sondern jeder; alle sind gleichgestellt – und wenn es nötig ist, dann können wir diese Höheren Mächte in Anspruch nehmen, um etwas Wundervolles zu erreichen.

Wenn Sie gewillt sind, bis zum Äußersten zu gehen und sich für dieses Wissen aufopfern, dann werden Sie zu einem spirituellen Krieger: Jemand, der tut, was getan werden muss, egal, wie hoch das Risiko ist. Und Sie werden völlig furchtlos sein.

Ich glaube, dass die frühen Jahre mich auf das vorbereiteten, was ich später tat, um meine Bestimmung zu erfüllen. Ich spürte das bereits während meiner Nahtoderfahrung, als mir gesagt wurde: „Du kannst mit uns kommen oder zu deinem Körper auf der Erde zurückkehren", und der Geist wollte, dass ich auf die Erde zurückkehre, um diese Aufgabe zu erledigen. Ich hätte auch eine gegenteilige Entscheidung treffen können und weiterhin in einem bewussten Zustand in Gemeinschaft der hohen himmlischen Wesen bleiben können. Ich wählte, mich ihrem Willen zu beugen – nicht, dass mich das glücklich gemacht hätte. Ich sagte bereits, dass es mich eher traurig machte – nach meiner Kindheit und der damaligen schweren Krankheit war ich nicht sonderlich daran interessiert, zurückzukehren. Doch ich willigte schließlich ein.

Die Transformation wird nicht ohne den Einsatz des freien menschlichen Willens geschehen. Das heißt: nicht ohne uns. Zwischen 1980 und 1990 war ich mir all dieser Dinge bewusst – doch frisch verheiratet, mit vier Kindern innerhalb von acht Jahren (zwischen 1980 und 1988) und in der Assistenzzeit meiner medizinischen Ausbildung, hatte ich wirklich eine Menge um die Ohren. Dennoch vergaß ich diese Lektionen nie. Ich wusste, dass es an der Zeit war, mich um die Familie und meine Karriere zu kümmern, während ich meine Fähigkeiten weiter schulte.

Völlige Transformation 8

Wir können nicht einfach dastehen und zusehen, wie verrückt gewordene Kleptokraten den ganzen Planeten mit Füßen treten, ihn ausschlachten und Millionen von Menschen umbringen. In einer Diskussion mit einer Person, die an Spezialoperationen in Fort Huachuca, der Geheimdienstzentrale der Armee, teilgenommen hatte, fragte ich: „Welcher Zeitpunkt wäre der günstigste gewesen, um Hitler und seinen inneren Kreis in ihre Schranken zu weisen?" Meine Antwort war: „So früh wie möglich".

Unter uns gibt es tollwütige Hunde. Einige von ihnen werden nie Vernunft annehmen oder sich für eine spirituelle Entwicklung öffnen. Sagen wir dann: „Oh, dagegen können wir wirklich nichts tun"? Jeder hat das Recht zur Selbstverteidigung.

Das ist mein Standpunkt, und er ist eindeutig nicht pazifistisch. Ich glaube an den Frieden und den Nutzen höherer spiritueller Fähigkeiten, doch irgendwann ist ein Punkt erreicht, an dem man eingreifen und unschuldige Menschen vor den Machenschaften einiger fehlgeleiteter, freilaufender Irrer beschützen muss. Wir leben in einer Gesellschaft, die unter einer kollektiven Geisteskrankheit leidet. Sie ist schlichtweg verrückt geworden. Es müssen einige Dinge geschehen, die Disziplin und entschiedenes Handeln erfordern.

Doch sollten wir nicht aus Wut und Rache handeln. Es muss aus aufrichtigen Motiven heraus geschehen, als ob man ein Kind erzieht. Kinder erzieht man nicht aus einem Gefühl der Rache und Wut, sondern um sie zu bilden, aufzuklären und ihr zukünftiges Leben zu sichern.

Bei der Erziehung unserer eigenen Kinder stellten wir hohe Anforderungen und erwarteten eine gewisse Disziplin. Wir ließen nicht alles durchgehen. Manchmal dachten unsere Kinder, wir seien zu streng, doch als sie älter wurden, waren sie uns äußerst dankbar, dass sie mit Werten, Disziplin und Liebe erzogen worden waren. Ich teile Ihnen meine persönliche Familienphilosophie mit, da ich denke, dass wir in der Gesellschaft ähnlich verfahren sollten. Man kann sehr liebevoll sein, aber trotzdem wissen, wann man einschreiten und sich zusammenreißen sollte: Eben Fehlverhalten nicht akzeptieren und wegschauen, wenn tollwütige Hunde eine friedliche Schafherde reißen.

Dazu braucht es Weisheit. Wir leben in einer Welt, in der sich die Menschen um zwei gegensätzliche Standpunkte polarisieren: Entweder um eine unpraktische New-Age-Spiritualität und Pazifismus, oder um die traditionelle Programmierung des „Wir-gegen-die, lasst uns alle umbringen, die wir nicht verstehen". Keine der beiden Einstellungen wird uns weiterbringen. Wir müssen uns bewusst werden, in was für einer Zeit wir eigentlich leben. Und wir leben keinesfalls in einer perfekten Welt – noch nicht.

Es gab einen 400.000-jährigen Zyklus, der buchstäblich mit „Adam" begann, dem ersten Avatar dieses Zyklus. Dieser Zyklus endete im späten 19. Jahrhundert.

Daraufhin begann ein 500.000-jähriger Zyklus, dessen Kennzeichen der universelle Friede ist, die Einheit menschlichen und außerirdischen Lebens, und die mögliche Errichtung einer echten, erleuchteten Zivilisation auf Erden. Es wird die Zeit eines andauernden Friedens, der zunächst ein politischer Friede sein wird, eine Zeit ohne nennenswerte irdische Kriege und Konflikte. Es ist die Geburtsstunde einer Ära des großen Friedens – eines erleuchteten Friedens, in dem die gesamte Erde und alle Wesen auf ihr in spiritueller Einheit wachsen werden. Die Erde wird eines der außergewöhnlichsten Zentren der Erleuchtung werden, und sie wird als solches im gesamten Kosmos bekannt sein.

So schlimm die Dinge also heute auch zu sein scheinen, sie werden es nicht bleiben! Und es wird nicht mehr allzu lange dauern, bis sich etwas ändert. Dieser Wechsel in eine neue Zeit, eine neue Ära, geschieht nun schon seit über 150 Jahren. Innerhalb der besagten 500.000 Jahre befinden wir uns gerade in der Morgendämmerung. Wenn sich ein Zyklus schließt und ein neuer beginnt, entsteht eine Phase des maximalen Chaos – deshalb befinden wir uns im chaotischsten Zeitraum der bekannten Geschichte. Doch bald wird dieses Chaos einer neuen Wirklichkeit auf der Erde den Platz räumen.

Das Wissen und die spirituellen Fähigkeiten, die zur Errichtung des Weltfriedens nötig sind, waren bereits in den Menschen vorhanden, die vor 100 Jahren gelebt haben. Es gab die Kommunikationsmittel, den „Göttlichen Willen" und den „Göttlichen Plan". Die Menschen entschlossen sich, nicht zu handeln. Wir haben es nicht geschafft, weil wir unsere Chance verpasst haben.

Wir hatten die Wahl, und nun müssen wir mit deren Folgen leben. Doch können wir in jedem Augenblick erneut wählen. Wir alle treffen täglich Entscheidungen, kollektiv und individuell. Und es war der kollektive freie Wille jener Epoche, der die Welt erschuf, in der wir heute leben.

Nach meinem Verständnis erschien Mitte bis Ende des 19. Jahrhunderts ein kosmischer Avatar, der während der Zeit auch wieder verschwand. Dieser Überseelen-Avatar der nächsten 500.000 Jahre erschuf spirituell eine neue Welt. Er kreierte alle Informationen, alles Wissen und innerhalb der feinstofflichen Bereiche auch alle Möglichkeiten der neuen Zeit. All das existiert bereits: Sie müssen nur die Augen öffnen! Als menschliche Wesen müssen wir es sehen, erkennen und manifestieren. Wir Jetzt-Menschen sind diejenigen, die diese Geschichte vollenden können. Die Ozeane existieren bereits, wir müssen nur das Wasser dorthin bringen, wo es benötigt wird. Wir sind die Wasserträger.

Es ist wirklich eine großartige Zeit. Ich bin mir ziemlich sicher, dass die meisten Menschen keine Ahnung davon haben, in welcher Zeit sie eigentlich leben. Was sie erwarten, ist bereits geschehen. Die Bibel spricht von einem „Dieb in der Nacht", dass die neue Welt spirituell erschaffen und dieses Wissen erscheinen würde – eben wie ein Dieb. Niemand würde davon erfahren, bis Er gegangen wäre. Dies ist eine tiefe Wahrheit.

Ich bin der Meinung, dass wir einen Großteil der Ereignisse, die vor 100 bis 150 Jahren geschahen, in unserem Rückspiegel sehen. Die meisten religiösen, politischen und auch andere Führer schauen zurück. Sie warten darauf, dass etwas geschieht, was bereits geschehen ist. Die Erde und alle Wesen auf ihr befinden sich somit in einer Verzögerung, da sie sich in die Unwissenheit entführen ließen. Der einzige Weg, diese Unwissenheit zu beseitigen, besteht darin, unser Wissen zu teilen.

Wie ich früher schon einmal gesagt habe, besteht eines der Probleme darin, dass schöne Menschen einen ernsten Fehler haben: Sie sind schön. Und weil schöne Menschen schön sind, können sie von tollwütigen Wölfen und irrenden Hunden gerissen werden. Daher leben wir in einer Zeit, in der eine scharfsichtige Spiritualität und echtes Wissen couragiert gelebt werden müssen.

Unglücklicherweise wird in unserer Zeit Spiritualität mit Passivität gleichgesetzt. Dies ist sehr gefährlich, weil mittels Propaganda und Indoktrination Menschen geschaffen wurden, die zwar spirituell orientiert und sehr schön sind, aber auch sehr passiv und ineffektiv. Durch diese Passivität haben die tollwütigen Hunde uns unter ihrer Kontrolle.

Gandhi oder Martin Luther King jr. waren Menschen mit den gleichen Fehlern wie wir alle, doch waren sie spirituell orientiert und hatten trotzdem den Mut, ihre Überzeugungen zu leben – und sie *handelten*. Sie wurden bedroht, gingen Risiken ein und wurden schließlich umgebracht.

Bei jedem Vortrag werde ich gefragt: „Haben Sie keine Angst?" Ich antworte: „Wissen Sie, ich habe mich als Notarzt um wer weiß wie viele Leute gekümmert, die an einem 50-Cent-Bier starben."

Einmal wurden zwei Highschool-Jungs auf „Code Blue" [Lebensgefahr] hereingebracht – sie waren bei ihrer Ankunft beinahe tot und wir versuchten, sie zu retten. Sie hatten sich gestritten, weil einer von ihnen der Freundin des anderen an den Po gefasst hatte. Daraufhin zückten sie ihre Messer und schlitzten sich einander die Kehlen und das Herz auf. Ich habe Menschen an derartigen Nebensächlichkeiten und Trivialitäten sterben sehen. In diesen Kreisen ist man ein Feigling, wenn man nicht sofort auf Angriff schaltet und die Waffe zieht.

Zu einigen der Typen aus den Schattenprojekten sagte ich gerade heraus: „Sie wollen mich verprügeln? Na los doch!"

Im Grunde habe ich meine Lebenszeit nur geliehen. Alles, was mir nach meinem 17. Lebensjahr begegnete, als ich bereits klinisch tot war, betrachte ich als Geschenk.

Die Welt braucht Menschen, die sich der Aufgabe bewusst sind und den Weg bis zum Ziel gehen. Die Zeit, in der wir jetzt leben, ist ein echter Test für die Menschen, um ihre Polaritäten auszugleichen – eine Balance zwischen Yin und Yang, männlich und weiblich. Wir müssen das Spirituelle und Liebende mit dem Aktiven, Bestimmten und Disziplinierten verbinden. Der Wandel verlangt danach, diese Qualitäten zu vereinen. Es ähnelt den zwei

Flügeln eines Vogels. Oft wird gesagt, dass die Menschheit, das Männliche und das Weibliche, diese zwei Flügel sind. Solange einer der beiden geschwächt ist, wird der Vogel niemals geradeaus fliegen oder sich in der Luft halten können.

Das sollte nicht nur in den Begriffen von Mann und Frau und ihrer grundlegenden Gleichheit erklärt, sondern als Charaktereigenschaft gelebt werden. Diese Form der Harmonie können wir nur erschaffen, indem wir sie durch unser Leben bekunden und beweisen.

In unserer Welt wird Frauen grundsätzlich beigebracht, nicht bestimmend und aktiv zu sein, während spirituelle und liebevolle Männer verächtlich angeblickt werden. Es ist eine Perversion der menschlichen Natur, die nichts mit männlich oder weiblich zu tun hat. Manche dieser Eigenschaften mögen in dem einen oder anderen Geschlecht überwiegen, doch die Aufgabe besteht darin, sie auszubalancieren. Wir müssen die Dualität von „dieses oder jenes" überwinden. Wir müssen beide Qualitäten und Eigenschaften in unserem Leben zum Ausdruck bringen.

Solange wir das nicht tun, werden wir keinen Erfolg darin haben, eine nachhaltige Zivilisation auf diesem Planeten entstehen zu lassen. Hätten wir seit 100 Jahren so gehandelt, würde ich nicht daran zweifeln, dass wir die permanente, friedliche Weltzivilisation bereits heute verwirklicht hätten. Ich bin mir sicher, dass wir schon in den 1950er Jahren elektro-gravitonische Transportwege zwischen Städten entwickelt hätten; unsere Energieversorgung mittels freier und umweltverträglicher Energie gewährleisten würde; all diese Dinge. Die meisten Menschen lachen darüber und sagen: „Das klingt ja wie bei den Jetsons." Und wirklich, einige dieser Zeichentrickfilme und Science-Fiction-Geschichten basieren auf allgemein bekannten Tatsachen und Prototypen, die in den 1950ern und 1960ern bereits abgehoben waren und durch die Luft schwebten.

Wir haben weder kollektiv noch individuell von unserer Macht des freien Willens und des damit einhergehenden Wissens Gebrauch gemacht, um die neue Welt zu erschaffen. Sobald wir das tun, wird diese Welt da sein. Solange wir es nicht tun, wird es nicht geschehen.

Das ist der Grund, warum ich die Leute ermutige, den Ansatz nicht als visionär oder futuristisch zu betrachten, sondern als real, um mit der Wirklichkeit aufzuschließen. Wir können über die reale Zukunft sprechen, weil die Errichtung einer friedlichen Zivilisation, die unschädliche Technologien nutzt, schon vor Jahrzehnten hätte geschehen können. Es handelt sich um eine völlige Transformation der Art und Weise, wie die Menschen auf der Erde leben und wie sie den Kosmos entdecken werden.

Intuition als Informationsquelle 9

Das Studium und die Anwendung der höheren Bewusstseinszustände führte ich auch während meiner Zeit als Mediziner fort. Ich habe mit vielen Ärzten und auch anderen Leuten gesprochen, die solche höchst anstrengenden Berufe ausüben. Glauben Sie mir, eine ausgelastete Notaufnahme ist ein sehr stressiger Ort. Doch wenn wir uns diesen erweiterten Ebenen des Bewusstseins öffnen, können wir in unserem Leben alles erreichen.

Eines Morgens befand ich mich gegen 3:00 Uhr in der Meldezentrale des Krankenhauses. Ich lag einfach da und entspannte mich. Zu der Zeit befand sich gerade niemand in der Notaufnahme, nachdem stundenlang nonstop Patienten eingeliefert worden waren. Während ich dort lag, sah ich im Geist eine Frau, die mit kongestiver Herzinsuffizienz eingeliefert wird und im Sterben lag. Ich sah die Szene so deutlich, dass ich aufstand, meinen Kittel und meine Schuhe anzog und in die Notaufnahme ging.

Die Schwestern fragten: „Was machen Sie hier?", und ich antwortete: „Ich erwarte eine Patientin mit kongestiver Herzinsuffizienz – eine ältere Frau." – „Aber es gab keinen Notruf." Zwei Sekunden später funkten die Sanitäter: „Wir sind unterwegs mit einer Frau mit kongestiver Herzinsuffizienz und Atemnot ..."

Diese intuitiven Erlebnisse hatte ich in der Notaufnahme öfters, doch konnte ich nicht darüber sprechen, da unsere Gesellschaft die Spiritualität und die damit einhergehenden Erfahrungen verneint und aus unseren Berufen, unseren Familien, der Politik und allem anderen heraushalten möchte.

EIn anderes Mal kam ein 26-jähriger Mann während der Grippesaison in die Notaufnahme, der dachte, er hätte die Grippe. Die Schwester machte eine erste Sichtung und steckte ihn in einen Sanitätsraum. Wir waren sehr beschäftigt – es gab 14 Schock- und Untersuchungszimmer, aber nur einen Doktor! Ich kam hinein und sah diesen Mann. Er hatte alle Anzeichen einer Grippe: Fieber, Schüttelfrost, Übelkeit, Glieder- und Kopfschmerzen. Normalerweise würde jeder Arzt ihn untersuchen, ein paar Tests machen und mit einem Rezept für Amantadin gegen die Grippe nach Hause schicken.

Ich sah diesen Mann an und spürte rätselhafterweise, dass er einen Hirntumor hatte. Kein einziges Symptom deutete darauf hin. Er hatte keine neurologischen Befunde wie Paralyse, Taubheit, Anfälle oder Ähnliches. Doch ich hatte die Kraft meiner Überzeugungen. Ich drehte mich zur Schwester um und sagte: „Ich möchte eine Computertomographie seines Kopfes." Sie sah mich an, als ob ich verrückt geworden sei und sagte: „Dr. Greer, er hat nur eine Grippe!" Ich antwortete: „Tun Sie es einfach."

Gott sei Dank brauchte ich dazu nicht die Erlaubnis einer Krankenkasse oder irgendeines gefühllosen Erbsenzählers, denn dann wäre der Mann heute gewiss längst tot! (Eine Anmerkung für alle Politiker und Geschäftemacher, die unser Gesundheitssystem ruinieren: Die Medizin ist nicht nur eine Wissenschaft, sondern eine Kunst.)

Mit diesem intuitiven Wissen forderte ich also ein Computertomogramm. Objektiv betrachtet gab es keinen einzigen Grund, das zu tun. Doch ich sagte: „Wer auch immer sich dort drin befindet, holt ihn raus. Ich möchte, dass der Mann stationär gescannt wird." Man bringt ihn also hinein, und der Radiologe ruft zurück: „Dr. Greer, dieser Mann hat ein riesiges Astrozytom" – einen großen Hirntumor – und er hatte den Hirnstamm befallen!

Folgendes war mit ihm geschehen: Die geschilderten Symptome traten auf, weil sein Hirnstamm durch die Öffnung an der Schädelbasis, das Foramen magnum, gepresst wurde und damit Druck auf die Bereiche ausübte, die für die Temperaturregulierung, Übelkeit usw. zuständig waren. Die gewöhnlichen Symptome wie Fieber, Schüttelfrost und Übelkeit traten nur deswegen auf, weil der Tumor eine eigenartige Position hatte. Dieser war so geformt, dass er weder sensorische noch motorische Bereiche befallen konnte. Eine völlig atypische Situation.

Der Druck, der sich im Gehirn aufbaute, hätte letzten Endes den Hirnstamm so beeinträchtigt, dass die respiratorischen und die Herzzentren abgetrennt worden wären und er plötzlich gestorben wäre. Ich überwies ihn sofort an die Neurochirurgie zur stationären Dekompression. Schließlich ließen wir ihn mit dem Helikopter in eine andere Einrichtung abtransportieren.

„Dr. Greer, wie kamen Sie darauf, dass dieser Patient einen Hirntumor haben könnte? Ich hätte das bei seinem Erscheinungsbild niemals vermutet! Nicht im Entferntesten hätte ich eine Computertomographie angeordnet", erklärte mir der Neurochirurg. „Oh, ich hatte so eine Ahnung ...", sagte ich. Die Wahrheit ist, dass ich den Tumor beinahe sehen konnte – manch einer würde es vielleicht als „Remote Viewing" bezeichnen.

Ohne mein intuitives Wissen hätte mich der Symptomkomplex zu einer oberflächlichen Grippediagnose veranlasst, ich hätte den Mann behandelt – und gut. Wäre ich nicht meiner inneren Überzeugung gefolgt, wäre er innerhalb von zwölf Stunden gestorben. Später erfuhr ich, dass man ihn erfolgreich operiert hatte.

Es ist also möglich, diese Fähigkeiten und dieses Wissen in unser Berufsleben zu integrieren, auch wenn man das nicht „voraussetzt" – und das gilt gerade für diejenigen unter uns, die sich mit exakter Wissenschaft beschäftigen. In der Wissenschaft und Medizin werden die „übersinnlichen" Dinge arg belächelt. Ich jedenfalls kenne zahlreiche Ärzte, die ähnliche Erfahrungen hatten, über die sie nicht öffentlich sprechen wollen, weil sie sich davor fürchten, ausgelacht zu werden.

Zu einem anderen Zeitpunkt kamen zwei „Code Blue"-Patienten auf einmal herein. Nun, ich bin nur *ein* Doktor, aber da waren *zwei* Menschen, deren Herz buchstäblich stillstand. Der Mann, den wir zuerst behandelten, war lange Zeit inhaftiert gewesen. Dann kam der Zweite herein. Der erste Patient hatte einen unregelmäßigen Herzrhythmus, der ohne Korrektur tödlich enden würde. Wir hatten alles getan, was getan werden konnte: Kardioversion, verschiedene Medikamente, alles. Ich möchte nicht in die blutigen, technischen Details gehen. Tatsache war, dass es nicht funktionierte. Wir waren schließlich soweit, ihn aufzugeben – es zu beenden –, doch ich spürte einfach, dass wir das Herz dieses Menschen zu einem normalen Rhythmus zurückführen konnten. Ich richtete also mein Bewusstsein auf sein Herz, visualisierte sein Reizleitungssystem und wendete mich an die höchste Kraft – die Kraft Gottes – und richtete meinen Willen auf einen normalisierten Herzschlag. In diesem Augenblick geschah es! Natürlich könnte es auch ein Zufall gewesen sein. Einige Skeptiker würden behaupten: „Die anderen Behandlungen fingen an zu wirken." Doch das denke ich nicht. Es war *sehr* spezifisch. Und es geschah aus der Not heraus – es ging um Leben oder Tod. Wenn man also handeln *muss* und sich an die göttliche Kraft des Universums wendet – die Situation dazu *dringlich* ist, die Tat *von Herzen kommt* und man aus *reinem Herzen* handelt –, dann ist alles möglich! Indem Sie sich an die göttliche Macht in Ihrem Innern wenden, werden Sie plötzlich ungeahnte Fähigkeiten entwickeln.

Solche Dinge geschahen häufig während meiner Dienstzeit und sie geschehen noch heute. Vor ein paar Jahren war ich mit dem Auto in der Nähe von Helena, Montana, unterwegs. Ich wollte mit meiner Familie von North Carolina nach Virginia ziehen, nur war ich mir noch nicht sicher, wohin. Ich fuhr also in der Gegend von Montana umher und suchte nach einem geeigneten Wohnort. Plötzlich überkam mich während der Fahrt bei hellem Tageslicht etwas, das ich eine „Bildüberlappung" nenne. Dabei nehme ich zwei Bildschirme wahr, wie bei der Bild-im-Bild-Funktion im Fernsehen.

Während ich die Straße entlangfuhr, sah ich eine Straßenkreuzung mit einem verhängnisvollen, schrecklichen Unfall. Ich konnte das Bild klar sehen und sagte mir: „Es wird geschehen – und bald wirst du daran vorbeikommen." Ich begann das Auto nach Gegenständen zu durchsuchen, die ich medizinisch verwenden könnte – sogar einen Strohhalm, falls ich einen künstlichen Beatmungsweg schaffen müsste.

Rund eine Stunde später erreichte ich eine Kreuzung auf der östlichen Seite des Glacier Nationalparks, mitten im Nirgendwo. Es war eine dieser gefährlichen Schnellstraßenkreuzungen, die plötzlich auf einem stark befahrenen Highway auftauchen – und irgendjemand einfach nicht anhält. Ein Suburban war über die Kreuzung gefahren und seitlich mit einen Ford Taurus kollidiert, den ein deutsches Pärchen gemietet hatte. Als ich dort ankam, war das ältere Paar im Taurus bereits tot. Die anderen Menschen im Suburban waren ernsthaft verletzt und unterm Armaturenbrett eingeklemmt. Ich konzentrierte mich also auf die Überlebenden im Suburban. Schließlich stieß eine örtliche Sanitätscrew dazu und wir versuchten gemeinsam, den Zustand der Verletzten zu stabilisieren.

Während ich noch mit der Behandlung beschäftigt war, blickte ich auf und sah genau den Berg, den ich eine Woche zuvor in meinem Traum gesehen hatte. In jener Nacht träumte ich von einem Berg, der außerhalb von Jericho liegt und dessen Form mich an den Berg der Versuchung in Israel erinnerte. Im Traum sah ich über diesem Berg ganz deutlich ein funkelndes Licht, wie einen Geist. Die Traumerfahrung war sehr spirituell und enthielt keine andere Botschaft oder ein Bild, deshalb dachte ich: „Wie seltsam."

Nachdem ich den Überlebenden geholfen hatte, verband ich mich mit Gott und betete für den verstorbenen Mann und die Frau, dass sie auf die höchsten spirituellen Ebenen gelangen und die Einheit mit Gott erfahren mögen. Genau in dem Augenblick, als ich ihre Seelen zu Gott sandte, sah ich ein wundervolles, weißes Licht über dem Berg erscheinen. Mir wurde klar, dass ich genau aus diesem Grund nach Montana gekommen war – um genau in diesem Augenblick, der irgendwie auch jenseits der Zeit lag und etwas Ewiges hatte, dort zu sein. Das, als auch die Erste Hilfe bei den Überlebenden, war der Grund für meine Anwesenheit.

Wir orderten einen Hubschrauber, doch er konnte nur einen der beiden Patienten transportieren. Ich musste entscheiden, welcher der beiden mit dem Hubschrauber abgeflogen werden sollte; der Transport mit dem Krankenwagen war weitaus riskanter. Ich betete, dass ich richtig entschieden hatte.

Sie müssen Ihrer spirituellen Führung und Ihrer Intuition folgen *wollen* – und auch gewillt sein, danach zu handeln. Ich tat dies in meiner gesamten medizinischen Karriere, egal, in welcher Situation ich mich befand. Daher empfehle ich Ihnen, diese Verantwortung anzunehmen. Es bedeutet, seine Macht anzunehmen, aber eben auch die Verantwortlichkeit, die mit dieser Macht einhergeht.

Seit damals habe ich mit vielen Leuten gesprochen, die Kampfflieger oder Piloten kommerzieller Fluggesellschaften waren und in Situationen gerieten, in denen sie ähnliche präkognitive Erfahrungen hatten, die das Schlimmste verhinderten. Es gibt viele Leute, die so etwas in ihrem Leben erfahren. Und je verantwortlicher und anstrengender der Beruf ist, desto eher kann man sich auf diese Fähigkeiten berufen. Doch ich denke, dass Sie sie bei allem anwenden können, was Sie tun.

Es ist eine völlig andere Lebenseinstellung, jedoch nichts, das Sie nur ab und zu nebenbei tun können. Das Verständnis der Spiritualität und Göttlichkeit sollten nicht nur auf ein oder zwei Stunden am Sonntag oder auf ein paar Feiertage reduziert werden. Es kann in ein dauerhaftes, inneres Erwachen münden, das uns die ganze Zeit begleitet – etwas, das man jederzeit abrufen und anwenden kann.

Vielleicht tut Ihnen ein Ritual oder ein Gottesdienst gut, doch in Wirklichkeit ist die bewusste Verbindung mit dem unbegrenzten, göttlichen Zustand etwas, das gepflegt und *gelebt* werden kann – und das jederzeit bei jeder Tätigkeit, die wir verrichten. Es ist eine Art zu wissen und zu leben, bei der wir immer mit dem Geist verbunden sind, ja, in dieser Verbundenheit leben.

Einmal wurde der Neffe einer unserer Krankenschwestern in die Notaufnahme eingeliefert, weil er mit seinem Motorrad frontal mit einem Pickup-Truck kollidiert war – er war mit dem Kopf aufgeprallt. Er befand sich in einem kritischen Zustand und hatte eine gerissene Brustschlagader – dieselbe Verletzung, die auch Prinzessin Diana umgebracht hatte und die häufig zum Tod führt.

Ich begann ihn gemeinsam mit unseren großartigen Schwestern zu behandeln und spürte irgendwie, dass er eine gerissene Schlagader hatte.

Wir machten eine Röntgenaufnahme seines Brustkorbs. Das Röntgenbild war eher ambivalent, doch fühlte ich mich in meiner anfänglichen Intuition bestätigt.

Der zuständige Notfallchirurg kam herein und sagte: „Der Junge wäre nicht mehr am Leben und würde so aussehen, wenn er eine gerissene Aorta hätte!" Ich widersprach: „Nein, er hat eine gerissene Aorta." Der Chirurg fragte: „Woher wollen Sie das wissen?" – „Ich bin mir einfach sicher, dass es so ist." Ich rang also mit diesem Chirurgen um das Leben des Jungen, und versuchte ihn zu überreden, vorsichtig mit ihm umzugehen.

Ich brachte den jungen Mann dann zu einem Brustchirurgen und ließ eine Computertomographie des Brustkorbs erstellen, die meine Vermutung bestätigte. Hätten wir ihn nicht sehr vorsichtig behandelt, seine Flüssigkeitszufuhr, den Blutdruck und all die Dinge, dann hätte die angerissene Brustschlagader völlig aufreißen können, und er wäre gestorben.

Immer und immer wieder erlebte ich in der Notaufnahme diese Art Präkognition. Ich würde liebend gern einen Kurs darüber anbieten, wie man das intuitive Wissen in der medizinischen Wissenschaft anwenden kann. Natürlich sind unsere Instrumente, unsere Technologien und unsere Wissenschaft wundervoll, doch sollte auch die Kunst des Wissens und der Intuition ihre zugedachte Rolle spielen dürfen. Es ist einfach die Balance, die wir in jedem Bereich unseres Lebens wiedererlangen sollten.

Eines Tages wird es eine Zivilisation geben, in der Menschen, die in kritischen Bereichen arbeiten, egal, wie materialistisch die Wissenschaft auch scheinen mag, auch den höheren Bewusstseinszuständen ihren Part zugestehen werden.

Inmitten einer solch ernsten Lage arbeite ich auf mehreren Ebenen gleichzeitig. Zunächst ist es sehr intellektuell, da es eine Menge spezifischen wissenschaftlichen Wissens abzurufen gilt. Viele physische, materielle Dinge sind zu tun und diverse Entscheidungen zu treffen.

Dann gibt es auch noch die Ebene des Mitgefühls und eine leidenschaftliche, unnachgiebige Entschlossenheit, dem Menschen zu helfen. Unsere Schwestern haben mir netterweise gesagt, dass sie mich als zuständigen Arzt haben möchten, falls ihren Angehörigen etwas zustoßen sollte. Vielleicht sah es nicht immer wie Mitgefühl aus, aber es war die Grundlage meines Handelns. Mein Gott, Notfallsituationen sind wirklich äußerst heftig – wir sitzen nicht einfach rum, schwingen Kristalle und zählen Gebetsperlen!

Operierte ein Arzt, der nicht wusste, was er tat, schob ich ihn in meinem Drang, das Leben zu retten, beiseite und sagte: „Hinaus. Sie werden diesen Menschen umbringen. Ich übernehme." Ein Teil von mir ist ein echtes Alpha-Männchen.

Doch wie Sie sehen, war ich mir auch der anderen Ebenen bewusst. Im Grunde stellte ich mich ihnen nur nicht in den Weg. Bekam ich ein intuitives Bild oder sah ich etwas klar und deutlich, selbst wenn es der „unwissenschaftlichen" Intuition entstammte, verdrängte ich es nicht einfach. Ich war für die Möglichkeit offen, es weiter zu verfolgen.

Dies verschaffte mir einen Vorteil in Situationen, in denen ich eigentlich nicht hätte „wissen" können, eine Computertomographie wegen eines Hirntumors zu machen. Ich hätte nicht wissen können, einen Mann zu behandeln, als hätte er eine gerissene Aorta, weil er sich atypisch verhielt oder es nicht ersichtlich war. Ich verstand gewisse Dinge früher oder konnte verdeckte Probleme erkennen, weil ich verbunden war mit dem nichtlokalen, ausgedehnten und intuitiven Geist, der in uns allen und in allen Dingen wohnt. Es ist eine äußerst interessante, facettenreiche Dynamik.

Kurz vor der Gründung von CSETI saß ich eines Nachmittags im Schlafzimmer auf dem Rand meines Bettes. Plötzlich hatte ich erneut eine Überlappung, eine Eingebung. Wieder war es wie ein Bild-im-Bild, ein kleiner Bildschirm innerhalb eines größeren. Man verliert dabei nicht sein Bewusstsein oder seine Sicht der „realen Welt", doch sieht man sehr klar und farbig eine andere Szene oder einen anderen Ort.

In dieser unmittelbaren Eingebung sah ich die Air Force One, wie sie in Kolumbien, Südamerika, entweder startete oder landete. Sie wurde von einer geschulterten Boden-Luft-Rakete getroffen, die von skrupellosen Elementen innerhalb der kolumbianischen Verteidigungskräfte abgeschossen wurde, die auf der Gehaltsliste des Drogenkartells standen. Sie hatten es auf den Präsidenten George Bush senior abgesehen. Ich sah die Einrichtung und die Landebahn, sogar das Gras um das Gebiet. Ich konnte auch genau den Waldrand erkennen und die Position, von der die Rakete abgefeuert wurde. Es war katastrophal – der Präsident wurde ermordet. „Gott", fragte ich, „was soll ich mit dieser Information anfangen?"

Ich bat um Führung. Der Traum lag mir schwer auf dem Magen.

Wochen später fuhren Emily und ich zu einem Mediziner-Treffen nach Washington. In jener Nacht hatte ich einen Traum, in dem ich mit Barbara Bush zusammen war, die schwarze Kleidung trug und aus einer schwarzen Limousine ausstieg. Wir waren auf der Beerdigung des Präsidenten, George Bush. Ich dachte: „Großer Gott. Er ist wirklich tot." Ein Gefühl der Schwere stieg in mir auf: „Das hätte vermieden werden können."

Ich wachte schweißgebadet auf und berichtete Emily von meinem Albtraum.

Emily ist meine beste Freundin, Lebensgefährtin und Seelenpartnerin, ihr kann ich alles erzählen! Ich fragte: „Was soll ich tun? Das Weiße Haus anrufen und dem Secret Service alles berichten?"

„Nun, warum nicht?", fragte sie. Wir diskutierten den ganzen Tag und den nächsten Abend darüber, dann holten wir das Telefonbuch und suchten die Nummer des Weißen Hauses. Darunter stand die Nummer des Secret Service. Es erstaunte uns, dass diese tatsächlich im Telefonbuch stand!

Ich wählte die Nummer und sagte: „Mein Name ist Dr. Steven Greer, ich bin Notarzt." Ich entschuldigte mich: „Ich weiß, dass dies vollkommen verrückt klingt, doch ich hatte eine sehr klare Eingebung eines Attentatsversuchs auf den Präsidenten. Es ist ernst." Die erste Person, mit der ich sprach, sagte: „Bleiben Sie in der Leitung. Ich werde Sie verbinden." Dann trat eine lange Pause ein – ich wusste, dass sie mich in der Datenbank eines ihrer Supercomputer suchten. Dann nahm der Leiter der persönlichen Garde des Präsidenten im Weißen Haus, die mit dem Secret Service zusammenarbeiten, das Gespräch entgegen.

Ich wollte mich noch einmal entschuldigen, doch er sagte: „Sir, wir nehmen diese Art Informationen sehr ernst." Ich versicherte ihm: „Wissen Sie, ich habe so etwas noch nie getan. Ich gebe keinen falschen Alarm. Ich habe meine Frau in einem Luzidtraum kennengelernt und habe die Fähigkeit, Dinge zu sehen, die in der Zukunft geschehen. Das passiert völlig spontan, wenn es nötig ist." Er war sehr ernst und aufmerksam und sagte: „Sagen Sie mir einfach alles." Also erklärte ich: „In meinem Traum befindet sich der Präsident in Kolumbien, bei einem Start oder einer Landung, und die Air Force One wird getroffen." Ich beschrieb alles – dass es sich um einen Insider-Job handelt und es die kolumbianischen Verteidigungskräfte sind, die die Sicherheitsvorkehrungen umgehen und im Auftrag des Drogensyndikats arbeiten.

Der Agent des Secret Service sagte: „Wie können wir das verhindern?" Ich antwortete: „Wenn Sie den Präsidenten nicht dazu überreden können, die Reise abzusagen, dann ändern Sie in letzter Minute den Ort, an dem die Air Force One landet. Sie müssen sicherstellen, dass jede Person innerhalb der Reichweite einer Schulter-Rakete aus ihren Reihen stammt und kein Kolumbianer ist. Sie sollten die gesamte Gegend auf diese Distanz absichern." Er sagte: „Wir werden es tun."

Wochen später las ich in einem Artikel in *Newsweek*, dass ein Kopfgeld von fünf Millionen Dollar auf Präsident Bush ausgesetzt worden sei und Waffenhändler aus dem Nahen Osten, auch aus Israel, Schulter-Raketen an die Drogenkartelle in Kolumbien verkauft hätten! Dieser Artikel, der *nach* meiner Vision erschienen war, gab an, dass Berater des Präsidenten ihn aufgefordert hätten, seine Reise abzusagen.

Es stellte sich heraus, dass er die Reise trotzdem antrat und nicht ermordet wurde. Jahre später erzählte mir ein hoher Beamter des Geheimdienstes – der auch ein Agent des Secret Service war –, dass man sich meine Aussagen zu Herzen genommen und tatsächlich die Sicherheitsvorkehrungen verändert hätte. Ich bezweifle, dass Präsident Bush je davon erfuhr.

Diese Begebenheit machte mir bewusst, dass es tatsächlich sehr clevere und verlässliche Leute innerhalb der Geheimdienste und des Secret Service gibt, die die Macht des Bewusstseins verstehen. Sie respektieren diese Fähigkeiten eindeutig.

Was ich damit sagen will: Haben Sie keine Angst vor Ihren Überzeugungen – vertrauen Sie ihnen. Manchmal müssen Sie einfach ins kalte Wasser springen. Natürlich war ich etwas nervös, als ich einfach beim Secret Service anrief und meine Geschichte erzählte. Doch ich denke auch, dass diese Episode dazu beigetragen hat, meine Glaubwürdigkeit in den verdeckten Kreisen zu erhöhen, denn sie wussten, dass ich ihnen akkurate Informationen geliefert hatte.

In der Nacht nach dem Anruf beim Secret Service hatte ich erneut einen sehr luziden Traum. Nur dieses Mal war Barbara Bush in weiß gekleidet, wir ritten auf weißen Pferden, und alles war sehr lichtvoll und fröhlich. Da wusste ich, dass der Präsident nun sicher sein würde.

Ich denke, dass viele Menschen sehr wichtige Informationen auf unkonventionellen Wegen erhalten, doch einfach nicht darüber reden. Wir sollten dafür sorgen, dass es in Ordnung ist, über diese Dinge zu sprechen. Wir sollten dafür sorgen, dass darüber diskutiert werden kann, ohne dass man fürchten muss, belächelt oder geschmäht zu werden. Und das können wir tun, indem wir mit gutem Beispiel vorangehen – indem wir den Worten Taten folgen lassen.

Schöpfungstöne

10

Nachdem ich eine paar Jahre in der medizinischen Ausbildung und Praxis war, brachte mich 1990 eine Reihe von Ereignissen wieder auf meine Erfahrungen der späten 1970er zurück. Es ist die Geschichte, die zur Gründung von CSETI führte. In den Vollmondnächten im Januar, Februar und März 1990 erlebte ich einige wirklich außergewöhnliche Dinge, die meine frühen Kontakterlebnisse wieder aufleben ließen …

Das erste Erlebnis hatte ich, als ich mich im Schlafzimmer unseres Hauses im Biltmore Forest befand. Ich ging im Schlafzimmer umher und entkleidete mich. Mit einem Mal tauchte ein sehr klarer Gedanke auf, der vielleicht auch projiziert wurde: „Nimm wieder das auf, was du fallen gelassen hast." Er klang keineswegs abwertend und anklagend. Es war eine Erinnerung, einfach wieder das aufzunehmen, was ich eine Weile nicht getan hatte. Es wurde *Zeit*.

Dieser Gedanke hatte seltsame Auswirkungen – beinahe wie ein Schlüsselsatz, der in mir ein ganzes Universum des Wissens freilegte. Mit Worten lässt sich dies nur schwer beschreiben. Doch ich wusste, was es zu bedeuten hatte, ich wusste es sehr genau. Umgehend trat ich in das universelle Bewusstsein ein und erinnerte mich an das ganze Konzept des universellen Friedens und der außerirdischen Präsenz. Ich dachte: „Nun, es ist wohl an der Zeit …" und begann mich zu fragen, was ich mit dieser Aufforderung eigentlich anfangen sollte.

Zunächst fasste ich die ganze Angelegenheit wieder ins Auge und beschäftigte mich erneut mit dem außerirdischen Thema. Dann erzählte mir jemand eines Tages, dass sich in Asheville eine Meditationsgruppe träfe, die mich gerne zu ihrer Versammlung einladen würde. Ich begab mich dorthin und begegnete einer Frau, die ich noch nie gesehen hatte und die nichts über meine Erfahrungen wusste.

Nachdem sich die 30 Anwesenden niedergelassen hatten, sah sie mir direkt in die Augen und sagte: „Sie stehen mit außerirdischen Wesen aus anderen Welten in Verbindung." Ich sah mich sofort nach dem Ausgang um! Schließlich war ich Notarzt in dieser Stadt! Sie behauptete: „Sie müssen das wieder aufnehmen." Sie verwendete beinahe genau dieselben Worte. Dies war zur Zeit des Vollmonds im Februar 1990.

Während des Vollmonds im März meditierte ich im Schlafzimmer. Am nächsten Tag musste ich sehr früh ins Krankenhaus, doch ich entschied mich, etwas zu tun, das ich seit 1977 nicht getan hatte: das CE-5 Protokoll. Ich führte also das Protokoll durch und lud die außerirdischen Wesen auf einen Besuch ein. Nachdem ich mich ihnen erneut vorgestellt hatte, zeigte ich ihnen exakt den Ort, an dem ich mich befand: Asheville, NC. Ich projizierte ihnen das Haus, den großen Vorplatz und meine genaue Position. Wir wohnten in einem dreistöckigen Tudorhaus auf rund 750 Quadratmetern, das zwischen riesigen, wunderschönen Bäumen stand. Ich zeigte den ETs alle möglichen Details und schlief dann ein.

Als ich erwachte, schwebte ein beeindruckendes, halb-materialisiertes Schiff über dem Vorplatz des Hauses. Es war in den frühen Morgenstunden, und bei vollem Bewusstsein glitt ich in das Schiff hinüber. Wir alle befanden uns in einem quasi-materiellen Astralzustand, und während wir in den Weltraum hinausschwebten, sah ich, wie die Erde langsam in der Unendlichkeit verschwand.

Dann kamen wir an einem Himmelskörper vorbei, der meiner Vermutung nach der Mond war. Es gab dort kein Schild, auf dem stand: „Dies ist der Mond, herzlich willkommen auf dem Mond, Bevölkerung 39", doch für mich sah es wie der Mond aus. Über dem Mond schwebten riesige Raumschiffe. Sie hatten eine ovale Form und waren mit einer Art Streben oder Stützen mit einem großen Schiff verbunden. Über dem Hauptschiff und auf seiner Rückseite befanden sich ähnlich geformte ovale Scheiben. Sie alle schwebten lautlos am Terminator des Mondes, der Trennlinie zwischen Tag und Nacht. Zwischen der Oberfläche des Mondes und der Unterseite dieser Schiffe fand eine unglaubliche Energieübertragung statt, wie magentafarbene Plasma-Entladungen. Es waren riesige Schiffe, und als wir an ihnen vorüberkamen, sagten mir die ETs, dass diese Schiffe Vorbereitungen für die nächsten Jahrzehnte träfen oder so, jedenfalls etwas in der Art. Da die Begegnung im Jahr 1990 stattfand, würde dies bedeuten, dass sie Vorkehrungen für Ereignisse trafen, die sich in der heutigen Zeit abspielen.

Wir bewegten uns noch weiter in unser Sonnensystem hinaus, und wieder verschwand der materielle Aspekt des Raumschiffs – genau wie bei meiner Begegnung 1973, als ich 18 Jahre alt war, das Schiff durchsichtig wurde und ich mich einfach ohne Begrenzung im All befand. Die Erfahrung war sehr multidimensional, doch zu diesem Zeitpunkt nahm ich vor allem die Überschreitung der linearen Raumzeit wahr. Das Verschwinden der Schiffsbegrenzungen könnte man mit einer perfektionierten Faseroptik vergleichen: Stellen Sie sich vor, dass die Wände Ihrer Wohnung völlig unsichtbar werden, aber dennoch da sind und Sie sich selbst weiterhin in einer geschützten Umgebung befinden. In dieser Hülle begab ich mich in einen Zustand meditativer Bewusstheit und weiter bis zum Einheitsbewusstsein. Ich war unendlich wach und mit mir der gesamte Kosmos – wir waren vollkommen synchronisiert, eins.

In diesem Zustand sah ich, dass jeder einzelne Planet unseres Sonnensystems von einem Raum umgeben war, der mit unbegrenzter Energie und Licht erfüllt war. Der leere Raum strotzte geradezu vor Licht und Energie. Ich konnte die Grundenergie des Universums wahrnehmen – das Energie- und Lichtfeld, durch das der Unendliche Geist, die Gottheit, den gesamten materiellen Kosmos gebiert. Statt der Dunkelheit sah ich eine enorme Lichtenergie zwischen den Sternen und Planeten, die wie Energieinseln im gesamten Kraftfeld schwammen. Als ich mir jeden Planeten genauer betrachtete, nahm ich unmittelbar wahr, dass jeder einzelne von ihnen bewusst und wach ist und einen *bestimmten Ton* sowie eine *Persönlichkeit* besitzt. Jede erschaffene

Sphäre hatte einen sehr speziellen Ton – und wäre ich musikalischer, könnte ich ihn reproduzieren. Es waren alles einzigartige, reine Töne. Merkur nahm ich eher androgyn, doch etwas männlicher wahr; Venus dagegen eindeutig weiblich. Jupiter kann ich einfach nur als phantastisch beschreiben, und Mars hatte zweifellos männliche Züge. Die Erde war ganz klar weiblich.

Als ich die Erde anblickte, sandte sie einen wunderschönen Ton aus. Jeder Planet hatte seinen eigenen Schöpfungston – keiner glich dem anderen. Einige Töne waren sehr hoch, andere tief und bariton, doch alle klangen sehr schön. Während ich die Erde anblickte, trat ich mit ihr als waches, bewusstes Wesen in Verbindung, und sie strahlte mir ihre unendliche und erdrückende – ich verwende das Wort erdrückend, weil ich die Geschichte jahrelang nicht erzählen konnte, ohne zu weinen – Liebe entgegen. Ich verspürte auch Wehmut über das, was auf ihr geschah, die Zerstörung und das Leiden der Menschheit. Es war ergreifend und mit Worten nicht zu fassen; eine der emotionalsten und bewegendsten Erfahrungen meines Lebens.

Die Erde erklärte mir deutlich, wie stark die Liebe zu ihren Kindern sei und dass ihr Zweck darin bestehe, der Mutterleib für eine Lebensform zu sein, die erleuchtet und in Richtung Göttlichkeit erwachsen werde. Doch sie leide auch unglaublich an der Rücksichtslosigkeit und dem Egoismus ihrer Kinder. Das war der Grund ihrer Schwermut – eine tiefe, unaussprechliche Traurigkeit. Am Ende unserer Kommunion machte sie sehr deutlich, dass dieses Leiden nicht viel länger so weitergehen konnte. Sie sagte klipp und klar, dass die Last ganz *plötzlich* von ihr genommen werden würde.

In jenem Augenblick befand ich mich in einem solchen Zustand tiefer und mitfühlender Liebe, dass sich mein Herzchakra völlig öffnete und eine abgrundtiefe Liebe und himmlische Wahrnehmung in mir aufstieg. Diese himmlische Wahrnehmung des Kosmos ließ mich das Licht der Schöpfung erblicken, und wie alles mit Liebe durchzogen ist – mit der reinen Liebe Gottes. Ich hörte all die fernen Welten, jeden Stern und Planeten, die gesamte Schöpfung in Einheit klingen – Billionen Töne, die den einen, reinen Ton der Schöpfung überlagerten.

Daraufhin gelangte ich in einen transzendenten Zustand, den ich nicht mehr beschreiben kann. Ich hörte einen einzigartigen Ton, einen Ton, der mit der gesamten, völlig harmonischen Schöpfung im Einklang summte und sang. Es war der ursprüngliche Ton der ersten Manifestation der Relativität, der Grundton der Schöpfung, der aus dem unendlichen Geist Gottes stammt und die Schöpfung aufrechterhält. Es war die wundervollste Erfahrung meines Lebens.

Ich verschmolz mit dem Seinszustand und blieb darin geborgen. Ich weiß nicht, wie lange es andauerte. Doch ich will Ihnen damit nur sagen, dass sich dies alles um uns herum befindet. Die Sphärenmusik ist real – und mit Hilfe eines derartigen Tons kann jeder in die Unbegrenztheit des kosmischen Wesens gelangen.

Der ursprüngliche Ton klang nicht per se wie ein „Om". Ich glaube, dass der Laut eher den menschlichen Versuch darstellt, diese uralte Erfahrung *nachzuahmen*, d.h. die Wahrnehmung des Tons des ursprünglichen Gedankens, der aus dem Unendlichen Wesen hervorgeht und die Schöpfung initiiert. Die transformierende Wirkung des Erlebnisses kam der meiner Nahtoderfahrung gleich. Während ich in diesem Zustand des vollkommenen Einheits- und Gottesbewusstseins verweilte, löste sich meine Individualität auf. Alles, was existierte, war unendlicher Geist – und selbst die Schöpfung und der Schöpfer waren eins, die gleiche, unbegrenzte Anwesenheit. Diese vibrierte durch mich – durchdrang mich einfach. Da ich mich außerhalb von Raum und Zeit befand, ist es müßig, darüber zu spekulieren, wie „lange" es dauerte. Doch irgendwann kehrte ich langsam wieder ins „normale" Bewusstsein zurück. Plötzlich war ich wieder in meinem Schlafzimmer und sah ein Glühen außerhalb des Fensters, aus der Richtung, in der sich das Raumschiff befand. Friedvoll lag ich da und schlief ein.

Am nächsten Tag erfuhr ich, dass eines unserer Kinder einen Luzidtraum mit kleinen ET-Kindern hatte, die ihm Spiele beibrachten, die sie auf ihrem Planeten spielten! Meine Tochter verstand diese Spiele nicht, also gab sie den ET-Kindern Lehrstunden auf ihrem Bananensattel-Fahrrad, mit dem sie unsere Einfahrt hinauf und hinunter fuhren! Da ich mit ihr noch nie über Außerirdische und meine Erfahrungen mit ihnen gesprochen hatte, bestätigte mir das die Realität meiner eigenen Erlebnisse. Mit wurde nun vollends klar, dass ich das ganze Thema wieder aufnehmen sollte, wie es mir bereits zwei Monate zuvor im Januar 1990 gesagt worden war.

Zu diesem Zeitpunkt stellte ich mir folgende Fragen: „Was soll ich tun?" und vor allem: „Wie werde ich es angehen?"

Ich beschloss, mich einfach weiter mit dem Thema auseinanderzusetzen, um herausfinden, was dort draußen wirklich vor sich ging. Ich entdeckte eine Organisation, die sich in Florida an einem bekannten UFO-Sichtungsort treffen wollte, wo die sogenannten „Gulf-Breeze-Sichtungen" stattgefunden hatten, nahe Pensacola. Das Treffen fand im Juli 1990 statt. Ich hatte bereits ein Konzept für das, was ich tun wollte, erarbeitet. Dabei ging es um die Ausbildung interplanetarischer Botschafter auf Erden, die das tun sollten, was sich heute die CE-5-Initiative nennt: Nahbegegnungen der Fünften Art. Ich ging also auf dieses Treffen und teilte meine Ideen und Konzepte mit – und plötzlich tauchten einfach die richtigen Leute auf. Sie traten auf mysteriöse Weise in mein Leben und sagten: „Nein, tu das nicht über eine bestehende Einrichtung, sondern erschaffe deine eigene Realität."

Es kam auch ein Anwalt hinzu, der sich jahrelang mit solchen Themen und ihrem Bezug zur nationalen Sicherheit befasst hatte. Er sagte mir, wie ich es handhaben sollte: „Gründen Sie eine Organisation; versiegeln Sie diese hermetisch, sodass sie nicht infiltriert werden kann – mit anderen Worten, keine offenen Sitze und keine offene Mitgliedschaft; vermeiden Sie, wenn möglich, undurchsichtig zu sein; und machen Sie so schnell wie möglich Ihr Vorhaben und Ihre eigene Rolle darin der breiten Öffentlichkeit bekannt. Millionen Menschen müssen erfahren, was Sie tun – ansonsten werden Sie nicht überleben. Wenn Sie etwas verheimlichen oder undurchsichtig sind, sind Sie so gut wie tot." Er gab mir den besten Rat, den ich jemals erhalten habe.

Schnell stellte ich fest, dass viele der anderen Informationen auf dieser Konferenz falsch waren – reine Desinformation.

Im August 1990 befand ich mich im Anbau unseres Hauses, der über eine Treppe mit unserem Hauptschlafzimmer verbunden war. Ich schlief dort, weil Emily die ganze Nacht mit unserem jüngsten Kind beschäftigt war und ich am nächsten Tag eine 24-Stunden-Schicht in der Notaufnahme schieben musste. Gegen 2:00 Uhr erwachte ich – und befand mich in einem stillen, über-wachen Zustand, äußerst bewusst. In einer Ecke des Raums schwebte eine Wolke funkelnder Lichter in der Nähe der Decke. Ich nahm sie wahr, setzte mich unmittelbar auf und nahm den Schreibblock zur Hand, der sich neben meinem Bett befand. Dann schrieb ich das vollständige Konzept für alles nieder, was wir in den nächsten 15 Jahren tun würden. Es ging um die CE-5-Protokolle, die Pläne, alles. Es schien, als hätten die funkelnden Lichter den gesamten Organisationsplan in mir erweckt und dieser einfach aus mir herausfloss. Ich schrieb etwa eine Stunde, danach schlief ich wieder ein und stand gegen 6:00 Uhr auf, um 24 Stunden in der Notaufnahme zu arbeiten. Hinter mir lag die Nacht, in der CSETI entstand, das Center for the Study of Extraterrestrial Intelligence, in der mir dieser Name einfiel, die Konzepte, die CE-5-Initiative, die Notwendigkeit der Aufdeckung sowie das gesamte Programm des interplanetarischen Botschaftertums. All das eröffnete sich mir in dieser einzigen Nacht. Gewisse Dinge können sich also als Wissenspaket entfalten, mysteriös, spontan und unmittelbar.

Natürlich kannte ich damals noch niemanden, und niemand kannte mich. Ich war ein Landarzt aus North Carolina mit vier Kindern, einem Golden Retriever und ein paar Autos in Biltmore Forest, der einfach nur sein Leben lebte. Doch meine Erfahrungen machten mir klar: Ich musste damit anfangen. Doch wie wird aus einer Vision Realität? Die ganze Sache musste aus dem Nichts geboren werden.

Während der nächsten paar Jahre geschah es, dass, wenn ich irgendetwas tun musste oder irgendeinen Kontakt benötigte, diese Person mir auf mysteriöse Weise über den Weg lief, meist innerhalb von Stunden. Ich werde nie vergessen, wie ich sagte: „Wir müssen die Informationen unbedingt dem Generalsekretär der Vereinten Nationen mitteilen …" und innerhalb von ein oder zwei Stunden jemand anrief, von dem ich noch nie gehört hatte und der sagte: „Sie wissen zwar nicht, wer ich bin, aber ich bin mit den Boutros-Ghalis befreundet und Mrs. Lea Ghali möchte Sie unbedingt kennenlernen …" Auf diese unbeschreibliche Art überfielen mich die Ereignisse geradezu. Alles schien geführt zu sein und unterstützt zu werden – als ob hinter dem Vorhang eine unsichtbare Hand alles leitete.

Wir konnten die Wahrheit den richtigen Leuten nur mitteilen, weil sich die Türen auf rätselhafte Weise von selbst öffneten. Doch dadurch wusste ich auch, dass ich das Richtige tat.

Im Jahr 1991 beschloss ich, Menschen in der Nahbegegnung der Fünften Art auszubilden, der CE-5-Initiative. Eine CE-5 bedeutet, dass Menschen freiwillig Kontakt zu Außerirdischen herstellen und sie willkommen heißen, indem sie unter Verwendung der Protokolle die ETs willentlich in eine bestimmte Region leiten, um diesen zu begegnen. Es war das allererste CSETI-Projekt.

Innerhalb kürzester Zeit verfasste ich eine Einschätzung der Situation. Diese Informationsberichte gelangten unmittelbar zu einigen Leuten innerhalb der CIA, die sie in der gesamten Raumfahrtindustrie verteilten. Ich bekam einen Anruf einer Person aus den höchsten Ebenen der Raumfahrtindustrie, die sagte: „Dies ist die genaueste Einschätzung der UFO-Situation und der außerirdischen Frage, die wir je gelesen haben." Das Original dieses Schriftstücks wurde in meinem ersten Buch veröffentlicht: „Extraterrestrial Contact: The Evidence and Implications".

Der Raumfahrtwissenschaftler fragte mich daraufhin: „Woher wissen Sie all diese Dinge?" Ich antwortete, dass ich dafür weit ausholen müsse – und wir führten ein langes Gespräch.

Im Winter 1991 entschieden wir uns bei CSETI, nach Belgien zu reisen, da wir erfahren hatten, dass es dort zahlreiche Sichtungen mit dreieckig geformten Schiffen gegeben hatte. Wie Sie vielleicht wissen, berichteten 1989, 90 und 91 tausende von Menschen, dass sie in der Gegend von Brüssel riesige dreieckige UFOs gesehen hätten, die gefilmt, photographiert und vom Radar erfasst worden waren.

Zu dieser Zeit hatte ich noch niemanden wirklich für die Kontakte ausgebildet. In meiner kindlichen Unschuld dachte ich, dass man einfach dasitzen könne und gleich beim ersten Mal ins kosmische Bewusstsein eintreten, sich in den Raum bilokalisieren, die Außerirdischen zur eigenen Position leiten könne und darauf vorbereitet wäre, wenn sie kämen! Doch bald musste ich feststellen, dass es dazu einiger Vorbereitung bedurfte.

Doch zunächst taten wir genau das. Wir nahmen einfach eine Gruppe von Menschen mit und führten die Protokolle durch. Die allererste Gruppe bestand aus mir, meiner Frau Emily und zwei anderen. Wir gingen einfach raus und erlebten einige außergewöhnliche Dinge. Sie können darüber in „Extraterrestrial Contact: The Evidence and Implications" lesen. Letztlich trafen wir einige hochrangige Personen in Belgien, die mit der belgischen Luftwaffe zusammenarbeiteten. Danach gingen wir in die Gegenden, wo die riesigen Raumschiffe gesichtet worden waren.

Eine von ihnen lag in der Nähe von Eupan, im östlichen Belgien, nahe der deutschen Grenze. Während wir auf einer Farm waren, tauchte plötzlich eine Lichterkette auf. Es war in der Gegend, in der ein Gendarm ein großes Schiff gesichtet hatte. Doch alles, was wir sehen konnten, war eine Art Lichterkette mitten im Feld. Natürlich dachte jeder: „Das sind nur ein paar Lichter der Farm." Doch ich wusste, dass sie nicht wie normales Licht aussahen. Wir saßen einfach da und beobachteten ein Objekt, das sich mitten im Feld befand, und plötzlich gingen die Lichter aus! Bei Tageslicht begutachteten wir diesen Ort und stellten fest, dass es dort weder Straßenlaternen noch elektrische Leitungen gab – nichts, von dem die Lichter hätten stammen können! Es muss ein Raumschiff gewesen sein.

In einer anderen Nacht waren wir in der Nähe von Henri-Chappelle, auf einem Militärfriedhof, der auf einer Erhebung lag. Es war eine schreckliche

Nacht: kalt und regnerisch, es graupelte. Wir blieben in unseren Autos sitzen und führten die CE-5-Meditation mit Ortung durch. Ganz plötzlich vernahmen wir eine tiefe, summende Schwingung. Stellen Sie sich etwas in der Größe des Empire State Building vor, das rumpelt und wie ein Trafo brummt. Es hatte eine starke Vibration. Und plötzlich, als wir nach oben in die Wolken blickten – die Wolkendecke befand sich nur ein paar 100 Meter über uns – trat etwas in der Größe des Vollmonds aus den Wolken hervor. Emily sah es als Erste. Es war der Rand eines dieser riesigen Schiffe. Dann glitt es zurück. Es blieb genau über uns, vibrierte und brummte in tiefen Tönen. In dem Augenblick sah ich in meinem geistigen Auge die Besatzung des Schiffs. Die Vibration, die wir alle spürten, stammte von ihnen. Sie untersuchten uns von oben bis unten, verbanden sich mit uns als Gruppe, individuell und mit dem Schiff. Es war so nah, dass man es fühlen konnte.

Während dieser Reise nach Belgien erfuhr ich, dass viele Leute, die von den Sichtungen der Objekte berichtet hatten, von den allgemein bekannten UFO-Forschungsgruppen zensiert worden waren. Beispielsweise traf ich einige der Polizisten, die in einem kleinen Dorf ein massives Schiff in der Größe von drei Fußballfeldern gesehen hatten, das über dem Kirchturm schwebte. Ein Teil ihrer Geschichte wurde „bereinigt", damit sie „nicht ihre Glaubwürdigkeit verlören". Es verschwand nicht etwa wie in einem Hollywood-Film, indem es einfach in den Weltraum davonschoss. Dieses riesengroße, dreieckige Schiff, das an jeder Seite 300 Meter maß und über dem Marktplatz schwebte, kollabierte plötzlich zu einer pulsierenden roten Kugel in der Größe eines Basketballs. Es wanderte noch ein wenig umher und verschwand dann geradewegs ins Weltall, in einem einzigen Augenblick!

Ich erwähne dies, weil viele Leute von Orbs berichten und denken, dass es sich dabei „nur" um Orbs handelt. Doch es könnte auch ein kilometerlanges Raumschiff sein, das nur eine andere Energieform angenommen hat. Manch einer würde sagen, es habe die Dimension gewechselt und erscheine nur als Lichtball. Diese Erfahrungen lehrten mich also zwei Dinge:

Zuallererst sind uns die Technologien der Außerirdischen haushoch überlegen. Dieser Aspekt wird in der UFO-Literatur jedoch weitgehend zensiert, sodass die augenscheinlichsten Aspekte ihrer Technologie nicht erwähnt werden – manchmal auch, damit die Augenzeugen nicht diskreditiert werden, eben *weil* es so ungewöhnlich ist. Doch wenn es eben *nicht* äußerst ungewöhnlich erscheint, dann bedeutet das in den meisten Fällen, dass es sich um einen „außerirdischen Nachbau" handelt, der von Lockheed oder Northrup hergestellt wurde!

Ich werde oft gefragt: „Wie erkennen Sie den Unterschied zwischen einem irdischen UFO und einem außerirdischen Gefährt?" Wenn Sie sich jemals in der Nähe eines echten UFOs befinden, werden Sie den Unterschied bemerken, denn sie unterscheiden sich ganz offensichtlich in ihrer *Qualität*. Diejenigen außerirdischen Ursprungs sind extrem fortschrittlich in dem Sinne, dass sie „wach" erscheinen. Das gesamte Schiff hat eine eigene künstliche Intelligenz und ist bewusst. Die Bordbesatzung ist mit ihm verbunden und kann sich ebenso bewusst mit Ihnen verbinden. Das Licht, das von ihm ausgeht, ist etwas, was Sie noch nie auf Erden gesehen haben: Es ist außergewöhnlich und scheint nicht von dieser Welt zu stammen. Man verspürt in der Nähe der UFOs eine sehr entwickelte Energie und Intelligenz.

1991 begann ich mit der Erweiterung der Projekte und trat auf einigen Konferenzen auf, um meine Konzepte zu präsentieren. Ich vertrat den Standpunkt, dass die außerirdischen Raumschiffe hier seien und von intelligenten Wesen gesteuert würden, die mit uns in Kontakt treten können. Sobald diese Wesen bemerken, dass eine Gruppe von Menschen sie aus eher friedlichen denn aus militärischen Absichten kontaktieren möchte, werden sie auch antworten, wenn sie die Möglichkeit dazu haben.

Am meisten sorge ich mich darüber, dass die Beziehungen zwischen Menschen und Außerirdischen von einer militärisch-orientierten Gruppe abgefangen worden sind, die eine solche Beziehung gefährdet. Diese Leute sind sich nicht im Geringsten bewusst, was sie da eigentlich tun. Nirgendwo steht geschrieben, dass wir die Kontakte an eine kleine Gruppe von Menschen abtreten müssen, die sie für sich beanspruchen – und die die in den Kinderschuhen steckenden Beziehungen zwischen außerirdischen Welten und der Menschheit ruinieren. Die bereits stattgefundenen Kontakte zwischen Außerirdischen und Menschen werden völlig geleugnet, weil es weder innerhalb des Staates, noch der Vereinten Nationen oder anderer friedlicher Gruppen ein formales Programm gibt, das sich öffentlich und wahrheitsgetreu mit diesem Thema auseinandersetzt. Mir wurde also klar, dass wir selbst mit den Außerirdischen in Kontakt treten müssen; denn täten wir es nicht, gäbe es weiterhin ein Vakuum, das dann von denjenigen aufgefüllt werden würde, die es darauf anlegen, Schaden anzurichten.

An das Thema aus einer rein militärischen oder technologischen Perspektive heranzutreten, kann nur Schaden anrichten. Der einzige Zweck von CSETI und der CE-5-Initiative ist es, diesen gefährlichen Weg zu korrigieren. Wir müssen eine friedliche Annäherung zwischen Menschen und Außerirdischen erreichen und einen Austausch erschaffen, der beiden Parteien nützt – nicht nur einer klandestinen Operation, die eine Handvoll Menschen bevorteilt, die aus Selbstsucht die Kontrolle über die Technologien behalten wollen.

Bis 1992 hatten wir genügend interessierte Leute gefunden, sodass wir einige größere Expeditionen unternehmen konnten. Im März 1992 reiste ich in das Gebiet von Pensacola, um über 50 Teilnehmern die Protokolle beizubringen.

In der ersten Nacht entschloss ich mich, zum Strand des State Park zu gehen. Wir waren erst ein paar Minuten vor Ort, als gegen 20:30 Uhr ein außerirdisches Raumschiff auftauchte. Anfangs waren zwei Schiffe zu sehen, dann tauchten vier dieser UFOs auf, kugelförmig und mit einem bernsteinfarbigen Licht im Zentrum des Schiffbodens. Es schien, als ob sie sich einfach im Himmel über uns manifestierten. Mit starken Suchscheinwerfern formten wir ein riesiges Dreieck am Himmel. Als Antwort formierten sich drei dieser UFOs zu exakt demselben Dreieck.

Dann ließ ich den Scheinwerfer zweimal aufleuchten, und sie antworteten, indem sie ebenfalls zweimal blinkten. Ich gab das Signal ein Mal, und sie auch. Dann spürte ich eine bewusste außerirdische Präsenz im gesamten Areal. Es war ein unsichtbares und elektronisch projiziertes Bewusstsein der Besatzung des Schiffes, das die ganze Gegend umspannte. Einige andere Leute spürten es ebenfalls, sprangen in ihre Autos und rasten davon! Sie dachten: „Großer Gott, all das ist wirklich real!" Diese Begegnung wurde von vier separaten Kameras aufgenommen, und unter uns befanden sich auch zwei ehemalige Air-Force-Piloten. Einer von ihnen war Östlicher Foschungsleiter einer UFO-Organisation. Diese Organisation ließ es nicht zu, dass er von dieser Begebenheit in ihrem Magazin berichtete. Sie zensierten es. Diese Nahbegegnung der Fünften Art wurde gefilmt, von zahlreichen Menschen beobachtet und bezeugt. Am nächsten Tag berichtete die örtliche Tageszeitung darüber und veröffentlichte auch Photos der UFOs. Doch schließlich war es die UFO-Subkultur selbst (die traditionell von der „Schattenabteilung" des Geheimdienstes kontrolliert wird), die alle die Berichte aus der Literatur herausstrich. Dieses Ereignis öffnete mir die Augen für das, was wirklich in der sogenannten UFO-Gemeinschaft vor sich ging …

Doch wir lernten dadurch auch, dass Menschen zusammenkommen, sich für einen außerirdischen Kontakt entscheiden und diesen tatsächlich erfahren können – dazu noch in einem friedlichen Rahmen und mit kosmischem Bewusstsein.

11 Das Angebot

Die Nachricht von der CE-5 in Florida verbreitete sich wie ein Lauffeuer. Einige Wochen später lud man mich zu einer Konferenz nach Atlanta ein, bei der eine ganze Gruppe Geheimagenten zugegen war. Sie hatten davon erfahren und wollten alle Details wissen. Es handelte sich um eine quasiöffentliche Veranstaltung, die von einer Deckgruppe durchgeführt wurde, um Informationen für die geheimen UFO-Programme zu gewinnen. (Ein nicht unüblicher Vorgang.)

Am Samstagabend kam ich pünktlich zum großen Konferenz-Bankett an. Man hatte mir einen Platz reserviert zwischen General T. E., dem ehemaligen Chef des Armee-Geheimdienstes, und „Doktor Tod" – Oberst M. K., dem Leiter der Programme, die sich mit psychotronischen und sogenannten nichttödlichen Waffensystemen befassen. Auch einige NSA-Leute und andere Geheimdienstler waren vor Ort. Irgendetwas war faul an der ganzen Sache – so auch dieser aalglatte Schatten-Psychiater, ein Kumpan des Generals. Ich dachte: „Na prima, ich sitze mitten in der Schlangengrube." Doch da ich mein Projekt nicht als Geheimoperation durchführte, hatte ich letztlich nichts zu verbergen. Natürlich war ich mir völlig darüber im Klaren, mit wem ich es zu tun hatte, warum diese Leute dort waren und worin meine Aufgabe bestand. Ich erinnere mich auch, dass einige Freunde der britischen Königsfamilie dort waren.

Der Bankett-Redner war General T. E., und nach seiner Ansprache fragte er mich: „Könnten wir uns nachher eine Weile unterhalten?" Ich bejahte, und sie nahmen mich in ein Hotelzimmer mit, das vollgestopft mit Leuten war, die mit geheimen Programmen und schwarzen Operationen in Unternehmen, Militär und Geheimdiensten in Verbindung standen – die hybride Nachfolgeorganisation des MJ-12. In kürzester Zeit entwickelte sich aus dieser kleinen Zusammenkunft ein Trommelfeuer von Fragen – das direkt auf mich gerichtet war. Ich hatte, wie gesagt, nichts zu verbergen, also teilte ich ihnen alles mit. Für das Spion-Gegenspion-Spiel braucht man zwei Leute mit Geheimnissen, aber ich hatte nicht vor mitzuspielen. Sie stellten mir also alle möglichen Fragen.

Ich erinnere mich, wie jemand fragte: „Für wen zum Teufel halten Sie sich eigentlich? Wie können Sie einfach diese Dinge tun, ohne das nationale Militärkommando zu informieren?" Sie wussten, dass wir den „Stein von Rosetta" des außerirdischen Kontakts entdeckt hatten. Ich antwortete: „Ich bin ein Bewohner dieses Planeten und habe alle Rechte, dies zu tun. Nebenbei bemerkt, gehörte die Familie meiner Mutter zu den ursprünglichen Gründern der Vereinigten Staaten – sie kämpften im amerikanischen Unabhängigkeitskrieg und waren Kriegsgefangene der Briten. Außerdem war mein Vater ein halber Indianer, seine Vorfahren waren also schon in dem Land, bevor ihr Europäer hierher kamt. Wir lassen uns von niemandem verbieten, den Kontakt herzustellen!"

Am Ende sagte ich: „Ich weiß, was ihr für Typen seid, doch ich hatte engen und persönlichen Kontakt mit diesen außerirdischen Wesen, ihrem Schiff und ihrer Technologie. Ihr könnt mich nicht über die wahren Geschehnisse belügen. Ihr könnt mir also keinen Bären aufbinden, Punkt eins. Punkt zwei, ich bin zwar nicht reich, aber als Arzt reich genug, um euer verdammtes Geld nicht zu brauchen, folglich bin ich auch nicht bestechlich. Und Punkt drei: Im Alter von 17 Jahren war ich bereits klinisch tot. Ich hatte eine erleuchtete Erfahrung, und somit fürchte ich mich auch nicht vor dem Tod, also könnt ihr mir erst recht keine Angst einjagen! Ich werde diese Sache erledigen, egal, welchen Weg ich einschlagen muss. Und keinesfalls werdet ihr mich daran hindern." Ich erinnere mich noch an den Blick des Generals: „Ich weiß ganz genau, was das für ein Mistkerl ist." Seit jener Nacht ließ die verdeckte Gruppe nichts unversucht, um uns zu infiltrieren. Die Warnungen von 1990 bestätigten sich nun.

Im nächsten Monat, im Mai 1990, hatte ich zugesagt, bei einer Konferenz in St. Malo in der Nähe des Rocky-Mountain-Nationalparks mitzuhelfen. Mit dabei waren der Astronaut Brian O'Leary, Maury Albertson (einer der Mitbegründer des amerikanischen Friedenskorps) und das Institut für Neue Wissenschaften. Es war eine private Veranstaltung, und wir hatten jeden aus der zivilen UFO-Gemeinschaft eingeladen. Es stellte sich heraus, dass auch ein paar Geheimdienstler dabei waren, darunter General T. E. und sein Freund, der Psychiater.

Ich wollte eine kollegiale Atmosphäre schaffen, in der wir alle Informationen und Perspektiven miteinander teilen konnten. Was ich jedoch herausfand, war, dass die gesamte zivile UFO-Gemeinschaft mit bezahlten Desinformanten und gegensätzlichen Fraktionen durchsetzt war: Innerhalb von Nanosekunden nach ihrer Ankunft zückten sie ihre Messer und Kriegsbeile und stießen sie sich gegenseitig in den Rücken – auch in meinen. Damals merkte ich, was für eine Schlangengrube die zivile UFO-Welt in Wirklichkeit ist.

Während der Veranstaltung wollten mich der General und sein Psychiater auf ihre Seite ziehen. Der General sagte: „Wissen Sie, wir haben da eine sehr private Organisation, die sich mit diesen Themen beschäftigt ...", wobei das „privat" nichts anderes als „supergeheim" meinte. Ich wusste, was er sagen wollte. Er fuhr fort: „Wenn Sie Ihr Vorhaben mit unserem verbinden würden, könnten wir Ihnen so viel Geld, Macht und Zugang zu Technologien verschaffen, wie Sie sich nie erträumen könnten." Ich antwortete: „Danke, aber nein. Ich brauche das nicht. Ich dachte, ich hätte das bereits klargemacht, als wir uns letzten Monat in Atlanta getroffen haben." Doch sie versuchten weiterhin vehement, mich zu überzeugen – sie wussten, welche Gefahr von uns für ihr verdecktes Monopoly ausging. Sie redeten sehr viel.

Ein guter Freund des NSA-Mannes, der vor Ort war, sowie ein anderer CIA-Typ kamen zu mir und sagten: „Wissen Sie, die sind sehr eifersüchtig auf das, was Sie tun, weil sie sich selbst in einer Black Box befinden und nur bestimmten Zielen dienen dürfen. Sie dagegen sind Ihr eigener Herr und haben viel mehr Handlungsfreiheit!" Das wusste ich. Ich erklärte: „Wir mögen gegenwärtig nicht die Macht haben, aber wir sind frei – und haben andere, gottgegebene Kräfte."

Als ich gerade nicht da war, ging der General schließlich zu Emily, meiner Frau. Er erzählte ihr von dieser Gruppe – aber er nannte sie nicht „MJ-12". Er sagte, dass die Gruppe ein Führungsgremium habe, und dass es in diesem Gremium eine bestimmte Anzahl Sitze gebe. Selbstverständlich hatte er in unseren Akten tief geschürft und wusste, dass wir Baha'is sind und unsere heilige Zahl die Neun ist. Er sagte also, dass sich in ihrem Gremium neun Sitze befänden, von denen jeder ein eigenes Schild – ein bestimmtes Wappen – trage, das mir zugestanden werde, wenn ich einfach meine Organisation mit der ihrigen verschmelzen würde.

Emily sagte in einem süßlichen Ton zu mir: „Oh, er war so nett und sagte all diese wundervollen, schmeichelhaften Dinge über dich!" Ich antwortete: „Natürlich, Liebes, aber siehst du nicht, wozu sie uns bringen wollen?" Letztlich ging ich zu ihnen und sagte: „Lassen Sie mich eines klarstellen. Ich bin völlig unabhängig und werde dafür Sorge tragen, dass diese Unternehmung privat bleibt und von niemandem infiltriert wird, damit sie ihren ursprünglichen Zweck erfüllt. Weder Schmeicheleien, noch irgendein Geldbetrag oder ein Machtangebot werden daran etwas ändern!"

Nebenbei gesagt, war General T. E. seit jungen Jahren an den geheimen Projekten beteiligt. Dies wurde mir von unabhängigen Quellen bestätigt. Bevor er in den „Ruhestand" ging, war er der Leiter des Geheimdienstes der US-Armee. Doch er erzählte den Leuten nur, er sei in den Ruhestand gegangen. Solche Leute gehen niemals in Rente – bis sie in einem Sarg enden.

Ich traf einen Militärpiloten, der in den 1960ern an einer speziellen Mission teilgenommen hatte, bei der UFOs verfolgt und gefilmt wurden. Er berichtete mir, dass ein Team sofort aufgetrennt und neuen Posten zugeteilt wurde, sobald es eine Begegnung hatte – doch dass *alle* Informationen direkt an eine Person weitergeleitet wurden, deren Namen ich seiner Meinung nach nicht kennen konnte: General T. E.! Als er mir diese Geschichte erzählte, lachte ich und sagte: „Den kenne ich ziemlich gut!"

Nachdem ich die Angebote des Generals abgeschlagen hatte, blühten innerhalb der nächsten 30 Tage im gesamten Internet Websites auf, und es wurden Geschichten in der Öffentlichkeit verbreitet, die mich diskreditierten. Sie ließen alle ihre Hunde auf mich los: aus der zivilen UFO-Gemeinschaft, der Presse, von überall. Man nannte mich Sektenmitglied, Satansanbeter mit außerirdischen, unheimlichen Kräften und Betrüger – es war einfach alles dabei. Dann veröffentlichten sie die Lüge, ich sei kein ausgebildeter Arzt. Da stand ich nun mitten im Krankenhaus und sie wollten erzählen, dass ich keine medizinische Approbation hätte! Danach musste ich der Öffentlichkeit meine Lizenz und meinen Abschluss zeigen, damit sie sahen, dass ich wirklich ein ausgebildeter Arzt bin! Die psychologische Kriegsführung und Schikane waren immens – und sind bis heute im Gange. Seit 14 Jahren nun erlebe ich diese unbarmherzigen Attacken, persönlichen Angriffe und Diffamierungen und jeden schmutzigen Trick.

General T. E. erzählte mir dennoch so einiges. Beispielsweise sagte er mir, dass es außerirdische Raumschiffe und Fabriken unter der Marsoberfläche gebe und dass diese von verdeckten Projekten photographiert worden seien. Er berichtete mir auch im Privaten über all die entwickelten Technologien, die in den verdeckten Programmen existieren – und die sogar an die Technologie der Außerirdischen herankämen. Indem ich so umworben wurde, war es mir möglich, einige gute Informationen zu erhalten. Ich erfuhr, dass diese bestimmte „Zelle" die Schnittstelle zwischen der UFO-Gemeinschaft und der Schattenwelt war. Es ist eine Verbindungsgruppe, die viele zivile UFO-Projekte unterwandert hat. Damals wurde mir auch klar, warum der Anwalt mir 1990 dringend dazu geraten hatte, unabhängig, vorsichtig und öffentlich zu sein. Ich musste der Löwe am Tor sein, der das, was wir taten, vor Infiltration und Zerstörungsversuchen beschützte. Es würden außerordentliche Macht- und Geldangebote, Drohungen und Angriffe auf mich zukommen. Auf eine gewisse Weise würde ich die Kriegerrolle übernehmen müssen, auf die ich während meiner Kindheit und Adoleszenz vorbereitet worden war.

12 Baff!

Während unserer Forschungen stießen wir auf ein auffälliges Sichtungsmuster außerirdischer Gefährte sowohl über geophysikalisch instabilen Regionen und vulkanisch aktiven Zonen wie Costa Rica, Mexico und dem pazifischen Feuerring; als auch im Bereich kerntechnischer Anlagen, Waffenschmieden und Atomkraftwerken.

Die außerirdischen Zivilisationen, die die Erde beobachten, wissen, dass wir viel schwächer sind, als die meisten von uns denken. Wir sind wie der sprichwörtliche Frosch im Wasserbad, das langsam erwärmt wird – und wir bemerken es erst, wenn wir schon kochen.

Die ETs observieren die Ereignisse sehr sorgfältig, und das Muster ihrer Aktivitäten lässt mich darauf schließen, dass sie sich um unseren Umgang mit der Umwelt und um die daraus folgende Instabilität sorgen. Sie sind außerdem über die spaltbaren Materialien besorgt, die auf unserer Erde für tausende von Jahren einen ungeheuren Schaden anrichten könnten.

1992, nachdem wir eine Weile experimentiert und die ersten Trainingsgruppen ausgebildet hatten, erfuhren wir von den seltsamen „Kornkreisen" in England. Leute wie Colin Andrews – mit dem ich mittlerweile eng befreundet bin – berichteten, dass damit ungewöhnliche Himmelsphänomene einhergingen und sogar Raumschiffe gesichtet wurden, von den auch Filmaufnahmen existierten. Es gibt Tageslichtaufnahmen von kleinen, scheibenförmigen Objekten mit etwa 30 Zentimeter Durchmesser, die sich durch die Felder bewegen, und dies sowohl vor der Entstehung irgendwelcher Kornkreise als auch im Nachhinein.

Im Sommer 1992 reisten wir mit einer kleinen Gruppe nach England, um dort die CE-5-Initiative durchzuführen. Zu jenem Zeitpunkt hatte sich schon in den Medien herumgesprochen, was wir in Belgien und Gulf Breeze erlebt hatten – unsere Englandreise war also ein gefundenes Fressen.

Dies führte zu einigen Schwierigkeiten, denn viele Orte, an denen wir unsere Kontaktbemühungen durchführen wollten, waren von Neugierigen und Reportern geradezu übervölkert.

Ich erinnere mich noch, wie ich eines Tages durch die Gegend raste, um die Kameras und die Reporter loszuwerden. Es war wie bei der Jagd Prinzessin Dianas durch den Tunnel – wir hetzten durch die Gegend und versuchten, ein deutsches Fernsehteam abzuschütteln, das herausfinden wollte, wo wir an diesem Abend sein würden.

Im Juli 1992 waren wir auf einem Bauernhof in Alton Barns, der mitten im Epizentrum der interessantesten Kornkreise lag. Es war eine riesige Farm – über 400 Hektar groß – und wir hatten die Erlaubnis, das Territorium für unsere Zwecke zu nutzen. Innerhalb unseres Aufenthaltes von gut einer Woche führten wir dort zahlreiche Experimente durch.

Bei einem von ihnen befanden wir uns auf dem Woodborough Hill und visualisierten als Gruppe die spezielle Form eines Kornkreises. Dazu begaben wir uns in den bekannten meditativen Zustand: Zunächst erweiterten wir unser Bewusstsein, dann traten wir mit den Außerirdischen in Verbindung und baten sie, die von uns visualisierte Form als Kornkreis zu erzeugen.

Wir hatten uns bis zu jener Nacht, in der wir gemeinsam auf dem Woodborough Hill saßen, noch nicht auf eine Form geeinigt. Dann entschieden wir uns für die Form, die heute als das CSETI-Dreieck bekannt ist – ein gleichseitiges Dreieck mit einem Kreis an jedem Scheitelpunkt.

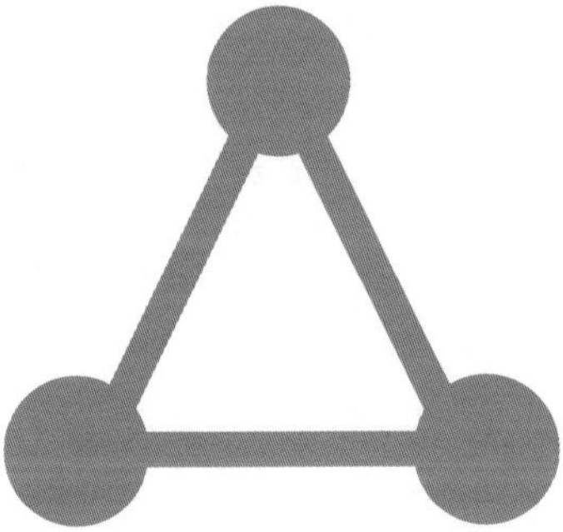

Wir übermittelten die Form präzise an den ungebundenen, universellen Geist sowie an die Außerirdischen. Am nächsten Morgen sichtete man exakt diese Form in einem Feld, das sich in der Nähe unseres nächtlichen Standortes befand!

Keiner außerhalb dieser relativ kleinen Gruppe, die das Experiment durchgeführt hatte, kannte das Design. Tatsächlich erfuhren wir auch selbst erst ein paar Tage später von Ralph Noyes, dass ein solcher Kornkreis aufgetaucht sei. Er sagte: „Wir haben gerade von einem Bauern erfahren, dass der perfekteste Kornkreis der Saison gesichtet wurde. Die Biegung der Getreidehalme zeigt außergewöhnliche Anomalien und ungewöhnliche Phänomene. Er erschien auf dem Land dieses Bauern!" Da gerade eine Trockenperiode war, die in diesem Teil Englands sehr selten vorkommt, hatte der Bauer an jenem Abend bis tief in die Nacht auf seinem Feld gearbeitet und war am nächsten Morgen sehr früh aufgestanden. Niemand hatte sich in dem Feld aufgehalten und zudem war es äußerst schwer zu erreichen, da es sich direkt am Oliver's Castle befand (ein steiles, klippenartiges Gebiet, das das Feld umgibt). Ich fragte: „Welche Form hat er?"

Und Mr. Noyes antwortete: „Ich habe sie in mein Notizbuch skizziert."

Wir beugten uns über das Buch und betrachteten Ralph Noyes' Zeichnung: Sie hatte genau die Form, die wir in unserem nächtlichen Experiment projiziert hatten!

Sofort brachen Shari Adamiak, meine Hauptassistentin, und ein paar weitere CSETI-Teammitglieder zu dieser Farm auf. Wir gingen Oliver's Castle hinauf und schauten von oben auf das Feld – es sah aus, als wäre die Form direkt aus unseren Köpfen auf das Feld platziert worden. Wir waren verblüfft.

Später erfuhren wir, dass die Untersuchungen der Getreidehalme und des Bodens elektromagnetische Anomalien und Veränderungen der Pflanzenzellwände nachweisen konnten. Die Tests ließen darauf schließen, dass dies vom wissenschaftlichen Standpunkt einer der wichtigsten Kornkreise der Saison war.

Interessanterweise war zur Untersuchung des Kornkreises auch eine Gruppe vor Ort, die von W. B., einem reichen Geschäftsmann, finanziert wurde (und noch einigen anderen Personen, die mit den verdeckten Programmen in Verbindung standen). Diese Gruppe radierte gerade diesen Kornkreis aus ihren Berichten – insbesondere seine Entstehungsweise. Hier haben wir das altbekannte Muster: Die sogenannte zivile UFO-„Gemeinschaft", durchsetzt mit Geheimagenten, hatte schon das Ereignis in Gulf Breeze im März des Jahres verschwiegen, und jetzt zensierte sie auch dieses. Ein weiteres Beispiel dafür, wie stark die sogenannte „zivile UFO-Gemeinschaft" kontrolliert wird und wie gründlich sie infiltriert ist.

Eines Abends, am Fuß des Woodborough Hill, führten wir das CE-5-Protokoll durch und luden die außerirdischen Raumschiffe zu uns ein. Plötzlich erschienen in den Wolken über uns Lichtpunkte, die sich gegen den Uhrzeigersinn drehten – sie entstammten keinen Suchscheinwerfern, die von unten gegen die Wolken strahlten, sondern einer Lichtquelle *über* den Wolken, die nach *unten* strahlte. Es waren gleich mehrere kreisförmig angeordnete Lichter, die von oben auf die Wolken schienen und sich gegen den Uhrzeigersinn drehten.

Kurz darauf begann es plötzlich stark zu regnen – doch nur in dem kleinen Bereich, in dem wir die Kontaktprotokolle durchgeführt hatten.

Es schien, als hätten die ETs für diesen Kontakt künstlich das Wetter verändert – eine Begegnung, die in der privaten Atmosphäre einer regnerischen und nebligen Nacht stattfinden sollte. Schließlich regnete es so stark, dass beinahe die meisten von uns das Areal verließen, darunter auch Colin Andrews, der in einem anderen Bereich der Farm stationiert gewesen war, sowie eine Gruppe anderer Leute.

Die restlichen vier von uns fuhren zu einer engen Betonstraße auf der Farm, die gerade breit genug für ein Fahrzeug war. In einer kleinen Ausbuchtung beschlossen wir zu parken.

Intuitiv wusste ich, dass das außerirdische Schiff kommen würde. Mir wurde klar und deutlich gesagt: „Wir werden da sein, später, später."

Deshalb sagte ich: „Wir bleiben hier in unseren Autos und warten ab." Es war nach Mitternacht. Wir beschlossen, in zwei separaten Fahrzeugen zu bleiben und von dort aus die Protokolle durchzuführen.

Dann klopfte es plötzlich am Fenster auf der Fahrerseite unseres Wagens: Es war Chris Mansell (der Engländer, der uns begleitete) aus dem Fahrzeug hinter uns. Als ich das Fenster herunterkurbelte, sagte er: „Dort hinten im Feld schwebt ein Raumschiff, dass wie ein verdammter Weihnachtsbaum beleuchtet ist!"

Ich antwortete: „Ja klar, und ich bin der Weihnachtsmann!"

Ich war mir sicher, dass er nur Spaß machte. Doch er sagte: „Nein, sehen Sie nur!", und als ich aus dem Fenster sah, erblickte ich ein Schiff mit etwa 30 Metern Durchmesser, scheibenförmig und mit einer beleuchteten, konischen Spitze. Den Rand der Scheibe bildeten wunderschöne, verschiedenfarbige Lichter – rot, grün, blau und gelb –, die sich drehten. Das Schiff rotierte gegen den Uhrzeigersinn, doch die Lichter bewegten sich sowohl gegen als auch mit dem Uhrzeigersinn, verschmolzen und überblendeten sich in einem schönen, ungewöhnlichen Muster.

Diese Lichter waren nicht von dieser Welt – eine derartige Intensität und Qualität des Lichtes hatte ich noch nie gesehen.

Zudem war das Raumschiff *sehr nah*. Es war gerade mal hundert Meter von uns entfernt, schwebte anfangs etwas höher über unserem Feld, aber näherte sich dann dem Erdboden bis auf drei Meter.

Wir stiegen aus den Fahrzeugen und gingen zum Kontakt- und Signalmodus über. Doch die Frau aus meinem Auto wurde völlig panisch. Sie war total aufgelöst. Diese Situation machte mir klar, dass die Menschen auf eine solche Begegnung wirklich vorbereitet werden müssen!

Ihre Angst beruhte wohl zum Teil darauf, dass wir dem Schiff so nahe waren: Sogar unsere Kompassnadel drehte sich mit dem Schiff. Das Magnetfeld hatte sich vom magnetischen Norden gelöst und rotierte gegen den Uhrzeigersinn!

Die elektromagnetischen Effekte führten auch dazu, dass unsere Haare leicht elektrisiert waren und zu Berge standen. Wir spürten eine ungewöhnliche Stille im Feld sowie die Präsenz des Bewusstseins der Wesen auf dem Schiff. Es war schlichtweg beeindruckend!

Dann sagte ich: „Lasst uns dem Schiff mit den Suchscheinwerfern signalisieren." Als ich dem Raumschiff Signale gab, kam es näher und signalisierte zurück. Das machte diese Frau erst recht hysterisch und sie schrie: „O mein Gott, tun Sie das nicht!"

„Aber deswegen sind wir doch hier", antwortete ich.

„Ich hatte nicht damit gerechnet, dass sie wirklich auftauchen würden", sagte sie.

„Dann frage ich mich, warum Sie überhaupt mitgekommen sind. Dachten Sie, ich mache Witze?"

Wahrscheinlich hatte sie gedacht, wir würden das Schiff nur aus der Ferne beobachten. Doch das Schiff kam uns wirklich sehr nahe und sie wusste, dass die ETs nur wegen uns gekommen waren und auf unsere Signale antworteten.

Chris Mansell und eine uns begleitende Holländerin waren sehr ruhig und entspannt; aufgeregt – aber nicht verängstigt. Doch diese eine Person fürchtete sich. Und in dem Augenblick, als ihre Angst wirklich durchbrach, stoppte das Schiff und kehrte langsam um.

Es war ein Akt des Mitgefühls. Obwohl von dem Schiff keinerlei Bedrohung ausging, wussten die ETs, dass jemand Angst hatte und schwebten langsam und gemächlich davon. Dann stieg das Schiff im Nebel auf und verschwand hinter den Wolken.

Wir konnten es danach immer noch hinter den Wolken über uns sehen. Mit seinen Lichtern erschien es als ein weich glühendes, bernsteinfarbenes Objekt, das geräuschlos im Himmel schwebte. Erstaunlicherweise drehte sich unser Kompass immer noch zusammen mit dem Schiff gegen den Uhrzeigersinn, bis die Nadel eine komplette 360-Grad-Drehung vollführte und wieder nach Norden zeigte.

Es war eine wundervoll choreographierte Begegnung. Nachdem sich der Himmel gelichtet hatte, erschien das Objekt noch einmal, nur diesmal in größerer Höhe. Ich signalisierte ihm, es signalisierte zurück und verschwand dann. So endete diese CE-5.

Während des Kontakts war der starke Regen zu einem Nieselregen geworden und hatte die ganze Gegend in Nebelwolken eingehüllt.

Colin Andrews erzählte uns, der Regen habe aufgehört, sobald sie die Straße erreicht hätten. Ich vermute, dass die rotierenden Lichter, die wir zuvor in den Wolken beobachtet hatten, eine Art Wetterveränderung hervorriefen, damit die Begegnung ungestört verlaufen konnte.

Es stellte sich heraus, dass die Leute, die unsere Expedition ausspionieren und unsere Kontaktbemühungen stören wollten, alle aufgrund des „schrecklichen englischen Wetters" entmutigt worden waren und den Ort verlassen hatten.

Mir wurde nach diesem Erlebnis klar, dass ich die Leute wirklich besser auf einen Kontakt vorbereiten musste. Die Teilnehmer mussten lernen, mehr im Bewusstsein zentriert zu bleiben, um sich nicht zu fürchten, denn es handelt sich *ganz sicher* um eine ungewöhnliche Erfahrung, noch dazu mit ungewöhnlichen physiologischen und elektromagnetischen Nebeneffekten in der Nähe der Objekte. Es ist unwahrscheinlich wichtig, in einer tiefen, ruhigen Bewusstheit zentriert zu sein.

Am nächsten Tag erfuhren wir, dass einige Leute unsere Begegnung von den umliegenden Bergen aus beobachtet hatten. Wir hatten also Zeugen – und so verbreitete sich die Nachricht. Am nächsten Tag stürzten sich Medien und die Öffentlichkeit wie die Geier darauf.

Aus diesem Grund erstellten wir einen Bericht der Landung auf der Farm in Alton Barns.

Als Chris Mansell am nächsten Morgen aufstand, sagte er: „Da war ein verdammtes Raumschiff in diesem Feld und ich war völlig baff!" Ich hörte das Wort zum ersten Mal, aber es passte perfekt!

1993 entschieden wir uns, die Kontaktbemühungen zu professionalisieren und haben seitdem eine Gruppe von erfahrenen Kontaktpersonen, die sich das Rapid Mobilization Investigation Team nennt – das RMIT.

Unglaubliche Wahrheit 13

Eine große Anzahl von Sichtungen, von der auch die mexikanischen Medien berichteten, fand in den vulkanischen Gebieten Mexikos statt, in der Nähe des Popocatépetl. Diese Raumschiffe wurden gefilmt, photographiert und von tausenden Menschen bezeugt.

Im Winter 1993 stellten wir ein Team von Botschaftern zusammen, die nach Mexiko reisen sollten, um die außerirdischen Besucher willkommen zu heißen und den Grund ihres Besuchs herauszufinden. Vor unserer Abreise sah ich in einem Luzidtraum einen bestimmten Ort, an dem wir Kontakt herstellten – er befand sich in der Nähe eines Berges und war von Wäldern umgeben. Dieser Traum sollte sich exakt sieben Nächte später – unter Beachtung der Zeitzonen – bewahrheiten.

Solche präkognitiven Träume oder Ereignisse traten bei mehreren Expeditionen auf: Eines oder mehrere unserer Teammitglieder hatten diese Vorhersehungen, bevor das Ereignis selbst im „physischen Hier und Jetzt" geschah. Die Visionen sind immer äußerst detailliert – sie enthalten den Zeitpunkt des Kontakts, die Gegend und vieles mehr. Auch andere Gruppen, die mit den CE-5-Protokollen zu experimentieren begannen, konnten es erleben.

Doch zunächst, kurz nach der Landung in Mexico City, wurden wir von den Bundesbehörden mit vorgehaltener Waffe beraubt: Sie konfiszierten einfach unsere Reisepässe. Um sie zurückzubekommen, sollten wir ein hohes Schmiergeld zahlen – sie erpressten uns.

Nach diesen Schwierigkeiten erreichten wir schließlich das ländliche Gebiet um den Vulkan. In der allerersten Nacht wählten wir als Standort die Seite des Vulkans, auf der auch Mexico City liegt. Um die ETs dorthin zu lotsen, begannen wir unter dem klaren Sternhimmel mit unserer Meditation. Es war dort oben so kalt, dass sich schon Eiskristalle auf unseren Körpern bildeten.

Plötzlich erschien ein Lichtpunkt im All, der auf uns gerichtet wurde und die ganze Gruppe in einen blauweißen Lichtstrahl tauchte – als wenn jemand mit einer hellen Blitzlampe auf uns zielte. Wir spürten, dass die ETs uns untersuchten – als ob sie uns abscannten. Gleichzeitig wurde mir eine Botschaft übermittelt: Sie hießen uns willkommen. Zu diesem Zeitpunkt waren wir gerade einmal sechs Stunden im Land.

Am nächsten Tag fuhren wir um den Popocatépetl herum und erreichten die kleine Stadt Atlixico, in der 90 Prozent der Einwohner Flugobjekte um den Vulkan gesichtet hatten.

Wir spürten, dass die ETs aus dem Grund vor Ort waren, weil der Pazifische Feuerring immer instabiler wurde. Der Popocatépetl ist der viertgrößte Vulkan der Welt und türmt sich über einer der bevölkerungsreichsten Städte der Erde auf. Die außerirdischen Raumschiffe waren gekommen, um die Situation zu überwachen und bei der Stabilisierung der Erde zu helfen.

Schließlich fanden wir eine perfekte Gegend nahe des kleinen Indianerdorfs Atlimayaya. In Atlimayaya endet die Straße, die an Atlixico und Metepec vorbeiführt. Von dort oben, am Fuß des Vulkans, kann man die Lichter der Stadt Pueblo sehen.

Atlimayaya liegt buchstäblich am Ende der Straße – von dort aus begeben sich die Ortsansässigen auf Trampelpfaden in den Dschungel und in die Wälder unter dem Vulkan.

Abseits der Straße nach Atlimayaya begannen wir mit fünf anwesenden CSETI-Mitgliedern die Kontaktaufnahme. Als ich die Gegend sah, wusste ich, dass es *exakt* der Ort war, den ich sieben Tage zuvor in meinem Luzidtraum gesehen hatte.

Ich sagte: „Dies ist genau der Ort, an dem wir sein sollen!"

Der Mond stand bereits am Himmel, er war zu zwei Dritteln voll. Nach einer Serie von CE-5-Protokollen wurde ich sehr müde und legte mich nieder.

Ich erreichte einen tiefen, äußerst entspannten, meditativen Zustand. Dann vernahm ich plötzlich eine klare Botschaft: „Setz dich auf und schau nach rechts!"

Als ich dies tat, sah ich, wie sich uns vom Vulkan aus ein riesiges, dreieckiges Schiff näherte.

Wir alle standen auf und traten mit dem Schiff in Verbindung. In meinem geistigen Auge konnte ich den Einsatzleiter des Gefährts und die anderen Wesen auf dem Schiff sehen – alle waren weiß und leuchteten stark.

Durch ein Gerät an Bord des Schiffes waren die ETs in der Lage, sich sehr direkt mit uns zu verbinden. Sie loggten sich mit ihrer Technologie in unser Bewusstsein ein und erzeugten damit eine Schnittstelle zum Geist.

Wie sonst auch verwendeten wir unsere Gedanken und unser Bewusstsein als Wegweiser.

Um sicherzugehen, dass sie uns sahen, signalisierten wir ihnen mit sehr hellen Scheinwerfern. Daraufhin antwortete das riesige Schiff – und wandte sich direkt in unsere Richtung.

Es schwebte *sehr* tief, nur einige hundert Meter über uns, und beschrieb dann einen perfekten Kreis um uns. Auf *jeder Seite* des Dreiecks hatte das Schiff die Länge von drei Fußballfeldern, und an jeder Ecke befand sich ein Licht. Wenn es signalisierte, leuchtete die gesamte uns zugewandte Ecke auf.

Jeder aus der Gruppe konnte die außerirdischen Wesen spüren, und drei von uns fünf sahen dieselben Wesen und empfingen die gleiche Botschaft über den Grund ihres Besuchs, den Ausbruch des Vulkans und was in der Zukunft geschehen würde.

Dann schwebte das Raumschiff in Richtung Pueblo davon. Wir verabschiedeten uns, und ich gab ihm ein letztes Licht-Signal. Als Abschiedsgruß leuchtete eine der hinteren Ecken noch einmal auf.

Dann sank es unter unsere Höhenlage und verschwand irgendwo im Tal.

Etwas später saßen wir in einem meditativen Zustand beisammen und kontaktierten am Fuß dieses wundervollen, schneebedeckten Vulkans erneut die außerirdischen Wesen. Als wir nach oben blickten, entdeckten wir einen ungewöhnlichen, ovalen Wolkenring, der sich auf der linken Seite des Vulkans gebildet hatte – er sah genau wie ein menschliches Gesicht aus! Die zwei hellsten Sterne am Himmel befanden sich genau an der Stelle der Augen.

Das kosmische Gesicht befand sich neben dem Vulkan und sah auf uns herab. Unzweifelhaft wollten uns die Wesen auf diese ungewöhnliche Art sagen, dass sie noch immer bei uns waren.

Bei Tageslicht hatten wir zuvor die ganze Gegend zu Fuß erkundet. Auf unserem Marsch durch den Dschungel entdeckten wir eine alte, von Pflanzen bedeckte Pyramide, die meines Wissens auf keiner Karte verzeichnet war. Dort hatten wir auch eine Reihe ungewöhnlicher mystischer Erlebnisse mit der Natur und dem Vulkan. Wir begegneten Einwohnern, die uns von ihren Begegnungen mit den außerirdischen Wesen in dem Gebiet berichteten und ähnliche Botschaften und Bilder wie wir empfangen hatten.

Nachdem wir den Dschungel verlassen hatten, sahen wir am Himmel ein Wolkengebilde, das die Form eines Adlers hatte. Der Schnabel des Adlers wies genau auf den Ort, an dem wir unseren nächtlichen Außeneinsatz haben würden. Wir wussten, dass alles von einer höheren Intelligenz orchestriert wurde, dem einen Geist des Kosmos, der uns alle miteinander verbindet.

Während unseres fünftägigen Aufenthalts sichteten wir mehrmals außerirdische Raumschiffe, darunter auch kleinere scheibenförmige, die direkt aus dem Vulkan nach oben schossen, seine Spitze umrundeten und dann im Weltraum verschwanden. Von den Begegnungen erfahren Sie detaillierter in meinem ersten Buch.

Der Schlüssel zu all diesen Ereignissen und Begegnungen ist eine universelle Bewusstheit sowie eine gutwillige und friedliche Absicht.

Im Verlauf des Jahres 1993 wurde mir endgültig klar, dass ein Kontakt zwischen menschlichen und außerirdischen Wesen im Bereich des Möglichen lag. Es war keine theoretische Frage mehr. Bis zu diesem Zeitpunkt hatten uns hunderte Menschen aus den USA, Europa und Mexiko auf unsere Expeditionen begleitet. Viele unserer Begegnungen wurden gefilmt, doch vor allem wurden sie massiv bezeugt.

Wie sollte es also weitergehen? Ein Großteil der Politiker und die breite Masse der Erdbürger wurden über dieses Thema belogen – wir mussten uns also die Frage stellen, wie wir die Sache weiter vorantreiben konnten. Es galt einen Weg zu finden, größere Teile der Bevölkerung mit unserer Botschaft zu erreichen. Unsere Aufgabe bestand ganz einfach darin, die Wahrheit zu sagen. Es war an der Zeit, unsere Beweise und die friedliche Perspektive den politischen Führern, der Regierung und der wissenschaftlichen Gemeinschaft nahezubringen – vor allem aber jenen, die die verdeckten Programme betrieben.

Unsere Arbeit hatte sich mittlerweile herumgesprochen, und ich hatte mir zwischen 1990 und 1993 ein Netzwerk von Kontaktpersonen in Militär, Politik und Wissenschaft aufgebaut.

Damals hatten wir erfahren, dass extrem mächtige Waffensysteme betrieben wurden, mit denen man auf außerirdische Raumschiffe zielte und diese zerstörte. Man sagte uns auch, dass die Operationen von klandestinen Geheimprojekten durchgeführt wurden und diese Projekte eine der größten Bedrohungen des Weltfriedens in der ganzen Menschheitsgeschichte darstellten. Doch wurde die gesamte Angelegenheit nicht nur von den Medien vollständig ignoriert, sondern auch von den meisten Militärs und der politischen Gemeinschaft – nicht zu vergessen dem einfachen Mann auf der Straße.

Ich merkte an diesem Punkt, dass es wichtig sei, Menschen zu finden, die Beweise und Fakten auf den Tisch legen könnten – und dass man der Öffentlichkeit und den Regierenden die wahre Bedeutung der außerirdischen Anwesenheit erläutern musste.

Ich begann, die Konzepte klarer auszuformulieren. Ich wollte Menschen zusammenbringen, die die Wahrheit aufdecken konnten, und zwar nicht so, dass sie von einer kleinen Gruppe Teilzeitkontaktler ausgesprochen wurde, sondern in einem so offiziellen Rahmen, dass die Menschheit als Ganzes zu begreifen begann, dass wir nicht allein im Universum sind. Es wurde Zeit, dass die zivilisierte menschliche Gesellschaft die Verantwortung übernahm, um auf erleuchtete und friedliche Art eine Beziehung zwischen Menschen und außerirdischen Wesen zu schaffen.

Ohne diesen großen und offiziellen Rahmen der Enthüllung spielte es keine Rolle, wie viele Kontakte unsere kleine Gruppe zustande bringen würde – denn auf die Weise könnten wir niemals die Probleme korrigieren, die eine mehrere Milliarden schwere Schattenregierung aufgeworfen hatte. Eine illegale Regierung, die über enormes Know-how verfügte und Aufklärungstechnologien und Waffen besaß, die auf der ganzen Welt zum Einsatz kamen – sogar im Weltraum. Wir wussten, dass mit diesen Waffen außerirdische Raumschiffe und deren Besatzungen angegriffen wurden und hatten verschiedene, voneinander unabhängige militärische Zeugen, die das bestätigten.

Im Sommer 1993 wurde ich von einigen Leuten in ein Haus in der Nähe des Monroe-Instituts in Virginia eingeladen, um die Initiative zur Veröffentlichung all der Informationen zu diskutieren.

Unter den Anwesenden waren einige ausgezeichnete Leute – doch wie ich später herausfand auch ein paar Maulwürfe, die anderen Agenden folgten. Wir besprachen, wie wir die Aufdeckung am besten bewerkstelligen und die breite Masse erreichen könnten.

Am Ende des Treffens verpflichtete ich mich, das Besprochene durchzuführen – es war die Geburtsstunde dessen, was heute als Disclosure Project bekannt geworden ist. (In den frühen Tagen trug diese Initiative noch keinen Namen, doch später lief sie unter dem Projektnamen „Project Starlight".)

Auf meinem Rückweg vom Monroe-Institut, das sich ganz in der Nähe unseres heutigen Hauses befindet, wurde ich von einer Art elektronischem Waffensystem angegriffen. Ich war urplötzlich völlig desorientiert und fiebrig – es fühlte sich an, als ob mein Inneres in Flammen stünde.

Während der Fahrt wurde ich so verwirrt, dass ich nicht mehr wusste, ob ich mich in diesem Augenblick in England befand (wo wir noch im Juli waren) oder nicht – ich hatte keine Ahnung, wo ich war! Ich wusste nicht, auf welcher Straßenseite ich zu fahren hatte und stellte fest, dass ich tatsächlich auf der falschen Straßenseite fuhr! Wäre ich nicht in der Lage gewesen, den Einfluss der Waffe willentlich auszuschalten und wieder Herr der Lage zu werden, wäre ich nach meinem Besuch im Monroe-Institut sicherlich in einem Frontal-Crash geendet. Es war äußerst besorgniserregend.

Das Ereignis lehrte mich, dass wir sehr sorgfältig von der dunklen Seite observiert wurden und diese alles tun würde, um uns aufzuhalten. Doch die Herausforderung ließ mich meine Anstrengungen nur noch verdoppeln!

Innerhalb der nächsten paar Monate sprach ich mit mehreren mir bekannten Leuten aus dem politischen und militärischen Bereich, die an unserer Arbeit großes Interesse zeigten. Viele von ihnen unterstützten das *Disclosure Project*. Wir bildeten ein Team, das planen sollte, wie wir diese Informationen den Regierenden übermitteln könnten.

Ich trug unsere Agenda einigen Gruppen vor und erklärte, dass nun die Zeit gekommen sei, um die Wahrheit zu verbreiten. Daraus entwickelte sich ein riesiges Netzwerk von Befürwortern. Nach einem der Vorträge in Colorado kam ein Gentleman (ich werde ihn M. J. nennen) auf mich zu und sagte: „Ich kenne ein paar Leute in Washington, die Ihnen helfen könnten."

„Ich bin ganz Ohr", antwortete ich.

„Ich bin mit dem neuen CIA-Direktor befreundet, Jim Woolsey. Er saß in der Chefetage meines Institutes. Was Sie sagen, macht Sinn. Und es muss geschehen." Er war sehr aufrichtig.

Es stellte sich heraus, dass M. J. unsere Arbeit verfolgt hatte und auch ein Buch geschrieben hatte, als er noch bei der Küstenwache unter Vertrag stand. Das Buch richtete sich allgemein ans Militär und behandelte in einem Abschnitt mögliche Zukunftsszenarien, die die meisten Militärs nicht in ihre Berechnungen einbezogen hatten.

Darin gab es zudem ein Kapitel über CSETI und die CE-5-Initative, auch wenn diese nicht explizit genannt wurden. Das Kapitel beschrieb alles, was wir getan hatten, darunter auch ein Szenario von einer Gruppe, die am Strand von Florida Kontakt mit Außerirdischen hergestellt hatte!

Dann stellte ich fest, dass unsere Tätigkeit auch noch von einem völlig anderen Personenkreis beobachtet wurde. Viele von ihnen waren Futuristen oder Personen aus den höchsten nationalen Sicherheits- und Geheimdienstabteilungen, die ebenfalls der Meinung waren, dass die Informationen an die Öffentlichkeit gelangen sollten.

In diesem Zeitraum kamen auch einige Leute aus New York auf mich zu, die mit Laurance Rockefeller befreundet waren, und sagten: „Wissen Sie, das ist etwas, an dem Laurance Rockefeller sehr interessiert ist."

„Ich bin bereit, mit jedem darüber zu diskutieren", gab ich zur Antwort.

Dies führte zu einer Reihe von Treffen im Sommer und Herbst 1993, eines davon mit dem militärischen Berater unseres Projekts, einem Navy-Offizier, dessen Vater und Großvater Abteilungsbevollmächtigte der NASA und ihrem

Vorgänger, der NACA, waren. Er hatte uns bereits seit 1991 unterstützt, als wir uns zum ersten Mal begegneten, und gesagt: „Ich kann Ihnen bei allem helfen, was das Militär betrifft."

Dann tauchte ein weiterer Mann auf, ein Freund von Bill Clinton, der die politischen Kontakte übernehmen wollte sowie andere Leute, die meinten: „Wir können diese Informationen dem CIA-Direktor und den Geheimdiensten zukommen lassen."

Ein Mann wollte die Informationen an Dr. Jack Gibbons weiterleiten, den wissenschaftlichen Berater des Präsidenten. Dann half uns noch jemand, dessen Bruder der wissenschaftliche Berater des Vizepräsidenten Al Gore war.

Ziemlich rasant kam also eine ganze Reihe von Leuten zusammen, die unser Projekt unterstützten.

Ich war mir völlig darüber im Klaren, dass viele von ihnen unterschiedliche Absichten verfolgten. Gleichzeitig aber spürte ich instinktiv, dass ich niemanden aufgrund seiner Zugehörigkeit verurteilen durfte. Mein Ziel war es, einfach die Wahrheit auszusprechen, zu erklären, was getan werden muss und zu unterrichten.

Damals kamen auch einige CIA'ler nach Asheville geflogen, unserer damaligen Heimat, und sagten: „Tun Sie es, und tun Sie es jetzt! Wir sind Teil einer Gruppe, die will, dass dies geschieht. Es wurde viel zu lange geheim gehalten!"

Am allermeisten wollte ich die Informationen und meine Perspektive den Leuten mitteilen, die in den schwarzen Programmen beschäftigt waren oder zur sogenannten „Kontrollgruppe" oder zum innersten Kreis gehörten.

Vieles von dem, was ich geschrieben habe, war an diese Leute gerichtet. Ich wollte, dass sie die Informationen und das neue Paradigma erfahren.

Im September 1993 hatte unser militärischer Berater zum damaligen Leiter des Joint-Staff-Geheimdienstes Kontakt aufgenommen – ein Admiral. Dieser wurde später Direktor des Naval Intelligence (DNI), des Geheimdienstes der Marine.

Unser militärischer Berater bat den Admiral: „Ich arbeite mit Dr. Greer von CSETI zusammen, und wir möchten uns mit den Leuten der Foreign Technology Division (Luftwaffen-Abteilung für hochentwickelte ausländische Technologien) der Wright-Patterson Air Force Base treffen." Diese Einrichtung hatte nach dem Absturz in New Mexico in den 1940ern einige Teile des Raumschiffes erhalten. Später wurde die Abteilung in National Air Intelligence Center oder NAIC umbenannt. Doch 1993 hieß sie noch Foreign Aerospace Science and Technology Center – FASTC. Interessant, dass sie immer noch so gerne die Namen ändern!

Überrascht sprang der Admiral vom Schreibtisch auf und sagte: „Ist das ihr Ernst?"

„Ja, Sir", sagte Will.

Dann fragte der Admiral: „Ist dieser Dr. Greer ernstzunehmen? Ist er glaubwürdig?" – „Äußerst glaubwürdig, Sir." – „Gut, dann werde ich das Treffen arrangieren."

Er rief bei der Wright-Patterson Air Force Base an und sagte: „Ich möchte, dass Sie sich mit Dr. Greer und seinem Team treffen."

Doch der Kommandeur des Stützpunkts sagte: „Das werden wir nicht zulassen."

Schließlich musste der Admiral den Leiter des Luftwaffen-Geheimdienstes beauftragen, damit das Treffen stattfinden konnte.

In der gleichen Woche im September 1993 wurde ich von Laurance Rockefeller auf seine „JY"-Ranch in den Tetons eingeladen.

Zunächst begab ich mich also auf Laurances Ranch. Schnell wurde klar, dass zu diesem Treffen eine Menge Leute eingeladen worden waren, die zwar auch mit den Themen zu tun hatten, aber eng mit den Geheimdiensten verbandelt waren.

Außerdem war dort einer von Rockefellers Hauptmitarbeitern, ein toller Mann, der unsere Arbeit sehr unterstützte. Auch eine „Frau in Rot" war anwesend, die sich schon seit Jahren in Laurance Rockefellers Kreisen herumtrieb. Ihr Ehemann (ich nenne ihn Bruce) saß im Aufsichtsrat von Morgan Stanley und auch in einigen anderen transnationalen Top-Unternehmen und war ein CIA-Agent (das sagte er mir persönlich.) Zu Ronald Reagans Amtszeit war er einer seiner Botschafter gewesen.

Zu diesem interessanten Mix von Charakteren gesellt sich nun ein Landarzt aus North Carolina, der Kontakt mit Außerirdischen hergestellt hatte!

Bei einem der ersten Zusammenkünfte gab ich bekannt, dass wir dabei seien, ein Team von höchsten militärischen Insidern und Beweise zusammenzustellen, um die ganze Angelegenheit an die Öffentlichkeit zu bringen. Es war so still, dass man eine Stecknadel auf den Boden fallen hören konnte.

Sie überschlugen sich: „Sie wollen *was* tun?" und „Mit wem arbeiten Sie zusammen?" und „Was bitte ist los?"

Ich antwortete: „Nach unserem Treffen hier werde ich direkt zur Wright-Patterson Air Force Base fahren. Dort gibt es verdeckte Militärs und Geheimdienstler, die eine Enthüllung äußerst befürworten. Es handelt sich hierbei um keine Spekulation." Ich war ziemlich mitteilsam.

„Also, Folgendes werden wir tun ..." Ich sah, wie verblüfft alle waren.

Es war offensichtlich, dass auf dem Treffen Leute zugegen waren, die eine Enthüllung um jeden Preis verhindern wollten. Ich erinnere mich an ein Gespräch, das ich 1992 mit einigen von General T. E.s Leuten führte, die mich fragten: „Wenn Sie diese Kontakte in einem riesigen Fernseh-Event herstellen, würden Sie uns erlauben, es zu überprüfen, bevor es an die Öffentlichkeit geht?"

„Nein, das würde ich nicht", antwortete ich.

Dann sagten sie: „Wir kontrollieren die Medien und alle Satelliten, die von diesen genutzt werden; wir werden als in jedem Fall die Kontrolle haben." Zu meiner Enttäuschung bestätigte mir CB Scott James später endgültig, dass ein solches Ereignis definitiv kontrolliert werden würde.

Doch ich gelobte: „Wir werden unser Menschenmöglichstes tun, damit das Projekt unabhängig bleibt."

Die JY-Ranch liegt inmitten des Grand Teton Nationalparks. Am ersten Tag auf der Ranch ging ich mit zwei prominenten Entführungsforschern um den See spazieren. Ich werde niemals vergessen, wie einer von ihnen (ich werde ihn Mr. X nennen) mir gestand, dass er ein großer Befürworter halluzinogener Drogen sei – und dass er im Augenblick gerade welche eingenommen hatte! Er wankte um den See und stolperte über herumliegende Äste. Ich hatte schon geahnt, dass da etwas nicht stimmen konnte!

Hier haben wir also einen berühmten Entführungsforscher, der mir erzählte, dass er bei seiner Arbeit die Menschen dazu ermutige, halluzinogene Drogen zu nehmen, um „ihnen zu helfen, sich an die Entführung und die sexuellen Erfahrungen mit den Außerirdischen zu erinnern"!!!

Ich dachte: „Großer Gott. Auf diesem Weg gelangt dieser Blödsinn also an die Öffentlichkeit."

Natürlich erfuhr ich auch, dass Mr. X starke Verbindungen zum CIA-Programm MK-Ultra hatte, das in den 1950ern und 1960ern durchgeführt worden war. Unter Verwendung von halluzinogenen Drogen wurden damals Möglichkeiten entwickelt, den Verstand zu kontrollieren.

Die zivile UFO-Gemeinschaft ist meiner Erfahrung nach vollständig mit Agenten durchsetzt, die aus schattenhaften Geheimdienstbereichen stammen und unter dem Einfluss bizarrster Mind-Control-Techniken stehen, darunter auch harte Drogen mit einem Mix aus Elektronik und sogenannten psychotronischen Waffen.

Die Wahrheit ist um einiges verrückter als jedes Buch, das sie jemals lesen werden.

Es beschämte mich, dass Mr. X stolz darauf war, diese Art geführte Hypnosen durchzuführen, bei denen er manchmal so unter Drogeneinfluss stand, dass er gestehen musste: „Ich kann teilweise nicht einmal mehr von der Couch aufstehen, um eine Tasse Kaffee zu holen. Die lasse ich mir dann von einem Assistenten bringen."

Während seiner Sitzungen, so sagte er, würde er die Entführten hypnotisieren und in einen veränderten Bewusstseinszustand versetzen, in dem diese ihre verborgenen Erfahrungen mit Außerirdischen „entdecken" würden!

Ich dachte: „Mutter Gottes. Da existieren also hunderttausend Dollar schwere Buchverträge und Forschungsprogramme, die von den Rockefellers und Prinz S. A. finanziert und dem leichtgläubigen Publikum untergeschoben werden. Und all das hält man für wahr, weil dieser Forscher seinen Stempel darauf gesetzt hat!"

Bis 1993 wurde für mich aufgrund solcher Ereignisse immer offensichtlicher, wie gut durchdacht der Betrug war, der an der Öffentlichkeit begangen wurde. Ich wusste, dass 90 Prozent der öffentlich zugänglichen Informationen über UFOs, Außerirdische und Nahbegegnungen gefälscht waren – gezielte Desinformation, um den Leuten Angst einzujagen.

Bis heute ist es für mich sehr schwer, mit dem Wissen zu leben. Ich habe mich stets zurückgehalten, was die Korruption und das unverblümte Fälschen von Informationen und Erfahrungen im Bereich UFOs und Außerirdische angeht, die auf die breite Öffentlichkeit losgelassen werden – und die durch Multi-Millionen-Dollar-Kampagnen finanziert werden.

Es genügt zu wissen, dass der gesamte Bereich der UFO-Forschung derart unter Beschuss steht und so labyrinthisch ist, dass mindestens 90 Prozent aller Informationen, die jemals an die Öffentlichkeit gelangten, bloß fabriziert sind. Sie sind sorgfältig zugeschnittene Desinformation und Programme zur psychologischen Kriegsführung.

Mr. X und ich hatten eine interessante philosophische Diskussion, doch konnten wir nicht allzu sehr in die Tiefe gehen, da er aufgrund seines Drogenkonsums etwas zusammenhanglos redete.

Die Wenigsten wissen, dass Mr. X die Substanzen stark missbraucht und andere Leute, die ebenfalls Drogenmissbrauch betreiben, dazu ermutigt, auszusagen und bei diesem induzierten Wahn mitzuspielen – dieser Kollektivneurose, sich Alien-Begegnungen einzubilden und sie dann als tatsächlich geschehen zu brandmarken.

Ein sehr interessanter Teil unseres Gesprächs war, wie er für seine Entführungsforschungen „verfolgt" wurde und sich als Opfer fühlte.

In Wahrheit aber hatte er seinen Patienten nicht nur Drogen verabreicht, sondern auch etwas ethisch Unvertretbares getan: Er hat sich von den angeblich Entführten für seine Arbeit bezahlen lassen. Bei derartigen Forschungen darf man den Teilnehmern kein Geld abknöpfen – das ist höchst unmoralisch und unethisch.

Im Verlauf des Treffens auf der JY-Ranch von Laurance Rockefeller erfuhr ich auch, dass David Rockefeller von der Chase Manhattan Bank sowie Nelson, der ehemalige und mittlerweile verstorbene Vizepräsident, sehr stark in die Geheimregierung involviert gewesen waren. Laurance Rockefeller wusste dies, doch war er vielmehr der Philosoph der Familie denn ein Machtmensch. Er war ein aufrichtiger Philanthrop, der einfach nur seinen Reichtum weggeben wollte, bevor er starb.

Traurigerweise war er von moralisch fragwürdigen Leuten umgeben, darunter ein CIA-Nest, zu dem die „Frau in Rot" und ihr Mann gehörten.

Inmitten dieses Schlamassels steht nun Laurance Rockefeller, der die Preisgabe der Informationen zu dem Thema fördern will. Doch sein Geld wird von den CIA-Agenten und anderen Bösewichten abgefangen und in gefälschte Entführungsforschungen, Drogenmissbrauch und alle möglichen Verrücktheiten gesteckt.

Ein Mann aus Laurances Kreisen fing gezielt eine enorme Menge Geld ab, das für CSETI bestimmt war, um eine professionelle CE-5-Initiative zu unterstützen, und schob sie seinem eigenen Institut zu, aus dem es in andere verbrecherische Operationen weitergeleitet werden konnte. Das ist eine Tatsache, die mir persönlich mitgeteilt wurde.

Laurance hegte also sehr gute Absichten, doch war sein engster Kreis von Spionen durchsetzt, die dafür sorgten, dass sein Geld überall landete, nur nicht in produktiven Projekten.

Ihre Aufgabe bestand darin, den Toilettendeckel zu öffnen und Millionen von Dollar in die Kanalisation zu spülen. Und genau das taten sie. Ich kann das aus erster Hand bezeugen – eine unglaubliche Tragödie.

Letztlich wurde Laurance Rockefellers Interesse an diesen Dingen von jener „Frau in Rot" abgefangen, die eine erschreckende Moral hatte.

Wir hatten damals eine Reihe von Dokumenten zusammengestellt, eine Sammlung, die sich „Die Besten Verfügbaren Beweise" nannte. Im Geist der Kollegialität gab ich die Arbeitskopien an Laurance und andere Leuten weiter.

Wie sich herausstellte, gelangten die Dokumente in die Hände der „Dame in Rot", die daraufhin Laurance Rockefellers Geld und damit das eines treuen Unterstützers von CSETI nahm, um einen Schreiber in der UFO-Gemeinde anzuheuern. Dieser nahm unsere Dokumente, schrieb sie um, versah sie mit ihrem Namen, schützte sie rechtlich und stahl sie uns. Später, als wir die Dokumente in freien und öffentlichen Informationsveranstaltungen verwenden wollten, beauftragte die „Dame" eine der größten Anwaltskanzleien in Washington und drohte mit einer Klage! Wie nett … Und das, nachdem sie uns das Konzept und den Titel des gesamten Dokuments gestohlen hatten.

Ungeachtet dessen fühlte ich mich mit Laurance stark verbunden. Zusammen mit ihm und seiner Frau Mary verbrachte ich eine wundervolle Zeit.

Ich erinnere mich, wie wir gegen Ende eines Meetings gemeinsam auf die Holzterrasse des Hauses gingen, in dem die Versammlung stattfand. Auf dieser Terrasse befand sich die Statue eines Indianers zu Pferde, mit Kopfschmuck und ausgestreckten Armen, die auf die Sterne deuteten.

Wir schauten in den Himmel und redeten.

Laurance wendete sich zu mir und sagte: „Ist Ihnen klar, dass kein Aspekt des Lebens auf der Erde von der Veröffentlichung der Informationen unberührt bleiben wird, so tiefgreifend und weitreichend sind deren Implikationen?"

„Ja, Laurance, denn das ist der Grund, aus dem es geheim gehalten wird. Und eben deshalb ist die Enthüllung notwendig", sagte ich, „doch dazu benötigen wir Ihre Hilfe."

„Ich möchte gerne helfen", sagte er, „aber meine Familie tanzt mir schon jetzt auf den Füßen herum, weil ich mich so eingehend damit beschäftige!"

„Sie müssen trotzdem aufrichtig handeln", antwortete ich.

„Das ist viel zu gefährlich", sagte er.

„Laurance, mein Gott, Sie sind alt, Sie sind reich und Sie sind ein Rockefeller!"

Er antwortete: „Mir sind die Hände gebunden. Aber eins ist klar – Sie müssen es tun … Stellen Sie sich das wie einen Schwarm Gänse in V-Formation vor. Sie sind die Gans an der Spitze und brechen zu neuen Gebieten auf, während wir Ihnen den Rücken stärken."

Ich lachte: „Ja, nachdem ich den Luftwiderstand gebrochen habe."

„Aber ich muss hier bleiben", sagte er, „ich kann nicht so weit vorne fliegen. Meine Familie verbietet mir das."

Es gibt also solche Leute wie Laurance Rockefeller, die aufrichtig die gute Sache wollen – doch er lässt sich aus Loyalität zu seiner Familie die Flügel stutzen und ist zudem von einem Mob aus Geheimagenten und Spionen umgeben, die heuchlerisch seine Interessen abfangen und sicherstellen, dass jede Unterstützung, die er gewährt, die Toilette heruntergespült wird.

Doch es geschahen auch ein paar positive Dinge, darunter, dass Laurance Rockefeller unser zusammengestelltes Informationsmaterial persönlich an Bill und Hillary Clinton übergab, als sie auf der JY-Ranch waren.

Vielleicht erinnern Sie sich, dass die Clintons während der ersten Regierungsjahre ihren Sommerurlaub auf der Rockefeller-Ranch verbrachten. Laurance übergab die Ranch zwar an Senator Jay Rockefeller aus West Virginia, doch blieb es immer noch die Familien-Ranch. Dort hatte er die Gelegenheit, mit Bill und Hillary Clinton die Informationen zu den ET-Angelegenheiten zu diskutieren. Laurance gab sich wirklich Mühe, die Informationen an die richtigen Leute weiterzuleiten.

Später erzählte mir eine Freundin der Clintons, dass Präsident Clinton, als er ins Weiße Haus zurückgekehrt war und noch einmal in die Dokumente sah, sagte – und sie imitierte Bill Clinton perfekt: „Ich weiß, dass dies alles wahr ist, aber gottverdammt, sie sagen mir nichts darüber. Kein Sterbenswörtchen!"

Später wurde ich auf ein Treffen in New York eingeladen, um in der Wohnung einer Schriftstellerin namens Judith Green einen Vortrag zu halten, deren Appartment auf der Park Avenue lag. Es waren sehr viele Menschen anwesend, darunter Mrs. Boutros Ghali, Vertreter der Rockefellers – eine ganze Schar aus der High Society von New York.

Ich sprach über die Kontaktaufnahme mit diesen Lebensformen und was nötig sei, um eine friedliche Welt zu erschaffen, sodass wir in Harmonie mit unseren kosmischen Nachbarn leben könnten. Meine Rede kam gut an und im Nachhinein hatte ich die Gelegenheit, Mrs. Boutros Ghali zu treffen.

Es war allerdings auch enttäuschend, dass einige dort den Irrtümern unterlagen, die in den Massenmedien und UFO-Kreisen kursierten.

Diejenigen, die verzerrte Forschungen über Tierverstümmelungen, menschliche Vivisektionen, Vergewaltigungen durch Außerirdische und Nahbegegnungen publizieren, werden größtenteils von der Schattengruppe und ihren Freunden und Kontakten in der Desinformationsindustrie bezahlt. Diese haben die Kontrolle über die Desinformation und spielen sie gezielt den Massenmedien zu, der UFO-Gemeinde, und, wie ich sie nenne, den „Einzelkonsumenten aller außerirdischen Themen", die den Angstköder mit Haut und Haaren schlucken.

Diese Fehlinformationen werden sehr gut verpackt, während man gleichzeitig dafür Sorge trägt, dass nur die Teile der UFO-Subkultur finanziell und öffentlichkeitswirksam unterstützt werden, die der Parteilinie der *Angst* folgen. Unglücklicherweise hat mich die Aufdeckung dieser Tatsachen einigen Leuten nicht unbedingt näher gebracht, doch ehrlich gesagt sollten die Menschen da draußen die Wahrheit darüber erfahren, wie geschickt diese Gruppe vorgeht und auch Forscher täuschen kann, um Desinformationen zu produzieren.

Beispielsweise werden viele sogenannte Entführungsforscher erst auf bestimmte Opfer aufmerksam, nachdem ihnen ein Hinweis aus der Schattengruppe oder von deren Kontaktleuten zugespielt wurde. Oft sind die Entführten Opfer von Mind-Control-Experimenten, die von menschlichen Paramilitärs durchgeführt werden.

Die Informationen in der Öffentlichkeit sind derart verseucht und mit Desinformationen und gefälschten Ereignissen gespickt, dass man sie wirklich wegwerfen und von vorne beginnen sollte.

1990 dachte ich noch nicht so, aber bis 1993 hatte ich es aus erster Hand aus den höchsten und tiefsten Ebenen der Geheimdienstwelt erfahren. Nachdem ich mich persönlich mit den Schattengruppen und Dunkelmännern getroffen hatte, war es für mich nicht länger nur eine Theorie, sondern etwas, dessen Wahrheit ich erlebt hatte.

Nun musste ich allerdings die Bürde tragen, wie viel davon ich öffentlich sagen könnte. Wir wussten, dass uns diese ganze Maschinerie, die die Welt täuschen will, dafür hassen und unter Beschuss nehmen würde. Diese übermächtige Desinformationskampagne hat so viel Katzengold als Wahrheit verkauft, dass die Wahrheit – der Kern aus echtem Gold – unter einem Berg aus falschem Gold vergraben liegt. Die meisten Menschen prüfen weder den Feingehalt noch verschwenden sie überhaupt einen Gedanken daran!

Jeder akzeptiert das Katzengold und verwechselt es mit der Wahrheit. Warum? Weil die zentrale Operation seit 40 oder 50 Jahren darauf ausgelegt ist, Menschen mittels Datenbanken und Glaubenssystemen zu ködern, damit diese von der Wirklichkeit abgelenkt werden.

Die Kabale-Gruppe hat der Zivilbevölkerung pseudo-außerirdische Begegnungen verkauft. Dabei kommen hochentwickelte Technologien zum Einsatz, mit denen außerirdische Landungen, Entführungen oder Rinderverstümmelungen vorgetäuscht werden können, die nach einer „außerirdischen" Invasion aussehen. In Wahrheit werden diese Operationen aus Einrichtungen in New Mexico oder Utah durchgeführt, unter Verwendung ungekennzeichneter Hubschrauber und speziell ausgebildeter Leute, die über nichtsahnende Leute herfallen und den Betrug inszenieren. Es handelt sich um sorgfältig justierte psychologische Kriegsführung, bei der viel auf dem Spiel steht. Der Zweck der Propaganda ist simpel: Veröffentliche genug angsteinflößendes und furchterregendes Material, sodass die Operation ins Unterbewusstsein der Massen eine grundlegende Angst gegen alles Außerirdische sät. Schließlich wird die betrogene Masse gehirngewaschen genug sein, um einen bewaffneten planetaren Konflikt zu befürworten.

All das ist Teil eines vorbereitenden und „akklimatisierenden" Mind-Control-Programms. Die Öffentlichkeit wird „desinformiert" und glaubt, sie werde „informiert". Hinzu kommen die willentlichen und unwillentlichen Dummköpfe innerhalb der zivilen UFO-Gemeinschaft, die das Spiel mitspielen. Die meisten von ihnen tun es unwissentlich. Sie wissen nicht einmal, dass man mit ihnen spielt.

Doch wer führt diese Programme durch? Es ist nicht gerade das, was wir in der Schule als „die Regierung" kennengelernt haben. Aber welche Regierung dann? Was für eine Regierung? Es ist die Schattenregierung – eine Geheimregierung.

Hat die geheime Schattenregierung die direkte Kontrolle über all die Dinge? Nein, viel subtiler. Hat sie Spione innerhalb der zivilen UFO-Welt? Ja, ganz sicher. Erschreckenderweise eine ganze Menge.

Doch es geht noch weiter: Indem sie genügend glaubwürdige Desinformationen und gefälschte Begegnungen erzeugen, erreichen sie, dass Forscher diesen Betrug unhinterfragt akzeptieren und ihn in verschiedenen Magazinen und Büchern an die Öffentlichkeit bringen. Es ist ein Teufelskreis – denn das Publikum akzeptiert die Berichte gedankenlos als Realität.

Die ganze Angelegenheit ist sehr verstrickt, doch kann man das Volk leicht hinters Licht führen, wenn es nicht weiß, dass es „unechte" oder gefälschte Phänomene neben den faktischen und echten außerirdischen Begegnungen gibt. Mit unbegrenzten Mitteln und fortschrittlicher Elektronik und Technologie ist es dieser betrügerischen klandestinen Gruppe ein Leichtes, dies zu tun.

Diese Gruppe hat schier unerschöpfliche Ressourcen, während auf der anderen Seite eine gering finanzierte, amateurhafte Hobby-UFOlogie existiert. Es ist, als ob man einem Baby Süßigkeiten stiehlt.

Man kann das als eine Faustregel betrachten: Stehen Unmengen an Geld dahinter, und sind die Informationen angsteinflößend, furchterregend, gruselig und beinahe dämonisch, dann können Sie davon ausgehen, dass es sich um Desinformationen handelt, die willentlich oder unwillentlich auf die Bevölkerung losgelassen wird.

Viele Leute haben noch nicht realisiert, dass im Fall von, sagen wir, Tierverstümmelungen mehrfach von ungekennzeichneten Helikoptern und Operationen unter menschlicher Führung berichtet wurde, die diese „Ereignisse" inszenierten. In der Forschergemeinde ist das ein unbestrittener Fakt, doch finden die Fakten nur selten ihren Weg an die Öffentlichkeit. Die Ereignisse werden immer so dargestellt, als würden Außerirdische unser unschuldiges Vieh verstümmeln!

Denken Sie darüber nach. Wir leben in einer Bevölkerung, die gerne zu McDonalds geht und einen Hamburger isst. Und dieser Bevölkerung wird gesagt, dass böse Außerirdische invasieren und unsere armen Kühe misshandeln! Ich bitte Sie!

Es ist alles Teil einer psychologischen Strategie. Die Menschen, die sich mit solchen angsterregenden Szenarien verdingen, finden schnell heraus, dass besonders die negative Berichterstattung von gewissen Kreisen finanziert und unterstützt wird. Berichten sie nur Positives oder beginnen sie, die Wahrheit zu sagen, trocknet die finanzielle Unterstützung ebenso schnell wieder aus.

Genau aus dem Grund hatte weder CSETI noch das *Disclosure Project* je beträchtliche finanzielle Ressourcen. Wir lehnen es ab, über diese Dinge zu lügen. Wir lehnen es ab, negativ zu werden. Und wir lehnen es ab, Informationen zu verbreiten, die der Öffentlichkeit Angst einjagen.

Ich habe bereits öffentlich gesagt, dass ich in Kürze von einem sehr reichen Mann unterstützt werden könnte, wenn ich ein Buch schreiben würde, in dem ich behauptete, ich sei von Außerirdischem von Tau Epsilon entführt, vivisektiert oder sexuell belästigt worden. Ich würde großzügige Honorare für Bücher, Drehbücher und Medienverträge erhalten. Das ist die Wahrheit.

Aber zurück zur Geschichte. Ich verließ die Rockefeller-Ranch gemeinsam mit unserem militärischen Berater und einem anderen Gentleman direkt in Richtung Wright-Patterson Air Force Base. Dort trafen wir uns mit Oberst Kanola und Bruce Ashcroft, einem zivilen Geheimdienstbeamten oder „Beamten für öffentliche Information".

Wir reisten nicht dorthin, um die Körper der Außerirdischen oder andere Materialien zu besichtigen, die sich dort seit den 1940ern befinden. Der Zweck unseres Besuches bestand darin, die Leute über unsere Arbeit zu informieren und die Notwendigkeit einer Veränderung zu betonen, auf die sie sich vorbereiten sollten. Sie erinnern sich, dass der Admiral des Vereinigten Generalstabs das Treffen arrangiert hatte und seine ganze Autorität beim

Leiter des Luftwaffen-Geheimdienstes einsetzen musste, damit das Treffen stattfinden konnte.

Die Zusammenkunft nahm etwa ein bis zwei Stunden in Anspruch, während derer ich klar herausstellte, wie wir zu verschiedenen Gelegenheiten Kontakt mit den fragwürdigen UFOs hergestellt hatten. Sie schrieben die ganze Zeit wie wild mit. Wir erklärten auch, dass es schon lange überfällig sei, diese Informationen an die Öffentlichkeit zu bringen.

Irgendwann stellte der Oberst die Frage: „Was ist, wenn uns diese Lebensformen feindlich gesonnen sind?"

Ich sah ihn an und sagte: „Wissen Sie was? Wir beide würden nicht dieses Gespräch führen, wenn sie uns feindlich gesinnt wären – angesichts der Tatsache, dass sie derart fortschrittliche Technologien besitzen, mit denen sie die Struktur der Raumzeit verändern können. Wären sie bösartig, könnten sie die Erde innerhalb von Sekundenbruchteilen in ein Häufchen Asche verwandeln, das durch den Raum schwebt – und das wissen Sie. Und insofern *wir* diejenigen waren, die ihnen rücksichtslos und gefährlich gegenübertraten, ist die Tatsache, dass Sie und ich noch frei atmen können, ausreichender Beweis für ihre Friedfertigkeit."

Er blickte mich nur an.

Wir ließen unsere Informationsmaterialien bei den Beamten in der Wright-Patterson AFB. Später gelang es meinem militärischen Berater, Zugang zum Computersystem zu erhalten, und er konnte sehen, dass alle unsere Materialien in den Archiven des Luftwaffen-Geheimdienstes des Stützpunktes verfügbar waren. In diesem Computersystem befanden sich all unsere CSETI-Kontaktberichte, die besten verfügbaren Beweise und unsere Einschätzung der Lage.

Doch nachdem das Material zu Höhergestellten und ihren Mitarbeitern gelangte, verschwand es. Niemand sah es je wieder!

Ein kleiner Nachtrag zu dem Ereignis: Später erfuhren wir, dass Admiral Cramer den Befehl erhalten hatte, nie wieder ein derartiges Treffen zu arrangieren. Als unser militärischer Berater ihn noch einmal konsultierte, bestand sein Stabsmitarbeiter darauf: „Kommen Sie mit diesem Thema nie wieder zu Admiral Cramer. Er darf nicht darüber sprechen!"

Denken Sie, wir seien überrascht gewesen, als er kurz *darauf* vom Leiter des Intelligence Joint Staff zum Direktor des Marine-Geheimdienstes (DNI) befördert wurde?

Man sagte mir, dass Admiral Cramer dafür belohnt worden war, das Thema zu ignorieren. Daher seine Beförderung zum DNI. Die schmerzliche Ironie daran ist, dass er möglicherweise mehr über das Thema erfahren hat, nachdem er für seine Ignoranz belohnt worden war.

15 Der Grenzübergang des Lichts

Bis zum Herbst 1993 verstand ich immer tiefgreifender, wie die Schattenregierung nicht nur die verdeckte Welt, die Regierung und die Unternehmen infiltriert hatte, sondern auch die öffentlichen Medien und die zivile UFO-Gemeinschaft.

Nach den Treffen mit Rockefeller und auf der Wright-Patterson Air Force Base kontaktierte ich erneut meinen Mittelsmann zu CIA-Direktor Woolsey. Er war davon überzeugt, dass wir unsere Informationen nicht nur dem Präsidenten zugänglich machen sollten, sondern auch anderen leitenden Regierungsbeamten. Unser Weg führte über den wissenschaftlichen Berater des Präsidenten, Rockefeller sowie einen Freund von Bill Clinton, der unser Anliegen unterstützte. Der Bruder dieses Mannes hatte ebenfalls einen Posten im Weißen Haus und stand Bill Clinton sehr nahe.

Wir traten zuvorkommend und hilfsbereit an die Mächtigen heran und sagten: „Der Zeitpunkt für eine Enthüllung ist gekommen. Der Kalte Krieg ist vorüber. Nun bietet sich Ihnen die Gelegenheit, der Öffentlichkeit auf positive Art die Tatsache zu verkünden, dass die außerirdischen Gefährte *real* sind und dass es klassifizierte Projekte gibt, deren Geheimhaltung vielleicht während der Zeit des Kalten Krieges gerechtfertigt war, es aber nicht länger ist. Die Aufdeckung muss jetzt stattfinden. Wir haben die Chance, einen Schluss-Strich unter die Vergangenheit zu ziehen."

Im gleichen Atemzug sagten wir: „Wenn *Sie* es nicht tun, dann tun *wir* es. Wir werden einen Weg finden, um überzeugend zu wirken, indem wir genügend Quellenmaterial sammeln." Genau dafür ist das *Disclosure Project* zuständig.

Mit diesem neuen Schwung entschieden wir uns, tiefere Einblicke in die geheimdienstlichen Operationen zu erlangen.

James Woolsey wurde nominiert und 1993 vom Senat in seinem Amt bestätigt. In unserer Geschichte befinden wir uns jetzt im September 1993, er war also noch nicht sehr lange im Amt. Über unsere Mittelsmänner im Weißen Haus fanden wir heraus, dass der Präsident und auch der CIA-Direktor über diverse Kanäle die Wahrheit über das Thema herausfinden wollten. Wir erfuhren auch, dass sie direkt angelogen wurden.

Ich besitze einen Brief, der mir via FedEx im Herbst 1993 vom Freund des CIA-Direktors zugestellt wurde und der besagt, dass sowohl er als auch der Präsident Untersuchungen zum UFO-Thema eingeleitet hatten, aber nichts herausfinden konnten und belogen wurden. Mehr noch: Sie wussten sogar selbst, dass sie angelogen wurden! Mein Kontakt teilte mir mit, dass der CIA-Direktor mich gerne in Washington sprechen würde und ich die erste Person sei, die ihn über das Thema informierte. Um ehrlich zu sein, dachte ich, dass er völlig verrückt geworden sei. Ich dachte: Alles klar, hier bin ich, ein Landarzt aus North Carolina, und man erwartet von mir, dass ich nach Washington gehe, um mich mit dem Direktor des zentralen Geheimdienstes zu treffen und über Dinge zu sprechen, die aus dem innersten Kern dieser Zentrale stammten? Richtig!

Ich möchte ehrlich sein: Zuallererst war ich fest davon überzeugt, dass es sich nur um einen Trick handeln könne. Ich vermutete eine Cover-Story: dass der CIA-Direktor alles wusste und nur herausfinden wollte, welche Informationen *wir* hatten und wie *wir* weiter vorgehen würden. Wie sich herausstellte, lag ich falsch: Woolsey und der Präsident *wussten tatsächlich nichts*.

Am 13. Dezember 1993 fuhren wir nach Washington, um uns mit Woolsey zu treffen. Wir übertünchten das mit einem Abendessen im Haus eines Freundes. Anwesend waren sechs Personen, drei Paare: meine Frau und ich, der CIA-Direktor und seine Frau (die glücklicherweise leitende Geschäftsführerin der National Academy of Sciences war, sodass wir zwei Fliegen mit einer Klappe schlagen konnten), sein Freund und dessen Frau. Die Gastgeberin wusste bis zum Abend nicht, wen sie da erwartete. Können Sie sich das vorstellen? „Liebes, rat mal, wer heute zum Abendessen kommt? Der CIA-Direktor und dieser Experte für Außerirdische, Dr. Greer." Wow! Können Sie sich vorstellen, nach Hause zu kommen, und ihrer Frau so etwas zu sagen?

Ich erinnere mich daran, wie ich mit Emily am späten Nachmittag am Haus des Woolsey-Freundes eintraf. Ich hatte einen ganzen Aktenkoffer voller Materialien dabei. Wir diskutierten darüber, wie wir es anstellen würden, doch hatte ich keine Vorstellung davon, wie lange das Treffen dauern würde. Wir alle wussten, dass dies ein sehr ernstes Treffen für den CIA-Direktor sein würde. Man hatte ihn über das bestgehütete Geheimnis der Menschheitsgeschichte angelogen.

Zuerst kam seine Frau mit einem privaten Fahrzeug an, dann folgte Woolsey, eskortiert vom Secret Service. Nach der anfänglichen Begrüßung und weiteren zehn Minuten, in denen wir durch einige Materialien, Dokumente, Photographien, Fälle und so weiter gegangen waren, sagte der CIA-Direktor: „Ja, ich weiß, dass das wahr ist."

Es stellte sich heraus, dass er und seine Frau bereits vor ein paar Jahren eines dieser UFOs in New Hampshire beobachtet hatten. Er hatte also keinerlei Zweifel an deren Existenz. Was er allerdings wissen wollte, war, warum ihm nie jemand etwas darüber erzählte, ob es aktuelle Projekte gab, die sich mit dem Thema beschäftigten, warum die Außerirdischen hier waren und was das alles zu bedeuten hatte.

Die meisten Menschen würden denken, dass sich führende Beamte wie er über das ganze Thema ins Fäustchen lachen würden. Aber nein! Der Mann war sichtlich berührt. Er war zutiefst enttäuscht, dass ihm, als CIA-Direktor, sowie dem Präsidenten Themen dieser Tragweite vorenthalten wurden. Darüber war er äußerst bestürzt. An einem Punkt dachte ich, er würde gleich in Tränen ausbrechen und in sich zusammenfallen. Ich empfand seine Reaktion als völlig aufrichtig, angesichts der Ernsthaftigkeit des Themas, und sah hoffnungsvoll dem Ergebnis unseres Treffens entgegen.

Das Treffen, von dem ich dachte, dass es nach einer halben Stunde beendet sein würde, dauerte annähernd drei Stunden. Wir diskutierten alles, was er wissen wollte. Ich sagte ihm auch, warum die Außerirdischen hier sind und erläuterte den Grund der Geheimhaltung. Weiterhin führte ich detailliert aus, was getan werden musste, um das Problem zu beseitigen.

Mir war schmerzlich bewusst, dass mit all dem eine schreckliche Verantwortung einherhing und spürte den Ernst der Lage. Ich verhandelte mit einem der wohl mächtigsten Menschen der Welt und fand heraus, dass der Kaiser keine Kleider trug! Ich musste feststellen, dass die Informationen in diesem verzweigten System verloren gingen und den Führern der mächtigsten Nation der Welt verweigert wurden. Das machte mir bewusst, dass sie gar nicht wirklich das Land regierten und es eine Geheimregierung gibt, die tatsächlich die Fäden zieht – und diese Tatsache wurde mir von einem designierten CIA-Direktor bestätigt.

Ich entwickelte mich von einem Vollblut-Skeptiker – dass jemand auf dieser Machtebene und mit dieser Autorität tatsächlich nichts davon wissen könne – zu einem Menschen, der begriff, wie wenig die offiziellen Führungskreise tatsächlich wussten ... das galt nicht nur für Woolsey, sondern auch für den Präsidenten. Schlagartig empfand ich die Tragweite der ganzen Funktionsstörung innerhalb dessen, was wir einen Rechtsstaat und eine demokratische Regierung nennen – bis zu dem Punkt, dass den führenden und verantwortlichen Persönlichkeiten direkt ins Gesicht gelogen wird. Ich hatte bereits Derartiges befürchtet.

Doch nachdem ich nun all die Leute getroffen habe – einen Woolsey, Ratsmitglieder des Senate Intelligence Committee und ähnlich hohe Beamte auf der ganzen Welt –, da ich ihre Gesichter, ihre Körpersprache und ihre Reaktionen erlebte, kann ich Ihnen versichern, dass die Dinge nicht so sind, wie Ihnen von den Massenmedien weisgemacht wird.

Ich teilte Woolsey mit, dass die außerirdischen Wesen mit friedlichen Absichten gekommen seien. Ich erläuterte, dass viele UFO-Sichtungen von nachgebauten Raumschiffen stammten, die in den USA und anderswo gefertigt würden, und dass die dahinter stehenden Technologien sehr mächtig seien – und dass diese sich in den falschen Händen befänden. Ich merkte auch an, dass die ganze Angelegenheit unter verfassungsmäßige Kontrolle gebracht werden müsse und dies nur vom Präsidenten getan werden könne. Als schwächere Rückendeckung könnte zwar auch der Kongress eine Untersuchung in die Wege leiten, doch aufgrund der Exekutivstruktur musste jemand von ganz oben die Sache in die Hand nehmen – der Präsident. Ich erinnere mich, wie ich Woolsey am Ende des Treffens eine Liste mit Empfehlungen gab, die wir daraufhin veröffentlichten.

Ich überreichte die Beweise also einem amtierenden CIA-Direktor und stellte klar, was getan werden müsse, um die Informationen aufzudecken, die Geheimhaltung zu beenden und die ganze Angelegenheit wieder in die öffentliche Hand zu bekommen. Natürlich hoffte ich, er würde entsprechende Schritte in die Wege leiten, er jedoch fragte mich: „Wie können wir etwas aufdecken, zu dem wir keinen Zugang haben?"

Enttäuscht, aber noch auf den Kernpunkt weisend, sagte ich: „Sie *müssen* die Kontrolle darüber gewinnen. Sie *müssen* auf einen Zugang bestehen."

Er schaute einfach weg. Er wusste, was damit zusammenhing.

Beim Abendessen saß mir der CIA-Direktor direkt gegenüber, daneben seine Frau. Sie diskutierten all die Themen, die wir aufgeworfen hatten.

Schließlich fragte Dr. Woolsey, die Frau des Direktors: „Wissen Sie, wie diese Raumschiffe über die riesigen Entfernungen im Weltraum kommunizieren?"

Ich erinnere mich, wie ich mir innerlich die quälende Frage stellte: Soll ich ihr die Wahrheit sagen und alle Glaubwürdigkeit verlieren? Oder lüge ich sie an und erzähle ihr nur einen Teil der Wahrheit, um meine Seriosität zu wahren? Ich entschied: „Nein, ich werde ihr einfach die Wahrheit sagen, so verrückt diese auch klingen mag.", und antwortete: „Nun, diese außerirdischen Zivilisationen haben alles über die Struktur der Zeit, des Raumes und der Nichtlokalität herausgefunden ..." Ich sah einige fragende Blicke und wusste, dass ich das ausführlicher erläutern musste: „Es ist folgendermaßen: Nehmen Sie unsere eigene Galaxie, die Milchstraße, mit einem Durchmesser von circa 100.000 Lichtjahren. Ein nahe gelegenes Sternsystem wäre meinetwegen ein Prozent dieser Distanz von uns entfernt, also 1.000 Lichtjahre. Nehmen wir das als Beispiel. Wenn Sie nun mit dem Sternsystem kommunizieren würden und auf eine Antwort warteten, würden Sie vielleicht sagen: ‚Hey, wie geht's?', und die Antwort lautete: ‚Danke, sehr gut; und wie geht's euch?' – dann würde dieser Smalltalk 2.000 Jahre dauern! Wieso und warum? Ein Lichtjahr beschreibt die Distanz, die eine herkömmliche elektromagnetische Welle, mit rund 300.000 Kilometern pro Sekunde, in einem Jahr zurücklegen würde. 1.000 Lichtjahre bedeuteten also, dass es 1.000 Erdenjahre dauern würde, bis unsere Botschaft zu dem Planeten gelangen würde und 1.000 weitere, bis wir die Antwort erhielten. Und dabei sprechen wir hier nur von einem Prozent der Ausdehnung unserer eigenen Galaxie!"

„Die Lichtgeschwindigkeit ist einfach zu langsam", fuhr ich fort, „sie ist kein brauchbares Mittel, um über interstellare Entfernungen zu kommunizieren, geschweige denn zu reisen. Ohne Überlichtgeschwindigkeit würden wir es nicht einmal schaffen, *unser eigenes* Sonnensystem zu umrunden. Das bedeutet auch, dass jede Zivilisation, die uns besucht, diese Technologien und Wissenschaften, die weit über die Lichtgeschwindigkeit hinausgehen, bereits gemeistert und verstanden hat – ich nenne das den ‚Grenzübergang' des Lichts. Wenn sie das verstanden haben, dann haben sie auch den Knotenpunkt entdeckt, in dem Elektromagnetismus, Materie, Raum, Zeit und Bewusstsein zusammentreffen." Ein Moody-Blues-Song beschreibt das treffend: „Denken ist die beste Art zu reisen."

Ich erläuterte, dass die außerirdischen Zivilisationen technologiegestützte bewusste Systeme betreiben, ebenso wie bewusstseinsgestützte Technologie – eine Schnittstelle zwischen Geist und Gedanken, einer spezialisierten Physik und Elektromagnetismus. Folglich kommunizieren sie von einem angenommenen Punkt A auf der Erde zu einem 1.000 Lichtjahre entfernten Punkt B, ihrem Heimatplaneten, in *Echtzeit*. Sie bewegen sich also außerhalb der linearen Raumzeit in einem nichtlokalen Aspekt des Universums. Dazu benötigt man eine sehr fortschrittliche Physik, aber eben auch die Spektren der Gedanken und des Bewusstseins.

Diese Wesen können einfach *an* ein Gerät denken oder sich *mit* einem Gerät verbinden, worauf die Botschaft unmittelbar und fehlerfrei an einen anderen Punkt übertragen wird – und das ist technologisch; nicht einfach nur „telepathisch". Die Informationen und Bilder werden nonlokal, in Echtzeit, an einen anderen Raumpunkt transferiert, egal wie weit entfernt er ist. Man kann das mit zwei Schwingungsknoten vergleichen, die spontan *in Resonanz treten*. Das Signal geht direkt von einem Punkt auf den anderen über und umgeht damit die lineare Raumzeit.

Dr. Woolsey sah mich an und sagte: „So ungefähr hatte ich es mir vorgestellt." Sie hatte es wirklich begriffen.

Wenn man sich mit Zivilisationen beschäftigt, die interstellar reisen, dann sollte man sich darüber im Klaren sein, dass sie die Wissenschaften gemeistert haben müssen, die sich mit Bewusstsein, Gedanken, Elektromagnetismus und Nichtlokalität auseinandersetzen. Daher arbeiten auch die CSETI-Protokolle teilweise mit Nichtlokalität, Bewusstsein und gerichteten, kohärenten Gedanken. Denn die ETs besitzen Technologien, die kohärente und zielgerichtete Gedankensignale so klar empfangen können, wie unsere Laser, Radios oder Mobiltelefone elektromagnetische Signale empfangen. Diese Systeme sind wissenschaftlich und reproduzierbar – doch handelt es sich um eine Wissenschaft, die auf Erden noch nicht allgemein bekannt ist.

Ich denke, dass heute bereits viele Menschen diese Konzepte verstehen können. Glücklicherweise begreifen sie das Universum aus einer Perspektive, die über die Quanten-Theorie hinausführt.

Ich habe mit einigen Leuten zusammengearbeitet, die in geheimen Raumfahrtprogrammen und Elektronikfirmen mit solchen Themen beschäftigt waren. Sie bestätigten mir, dass wir in den Besitz von außerirdischen Kommunikationsgeräten gelangt seien, die exakt dies tun: Sie interagieren mit Gedanken und Bewusstsein. Dafür wurden sie gebaut.

Die Stunden, die ich mit dem CIA-Direktor und seiner Frau verbrachte, waren wirklich ereignis- und aufschlussreich. Zum Ende des Treffens stellte ich fest, dass er die Informationen begrüßte und sehr daran interessiert war. Doch spürte ich auch die tiefe Tragik des Augenblicks, in dem er mich fragte: „Wie können wir etwas aufdecken, zu dem wir keinen Zugang haben?"

Schlagartig wurde mir das Ausmaß der vor uns stehenden Herausforderungen bewusst. Ich erinnerte mich an die Fehlfunktion, vor der uns bereits Eisenhower gewarnt hatte: dass wir uns vor dem militärisch-industriellen Komplex in Acht nehmen sollten und der Bedrohung, die von ihm auf unsere Freiheit und Sicherheit ausgehe. Wovor Eisenhower uns gewarnt hatte, war nun voll ausgereift und hatte epische Ausmaße angenommen – und das konnte ich aus erster Hand bezeugen.

Als wir uns verabschiedeten, bemerkte ich, dass unser Treffpunkt während der gesamte Gesprächsdauer observiert worden war. Vor uns standen einige Leute des Secret Service. Natürlich gab es ein Überwachungsfahrzeug und bewaffnete Bodyguards mit Ohrstöpseln – die ganze Parade!

Auf eine gewisse Art war die Erfahrung für mich sehr traumatisch – doch ich war auch dankbar, dass ich die Wahrheit erfahren durfte.

Mächtige Kreise 16

1993, bevor ich den CIA-Direktor über den Stand der Dinge in Kenntnis setzte, hatte mein Kontakt für Treffen auf hochrangigen Ebenen vorgeschlagen, dass wir unsere Operation „Project Starlight" nennen sollten. So bezeichneten wir es dann auch in der ersten Zeit. Dahinter stand die Philosophie, absolut beste verfügbare Beweise zu sammeln, die vorher peinlich genau überprüft und belegt worden waren. Außerdem wollten wir bei Programmen und öffentlichen Veranstaltungen Zeugen aus dem Militär, der Wirtschaft und den Geheimdiensten auftreten lassen. Mit diesem unwiderlegbaren Beweismaterial in Händen würden wir dann *im Vorfeld* der öffentlichen Enthüllung den Präsidenten informieren, die Geheimdienste und Militärs, den Kongress, die Führung der Vereinten Nationen und andere Führungspersönlichkeiten der Welt.

Wir wussten, dass es äußerst kritisch werden würde, aber wir wollten dem System eine Chance geben. Wir hatten nicht vor, wie ein Elefant in einen Porzellanladen zu stürmen und all die äußerst sensiblen Informationen herauszubringen, ohne die verfassungsmäßig Regierenden der Welt vorher zu unterrichten und zur Teilnahme einzuladen. Zu jener Zeit dachten viele Leute, ich sei dumm und naiv und dass uns „diese Personen" niemals bei derart kontroversen Themen den Rücken stärken würden. Aber das ist nicht der Punkt! Aus unserer Sicht hatten wir eine moralische Verantwortung, um ihnen zumindest die Chance zu geben, das Richtige zu tun. Wenn sie es dann nicht taten, dann würde dies nicht auf unserem Gewissen lasten, sondern auf ihrem.

Ich fühlte eine starke Verpflichtung, diesen Führern unsere derzeitige Einschätzung der Situation mitzuteilen und ihnen zu sagen: „Wenn das von Ihnen vollzogen werden soll und nicht durch eine außenstehende Gruppe (d.h. das ‚*Disclosure Project*' und CSETI), dann müssen Sie jetzt Ihre Führungsrolle wahrnehmen. Nach dem Ende des Kalten Krieges haben Sie hiermit die ideale Gelegenheit, den Kreislauf der Desinformation zu durchbrechen und einen Neuanfang zu wagen."

Nachdem ich mich mit dem CIA-Direktor getroffen hatte, vereinbarte eine Kontaktperson ein Treffen zwischen Senator Byrds Hauptuntersucher, der auch Rat im Senate Appropriations Committee war, und mir. Senator Byrd war damals Vorsitzender des Komitees und sehr mächtig. Sein Mann hieß Dick D'Amato – nicht zu verwechseln mit Senator D'Amato aus New Jersey. Dick D'Amato hatte eine Top-Secret-Freigabe und eine Sonderbefugnis vom Senate Appropriations Committee für außergerichtlichen Zugang zu personenbezogenen Daten (subpoena power).

Wir trafen uns im Konferenzraum des Komitees – ein riesiger, reich geschmückter Raum mit einem gigantischen Tisch und Messingschildern für jedes Mitglied. Dick sagte zu mir: „Ich wurde von Senator Byrd und einigen anderen darum gebeten, mir die Dinge anzusehen, und wir sind nah genug herangekommen, um zu wissen, dass diese Projekte *tatsächlich* existieren. Aber ich sage Ihnen: Trotz meiner Top-Secret-Ermächtigung und meiner Sonderbefugnis vom Senatskomitee kann ich nicht tiefer in diese Projekte eindringen." Er sah mich an – das werde ich nie vergessen – und sagte: „Sie spielen da mit der ersten Liga der schwarzen Projekte, also passen Sie schön auf sich auf. Viel Glück." Und damit war das Gespräch beendet.

Dick D'Amato und Leute wie er wissen, dass das alles real ist, aber sie bekommen es weder zu fassen noch können sie Kontrolle über die Budgets erlangen.

Der Zugang zu diesen Projekten hat nichts mit Rang oder Position zu tun. Vielmehr hängt es davon ab, ob man bereit ist, absolute Geheimhaltung zu wahren. Ob man mit der Agenda konform geht, ist das einzige Kriterium, das zählt.

Diejenigen, *die an der Macht sind, obwohl sie es nicht sein sollten,* bilden eine illegale, betrügerische und transnationale Splittergruppe, deren Mitglieder nicht nur unbarmherzig und mörderisch sind, sondern auch ohne jedwede legale Ermächtigung operieren. Wenn man sich mit dieser fundamentalen Gruppe auseinandersetzt und dabei auf die geschilderten machtvollen Technologien stößt, wird man sich des Risikos bewusst, das die Welt eingeht, wenn sie dieses Maskenspiel Jahrzehnt um Jahrzehnt ungeprüft weitergehen lässt.

Nachdem ich den CIA-Direktor informiert hatte, bekam ich 1994 Besuch von einem sogenannten „FvB", einem Freund von Bill (Clinton). Er war ein sehr unbeschwerter, leutseliger Mann und sagte: „Wissen Sie, wir alle stimmen Ihren Empfehlungen zu. Doch gleichzeitig glauben wir, wenn der Präsident den Vorschlägen folgte, die Sie ihm und dem CIA-Direktor gegenüber geäußert haben – nämlich dass man exekutive Macht aufbietet, um in die Operation vorzudringen und sie aufzudecken – dieser Präsident enden würde wie Jack Kennedy."

Ich dachte, er mache Witze und lachte lauthals auf: „Das kann nicht Ihr Ernst sein" – aber nein, er war todernst. Und das machte er mir auch unmissverständlich klar.

So reihte sich also Krise an Krise, bis mir endgültig bewusst wurde, dass die Regierung der Vereinigten Staaten – und die aller anderen Nationen – sich im Würgegriff einer illegalen Schurkenbande befanden, die Technologien besaß, mit denen sie notfalls auch einen B-2 Stealth Bomber umkreisen konnten. Wenn sie wollten, konnten sie jeden Präsidenten und jeden Anderen eliminieren, der sich ihnen in den Weg stellte. Dies wurde mir eindrücklich von Leuten bestätigt, die in den innersten Kreisen der größten Machtkorridore der Erde verkehrten.

Diese Erkenntnis war schwer verdaulich. Ich möchte sagen, dass die sechs Jahre zwischen 1992 und 1998 für mich extrem traumatisch waren. Zwar gab ich mich öffentlich weiterhin selbstbewusst und bewegte mich voran, aber auf einer tiefen persönlichen Ebene war es verheerend. Ich verlor nie den Glauben an das, was wir vorhatten, aber mir war nun vollends klar, dass die

Aufgabe monumental und die Zeit fast abgelaufen war; während der Einsatz nicht höher sein konnte.

Im Frühjahr 1994 kehrte ich nach New York zurück, um ein wenig Zeit mit Laurance Rockefeller zu verbringen. Ich traf dort auch ein paar Leute, die Verbindungen zu den Vereinten Nationen und anderen Organisationen hatten. Wir begaben uns in einige mächtige Kreise und händigten ihnen unsere Informationen aus. Gewissermaßen wurde ich zum Seelsorger des Kosmos. Ich saß mit der Frau des UN-Generalsekretärs zusammen, mit dem CIA-Direktor, einem Freund des Präsidenten oder einem hochrangigen Angestellten des Pentagon, erzählte ihnen, was vor sich ging und unterstützte sie beim Verstehensprozess – denn sie durchliefen meist verschiedene Zustände, die man oft auch beim Sterben erlebt: Ablehnung, Wut, Schock, Trauer – all die Dinge. Ich fand mich immer mehr in dieser fürsorglichen Rolle.

In den mächtigen und reichen Kreisen geschehen alle Arten von Betrug. Einige Leute, die mit uns arbeiteten, spielten in Wirklichkeit einer Zelle innerhalb der Schattenregierung zu, die eine Schnittstelle zur zivilen UFO-Gemeinschaft ist und von Oberst M.K., General T.E., W.B., einem sehr reichen Geschäftsmann aus Nevada, und anderen angeführt wird.

Einer von ihnen hinterging mich und versuchte, mich bei Rockefellers Leuten anzuschwärzen. Er wollte das Geld abfangen, das Rockefeller für unser Projekt zugedacht hatte, und in sein eigenes Institut fließen lassen.

Da stand ich nun als Notarzt in einem anstrengenden Beruf, der vier Kinder großzuziehen hatte – und wurde mitten in dieses Vipernnest geworfen. Dies nur „traumatisch" zu nennen, wäre stark untertrieben! Manchmal wollte ich wirklich aufgeben, doch ich wusste, dass ich es nicht konnte: Immer war mir meine Vision und unser Ziel gegenwärtig. Ich versuchte, mich an dieser fernen Zukunft festzuhalten, in der wir die Welt unserer Träume erschaffen können – eine Zukunft, die auf dem Zeitstrang sehr nahe liegt, jedoch angesichts der Dinge, die noch geschehen müssen, weit entfernt ist.

Mit der Gewissheit und Kraft meines Glaubens fuhr ich mit unseren Bemühungen fort.

Man muss die segmentierte Natur dieser ineinander verwobenen Interessen verstehen, die all die Dinge geheim halten: Sie befinden sich hauptsächlich im wirtschaftlichen, institutionellen, finanziellen und technologischen Sektor. Die von „Uns, dem Volk" gewählte Regierung spielt darin die geringste Rolle, ebenso das Militär, die CIA, die NSA, die NRO, der Geheimdienst der Armee und der Luftwaffe – das alles sind nur Fassaden für eine Operation, die sich eigentlich außerhalb dieser Institutionen befindet. Dahinter steht eine hybride Gruppe, die wie eine Regierung handelt, aber hauptsächlich privatisiert und ausgesprochen transnational ist – und nebenbei völlig illegal.

Nachdem ich mich mit dem CIA-Direktor getroffen hatte, luden mich ein paar der Häuptlinge der Gruppe zu einer Besprechung ein. Mein Kontakt zu CIA-Direktor Woolsey machte sich vor der Zusammenkunft Sorgen darüber, dass jemand etwas über unser Treffen herausfinden könnte. Er kommunizierte immer nur über FedEx und wollte, dass wir nur von Telefonzellen aus in einer Art Code miteinander sprachen! Ich sagte: „Darum brauchen wir uns doch keine Gedanken machen. Unser Gegner ist im Besitz von Technologien, die jedes System durchkreuzen können, das man sich nur ausdenken kann."

Da er einer der Kandidaten auf der Liste für die Position als Clintons Marinestaatssekretär war, kannte er die Welt der Geheimdienste ziemlich gut – allerdings nur die konventionelle Welt des Militärs und der Geheimdienste. Ich jedenfalls wusste, mit wem wir es zu tun hatten, er offensichtlich nicht. Überzeugt sagte er: „Nein, wir müssen so vorgehen. Sie sind doch nur ein Arzt! Ich war in all diesen Kreisen und wir müssen vorsichtig sein."

Ich machte mich ein wenig über ihn lustig und versuchte ihm zu erklären, dass es keinen Weg gebe, den Überwachungsmöglichkeiten der versteckten Gruppe zu entkommen, weil sie nichtlokale, „skalare" Technologien besäßen, die sämtliche Generationen elektronischer Geräte umgehen könnten. Selbst die aktuellste Technik der NSA und des NRO sei nichts im Vergleich dazu, denn die Gruppe habe intelligente elektronische Schnittstellen, mit denen sie alle Geschehnisse in Echtzeit erfassen könne. Dies war ihm neu. Mir aber war es bekannt, denn ich hatte sie per Remote Viewing dabei beobachtet, wie sie wiederum mich durch Remote Viewing beobachteten.

Also spielte ich sein Spiel mit. Doch kurz vor dem Woolsey-Treffen am 13. Dezember 1993 kam jemand zu mir, der in die Militärprojekte in Arizona verwickelt war, und sagte: „Ich habe erfahren, dass Sie den CIA-Direktor Jim Woolsey wegen diesem und jenem dann und dann treffen werden." Ich sagte: „Ich möchte das weder bestätigen noch verneinen, aber ist es nicht erstaunlich, dass Sie davon wissen?"

Später berichtete ich dies meiner Kontaktperson. Er ging an die Decke, drehte vollkommen durch: „Wie konnten die das herausfinden?" Ich sagte: „M.J., du hast mir nicht zugehört." Die meisten Menschen sind zu überheblich, um sich einzugestehen, was sie nicht wissen.

Ich sollte vielleicht auch erwähnen, wie ich während meines Besuchs in New York 1994 im Hilton an der Sixth Avenue einen Anruf von einem „Reporter" bekam. Dieser sagte: „Ich bin freier Journalist für das *Wall Street Journal*. Man sagte mir, dass Sie ein Treffen mit Admiral Woolsey bezüglich UFOs und außerirdischer Intelligenzen hatten. Was können Sie mir darüber sagen?" Ich log ihn nicht an; ich stellte lediglich eine rhetorische Frage: „Glauben Sie wirklich, dass ein amtierender CIA-Direktor sich mit einem Landarzt aus North Carolina treffen würde, um mit ihm über Themen wie UFOs und Außerirdische zu sprechen?" Er antwortete: „Nun, eigentlich nicht." – „Na, sehen Sie." Dann hängte ich auf, und das war's. Aber das kurze Gespräch lehrte mich, dass auch die Medien von Geheimdienstlern unterwandert waren, die unsere Aktivitäten überwachten.

Etwa im gleichen Zeitraum, im Frühjahr 1994, rief mich ein Mitarbeiter der Schattengruppe an, die eine Zelle innerhalb der CIA unterhielt. Er sagte: „Wir wollen wirklich, dass Sie diese Arbeit erledigen. Beeilen Sie sich." Ich fragte: „Was meinen Sie mit ‚Beeilen Sie sich'?" Er antwortete: „Wir haben uns schon immer gewünscht, dass jemand in Erscheinung träte, der die Sache für uns erledigen würde; mindestens ein Drittel dieser verdeckten Kontrollgruppe möchte das Thema aufgedeckt sehen, aber wir selber können es nicht tun …" Ich fuhr ihn an: „Und wer, zum Teufel, glauben Sie, bin *ich*? Ich bin doch nur ein einfacher Landarzt aus North Carolina. Ich kann gerade mal für meinen eigenen Lebensunterhalt aufkommen!" Er antwortete: „Nein, Sie verstehen das nicht. Wir können nur hinter den Kulissen arbeiten." – „Um Gottes Willen!"

Schließlich kam er mich persönlich besuchen und wir trafen uns im Grove Park Inn in Asheville. Ich werde nie vergessen, was er mir in diesem Gespräch sagte: „Wenn Sie uns oder dem Präsidenten eine Nachricht zukommen lassen wollen, dann brauchen Sie nur den Telefonhörer abzuheben. Machen Sie sich nicht die Mühe, zu wählen – reden Sie einfach. Oder wenn Ihnen das lieber ist, dann sprechen Sie einfach zu ihren vier Wänden, zu Hause im Büro. Es wird sowieso alles in Echtzeit aufgezeichnet." Ich antwortete: „Ja, ich weiß." Er fragte: „Woher wissen Sie das?" Da erzählte ich ihm, dass ihnen zeitweilig ein Fehler unterlaufen sei und sie ihr Ende der Leitung einige Male offen ließen. Das war sowohl meiner Frau Emily als auch mir schon passiert.

Einmal hob ich zu Hause den Telefonhörer ab, um jemanden anzurufen, und bemerkte einen Kontrollraum auf der anderen Seite. Anstelle eines Ruftons hörte ich menschliche Stimmen. Also fragte ich: „Wer ist da?" Daraufhin sagte eine Frau mit starkem ausländischen Akzent, aber in gutem Englisch: „Oh mein Gott, das ist Mr. Greer." „Für Sie blöde Kuh immer noch *Doktor* Greer", rief ich und legte auf! Damals brachten mich solche Dinge immer noch in Rage. Heute lassen sie mich völlig kalt.

Also erzählte ich dem Mann: „Ja, ich bin mir sicher, dass dem so ist." Er meinte: „Aber diese Sache muss wirklich passieren." „Warum tun *Sie* es dann nicht?", fragte ich. „Niemals, das ist zu gefährlich." Er wiederholte genau das, was mir schon Laurance Rockefeller im September gesagt hatte, als er auf seiner Terrasse unter den Sternen stand.

Mittlerweile dürften Sie ein ständig wiederkehrendes Thema erkennen: In den inneren Kreisen der Macht gibt es einige extrem gut informierte Personen, die eine Aufdeckung wünschen, aber eine panische Angst vor den skrupellosen Kriminellen innerhalb dieser Kreise haben.

Nach dem Treffen erhielt ich im Winter 1994 eine Einladung dieser dunklen Insider nach Phoenix. Das Treffen fand im Wrigley Mansion statt – jenem alten, sagenhaften Herrenhaus, das von der Familie gebaut worden war, die den Kaugummi vermarktet hatte. Das Haus war von einer Zelle innerhalb jener geheimen Gruppe übernommen worden. Es war schon spät am Abend, und zu den Anwesenden zählten etliche Personen aus dem Schattenreich der Wirtschaft.

Ein prominenter Industrieller, der in die Zelle involviert war, wurde unter Drogen und in einer Art Mind Control gehalten, während ihn die Zelle um sein Geld erleichterte. Dieses Geld benutzten sie dann, um ihre spezielle Operation zu finanzieren. Die Methoden und Motive dieser Gruppe waren schwärzer als schwarz. Ich sage den Leuten in meinen Vorträgen immer, dass sie mehr als 10 oder 15 Prozent von dem, was ich gesehen und kennen gelernt habe, nicht hören wollen werden. Es bringt einen so verdammt durcheinander, dass die meisten Menschen Selbstmord begehen würden. Und, nebenbei bemerkt haben das auch viele schon getan.

Wir saßen alle um einen Konferenztisch im Wrigley Mansion. In der Diskussion ging es um die Freigabe der UFO-Informationen und die Herstellung des Kontakts zu Außerirdischen. Ein Mann nahm mich in einer Pause mit auf den Balkon und sagte: „Uns ist zu Ohren gekommen, dass Sie dieses Treffen mit dem CIA-Direktor hatten und dem Präsidenten Informationen zur Verfügung gestellt haben. Aber Sie sollten auch wissen, dass die Leute von nichts eine Ahnung haben und auch nie haben werden. Sie sollten das verstehen und lieber mit Leuten wie uns sprechen. Die Leute, die wirklich mit diesen Themen zu tun haben, arbeiten unter Verträgen für die Regierung, unter ‚Work For Others' – ‚WFO'-Verträgen. Und Sie sollten mit bestimmten Denkfabriken reden. Außerdem sollten Sie gewisse religiöse Orden kontaktieren sowie bestimmte Orden von Jesuiten-Priestern, die die Kontrolle über den Technologie-Transfer haben. Weiterhin sollten Sie sprechen mit …" Er gab mir eine ganze Liste.

Zunächst dachte ich, der Mann habe einen an der Waffel. Aber es stellte sich heraus, dass jede einzelne Silbe der Wahrheit entsprach. All das bestätigte sich in den folgenden Monaten.

Und es wird noch verrückter. Diese Gruppe oder Zelle innerhalb der Schattenregierung versuchte, unser Vorhaben zu durchkreuzen. Bedenken Sie, wir befinden uns im Jahr 1994. Ein ehemaliges Oberhaupt des Geheimdienstes der Armee – ein Mitglied dieser Gruppe – hatte mir 1992 einen Sitz in ihrem Gremium angeboten. Die Dinge entwickelten sich also, doch ich wich nicht von meinem Weg ab, weil ich nun einmal so bin.

Dieser Mann sagte nun: „Wir können Ihnen wirklich helfen." Ich fragte: „Wie meinen Sie das?" – „Nun, wenn Sie bei Ihrem Vorhaben Unterstützung brauchen, dann nehmen Sie unsere Hilfe doch einfach an." Ich sagte: „Wie haben Sie denn vor, uns zu helfen?" – „Sie sind doch Arzt, richtig? Also haben Sie auch einen Kreditrahmen. Wir haben das überprüft." Ich antwortete: „Ja, den Bestmöglichen."

Daraufhin schlug er vor: „Wir wissen, dass Sie Platin- und Goldkarten besitzen. Nutzen Sie diese doch einfach jeden Monat maximal aus: 50.000 Dollar, 100.000 Dollar, so viel Sie wollen. Und überlassen Sie uns deren Nummern. Da sich alle Supercomputer, die hinter dem weltweiten Banksystem stehen und es überwachen, in unserem Besitz befinden, werden wir die Beträge einfach jeden Monat löschen."

Das ist eine wahre Geschichte. Ich schwöre Ihnen, jedes Wort davon ist wahr. Setzen Sie mich unter Drogen oder hängen Sie mich an irgendeine Maschine – ich erzähle Ihnen hier die reine Wahrheit.

Ich sagte: „Gern, aber wenn ich das täte, dann würdet ihr doch meinen Hintern besitzen, nicht wahr?" Ich sah nur ein Funkeln in seinen Augen.

Ich war viel zu erfahren, um diesen Köder zu schlucken, so verlockend er auch sein mochte. Ohne Unterstützung zu arbeiten, war für jeden von uns eine enorme finanzielle Belastung und ein beständiger Kampf. Aber niemals würde ich solch ein Angebot annehmen!

Dann sagte er: „Ich habe gehört, dass Sie demnächst nach Europa aufbrechen werden, um sich mit gewissen Leuten zu treffen, die mit der britischen Königsfamilie in Verbindung stehen" – was tatsächlich der Fall war. Er wusste alles, was ich tat! Ich bejahte also, worauf er antwortete: „Wie es der Zufall so will, habe auch ich dort drüben ein Treffen mit den Rothschilds sowie den Leuten, die Volvo und ein paar andere große Industriekonzerne kontrollieren. Sie arbeiten mit uns zusammen." Ich sagte: „Das nehme ich Ihnen glatt ab." Er schlug vor: „Lassen Sie uns ein Treffen vereinbaren, wenn wir gemeinsam in London sind." – „Gut, in Ordnung."

Er fuhr fort: „Einer meiner Freunde, der wirklich an dem interessiert ist, was Sie tun, ist einer der Führer des Council on Foreign Relations, Botschafter Maxwell Rabb. Würden Sie mich auf ein Treffen mit ihm begleiten?" – „Sicher, wenn er uns helfen möchte." Und dann sagte er: „Vielleicht können wir auch mit den Petersons zusammenkommen, ein paar andere Arbeitskollegen von mir." – Mr. Peterson hatte den Vorsitz im Council on Foreign Relations und seine Frau war Vorsitzende der Trilateralen Kommission. Ich antwortete: „Ich werde sie auf unser nächstes Event einladen."

Er sagte: „Sie sollten wissen, dass all diese Leute ihre Publikationen mit großem Interesse lesen." – „Das weiß ich."

Sehen Sie, wir kochen alle nur mit Wasser. Ich glaube, dass alle Menschen lernfähig sind. Jeder spielt seine Rolle in dem ganzen kosmischen Drama. Und jener geheimnisvolle Kontakt führte mich geradewegs in die innersten Kreise der Clique. Während ich zwar nicht das Bedürfnis verspüre, von ihnen kontrolliert zu werden, habe ich dennoch kein Problem damit, ihnen meine Sicht der Dinge und mein Wissen mitzuteilen.

Er sagte auch, dass viele Top-Leute, mit denen er zusammenarbeite, aus den Medien kämen und dass seine Gruppe mit Bono und U2, den Moody Blues, Pink Floyd und anderen Gruppen zusammenarbeite. Auch diese erhielten meine Veröffentlichungen. Ich sagte nur: „Danke, ich weiß das zu schätzen." Er sagte: „Die lieben das, was Sie tun und sagen …"

Später in jenem Winter reiste ich nach Europa, um mich mit ein paar sehr guten Freunden von Prinz Charles und Prinz Philip zu treffen. Eine von Prinz Charles' besten Freundinnen ist eine große Befürworterin unserer Arbeit. Sie bat mich um die zusammengestellten Materialien, die ich dem CIA-Direktor und dem Präsidenten hatte zukommen lassen, damit sie diese an Prinz Charles und andere weiterleiten konnte.

Bedenken Sie, dass ich das alles zwischen meine regulären Notrufschichten zwängte. Zu manchen Zeiten flog ich für zwei oder drei Tage nach Europa und kam zurück, um gleich darauf eine 24-Stunden-Schicht auf der Notfallstation zu leisten!

In gewisser Hinsicht war das unsere eigene kleine Pendeldiplomatie. Ich traf mich in London mit der Kontaktperson der Schattenwelt aus Phoenix. Er wollte mich noch immer für seine Operationen gewinnen. So hörte ich also zu und lernte dabei – aber *niemals* kapitulierte ich. Diese Gruppe ist die mafiöseste und kriminellste Organisation des gesamten Planeten.

17 Verlorene Vermächtnisse

Wenn manche Leute diese Geschichte hören, erschrecken sie über meine Willfährigkeit, dem Monster direkt in die Klauen zu laufen. Doch warum sollte ich eigentlich nicht? Ich treffe mich gern mit jedem Bürger dieser Erde, um meine positive Zukunftsvision der menschlichen Rasse mitzuteilen und den Weg aufzuzeigen, den wir bis dorthin gehen müssen. Ich habe keine Angst – und weiß, dass sie mich nicht von meinem Weg abbringen können. Ich bin weder käuflich noch lasse ich mich von ihnen täuschen. Es lässt mich auch völlig kalt, dass sie mich töten könnten. Was habe ich also zu verlieren? Wenn man sich an die Wahrheit hält, wird alles ganz einfach. Man braucht um niemanden einen Bogen zu machen und wird von denjenigen, die es zu finden gilt, mit offenen Armen empfangen.

Ich habe festgestellt, dass wir auf mehreren Bewusstseinsebenen gleichzeitig agieren müssen. Es ist wie bei den Delphinen – sie können „schlafen", aber dennoch ist ein Teil ihres Gehirns noch immer wach. Diese Tatsache ist wissenschaftlich erwiesen. Die Delphine sind auf mehreren Ebenen und Dimensionen gleichzeitig tätig. Auch wir Menschen haben diese Fähigkeit.

Ich erfuhr dies damals selbst: Ich ging zu Bett – aber dennoch blieb ein Teil meines Gehirns wach. Beispielsweise traf ich mich mit Präsident Clinton kurz nach seiner Wahl 1992 auf einer Astralebene im Gouverneurshaus in Little Rock, Arizona, um mit ihm diese Informationen zu diskutieren. Es handelte sich um eine Art „informationelle Treffen", und ich erlebte sie mit ihm auf der astralen Ebene während seiner gesamten Amtszeit. Jahre später erzählte mir ein guter Freund von Bill Clinton, dass dieser mit der inneren, spirituellen Ebene sehr verbunden sei und sich auf diese Art treffen könne. Wenn wir unsere Egos, unsere Angst und unsere Vorurteile zurücklassen können, ist es ein Leichtes, Menschen geistig zu kontaktieren.

Das heißt aber nicht gleichzeitig, dass die Kontaktierten – ob physisch von Angesicht zu Angesicht oder über die anderen, nichtlokalen Bewusstseinsebenen – notwendigerweise auch wohlwollend antworten. Bill Clinton zum Beispiel wollte diese Dinge sehr gern enthüllen, hatte aber nicht den Mut dazu. Sein Vermächtnis war verloren, denn als erster Präsident mit voller Amtszeit nach dem Kalten Krieg wäre es seine Aufgabe gewesen. Er nahm die Herausforderung nicht an. Um die Zeit, als ich meine Treffen mit dem CIA-Direktor öffentlich bekannt geben wollte, nachdem er sein Amt verlassen hatte – ich denke, es war im Jahr 1995 –, besuchte ich einige Freunde in Santa Barbara. Ich wurde von einer großen New Yorker Zeitung interviewt, die die Geschichte unserer UFO-Informationen an das Weiße Haus und den CIA-Direktor veröffentlichen wollte. An *genau* dem Tag, als die Geschichte erscheinen sollte, kam Linda Tripp mit der Monica-Lewinsky-Affäre. Das war weder ein Versehen noch ein Zufall. Damit wurden all diese Informationen von der Agenda der Massenmedien gestrichen. In den nächsten Jahren, 24

Stunden am Tag, sieben Tage die Woche, gab es nur das: Ein Blow Job, der um die Welt reiste! Was für ein unsäglicher Nonsens!

Hier die Neuigkeiten: Das beste Aphrodisiakum ist Macht. Und mächtige Männer haben Affären. Und raten Sie mal! Verheiratete Männer lügen manchmal über ihre Affären. Meine Güte. Deswegen ein Amtsenthebungsverfahren? Ich brauche eine kurze Pause. Hillary Clinton hatte Recht, als sie sagte, dass man sich verschworen hatte, um statt einer Kugel ein Attentat auf den Charakter ihres Mannes zu begehen. Sie lag völlig richtig – und dahinter standen noch ganz andere Themen.

Mitte der 1990er Jahre kam ich zu der Auffassung, dass der Präsident der Vereinigten Staaten sich des UFO-Themas nicht annehmen könne, denn sobald er sich näher damit auseinandersetzte, wäre dies das Ende seiner Karriere.

Ich traf damals auch einen guten Freund von Präsident Carter, der mir berichtete, dass Carter in seinen frühen Tagen als Präsident und während seiner Einführung ins Amt alles über die geheimen UFO-Projekte erfahren wollte. Carter hatte als Gouverneur eine UFO-Sichtung in Georgia, und wir besitzen den offiziellen Bericht. Carter versuchte also, Informationen über den damaligen CIA-Direktor George Bush zu erhalten – den Vater des derzeitigen Präsidenten –, doch dieser sagte ihm, dass er die Informationen nicht herausgeben werde und Carter sich an jemand anderes wenden solle! Später, als Carter weitergrub, bekam er Besuch von „einem Mann im Anzug", der sagte: „Sir, wenn Sie Ihre erste Amtszeit als Präsident durchstehen wollen, dann halten Sie verdammt noch mal Ihren Mund über die UFO-Angelegenheit." Der Insider und Carter-Freund erzählte mir, dass Carter – und wahrscheinlich auch seine Familie – direkt bedroht worden waren.

Von verschiedenen Quellen, darunter auch einige Disclosure-Project-Zeugen, erfuhren wir, dass Jimmy Carter für das Weiße Haus eine Studie über UFOs erstellen lassen wollte, die vom SRI (Stanford Research Institute) durchgeführt werden sollte. Undercover-Agenten des Pentagons steckten dem SRI dann zu, sie würden alle ihre Kontrakte mit dem SRI kündigen, wenn dieses die Carter-Anfrage weiter bearbeiten würde. Die Studie war damit gestorben. Dies ist nur ein Teil eines immer wiederkehrenden Musters der Bedrohung von US-Präsidenten, das man zumindest bis auf Eisenhower zurückverfolgen kann – und das im Fall von Jack Kennedy sogar tödlich verlief. Andere wurden mit dem Verlust ihres Lebens oder ihrer Präsidentschaft bedroht, rührten sie dieses Thema an. Es war eine Art kosmisches Kettensägen-Massaker, in das ich mich hineinbegeben habe, von 1992 bis heute.

Bill Clinton hatte nicht den Mut, es zu tun. Doch offen gesagt denke ich, er hätte ihn haben können. Erwartet nicht gerade die Öffentlichkeit von unseren Führungspersonen, dass diese ungeachtet persönlicher Ambitionen und Risiken gewisse unbequeme Wege beschreitet? Die meisten Politiker sind nicht couragiert. Wir haben schwache, rückgratlose Führer, die von Geld, Macht und Selbstsucht vergiftet sind. Selbst wenn sie etwas über solche Themenbereiche erfahren, haben sie weder Mumm noch Durchhaltevermögen, um diese Dinge im Namen der Erde, der Weltbevölkerung oder auch nur der US-Bürger zu tun.

Zwischen 1994 und 1997, als wir mit unserer Arbeit und dem System vorankamen, stellte ich fest, wie wichtig es ist, die legislativen Kräfte der Welt zu erreichen. Falls der Präsident als Einzelperson zu schreckhaft und angreifbar ist und seinem inneren Kreis der Zugang zu diesen Informationen verweigert wird, dann wäre der nächste logische Anlaufpunkt der Kongress. Da vielen hochstehenden Beamten des Weißen Hauses der Zugang verweigert wurde, konnte nur eine öffentliche Anhörung vor dem Kongress den Wandel offiziell machen.

Was die Blockierung anderer hochstehender Beamter betrifft: Der Astronaut Gordon Cooper teilte mir in einem persönlichen Gespräch mit, dass der Verteidigungsminister Cohen davon gehört hatte, wie Coopers Team in den 1950ern eine UFO-Landung auf einem ausgetrockneten See der Edwards Air Force Base gefilmt hatte. Cohen versuchte, Zugang zu diesen Informationen zu erlangen, doch er wurde ihm verweigert. Cohen kannte die Details der Landung und der Filmaufnahmen – und dennoch bekam er weder Zugang zu dem Film noch zu den Aufnahmen!

Wir trafen uns also mit einigen Kongress-Abgeordneten, darunter einem Mitglied des Geheimdienst-Komitees des Senats, dem Senator Dick Bryan aus Nevada – Heimat von Area 51 – und anderen in Schlüsselpositionen. Während unserer Lobbyarbeit fanden wir heraus, dass wir uns mit einigen Kongress-Abgeordneten auch privat treffen konnten. Wir stellten die Beweise vor und baten sie: „Bitte unterstützen Sie eine offene Anhörung, auf der unsere Top-Secret-Zeugen vor einem Komitee des Kongresses unter Beiwohnung der Massenmedien aussagen können."

In beinahe allen Fällen musste ich feststellen, dass sie alle *wissen*, aber nicht *handeln* wollten. Ich werde nie vergessen, wie ich am McCarran-Flughafen in Las Vegas von einem dieser Fahrzeuge in der Größe eines Golf-Carts abgeholt wurde. Ich war Mitte der 1990er nur für ein paar Stunden dort, um mich mit Senator Bryan zu treffen. Wir kamen an einer unbeschrifteten Tür an, die wie eine Personal-Toilette aussah – und als wir sie öffneten, standen wir mitten in einem Konferenzraum! Er wurde nur für solche VIP-Treffen auf dem Flughafen benutzt. Man eskortierte mich zu diesem Raum, dann traf der Senator ein. Wir saßen ungefähr eine Stunde zusammen.

Senator Bryan hatte einen persönlichen Berater dabei, der auf der Couch saß. Der Senator, ich selbst sowie meine Eskorte saßen am Konferenztisch. Ich glaube nicht, dass sein Berater schon begriffen hatte, worum es bei diesem Treffen eigentlich gehen sollte! Der Senator fragte mich: „Nun, mit wem haben Sie sich bisher getroffen?", und ich antwortete: „Mit dem CIA-Direktor und dieser Person aus dem Joint Staff, und …" Ich sah, wie dem Berater das Blatt aus der Hand fiel, das er gerade überflog! Er sah aus, als hätte ihm jemand einen Schlag ins Gesicht versetzt.

Im Verlauf des Treffens gestand mir Senator Bryan, er habe keine Zweifel daran, dass diese Geschehnisse real seien und vonstatten gingen, aber auch, dass er niemals Zugang zu diesen Informationen erhalten habe. Und das aus dem Mund eines hochrangigen Mitglieds des gewählten Senats-Komitees, das sich mit den Geheimdiensten beschäftigte! Dann sagte ich: „Wissen Sie, wir suchen dringend nach jemandem wie Ihnen, der uns öffentliche Anhörungen zu diesem Thema verschaffen kann, so ähnlich wie Gerald Ford es in den späten 1960ern tat ..."

Als ich dies ausgesprochen hatte, wandelte sich sein zunächst engagiertes Auftreten, und er ging in die Defensive. Er sagte: „Sie haben sich doch mit all diesen Leuten getroffen. Warum geht der Präsident die Sache nicht an?" Ich antwortete: „Sie sollten eigentlich wissen, warum der Präsident es nicht tut. Wir haben hier wirklich eine harte Nuss zu knacken." Er fügte kleinlaut hinzu: „Aber ich bin doch nur ein Senator."

Ich konterte: „Und ich bin nur ein Arzt! Sie haben geschworen, die Verfassung der Vereinigten Staaten hochzuhalten und zu verteidigen, und ich bringe Ihnen hier Beweise, dass diese Verfassung unterwandert wird, dass die Anweisungskette gerissen ist, der Kongress gegen den Bordstein gerasselt ist und die wichtigsten Technologien und Informationen in der Geschichte der Menschheit sich in den Händen einer illegalen Gaunergruppe befinden. Wenn das keine Anhörung vor dem Kongress erfordert, was zur Hölle dann?!" Er saß eine Weile teilnahmslos da und sagte dann: „Ich weiß nicht, ob ich das tun kann, aber haben Sie schon mit John Warner von den Streitkräften gesprochen?" Mit aller Leidenschaft, die ich aufbringen konnte, sagte ich: „Sir, ich spreche mit Ihnen." Ich wollte verhindern, dass er mir vom Haken sprang! Doch es war offensichtlich, dass Senator Bryan davor zurückschreckte, dieses Thema weiter zu verfolgen.

Das gleiche passierte uns mit zahlreichen Kongress-Mitgliedern, dem Senat, den Exekutivkräften, dem Militär, den Vereinten Nationen und anderen – niemand wollte es in die Hand nehmen. Schließlich wurde ich von einer Gruppe der Vereinten Nationen eingeladen, um eine Vorlesung zu halten. Der Titel meiner Rede lautete: „Die Begründung des Interplanetarischen Friedens." In den Unterlagen meines ersten Buches gibt es ein Kapitel mit diesem Wortlaut. Ich verfasste das Skript, weil ich von den UN zu diesem Vortrag eingeladen worden war. Die meisten Leute wissen nicht, dass beinahe alles, was ich geschrieben habe, eine Antwort auf die Nachfrage einer Gruppe war, die sich für die Wahrheit interessierte. Diese Prozesse waren die Katalysatoren für meine früheren Bücher.

Zu dem Treffen bei der UN nahm ich meine Tochter mit, die damals zwölf Jahre alt war. Wir kamen am Haupteingang an, in den auch die Besucher eintreten. Als wir in der Schlange standen, um uns inspizieren zu lassen, hörte ich plötzlich einen ziemlichen Aufruhr in der Empfangshalle. Ich sah hinüber, und dort kam die Ehefrau des Generalsekretärs der Vereinten Nationen mit dem Sicherheitschef und einer ganzen Entourage auf mich zu. Sie kamen zu uns und öffneten das Seil, sodass wir nicht an den Sicherheitsleuten vorbei mussten. Wir begrüßten uns und Mrs. Boutros-Ghali nahm meine linke Hand, während meine Tochter zu meiner Rechten ging. Als wir mit dem ganzen Gefolge durch die riesige Eingangshalle der UN gingen, drehte sich Mrs. Boutros-Ghali zu mir um und fragte: „Wann werden Sie es schaffen?"

Ich fragte: „Wie meinen Sie das?“ Und sie antwortete: „Die ganze Welt sollte diese Informationen erhalten, dass wir nicht alleine sind.“ Ich sagte: „Nun, Leah, Sie und Ihr Ehemann stehen an der Weltspitze! Sie sind die Vorsitzenden der Vereinten Nationen. Ich bin nur ein einfacher Landarzt aus North Carolina.“ Und sie sagte: „Oh nein. Das ist viel zu gefährlich für Boutros. Sie werden Boutros umbringen!“

Ich dachte: „Und was bin ich? Gehackte Kalbsleber?“ Und natürlich lautet die Antwort darauf ja, genau das bin ich. Ich bin Kanonenfutter – so ist es. In diesen Kreisen bin ich nur ein Verschleißteil – und das hat man mir seit 1992 bis heute immer wieder gesagt.

Ich sagte also: „Leah, Sie wissen, dass ich nur so wenig machen kann.“ Sie war eine der mächtigsten Frauen, die ich je getroffen habe. Sie hatte eine enorme Ausstrahlung, war sehr spirituell und hatte ein tiefgreifendes Verständnis.

Wir fragten an, ob das lang erwartete Enthüllungs-Projekt bei den Vereinten Nationen stattfinden könne. Sie stimmten zu. Doch noch im gleichen Zeitraum, in dem wir die Übereinkunft trafen, wurde Boutros-Ghali abgewählt. Normalerweise hat ein Generalsekretär zwei Amtsperioden. Er hatte nur eine. Sie führten alle möglichen Gründe auf, warum sie ihn loswerden wollten, so wie sie Kurt Waldheim loswurden. Wie sich herausstellte, hatte sich Kurt Waldheim für die Gründung eines Büros für Weltraumangelegenheiten eingesetzt, das es immer noch bei den UN gibt. Er wollte dieses Büro von New York nach Europa verlegen, wo man sich eingehender mit diesen Themen auseinandersetzen konnte. Doch sie beseitigten ihn rücksichtslos – und warfen ihm seine Nazi-Vergangenheit vor. Boutros-Ghali beschäftigte sich mit der UFO-Angelegenheit, und wurde ebenfalls beseitigt.

Dann kam Kofi Annan. Ein höherer Berater von Annan – ein Koreaner, der der höchste Diplomat Koreas in den Vereinten Nationen war – kontaktierte uns. Er sagte: „Sie haben zugestimmt, uns den großen Saal der Vereinten Nationen zu geben, um mit ihren Militär- und Regierungszeugen eine Konferenz abzuhalten.“ Auch dem wurde also zugestimmt.

Doch ein paar Wochen später rief mich dieser Diplomat erneut an und sagte: „Rufen Sie mich nie wieder bei den Vereinten Nationen an. Ich gebe Ihnen meine Privatnummer.“ Er hatte begonnen, sich für das Thema zu interessieren, weil er von einigen außergewöhnlichen UFO-Begegnungen in Korea erfahren hatte. Ich war schockiert und fragte: „Was reden Sie da?“ Er sagte: „Ich weiß, dass wir diese Sache für Sie einrichten wollten, aber die Konferenz kann nicht mehr stattfinden. Der Generalsekretär bekam Besuch von einigen Leuten, die ihm Dokumente zeigten, die ihm solche Angst einjagten, dass er nichts mehr für Sie tun kann.“ Mir wurde gesagt, dass die Vereinten Nationen, die beinahe bankrott waren, geschlossen und abgeschafft werden sollten! Die Geheimdienstler und transnationalen Banditen hatten die Führungsriege der UN bedroht und ihnen eine Heidenangst eingejagt.

Der größte Teil meines Lebens war wundervoll – doch die Konfrontation mit der Schattenregierung war sehr verstörend. So verstörend, dass ich manchmal am liebsten alles aufgegeben hätte und gegangen wäre. Zum

Beispiel traf ich mich einmal mit einem Pack Agenten in Kalifornien, die mit einer Luftwaffenbasis in der Nähe von Sacramento verbunden waren. Nach einigen intensiven Gesprächen dachte ich: „Ich geh jetzt einfach irgendwohin, bestell mir einen Drink und halte den Mund."

Ein Mann, ich nenne ihn George, saß neben mir auf einem Stuhl und begann zu reden. Ich hatte keine Lust auf ein Gespräch, aber er war in Redelaune und fragte: „Was machen Sie hier in der Stadt?" – „Ich bin mir *wirklich* sicher, dass Sie das nicht wissen wollen." – Nun, offensichtlich schon", sagte George, während er ein paar Erdnüsse verspeiste. „Ich bin hier, um mich mit ein paar Leuten zu treffen", antwortete ich. Er fragte: „Und was machen Sie?" – „Ich bin ein Notarzt, aber das ist nicht der Grund, aus dem ich hier bin." – „Und warum sind Sie nun hier?" Er bestand darauf. Also sagte ich: „Sie werden es bereuen, aber ich erzähle Ihnen den Grund!" Also fing ich an, das Gehirn dieser armen Seele vollzupumpen. Ich sagte ihm alles, was ich Ihnen bereits mitgeteilt habe, und noch einiges mehr. Ich gab ihm die Namen jeder Person, jedes Agenten, jedes Unternehmens, wer ermordet wurde, welche Zelle Jack Kennedy umgebracht hatte, wer zu der Zelle gehörte, mit der ich mich getroffen hatte – das heißt, ich erzählte ihm einfach alles. Wissen Sie, es fühlte sich großartig an, diese ganze Last loszuwerden, aber er sah aus, als wäre er gerade von einem Güterzug überrollt worden! Zum Schluss sagte ich: „Ich hatte Sie gewarnt, dass Sie dies nicht wirklich hören wollten."

George fragte: „Warum zum Teufel können Sie mir das alles erzählen?" Ich sagte: „Weil ich ein Niemand bin. Ich stehe unter keinem Eid, der mir das verbieten würde." Fasziniert fragte er: „Wie haben Sie dies alles erfahren?" Ich sagte: „Ganz gewiss wollen Sie das auch nicht wissen."

Auf eine Art war diese zufällige Begegnung wahnsinnig komisch. „Lassen Sie mich Ihnen ein Bier spendieren", sagte ich, „es war wie eine Therapie für mich."

Er fragte: „Was nun, wenn ich Dan Rather anrufen würde und ihm all das erzählte?" Ich sagte: „Sie glauben wirklich, dass diese rückgratlosen Lockvögel bei *CBS* darüber berichten würden? Viel Glück. Ich weiß aus persönlichen Gesprächen, dass Mike Wallace von ‚60 minutes' schon vor Jahren erdrückende Beweise zugespielt wurden. Bob Schwartz, der im Aufsichtsrat von Time-Life saß und ein renommierter Journalist war, war mit Mike Wallace befreundet und hatte ihm die Original MJ-12-Dokumente gegeben. Wallace hatte geschworen, ein Exposé darüber zu verfassen, doch es kam nie dazu – er hatte nicht den Schneid, diese Geschichte gegen die Konzernklüngel bei *CBS* durchzusetzen."

„Zu wem werden Sie dann gehen, um diese Geschichte zu veröffentlichen?"

„Sie tun so, als hätten wir eine freie Presse, aber die gibt es nicht – schon seit Jahrzehnten nicht", antwortete ich.

Im Frühling und Sommer 1994 versuchte ich weitere Leute zu kontaktieren, die an UFO-Operationen in Übersee beteiligt waren. Einer von ihnen war S. A., ein Kronprinz.

Ein Freund von ihm, der auch an unserem Unterfangen interessiert war und uns unterstützen wollte, schlug vor, dass ich mich mit ihm treffen sollte, sodass wir gemeinsam arbeiten könnten. Prinz S. A. war auch ein Freund von Laurance Rockefeller und wie sich herausstellte, hatte man ihn in die Zelle von Oberst M. K., General T. E. und W. B. hereingezogen, die aus den Vereinigten Staaten operierte.

Nachdem wir miteinander telefoniert hatten, erreichte mich ein persönlicher Brief von S. A., in dem es hieß: „Ich denke, dass das, was sie tun, sehr edel ist. Ich jedenfalls glaube dennoch, dass man es Ihnen verbieten wird, und ich möchte mich mit Ihnen darüber unterhalten." Er wollte nicht am Telefon darüber sprechen und mich persönlich treffen.

Wir trafen uns dann im Juli 1994. Er war in New York City im Four Seasons Pierre Hotel, das auf der Fifth Avenue in der Nähe des Central Parks liegt, unweit von Laurance Rockefellers Haus. Mit einer unserer Töchter reiste ich also nach New York.

Sie müssen wissen, dass ich meine Töchter überall hin mitnehme. Wir nannten das immer „Verabredungen mit Daddy." Ich hielt es für wichtig, sie in mein Leben einzubeziehen. Es war wundervoll, mit jeder einzelnen von ihnen allein unterwegs zu sein, deshalb machten wir diese speziellen Reisen.

Wir gingen also in das Hotel, um den Prinzen zu treffen. Er war sehr elegant gekleidet, zuvorkommend und höflich. Während meine Tochter in einer Ecke spielte, unterhielten wir uns privat über die gesamte UFO-Angelegenheit.

Nach einer Weile kam er endlich dazu, mir das zu sagen, was er weder schreiben noch am Telefon besprechen wollte. Der Prinz sagte: „Wie Sie wissen, wird man Ihnen nicht gewähren, diese Dinge zu enthüllen." – „Warum?" – „Es wird Ihnen aus einem Grund nicht erlaubt, den Sie noch nicht kennen. Die Aliens werden es nicht zulassen." Ich sagte: „Wirklich?"

Es stellte sich heraus, dass der Bruder des Prinzen angeblich von Außerirdischen entführt worden war. Doch der Prinz wusste nicht, dass diese Entführungen von paramilitärischen Operationen durchgeführt wurden. Das hat ein NASA-Forscher herausgefunden, mit dem ich lange in Kontakt stand. Er weiß nicht, dass ich erfahren habe, dass er selbst zur Schattenregierung gehört. Er ist ein eschatologischer und fundamentalistischer Christ, der sich das Ende der Welt herbeiwünscht. In der UFO-Welt ist er als objektiver Wissenschaftler bekannt, der echte UFO-Phänomene erforscht, aber das ist nicht seine wahre Rolle. Eben dieser NASA-Wissenschaftler erzählte mir, dass der Bruder des Prinzen aus seinem Schloss im Ausland entführt worden war.

Was der Prinz also nicht wusste, war, dass ich einen Insider dieser paramilitärischen Operationen kannte, die Entführungen durchführen, der sagte: „Natürlich haben wir ihn entführt, damit seine mächtige Familie und das Bankenimperium hinter uns stehen würden, um die Aliens zu bekämpfen." Prinz S. A. sagte mir, dass die Außerirdischen jeden Konflikt auf Erden seit Adam und Eva verursacht hätten und sie diejenigen seien, die die Geheimhaltung forcierten! Ich fragte: „Wirklich? Wenn sie wirklich geheim bleiben wollen, warum erscheinen sie dann über uns vor hunderten von Zeugen, interagieren mit uns und senden uns Signale und tauchen über vielen Großstädten der Welt auf?" Er konnte diese Frage nicht beantworten. Ich sagte: „Ich muss Ihnen widersprechen. Meiner Meinung nach ist die Gruppe, die diese Sache geheim halten möchte, sehr menschlich, denn eine Enthüllung würde das Ende ihres Strebens nach zentralisierter Macht bedeuten, die Abschaffung fossiler Brennstoffe und die Auflösung des gesamten Paradigmas anthropozentrischer Religiosität."

Wir hatten einen ehrlichen und höflichen Ideenaustausch und einigten uns, dass wir uneinig sind. Es war augenscheinlich, dass der Prinz die Anwesenheit der Außerirdischen hasste und fürchtete – und dass er Militäraktionen gegen sie befürwortete.

Im Verlauf des Gesprächs erzählte er mir: „Auch Präsident Bush (senior) wollte dies tun. Während der Zeit des Kalten Krieges traf sich eine Gruppe, zu der auch ich gehörte, gemeinsam mit Gorbatschow, Präsident Bush, dem UN-Generalsekretär Perez de Cuellar. Wir alle wollten diese Informationen an die Öffentlichkeit bringen." Das war im Jahr 1989. Er sagte: „Doch eines Nachts, während einer nächtlichen Planungssitzung in New York, kam der Generalsekretär der Vereinten Nationen, Perez de Cuellar von einem Treffen zurück, auf dem die Pläne für die Bekanntgabe der außerirdischen Präsenz erörtert worden waren. Auf seinem Rückweg war ein UFO aufgetaucht, das seinen motorisierte Kolonne stoppte und ihn direkt aus der Limousine heraus entführt hatte! Sie nahmen ihn an Bord des Schiffes und sagten ihm, dass, würde er nicht sofort den Plan aufgeben, die außerirdische Anwesenheit bekanntzugeben, alle Weltführer, inklusive des amerikanischen Präsidenten, vom Planeten entführt werden würden und sie den ganzen Prozess aufhalten würden!"

Wir haben es hier mit einem berühmten Fall zu tun, bei dem ein Entführungsforscher davon berichtet, dass eine internationale Persönlichkeit entführt worden war, gemeinsam mit einem Zivilisten, der es bezeugte. Was sie aber nicht wissen ist, dass ich Personen aus der Zelle kannte, die diese außerirdischen Nachbauten betrieben und auch psychotronische Waffensysteme besaßen, mit denen sie die Entführung durchführten. Nebenbei bemerkt, war auch ein Angehöriger des berüchtigten rothaarigen Sergeanten aus Roswell, der alle bedrohte, dabei, um die Operation zu koordinieren. Man hatte ihn als Teil der Sicherheitskräfte des Generalsekretärs eingeschleust, und er hatte die Elektronik der Wagenkolonne unter Kontrolle, damit diese mitternächtliche Pseudo-Entführung stattfinden konnte.

Die Operation hatte zum Ziel, die versuchte öffentliche Aufdeckung durch die Weltelite, darunter auch Gorbatschow, zu unterbinden.

Prinz S. A. dachte wirklich, dass auch dies eine außerirdische Entführung gewesen sei, ebenso wie er dachte, sein Bruder wäre wirklich von Aliens entführt worden. Er wusste nicht, dass die Entführungen von paramilitärischen Operationen vorgetäuscht wurden. In Wirklichkeit standen Menschen dahinter, die im Besitz von UFO-ähnlichen Schiffen waren, mit Kreaturen an Bord, die wie Außerirdische aussahen und entweder verkleidete Menschen oder genetisch erzeugt worden waren.

Man nennt das „Bühnenkunst" [stagecraft], und ich bin im Besitz eines Dokumentes, das diese Operationen beschreibt. Es stammt aus einem der Privatinstitute, die an der Simulation der Entführungen beteiligt sind. Die Sache geht mittlerweile so weit, dass man Führungskräfte der Welt entführt, um deren Hass Außerirdischen gegenüber zu schüren und die Unterstützung für Star Wars zu erhalten. Damit werden die Führer auch überzeugt, jegliche Anstrengungen zu unterbinden, diese Informationen zu veröffentlichen.

Astralkörper-Extraktionen 18

Als mir der Prinz davon berichtete, wie die Enthüllungsbemühungen aufgehalten wurden, wurde mir klar, wie ernst, verrückt und – ich hasse es, dieses Wort zu benutzen – böse die Schattenregierung ist. Sie sind derart machttrunken, dass sie wirklich alles tun, um diese Fakten geheim zu halten.

Ich sagte dem Prinzen, ich sei mir – angesichts unserer eigenen Kontakterfahrungen mit außerirdischen Wesen und unseren gegenteiligen Informationen – sicher, dass er gezielter Desinformation unterliege.

Wir sprachen auch beiläufig über die CE-5-Initiative, und er bekundete sein Interesse an CSETI. Was er als nächstes sagte, war sehr aufschlussreich: „Wissen Sie, ich bin durch die ganze Welt an die Orte gereist, an denen von UFOs berichtet wurde, aber immer fanden die Sichtungen vor meiner Ankunft und nach meiner Abreise statt. Während ich vor Ort bin, ist kein UFO zu sehen. Ich frage mich, ob das an meiner Einstellung liegt."

„Eure Hoheit", sagte ich, „mit allem nötigen Respekt glaube ich, dass Sie den Nagel auf den Kopf getroffen haben. Wir haben herausgefunden, dass die Außerirdischen nur erscheinen, wenn man ihnen vorurteilsfrei, offenen Geistes und mit reinem Herzen entgegentritt. Dann kommt es auch zu einer Begegnung."

Im Hintergrund dieses Treffens agierte selbstverständlich die verdeckte Gruppe, die jede Minute des Gespräches beobachtete. In dieser Nacht ging ich mit meiner Tochter ins Hotel zurück, dem St. Moritz on Central Park South, das gegenüber des Central Park lag.

Nachdem ich schnell eingeschlafen war, erwachte ich ein paar Stunden später. Ich konnte meine Arme nicht heben, mich nicht umdrehen, mich nicht bewegen! Ich war physisch völlig paralysiert. Ich wusste, was vor sich ging: Man zielte mit einem gerichteten elektromagnetischen Waffensystem auf mich. Es kam durch das Fenster über meinem Bett. In das Zimmer wurde das schrecklichste undböseste Gefühl projiziert, das ich in meinem Leben je erfahren hatte. Ich konnte spüren, wie sie versuchten, meinen Astralkörper von meinem physischen Körper zu trennen. (Nebenbei bemerkt funktionieren so auch die meisten Pseudo-Entführungen – sie sind Astralkörper-Extraktionen.)

Die Schattenregierung wollte mir zeigen, worum es in ihrem Geschäft ging und war kurz davor, mich zu entführen. Sie versuchten mich, wie den Prinzen, davon zu überzeugen, dass ich die „Aliens" fürchten und hassen solle. Sie wollten mich überzeugen, dass die Außerirdischen böse sind, von Satan geschickt wurden und wir einen heiligen Krieg gegen sie führen müssten. Diese Überzeugungsversuche waren eine sehr schwere Lektion für mich.

Doch ich wusste, dass ich es hier mit menschlicher Technologie zu tun hatte. Das Einzige, was ich tun konnte, war mich an Gott zu wenden. Ich hielt mich am Saum von Gottes Mantel fest. Ich begab mich ins transzendentale Gottesbewusstsein, und damit verschwand meine Individualität in der Unendlichkeit – und diese Gewalttäter verloren die Kontrolle über mich.

Einmal in der Unbegrenztheit, konnte mich ihr System nicht mehr orten. Dort gab es kein „ich" mehr, verstehen Sie, was ich meine? „Lasse dein Ich zurück, und gehe dann über das Wasser." Sei wie ein Nichts, dann bist du überall. Ich habe zu den Leuten gesagt, auf die mit solchen Waffensystemen gezielt worden war: „Der einzige Fluchtweg besteht im Verständnis der Selbst-Auflösung, indem man den Tropfen seiner Individualität mit dem Ozean der Unbegrenztheit verschmelzen lässt."

Sobald ich jedoch wieder in meine Individualität und ins Ich-Bewusstsein zurückkehrte, begann der Angriff von Neuem. Es war eines der schlimmsten Dinge, die ich jemals erlebt habe. Sie versuchten eindeutig, meine Individualität einzufangen, mein Astralwesen zu extrahieren, um mich durch ihre Entführungssequenz zu schicken. Erinnern Sie sich: Wenn man dem Astralkörper ausreichend Schmerz und Traumata zuführt, dann kann sich dies in der physischen Welt manifestieren. Diese Sache wird von vielen Menschen nicht verstanden. Die meisten der inszenierten Entführungen werden von Technologien unterstützt, mit denen man den Astralkörper dem physischen entziehen kann.

Beim Projekt „Amethyst", das von einer schwarzen Zelle der NSA geleitet wurde, brachte man Menschen um, indem man die Silberschnur zwischen dem Astralkörper und dem physischen Körper abtrennte. Ich kenne einen Typen, der an dem Programm teilgenommen hat.

Auf eine Art war diese Erfahrung auch ein Geschenk – denn sie verrieten sich, indem sie mir genau zeigten, was sie mit dem Generalsekretär und dem Bruder von Prinz S. A. angestellt hatten. Ich konnte dann per Remote Viewing den elektronischen Strahl zurückverfolgen und die Wesen in der Einrichtung sehen – alles Menschen –, aus der die Waffe abgeschossen wurde. Wie Sie sehen, kann man alles, was auf einen gerichtet wird – solange man ruhig und zentriert im transzendentalen Bewusstsein bleibt – zum Sender zurückverfolgen und diesen bloßstellen. Ich tat das jedes Mal, wenn sie auf mich zielten. Und so konnte ich sehen, was sie taten.

Ich muss gestehen, dass es eines der anstrengendsten Geschehnisse meines Lebens war : währenddessen die Kontrolle über mich selbst zu behalten, sodass ich schnell aus den Begrenzungen der Relativität entkommen und in die Ebene des Absoluten eintreten konnte, wo sie mich nicht erwischen konnten – weil ich dort nicht mehr existierte.

Gottseidank widerfuhr meiner Tochter nichts, und sie bekam von all dem nichts mit. Das war also unsere kleine Reise nach New York!

Ich habe unabhängige Zeugen, dass einige Apparatschiks aus den mittleren Ebenen der geheimen Schattengruppe – darunter ein ehemaliger US-Präsident – diese Informationen bereits in den späten 1980ern der breiten Masse bekannt geben wollten. Doch sie wurden von einer anderen Gruppe übertrumpft – einer Unterabteilung der größeren Kontrollgruppe. Diese Zelle ist im Besitz der Entführungstechnologien, darunter psychotronische

Skalarwaffen und radionische Waffen. Sie haben auch ARVs – nachgebaute außerirdische Raumschiffe – die wie UFOs aussehen und mit neuen Energiesystemen und Antigravitation angetrieben werden.

Die Zelle verwendet diese fortschrittlichen Technologien, um eine Enthüllung auf offizieller Ebene zu unterbinden – bis dahin, die führenden politischen Kräfte zu bedrohen oder zu entführen, wie den UN-Generalsekretär.

Nach meinen Pseudo-Entführungserlebnissen in New York erinnerte ich mich an einen Luzidtraum, den ich Anfang der 1990er Jahre hatte. Darin schwebte ich über Kennebunkport, Maine, und sah etwas, das mich ziemlich beunruhigte. Ich sah US-Präsident George Bush auf seinem Grundstück. In der Luft waren Objekte, die wie UFOs aussahen, aber tatsächlich von paramilitärischen Elementen gesteuert wurden. Sie flogen über das Gelände und über das Meer und bedrohten den Präsidenten. Der Secret Service und George Bush waren sehr besorgt. Als ich es damals sah, ergab es für mich keinen Sinn. Doch nach dem Treffen mit dem Prinzen, als er mir von der Entführung von Perez de Cuellar berichtete, verstand ich, wer hinter dieser Geschichte steckte und was diejenigen damit bezweckten.

Mir wurde auch klar, dass man nach dem Ende des Kalten Krieges wirklich versucht hatte, diese Informationen an die Öffentlichkeit zu bringen, aber die verschachtelte Matroschka-Zelle – die bösartige, gewalttätige und äußerste gefährliche Gruppe – hatte es verhindert. Das war Ende 1989. Und im Januar 1990 wurde mir gesagt, dass ich „das wieder aufnehmen sollte, was ich fallen gelassen hatte." Obwohl ich für diese dunklen Elemente ein Niemand bin und weder Macht habe noch ein offizielles Amt bekleide, bat man ausgerechnet mich um Hilfe – eben weil die offiziellen Versuche von vornherein zum Scheitern verurteilt waren.

Menschen wie Oberst M.K., der auch als Doktor Tod bekannt ist und einen PhD in Thanatologie, der Lehre vom Tod, besitzt, sind Meister der Psychotronik und der hochtechnisierten elektronischen Systeme, die für Entführungen, Mind Control und ähnliche Attacken verantwortlich sind. Sie müssen also verstehen, mit wem es unsere Führer da eigentlich zu tun haben – und dabei spielt es keine Rolle, ob sie zum Skull&Bones-Orden gehören oder früher einmal CIA-Direktor waren –, sobald sie den eingetretenen Pfad verlassen, rennen sie in die Arme dieser Gruppe. Diese innere höchste Kabale ist wild entschlossen, die ganze Angelegenheit unter Verschluss zu halten, bis die Katastrophe über uns hereinbricht. Ihr Ziel ist es, wenigstens vier bis fünf der sechs Milliarden Menschen auf Erden zu vernichten.

Nachdem ich von dem Treffen in New York zurückgekehrt war, erlebte ich Nacht für Nacht die fürchterliche Macht der Schattenregierung. Jeden Morgen um 4:20 Uhr, als ich friedlich in meinem Bett schlief, gab es ein unterschwelliges Geräusch, ein Klicken, und ich wurde von einem elektronischen Waffensystem angegriffen. Ich wurde sehr krank und mir wurde so schlecht, dass ich schwindelnd aufstehen musste, mich erbrach, Durchfall und Schweißausbrüche bekam. Der Badfußboden war zeitweise buchstäblich mit Schweiß getränkt und weil ich manchmal kaum Blutdruck hatte, brach ich auf dem Boden unseres Schlafzimmers zusammen, beinahe tot. Dies geschah nächtelang; es war erschreckend. Es dauerte jeweils 10 bis 15 Minuten. Ich wusste, dass diese Gaunergruppe versuchte, mich von meinen Zielen abzuhalten – doch ich weigerte mich, umzukehren.

Ich erinnere mich noch an ein Ereignis während dieses Zeitraums. Eines Nachts wollte ich gerade zu Bett gehen, als ich plötzlich jemanden aus dieser Gruppe sah, der ein elektronisches Steuerpult bediente. Um ihn herum befand sich ein ganzes Arsenal psychotronischer und radionischer High-Tech-Ausrüstung. Es war ein unterirdisches Labor irgendwo im Westen. Ich konnte ganz deutlich den Zuständigen sehen, der mit dieser bestimmten Operation betraut worden war, wie er im Eingangsbereich einer unterirdischen Waffenbasis stand. Es war ein Mann mittleren Alters, mit Schnurrbart und grauen Haaren – ich weiß genau, wie er aussieht; er war mit meinem Fall betraut worden.

In der Einrichtung waren auch ein paar jüngere Männer als Helfershelfer tätig, das Kanonenfutter. Sie bedienten das Waffensystem, das mich treffen sollte. Als ich sie sah, wandte ich mich an Gott und sagte: „Lieber Gott, vergib ihnen!", und ich betete für sie. Ich sah sie ganz deutlich – und dann bemerkte ich, dass sie mich auch sahen. Ihre Augen spiegelten ihre Scham. Sie sahen weg. Nach diesem Vorfall beendeten sie die nächtlichen Attacken.

Später erfuhr ich, dass die armen Menschen, die diese Geräte bedienen, oft an dem sterben, was sie tun – wenn sie auf jemanden eine Krankheit projizieren, dann bekommen sie diese auch. Wie üblich sind die Ausführenden und das Personal niedrigeren Ranges nur das Kanonenfutter. Sie ahnen nichts davon, wenn sie die Stellung annehmen. Genau aus diesem Grund stehen die Zuständigen auch außerhalb der Gebäude, aus denen die Systeme betrieben werden.

Diesmal war meine Lektion, dass ich die Waffen zurückverfolgen konnte, wenn sie auf mich gerichtet wurden. Ich konnte die Quelle dieser elektronischen Skalarsysteme sehen und ihre Handlungen beobachten. Dann umgab ich uns alle mit göttlichem Licht und bat um Vergebung – ich verzieh ihnen auch persönlich.

Etwa zur gleichen Zeit erfuhr ich, dass auch Colin Andrews, ein Kornkreisforscher aus England, einige seltsame Erlebnisse in den frühen Morgenstunden hatte, denen ebenfalls dieses unterschwellige Klicken voranging.

In diesen Jahren wurde ich ernsthaft geprüft, ob ich wirklich auf meinem Kurs bleiben würde. Im Sommer 1994 war ich sehr nah dran, CSETI zu schließen, das *Disclosure Project* zu beenden und einfach meiner Wege zu gehen.

Ich erzähle den Leuten dazu Folgendes: Stellen Sie sich vor, was an meinem letzten Tag, in der letzten Stunde, den letzten fünf Minuten meiner letzten Schicht in der Notaufnahme geschah, in der ich zehn Jahre gearbeitet hatte. Ein kleiner Junge war bei einem Picknick erstickt. Er konnte nicht vor Ort wiederbelebt werden, also brachte man ihn in die Notaufnahme. Es war ein niedlicher kleiner Junge mit blonden Haaren, etwa drei oder vier Jahre alt.

Wir versuchten eine Stunde lange alles Menschenmögliche, aber sein Herz hatte bereits stillgestanden, als man ihn hereingebracht hatte. Er starb in meinen Armen. Als sein muskulöser und breitschultriger Vater hereinkam und ich ihm sagte, dass sein Sohn gestorben sei, brach er in meinen Armen zusammen, weinte und stieß einen markerschütternden Schrei aus.

Diese Dinge gehen mir viel tiefer zu Herzen und sind traumatischer als alles, was mir die Schattenregierung angetan hat. Für die Schwestern und mich konnte es nicht schlimmer kommen, als an meinem letzten Tag ein kleines Kind sterben sehen zu müssen.

Die CSETI-Kontaktberichte klingen wie eine Version der X-Akten, doch das hier ist nicht Hollywood, es ist die Wirklichkeit. Ein Teil meiner Arbeit ist wirklich wundervoll und schön, ein anderer Teil dagegen äußerst schmerzhaft und tragisch. Möglicherweise ist das eine perfekte Metapher für die Zeit, in der wir leben: Es gibt so viel Schönheit und so viele Verheißungen – dennoch gibt es noch so viel Leid.

19 „Wir sind immer bei dir“

Die folgenden Anekdoten werden Ihnen eine Vorstellung von dem Menschenschlag geben, mit dem ich während meiner Arbeit zu tun hatte.

Beispielsweise kontaktierte uns, während wir in den Vorbereitungen für die Konferenz mit dem Astronauten Brian O'Leary in Colorado steckten, eine Frau, die darauf bestand, an dieser privaten Veranstaltung für UFO-Forscher teilzunehmen. Es handelte sich um die Lebensgefährtin und jetzige Frau von Oberst M.K., die sich als Journalistin ausgab. Sie war an psychologischen Operationen und Projekten zur psychologischen Kriegsführung beteiligt – gemeinsam mit dem Oberst, dessen Spezialitäten psychotronische, radionische, verstandeskontrollierende Waffen und die fälschlich als „nichttödlich“ bezeichneten Waffensysteme waren. Natürlich werden mit diesen Waffensystemen Menschen umgebracht: unter Verwendung sogenannter skalarer, longitudinaler elektromagnetischer Wellen.

Irgendwie gelangte sie an meine private Telefonnummer. Da ich unterwegs war, sprach sie mit meiner Frau – einer wundervollen, zuvorkommenden Frau, die Freundlichkeit in Person. Die Frau des Oberst fragte: „Wen genau muss ich *vögeln*, um zu diesem Treffen zu gelangen?“ Das sagte sie zu meiner Frau! Dies war unsere erste Begegnung mit der erleuchteten Gemeinschaft von Gaunern und untergründigen UFO-Verrückten, und von da an ging es nur noch weiter abwärts.

Eigentlich wissen Sie damit schon, aus welchem Holz diese Leute geschnitzt sind. Wenn ich sage, dass die Personen, die ich in diesem Bereich treffe, zu den niederträchtigsten, widerlichsten, bestechlichsten, korruptesten Menschen gehören, die man sich nur denken kann, dann meine ich das auch.

Doch man trifft auch einige Ausnahmen, wundervolle Menschen. Bei einer Vorlesung begegnete ich Dorothy Ives, der Frau des Oskargewinners Burl Ives. Mr. Ives war ein Freund der Nixons und Reagans und einiger anderer politischer Amtsträger; zudem war er Freimaurer des 32sten Grades.

Dorothy kam nach dem Vortrag ziemlich aufgeregt zu mir und fragte, ob ich nicht mit ihr nach Hause kommen möchte, um mich mit Burl zu treffen. Ich schlug vor, dass sie zunächst mit mir zur MacGuire-Ranch kommen solle, wo wir die Außerirdischen kontaktieren wollten, und wir danach zu Burl gehen könnten.

Nach der Konferenz in Denver fuhren wir also zur McGuire-Ranch in Wyoming, außerhalb von Laramie. Die Sonne stand bereits tief am Horizont, als wir mit den Kontaktprotokollen begannen. In genau dem Augenblick, als die Sonne unterging, tauchte plötzlich ein glänzendes, scheibenförmiges UFO über einer Wolke auf und signalisierte der ganzen Gruppe, indem es wiederholt in der Wolke verschwand und aus dieser hervortrat.

Dorothy hatte so etwas noch nie gesehen. Ich erklärte: „Die ETs sind hier und stehen die ganze Zeit in engem Kontakt zu uns. Sie wissen, wann wir uns aufmachen, um das CE-5-Protokoll durchzuführen." Oftmals, wenn wir für eine Kontaktaufnahme in ein bestimmtes Zielgebiet reisten, waren die ETs bereits dort, weil ich ihnen gesagt hatte, wann wir wo auftauchen würden. Dorothy war völlig verblüfft und rief aus: „Burl muss Sie kennenlernen!"

Wir verließen Denver in Richtung Seattle, von wo wir zu ihrem Haus in Anacortes, Washington, fuhren, das direkt am Wasser gelegen war.

Burl und ich wurden sehr schnell Freunde. Er war im richtigen Leben genau so, wie er sich auf der Bühne gab – zweifelsohne einer der ganz großen Schauspieler des 20. Jahrhunderts.

Wir trafen uns sehr häufig und diskutierten Unmengen von Themen: die Geheimhaltung, die Technologien, Kontakte zu Außerirdischen ... „Weißt du, das ist der vernünftigste verrückte Mensch, den du mir je vorgestellt hast", sagte er zu Dorothy, die ständig interessante und exzentrische Leute traf. Er verstand, dass unser Anliegen sehr seriös und tiefgründig war und unser Ansatz entsprechend rational und nüchtern – wenn man bedenkt, wie „abgefahren" das ganze Thema eigentlich ist.

Anfangs wusste Dorothy gar nicht, wer ich wirklich war und wie tief meine Kontakte in die Geheimdienstkreise und nationalen Sicherheitsdienste eigentlich reichten. Als es schließlich herauskam, sagte ich ihr: „Es gibt einen Mann, dessen Familie tief in die National Security Agency verstrickt ist. Sie sind alteingesessene NSA'ler und haben mir einige Dokumente ausgehändigt."

Eines dieser Dokumente ist eine große Xerox-Kopie in Übergröße aus dem Jahr 1962. Darauf stehen Codenamen wie „Project Moondust" und „Project 46" mit der Klassifizierung „Top Secret" – und dieses Dokument wurde nie deklassifiziert! Man gab es mir, damit ich es den richtigen Leuten zukommen lassen könnte. Das Dokument war die maschinenschriftliche Zusammenfassung dessen, was man über Marilyn Monroe herausgefunden hatte.

Die Echtheit dieses Dokuments wurde mir vom berühmtesten Authentifikator der Welt bestätigt. Ein Agent des FBI sagte zu mir: „Sie wissen, dass Sie dafür so und so viele Jahre ins Gefängnis kommen könnten und für jeden, dem Sie es zeigen, tausende von Dollar zahlen müssten." Ich antwortete: „Wirklich? Ich habe es bereits einigen tausend Leuten gezeigt. Los, legen Sie mir Handschellen an! Ich werde als erstes nicht meinen Rechtsanwalt anrufen, sondern Ted Koppel oder Larry King." Er sah mich an, als sei ich verrückt geworden. Ich aber entgegnete: „Denken Sie, ich scherze? Stellen Sie mich auf die Probe. Hier ist die Schlagzeile: ‚Notarzt hinter Gittern, weil er ein Dokument enthüllte, das bestätigt, dass Marilyn Monroe von Agenten der CIA umgelegt wurde, bevor diese sich den Präsidenten vornahmen' Sie wollen also auf die Titelseite? Na los doch." Er schüttelte nur schockiert den Kopf – aber sie ließen mich in Ruhe. Diesen Agenten sahen wir nie wieder.

Das Dokument beschreibt, wie Marilyn Monroe Robert Kennedy und einen befreundeten Sozialisten in New York, einen Kunsthändler, anrief; zu diesem Zeitpunkt war sie gerade von den Kennedy-Brüdern sitzengelassen worden und entsprechend aufgebracht und verletzt. Marilyn Monroe be-

CSETI
P.O. #15401
ACHEVILLE, NC 28813

000959

CENTRAL INTELLIGENCE AGENCY

TOP SECRET NOT FOR PUBLICATI

COUNTRY N.Y. New York, US

SUBJECT Marilyn Monroe

REPORT NO. [redacted]

DATE DISTR 3 August 1962

NO PAGES [redacted]

REFERENCES MOON DUST Project

3 August 1962

[redacted]

EVALUATED

Wiretap of telephone conversation between reporter Dorothy Kilgallen and her close friend, Howard Rothberg (A); from wiretap of telephone conversation of Marilyn Monroe and Attorney General Robert Kennedy (B). Appraisal of Contents: [redacted]

1. Rothberg discussed the apparent comeback of subject with Kilgallen and the break up with the Kennedys. Rothberg told Kilgallen that she was attending Hollywood parties hosted by the "inner circle" among Hollywood's elite and was becoming the talk of the town again. Rothberg indicated in so many words, that she had secrets to tell, no doubt arising from her trists with the President and the Attorney General. One such "secret" mentions the visit by the President at a secret air base for the purpose of inspecting things from outer space. Kilgallen replied that she knew what might be the source of visit. In the mid-fifties Kilgallen learned of secret effort by US and UK governments to identify the origins of crashed spacecraft and dead bodies, from a British government official. Kilgallen believed the story may have come from the New Mexico in the late forties. Kilgallen said that if the story is true, it would cause terrible embarrassment to Jack and his plans to have NASA put men on the moon.

2. Subject repeatedly called the Attorney General and complained about the way she was being ignored by the President and his brother.

3. Subject threatened to hold a press conference and would tell all.

4. Subject made reference to "bases" in Cuba and knew of the President's plan to kill Castro.

5. Subject made reference to her "diary of secrets" and what the newspapers would do with such disclosures.

[redacted]

TOP SECRET

WSAF--FILES

Angleton

hauptete, dass sie eine große Pressekonferenz einberufen und der Öffentlichkeit erzählen werde, was ihr Jack Kennedy über Raumschiffe aus dem Weltall berichtet habe, die in den 1940ern in New Mexico abgestürzt und geborgen worden seien. Präsident Kennedy hätte ihr diese Informationen anvertraut, weil er das außerirdische Raumschiff und Teile des Absturzes dort gesehen habe. Dieses *noch immer* als „Top Secret" klassifizierte Dokument ist auf den Tag datiert, nach dem Marilyn Monroe tot aufgefunden wurde.

Ich habe auch jemanden aufgestöbert, der zu jener Zeit in einer Geheimdienstabteilung der Polizei von Los Angeles tätig war, die das Abhörverfahren durchführte und Mrs. Monroe bis zum Zeitpunkt ihres Todes beschattete. Er wusste, wie man sie umgebracht hatte. Es steht außer Zweifel, dass sie von schwarzen Agenten der amerikanischen Geheimdienste ermordet worden ist.

Bedeutsam ist auch, dass das Dokument von John Angleton unterzeichnet wurde – dem legendären und fanatischen Agentenjäger und Leckstopfer innerhalb der CIA. Meiner Meinung nach war dieses Dokument Mrs. Monroes Todesurteil, da es zusammenfasste, was sie in nicht allzu langer Zeit tun würde. Ich denke nicht, dass sie wusste, worüber sie da gestolpert war und keine Ahnung von der Kreissäge hatte, die da auf sie zurollte.

Ich arbeite zur Zeit mit jemandem zusammen, der ähnliche Informationen zum Mord von Mary Meyer hat. Mary Meyer war lange Zeit die Geliebte Jack Kennedys und wurde 1964 am C&O-Kanalweg in Georgetown erschossen, weil sie zu viel wusste. Mein Kontaktmann hat Quellen ausfindig gemacht, die wissen, warum Mrs. Meyer umgebracht worden war – und zwar aus dem gleichen Grund, aus dem sie auch Marilyn Monroe getötet hatten!

Als ich Burl dies alles erzählte, sagte er: „Ich kannte Marilyn Monroe sehr gut und kann Ihnen Folgendes sagen: Alle, die sie kannten, wussten, dass sie ermordet worden war, doch bis heute wusste keiner von uns, warum!"

Einige Bekannte von Burl waren gute Freunde von Ronald Reagan. So konnte er mir einige Informationen bestätigen, die ich aus anderen Quellen erfahren hatte. Beispielsweise begegnete ich zwei Leuten, die Ronald Reagan bei der Aufführung von Steven Spielbergs „Unheimliche Begegnungen der Dritten Art" begleitet hatten. Dieser Film ist in Wirklichkeit eine Dokumentation oder zumindest ein Dokudrama, denn das meiste darin stammt aus den Akten der Luftwaffe, zu denen Spielberg an der Wright Patterson Air Force Base geheimen Zugang hatte. Ronald Reagan wandte sich zu diesen Leuten während der Vorführung im Weißen Haus um und sagte: „In diesem Raum wissen nur wenige Personen, wie sehr dieser Film der Wahrheit entspricht." Diese Aussage Reagans wurde mir von zwei unabhängigen Zeugen bestätigt.

Vielen Leuten ist nicht bewusst, dass einer der Hauptkontrollpunkte der Geheimhaltung die korrumpierten Machtzirkel in Hollywood und den Mainstream-Medien sind, die im Namen der „Nationalen Sicherheit" von den Schattenleuten infiltriert wurden.

Wenn Sie jemand wie Burl Ives sind, dann kennen Sie natürlich jeden und jeder kennt Sie. So führte ein Kontakt zum nächsten, und ich traf mich mit einigen Prominenten. Bei diesen Treffen fand ich heraus, dass die UFO-Angelegenheit ein offenes Geheimnis ist – die Leute wussten, dass das Phänomen real ist und es viele Attentate und Auftragsmorde gegeben hatte, um es geheim zu halten. Hollywood und auch die ganze Film- und Medienindustrie waren durchweg unterwandert, und die Kontrollpunkte schlugen mit der Zeit immer festere Wurzeln.

Von zahlreichen Leuten erfuhr ich, dass es nicht möglich sei, einen Film zum Thema Außerirdische zu drehen, der keinen starken militaristischen, feindlichen Unterton hatte. Nach „Unheimliche Begegnungen der Dritten Art" folgte „E.T.", dann Filme wie „Independence Day" und so lächerliche Streifen wie „Men in Black" und „Mars Attack". Allen diesen Filmen liegt eine Invasion oder ein potentieller militärischer Konflikt zugrunde. Die verdeckten Interessengruppen wollen uns mit dieser Propaganda gehirnwaschen, um uns von der „Feindseligkeit der Außerirdischen" zu überzeugen.

Hollywood sowie die Medien im Allgemeinen sind zentrale Ventile, über die die Geheimhaltung aufrechterhalten wird.

Nachdem ich Dorothy die CE-5-Protokolle beigebracht hatte, praktizierte sie diese eines Nachmittags am Atlantik-Ufer bei Anacortes, Washington. Sie war zusammen mit einem ihrer Enkelkinder dort, und plötzlich tauchte ein UFO auf! Es trat aus den Wolken hervor, verschwand wieder darin und gab ihr auf diese Weise Signale. Ihre Enkeltochter sagte: „Großer Gott, sieh dir das an." Damals bemerkte Dorothy, dass sie eine Verbindung zu diesem Phänomen hatte und Kontakt herstellen konnte.

Während des Erdbebens in Northridge, L.A., in den 1990ern erwachte Dorothy gegen 4:30 Uhr und begab sich ins Erdgeschoss ihres Hauses. Als sie nach draußen blickte, sah sie ein goldenes Licht, das durch die Fenster im Foyer strahlte. Das Licht stammte von einem riesigen außerirdischen Schiff, das direkt über der Baumgrenze schwebte – sie stand inmitten dieses Lichtstrahls.

Unmittelbar danach erhielt sie eine mentale Botschaft: „Fürchte dich nicht, du bist hier sicher. Wir sind immer bei dir und werden dich schützen ..." Gleich darauf verspürte sie den Drang, ihre beste Freundin in L.A. anzurufen – exakt zu der Zeit, als dort das Erdbeben stattfand. Diese Freundin sagte: „Wir haben hier ein Erdbeben, doch du wirst nicht glauben, was ich gerade vor mir sehe!" Sie berichtete Dorothy: „Da draußen ist ein untertassenförmiges Schiff, das ein goldenes Licht ausstrahlt. Ich befinde mich mitten im Strahl und erhalte folgende Botschaft: ‚Fürchte dich nicht, du bist sicher. Wir sind bei dir und beschützen dich.'"

Es war exakt dieselbe Botschaft, im gleichen Zeitraum, und sie stammte von einem identischen Schiff, das Dorothys Freundin in einen goldenen Lichtstrahl getaucht hatte. Es schien, als gäbe es zwischen den Schiffen keine räumliche Trennung – als ob sich ein einziges Raumschiff bilokalisiert hatte und an zwei Orten gleichzeitig existierte.

Dorothy rief mich an und berichtete, was geschehen war. Ich sagte ihr, dass die Erde möglicherweise vielen Veränderungen entgegensehe, darunter auch geophysikalischen und anderen Umschwüngen, und dass diese außerirdischen Wesen hier seien, um die Erde zu stabilisieren und die Menschheit zu beschützen.

Eine weitere interessante Erfahrung machte ich, als ich 1990 zur Cambridge-Universität eingeladen wurde, wo ich vor der MENSA, einer Denkfabrik in Cambridge, einen Vortrag halten sollte. Die Vorlesung war sehr seriös, faktenorientiert, wissenschaftlich fundiert und auf das Publikum zugeschnitten.

Am Ende meines Vortrags erhob sich ein älterer Mann und sagte: „Mein Name ist Dr. So-und-So. Ich habe in mehreren Komitees der britischen Regierung gesessen, und wenn irgendetwas von dem wahr wäre, was Sie erzählen, dann hätte wohl zumindest *ich* davon erfahren. Außerdem finde ich es unsäglich deprimierend, dass ein Mann von Ihrer Intelligenz sich mit solchem Nonsens abgibt!" Sein Gesicht war blutrot und seine Halsschlagadern traten hervor – und das vor hunderten von Leuten!

Ich antwortete: „Mit allem nötigen Respekt, aber wenn nur eine zehnprozentige Chance besteht, dass diese Technologien für Interstellarreisen existieren, die diesen Planeten für tausende von Jahren umweltfreundlich versorgen, die Armut auslöschen und noch dazu eine zukunftsfähige Welt erschaffen könnten, dann ist mir das meine Karriere und jedes Opfer wert. Nächste Frage?"

Dazu noch ein kleines Postskriptum: An jenem Abend gab es in einem der großen Säle in Cambridge, der immer noch mit Fackeln und Kerzen beleuchtet wurde, ein Bankett. Als ich das Bankett verlassen wollte, hörte ich hinter mir hastige Schritte. Es waren ein paar junge Akademiker, die zu dem älteren Wissenschaftler gehörten, den mein Vortrag so aufgebracht hatte.

Sie sagten: „Wir wollten uns für das Verhalten des Doktors entschuldigen." Ich antwortete: „Das geht schon in Ordnung, ich bin daran gewöhnt. Man hat mich schon weitaus schlimmer beschimpft." Darauf erwiderten sie: „Nein, Sie verstehen nicht. Er war nicht deswegen verärgert, weil er dies alles für Nonsens hielt. Als angesehenen Wissenschaftler und Physiker wurmte ihn viel mehr, dass es wirklich wahr sein könnte und alles, was er in den 60 Jahren seiner Karriere gelehrt hat, blanker Unsinn gewesen sein könnte!"

Diesem Mann ging durch den Kopf: „Großer Gott, wenn das wirklich wahr ist – und es klingt plausibel –, dann ist alles, was ich über Wissenschaft und Physik weiß, nur ein Märchen, bloßes Sandkasten-Spielzeug!" Wird man mit diesen Tatsachen konfrontiert, hilft es auch nichts, ein renommierter Wissenschaftler in Cambridge zu sein.

Mit diesem Phänomen wurde ich ständig konfrontiert: Ich war der Unglückliche, der sich mit Leuten wie Lord Hill Norton treffen musste, dem Chef der DIA (Defense Intelligence Agency) oder einem ranghohen Wissenschaftler der National Science Foundation, um diese Informationen zu überbringen – wichtige Leute in wichtigen Positionen, die feststellen mussten, dass sich ein ganzes Universum aus Operationen, Technologien, Wissenschaft und

Macht außerhalb ihres Einflussbereiches befindet. Natürlich ist das mehr als beunruhigend.

Vielen von ihnen wird bewusst, dass sie nur ein Bauer oder ein Rädchen innerhalb einer Maschine sind, die sie nicht gemacht haben – und die sie auch gar nicht haben wollen. Eine traumatische Erfahrung für Leute, die denken, sie seien am Höhepunkt ihrer Karriere und Macht. Was folgt, ist eine Anzahl vorhersehbarer Reaktionen: darunter Wut, Verleugnung, Akzeptanz und Angst.

Mitte der 1990er wurde ich vom Vorstand des Instituts für Noetische Wissenschaften eingeladen, um unsere Informationen zu präsentieren. Unter den Anwesenden waren sowohl der Gründer des Instituts als auch einige ziemlich prominente Leute. Ich erzählte ihnen von unseren Tätigkeiten, was wir herausgefunden hätten und wie die Beweislage aussähe. Wie immer waren auch einige Desinformanten darunter, die einst gute Arbeit geleistet hatten, aber dann von den Geheimdiensten gekauft worden waren.

Ein Aktivposten der Schattenregierung erhob sich und sagte: „Das ist doch reines Wunschdenken. Es gibt einzig und allein diese kleinen Lichtbälle, die ab und zu gesichtet werden." Er leugnete alle harten Fakten, über die er einstmals selbst geschrieben hatte. Es war sehr interessant, ihm zuzusehen. Eines seiner Argumente lautete auch: „Selbstverständlich existieren diese Dinge nicht in der physikalischen Welt, denn sie sind interdimensional."

Ich entgegnete: „Der Begriff ‚interdimensional' sagt gar nichts aus, insofern auch eine einfache Blume interdimensional ist. Denn diese besteht nicht nur aus ihrer physikalischen Realität, sondern auch aus ihrer Astralform, dem inhärenten Licht und der ursprünglichen Idee. Die allgegenwärtige bewusste Intelligenz, die diese Blume erschaffen hat und sie am Leben erhält, befindet sich noch immer in ihr. *Folglich ist alles interdimensional.* Es gibt nichts, das *nicht* interdimensional ist.

Betrachten Sie Ihre eigenen Existenzen. In Ihnen allen befindet sich ein Zugang zum Unbegrenzten Geist sowie zum gesamten Universum, das in diesem enthalten ist. Auch Sie besitzen einen Kausalkörper, wie die Mystiker ihn nennen würden – Ihre eigene ideelle Essenz. Und innerhalb Ihres physischen Körpers befindet sich Ihr Astralkörper, der diesen unterstützt – der Lichtkörper, in dem Sie während eines Luzidtraums oder anderer Erlebnisse umherschweben.

Das menschliche Wesen selbst ist also interdimensional oder transdimensional. Es durchdringt jeden feinstofflichen und grenzenlosen Bereich der Schöpfung bis hin zur grobstofflichsten Ebene, der physischen Welt. Worüber sprechen wir also, wenn wir von ‚interdimensional' reden? Das Wort allein hilft uns nicht weiter. Die eigentliche Frage lautet doch: Stehen Sie mit genügend Dimensionen in Verbindung, um diese auch auszudrücken? Ein Eingeweihter in Indien kann womöglich seinen Körper dematerialisieren und unsichtbar werden. Oder er könnte ein Objekt manifestieren, beispielsweise einen Ring. Eine außerirdische Zivilisation hingegen könnte dieselben Dinge sowohl auf mentalem als auch auf technologischem Wege bewerkstelligen. Dass es interdimensionale Erscheinungen außerirdischer

Technologien gibt, heißt deswegen noch lange nicht, dass sie nicht außerirdisch oder physisch sind. Es handelt sich hierbei nicht um eine Entweder-Oder-Frage. Dieses Argument führt in die Irre. Genauso könnte man fragen, ob eine Orange rund ist oder ob sie eine orange Farbe hat, denn sie besitzt beide Eigenschaften."

Am selben Abend richteten Paul und Diane Temple ein Abendessen aus. Beide sind Risikokapital-Anleger und besitzen ein großes Anwesen in der Nähe von George Lucas' Ranch bei San Rafael, California.

Auch Senator Claiborne Pell war bei dem Empfang anwesend. Dieser Senator war für mich der Inbegriff einer echten Führungspersönlichkeit, ein sehr aufgeklärter Mann. Mr. Pell kannte uns, da ich bereits mit einigen seiner Stabsangehörigen und Berater gesprochen hatte, und nun begegneten wir uns auf diesem erhabenen Anwesen in San Rafael.

Senator Pell, Emily und ich gingen durch zwei riesige Lalique-Türen, die sich in Richtung Terrasse öffneten, und wir begannen draußen unter dem Sternhimmel zu reden. Senator Pell sah mich durch seine schwarze Hornbrille an und sagte: „Dr. Greer, ich interessiere mich schon viele Jahre für Ihr Projekt und sitze im Kongress, seit Jack Kennedy noch Kongressabgeordneter war. Ich bin in jedem Komitee gewesen und habe Untersuchungen zu diesem Thema durchführen lassen, aber niemals eine ehrliche Antwort erhalten." Dann fragte er: „Würden Sie zu uns kommen und mein Personal über das unterrichten, was Sie erfahren haben?"

„Ich wäre hocherfreut, dies zu tun – jederzeit, wenn wir es einrichten können", antwortete ich.

Daraufhin fragte er: „Allerdings habe ich nicht begriffen, warum man mir nichts davon berichtet hat – warum wurde ich über all diese Dinge im Dunkeln gelassen?"

Wie auch schon vielen anderen zuvor, erklärte ich ihm das „Warum". Die Frage nach dem Grund der Geheimhaltung ist immer am schwersten zu beantworten, weil die Antwort sehr schmerzhaft ist: „Senator Pell, es ist eine himmelschreiende Ungerechtigkeit. Denn Sie, als wahrhaft aufgeklärtes Mitglied des Senats könnten eigentlich auch als Senats-Vorsitzender des Komitees für Auslandsbeziehungen fungieren. Aber man hat Sie um die *wesentlichsten Auslandsbeziehungen* betrogen!" Ich deutete auf die Sterne. Er blinzelte mir durch die Gläser seiner Hornbrille zu und sagte: „Dr. Greer, ich fürchte, Sie könnten Recht haben."

Ich antwortete: „So ist es! Leute wie Sie hätten die Wegbereiter der menschlichen Rasse sein sollen, um den Kontakt mit diesen Wesen herzustellen, den Technologietransfer und unsere Beziehung zu regeln – nicht aber diese mafiösen Klepokraten. Während Ihrer ganzen Zeit im Kongress und Senat hat man Sie davon abgehalten, das wichtigste Thema dieses Jahrhunderts zu behandeln." Es war ein sehr ergreifender Moment …

Ich fand es äußerst wichtig, dass Senator Pell verstand, was hier auf dem Spiel stand: Es ging nicht allein um ihn, sondern um all die Leute in der konstitutionellen Anweisungskette unseres Landes, die das Thema vernünftig hätten behandeln können und darüber getäuscht wurden. Ihm, Senator

Byrd und Senator Bryan wurden diese Informationen vorenthalten, die ganze Angelegenheit war einer legalen Aufsicht und Kontrolle entglitten und unterlag nun einer mafiösen, illegalen und geheimen Aufsicht.

Mitunter wurde ich bedrängt und gefragt: „Wissen nicht einige Kongressabgeordnete davon und unterstützen die Geheimhaltung aktiv?" Ja. Wir wissen auch, um wen es sich dabei handelt: Eine der zentralen Personen, die den Status Quo aufrechterhalten will, fungiert als Hauptkontrollpunkt des Informationsflusses auf Kongressebene, ein ranghoher Senator. Auch der mittlerweile verstorbene Kongressabgeordnete George Brown aus California stand mit dieser Gruppe in Verbindung und sorgte als Mitglied des Komitees für Wissenschaft und Technik dafür, dass die Dinge weiterhin geheim blieben. Ebenso gehört der ehemalige Vorsitzende des House Intelligence Comittee und vorübergehende CIA-Direktor Porter Goss zu den Leuten, die eine Geheimhaltung befürworten. Ich hatte ihm die Informationen über ein Mitglied unseres Teams zukommen lassen, das eng mit dessen Familie befreundet ist.

Tatsache ist, dass man nur einige wenige Schnittstellen in diesen Institutionen benötigt, um die Sache zu verbergen. Die Mitspieler suchen dann ihre Kollegen im Kongress auf und sagen: „Ich hatte Zugang zu den höchsten Ebenen, und nichts davon stimmt." Anmerkung für diese Kollegen: Menschen lügen.

Über die Jahre hat die Schattenregierung ihre Agenten in den Schlüsselstellen diverser Institutionen positioniert, um die Geheimhaltung und das gegenwärtige Kommando der Geheimregierung aufrechtzuerhalten. Nicht nur in Amerika, sondern in allen wichtigen Ländern der Welt, ihren Parlamenten und in jeder maßgeblichen Religion. Auch die Akademien und die wissenschaftliche Gemeinschaft sind auf ähnliche Weise infiltriert.

Während jener Reise wurde ich außerdem ins Haus von Y. H. eingeladen, eine unglaublich spirituelle, offenherzige Frau und Herausgeberin eines maßgeblichen Buchs zum Paradigmenwechsel, die unser Projekt stark befürwortet. Ihr Ehemann, ein ehemaliger Militär, weiß über die Dinge Bescheid, und wir hatten lange, interessante Diskussionen über UFOs.

Eines der Dinge, die mir Y. H. mitteilte, betraf ihre Freundschaft mit einigen Leuten, die an besagten Geheimprojekten teilgenommen hatten. Sie kannte Andrija Puharich, Marcel Vogel von IBM und andere, die ein hohes Maß an Wissen hatten – doch dieses Wissen benutzten, um Technologien innerhalb der geheimen Schattenwelt der Konzerne zu entwickeln. Sie wusste auch von anderen Personen, die eine zwiespältige Rolle spielten und Informationen nach oben durchreichten, nur um daraufhin an die Öffentlichkeit zu treten und Desinformationen zu verbreiten.

Eine dieser Figuren ist ein Physiker, der sich mit Nullpunkt-Energie beschäftigt. Er gestand Y., dass er von funktionsfähigen Freie-Energie- und Nullpunkt-Energie-Geräten wisse, aber dass er ebenfalls zur NSA und zum Marinegeheimdienst gehöre. In einem Gespräch mit diesem Physiker bestätigte er mir indirekt seine Rolle als Geheimagent.

Etwas, das er Y. gegenüber erklärt hatte, entwickelte in mir ein starkes Mitgefühl für diese Leute – obwohl ich dennoch einen gewissen Widerwillen empfinde. Er sagte, dass er die Wahrheit gerne veröffentlicht sähe, ebenso wie die neuen Energietechnologien, die die Erde retten könnten. Doch er war sich sicher, dass seine Familie und seine Kinder umgebracht werden würden, wenn er darüber spräche.

Es scheint, als hätte er im Verlauf seiner Karriere seine Seele an den Teufel verkauft – und als wünschte sich nun sein ganzes Wesen, dass diese erstaunlichen neuen und sauberen Energiequellen der Welt zur Verfügung stünden. Auf einer tiefen Ebene ringt er mit sich selbst. Seine bisherige Rolle bestand darin zu sagen, dass es möglich sei, man aber noch nicht so weit wäre, obwohl er in Wirklichkeit wusste, dass diese Technologien existieren – aber aus Angst um sein eigenes Leben und das seiner Familie konnte er sich nicht dazu äußern. So geht es vielen der Insider.

Das Ziel des *Disclosure Projects* ist es, Menschen, die zu ihren Überzeugungen stehen und den Mut zu öffentlichen Aussagen haben, zusammenzubringen – und die Wahrheit zu sagen! Diese Zusammenarbeit erhöht sowohl die Sicherheit als auch die Glaubwürdigkeit aller Teilnehmer. Allerdings gab es auch immer wieder Menschen innerhalb der Schattenoperationen, die wir ansprachen und die sagten: „Ich will, dass die Wahrheit ans Licht kommt, aber ich möchte wenigstens noch 30 Tage in Freiheit verbringen." Ihre Angst war größer als ihr Pflichtgefühl und sie wussten, dass sie so gut wie tot wären, wenn sie auspacken würden.

Ich traf mich auch mit dem Kongressabgeordneten Christopher Cox, dem derzeitigen Vorsitzenden der Kommission für Sicherheit und Austausch und einer der möglichen Präsidentschaftsanwärter der Republikaner. Als Harvard-Absolvent ist er ein sehr gebildeter Mann, der schon in vielen wichtigen Komitees gesessen hat und im Kongress Orange County, California, repräsentiert. Ein Freund und Befürworter von CSETI, der Mr. Cox kennt und ein leitender Angestellter bei IBM in Orange County ist, bat mich, Cox zu informieren.

Kurz nach dem Beginn unseres Treffens sagte Cox: „Ich habe keine Zweifel daran, dass Sie die Wahrheit sagen, aber obwohl ich in einigen sehr wichtigen Komitees gesessen habe, habe ich noch nie davon gehört." Ich erzählte ihm daraufhin von all den Menschen, mit denen ich gesprochen hatte, die man trotz ihres Ranges nicht unterrichtet habe, und dass dies ziemlich geläufig sei.

Die Aufgabe des *Disclosure Projects* besteht nicht allein darin, diese Informationen Millionen von Menschen im Internet und über *CNN* zu enthüllen, sondern auch Leuten wie Christopher Cox, die es unbedingt wissen müssen.

Manchmal kommen die Kontakte und Treffen auf rätselhafte Weise zustande. Zuzeiten bin ich in einer Stadt, liege im Hotelzimmer und frage mich: „Mit wem soll ich hier sprechen?" Ich beginne dann zu meditieren und lasse mein Bewusstsein einfach schweifen. Dann sehe ich einen bestimmten Menschen und beschließe: „Ich werde an folgenden Ort gehen und bitte darum, dass dieser Mensch ebenfalls dort ist."

Wenn ich dann dort ankomme, ist die Person meist schon vor Ort! Genau so, wie ich sie in meiner Meditation wahrgenommen hatte. Oft sagen diese Leute zaghaft: „Sie kommen mir bekannt vor" und ich frage: „Ja?" – dann kommen wir ins Gespräch, und immer fällt die Frage: „Und was machen Sie so?" Ich antworte dann gerade heraus. Stets erwidern sie dann etwas wie: „Ich arbeite bei SAIC – Science Applications International Corporations – und Sie wissen nicht, wie Recht Sie haben. Lassen Sie mich berichten, was mir widerfahren ist …" Auf diesem Weg erhielten wir Informationen von dutzenden wichtigen Geheimdienstquellen.

Ein etwas anderer Tag 20

1994 wurde ich zu einer Spezialsendung von Larry King eingeladen. Die Show wurde live aus der Nähe der Nellis Air Force Base, Area 51, übertragen. Larrys damaliger Produzent, ein Mann namens Farmer, sagte mir, dass diese Spezialausgabe die höchsten Einschaltquoten in der Geschichte der Sendung gehabt hätte.

An einem Punkt des Interviews drehte sich Larry zu mir um und fragte: „Also, was, denken Sie, weiß der Präsident über all dies?"

Wie Sie wissen, hatte ich bereits die Dokumente für den Präsidenten und Dr. Jack Gibbons, seinen wissenschaftlichen Berater, zusammengestellt und mich im vorhergehenden Dezember mit dem CIA-Direktor getroffen.

Also antwortete ich: „Ich glaube, das fragen Sie den Präsidenten am besten selbst."

Ich erinnere mich daran, wie einer der anderen Gäste und Larry King gleichzeitig fragten: „Was wollen Sie damit sagen?"

Ich sagte: „Ganz einfach: Ich denke, dass es besser ist, wenn Sie dem Präsidenten diese Frage stellen würden." Ich klang wirklich mysteriös.

Nach der Show trafen wir uns privat in Larry Kings Wohnwagen. Er wusste, dass ich nicht alles gesagt hatte und fragte mich, worauf ich eigentlich mit meiner Aussage hinausgewollt hätte. Ich berichtete ihm im Vertrauen über unsere Kontakte zum Präsidenten und dass wir bereits den CIA-Direktor informiert hätten.

Er sagte: „Großer Gott, warum haben Sie das nicht live gesagt? Das wäre eine Sensation gewesen!"

Ich antwortete: „Weil ich noch immer mit diesen Leuten zusammenarbeite."

Ich hielt mich über mein Treffen mit dem CIA-Direktor bedeckt, bis dieser 1995 oder 1996 aus seinem Amt ausgeschieden war.

„Verdammt, diese Geschichten sind also wirklich *real*?", fragte Larry.

„Natürlich sind sie das", sagte ich. Daraufhin begann ein sehr interessantes Gespräch, in dessen Verlauf ich fragte: „Aber Larry, warum berichten *CNN* und die anderen Nachrichtensender rund um die Uhr vom O. J.-Simpson-Prozess und anderem Boulevardquatsch? Ich kenne keinen, der auch nur im Entferntesten an so etwas interessiert ist. Niemand will das mehr hören."

„Nun, wir müssen das tun", gestand er.

„Was meinen Sie damit, Sie *müssen* es tun? Sie sind Journalist. Warum berichten Sie nicht von den wirklich großen Ereignissen des Tages? Dieses hier ist die Geschichte des *Jahrhunderts*!", rief ich aus.

„Nun, die Jungs aus den Unternehmen sagen uns, dass wir diese reißerischen Geschichten bringen müssen, wenn wir die hohen Einschaltquoten behalten und uns gegenüber anderen Sendern behaupten wollen. Und die Jungs stellen mir nun mal meinen großen Gehaltsscheck aus. Alles dreht sich um die Einschaltquoten, die Quoten bringen Werbegelder, und die Werbegelder sichern mein hohes Gehalt." Er nahm kein Blatt vor den Mund.

Ich sagte: „Gut, aber was ist mit dem journalistischen Anstand und der redaktionellen Entscheidung darüber, was wirklich wichtig ist, was wirklich eine Nachricht wert ist?"

„Ich bitte Sie", antwortete er, „das ist doch Schnee von gestern, das geht schon seit Jahren so. Nur das Geld und die Quoten zählen."

Sobald man denkt, dass die Massenmedien nicht tiefer sinken können, geht es noch weiter mit ihnen bergab. Dieses Rennen führt in den Abgrund – und jedes Jahr wird ein neuer Tiefpunkt verzeichnet!

In den Medien gibt es auch einige verdeckte Sicherheitsfilter, die dafür sorgen, dass die großen, sensiblen Geschichten nicht in die Nachrichten gelangen. Die Korruption der Medien ist der zentrale Punkt, durch den die Geheimhaltung gewährleistet wird.

1995 organisierten wir die erste Zusammenkunft von Zeugen. Es kamen über 18 Obersten und Leute aus der Raumfahrt, Menschen aus der gesamten USA und Russland. Wir trafen uns in Asilomar, einem kleinen Ort in der Nähe von Pacific Grove, California, nahe Monterey. Laurance Rockefeller unterstützte die ganze Aktion und seine Leute waren auch dabei, ebenso einige der allerersten Zeugen wie Brigadegeneral Stephen Lovekin.

Wir nahmen alles, Video wie Audio, auf Band auf, doch die Leute, die ich mit dieser Aufgabe betraut hatte, nahmen alle Materialien an sich und spielten sie hinter meinem Rücken der Rockefeller-Gruppe zu. Von diesen Zeugenaussagen haben wir also keine Aufnahmen! Bis zum heutigen Tag haben wir sie nicht zurückerhalten.

Manchmal bin ich sehr heftig oder vorsichtig gegenüber Menschen und Organisationen, doch bin ich dies aus gutem Grund: Diesen Diebstahl und Betrug musste ich immer wieder erleben …

Um den Jahreswechsel 1996/97 entschieden wir uns, eine Informationsveranstaltung in Washington, DC, durchzuführen, zu der wir Informanten aus Regierungskreisen, Kongressmitglieder und andere einflussreiche Politiker einluden, mit denen wir in Kontakt standen.

Vor dieser Veranstaltung traf ich mich mit Shari Adamiak und Neil Cunningham, einem Bildbearbeiter der *BBC*, in einem Labor in Phoenix, das von verdeckten Agenten betrieben wurde.

Einer der Agenten sagte: „Sie können unsere Digitallabore nutzen, um das Videomaterial für das Kongresstreffen zu schneiden …"

Wir hatten Videomaterial und Photographien von UFOs aus der ganzen Welt gesammelt. Neil Cunningham wollte uns dabei helfen, die besten Bilder zusammenzustellen, die je gezeigt wurden. Natürlich wussten wir, wer dieser Mann war, und wir begaben uns wissentlich mitten in die Schlangengrube.

Ich war mit einem Flugzeug der US Airways nach Phoenix gekommen, und während der Landung begann ich mit den CE-5-Protokollen. Ich begab mich in einen Zustand ausgedehnten Bewusstseins und in den Weltraum, um die außerirdischen Raumschiffe nach Phoenix zu dirigieren. Ich sagte den ETs: „Es wäre gut, wenn ihr irgendetwas Unwiderlegbares tun könntet, während wir hier sind. Dieses Filmmaterial könnten wir dann in den Zusammenschnitt für den Kongress integrieren, den wir in ein paar Wochen kontaktieren wollen." Ich landete am 13. März 1997 in Phoenix, und die Informationsveranstaltung für den Kongress war für Anfang April angesetzt.

Das besagte Laboratorium befand sich in Tempe, Arizona, und während wir dort arbeiteten, kam plötzlich jemand völlig aufgelöst hereingerannt und rief: „Da sind ein Haufen UFOs im Luftraum über Phoenix – und sie werden gefilmt!" Das waren die sogenannten „Phoenix Lights"! Und es war eine eindeutige CE-5.

Wir waren gegen 17:30 Uhr gelandet, und die Sichtungen begannen gegen 20:30 Uhr. Eine der längsten Sichtungen fand praktisch direkt über dem Labor statt. In dieser Nacht sahen wir in den Lokalnachrichten Filmmaterial, das wir in den Zusammenschnitt für den Kongress integrieren konnten!

Eines Abends, als wir bis spät in die Nacht im Labor an den digitalen Bildern arbeiteten, trat plötzlich ein pensionierter General herein. Er war Pilot für eine private Vertragsfluglinie, die im Auftrag der Schattengruppe verdeckte Operationen durchführte und Drogen transportierte. Wir erfuhren, dass es in Phoenix eine riesige Schattenzelle gab, die von jener Basis aus Drogen schmuggelte. Dieser General war total zugekokst – er stand durch die Drogen völlig neben sich.

Als er zu uns hinüberkam, sah er Filmmaterial eines UFOs, das ich von einer militärischen Quelle erhalten hatte.

> Er sah es und sagte: „Wie zum Teufel haben Sie das bekommen? Das ist streng geheim."
>
> Ich blickte ihn an und fragte: „Denken Sie, dass ich Ihnen das verraten werde?"
>
> „Wer zur Hölle sind Sie?", fragte er.
>
> „Ich bin Dr. Greer."
>
> „Oh, ja, *Sie* kenne ich."

Wir saßen tagelang in diesem Labor, bis in die frühen Morgenstunden, und sahen die unglaublichsten Gestalten ein- und ausgehen: verkokste Agenten, ehemalige Leute aus der Air Force und den Geheimdiensten, Agenten für schwarze Operationen, Drogensüchtige, hochspezialisierte Techniker … die ganze Bande – und alle operierten sie aus diesem kleinen, obskuren Labor in Tempe.

Während der Arbeiten in Phoenix verließ ich unser Team für einen Tag, um einen Vortrag in San Diego zu halten. Shari und Neil blieben im Labor, um die Bänder weiter zu editieren. Als ich fort war, versuchten diese Typen Shari davon zu überzeugen, dass ich der Teufel höchstpersönlich sei, weil ich der Welt die Wahrheit über UFOs bekannt geben wolle.

Die Beiden wurden stundenlang mit bizarrer Mind-Control und psychologischen Tricks bombardiert. Schließlich hielten sie es nicht mehr aus und verließen das Labor.

Zu einem anderen Zeitpunkt kam ein weiteres unserer Mitglieder mit dieser Gruppe in Berührung. Sie nahmen sie mit in die Wüste und versuchten sie zu überzeugen, dass sie sich von uns abwenden solle. Ihr wurde gesagt: „Wir wissen alles über Dr. Greer. Wir wissen sogar, was sich in seinem Nachttischschränkchen befindet ..." Nachdem sie mir das erzählt hatte, erwiderte ich: „Geh zu diesen Bastarden und sag ihnen, dass ich keine Geheimnisse vor denen habe, die ich liebe. Ich habe absolut nichts zu verbergen. Sag ihnen, dass sie tun können, was sie wollen – ich werde nicht von meinem Weg abweichen ..."

Sie überbrachte ihnen genau diese Botschaft und damit war die Geschichte beendet. Sie wussten, dass wir uns nicht einschüchtern ließen.

Ich habe schon früher einen Herrn erwähnt, der mich auf einem Vortrag in Tennessee angesprochen hatte und sich fragte, warum ich immer noch am Leben sei und dass man mich bei all meinem Tun sicherlich beobachtete. Dieser Mann hatte an der Konstruktion eines Waffensystems mitgearbeitet, dessen Start erlebt und persönlich beobachtet, wie es auf ein außerirdisches Gefährt zielte und dieses zerstörte. Er hatte persönliches, spezifisches Wissen über diese Systeme. Im Laufe der 1990er traf ich nicht einen, sondern ein ganzes Dutzend Leute, die in Anlagen gearbeitet hatten, die entweder diese Waffensysteme entwickelten oder bezeugen konnten, dass mit fortschrittlichen elektronischen Systemen auf außerirdische Gefährte geschossen wurde.

Selbstverständlich ist auch die offizielle Version von Star Wars oder SDI (Strategic Defense Initiative) ein Ablenkungsmanöver – diese Techniken, mit denen das SDI-Programm Interkontinentalraketen und andere Geschosse abfangen kann. In *Wirklichkeit* handelte es sich dabei immer nur um elektromagnetische Waffensysteme, elektromagnetische Impulse (EMP) und Skalarwaffen. Materialisiert sich ein außerirdisches Raumschiff in unserer Raumzeit, ist es für diese fortschrittlichen elektromagnetischen Waffensysteme anfällig.

Wir haben Zeugen der höchsten Geheimhaltungsstufe, die während dieser Ereignisse anwesend waren und die abgestürzte Raumschiffe sahen oder bargen. Einer der Augenzeugen, Jonathan Weygandt, war in den frühen 1990ern an der bolivianisch-peruanischen Grenze, als die Kabale eines dieser Raumschiffe abschoss. Unter unseren Zeugen sind auch Personen, die an Treffen teilgenommen haben, bei denen der Abschuss von Raumschiffen geplant wurde. Und wir haben Zeugen, die an der Entwicklung dieser Waffensysteme beteiligt waren.

Einer der Zeugen kam beim Treffen 1997 in Washington, DC, auf uns zu, welches wir insbesondere für Kongressmitglieder, das Weiße Haus und Pentagon-Beamte ins Leben gerufen hatten. Neben anderen Schlüsselfiguren war auch der Kongressabgeordnete Dan Burton anwesend, der damals den Vorsitz des House Government Reform and Oversight Committee innehatte. Einige der Zeugen, die aussagen wollten, sprachen über Dinge, die weit über das hinausgingen, was selbst die „freundlich Gesinnten" innerhalb dieser Kontrollgruppe für ungefährlich hielten.

Dieser spezielle Zeuge, G. A., besaß detaillierte Informationen über die skrupellosen Star-Wars-Pläne. Er hatte an gemeinsamen Sitzungen der NSA, CIA, NRO und anderen Unternehmensprogrammen teilgenommen, wo er die Entwicklung dieser Pläne seit den 1970ern verfolgen konnte. Er sagte, sie seien voll einsatzfähig: Es gebe geheime Technologien, die nicht nur außerirdische Raumschiffe erfassen und angreifen, sondern sogar einen Angriff auf die Erde vortäuschen könnten, unter Verwendung von nachgebauten Raumschiffen und anderen Waffensystemen, die streng geheim gehalten würden. Das Anliegen dahinter sei, die „Weltbühne" zu nutzen und eine „außerirdische Attacke" zu inszenieren, sodass daraufhin die Bevölkerung des Planeten Erde Big Brother einig die Hände reichen und einer globalen industriell-militärischen Junta die Regierung übertragen würde. Das alles sähe aus wie der „Krieg der Welten". Und selbstverständlich käme das völlig überraschend für die nationale Militärführung und die meisten Institutionen, die CIA, das Weiße Haus und den Kongress, nicht zu vergessen die breite Masse und die Medien. So, wie die leichtgläubige Masse die ganzen Entführungs- und Verstümmelungsgeschichten als Beweis für „bösartige Außerirdische" angenommen hatte, so würde sie auch den Star-Wars-Köder schlucken. Ich habe unzählige Personen interviewt, die an klassifizierten Projekten teilgenommen haben, in denen Entführungen und Verstümmelungen inszeniert wurden.

G. A. war sichtlich nervös darüber, was er uns über diese Projekte, an denen er teilgenommen hatte, mitteilen wollte. Im Vertrauen berichtete er mir, dass ihn Leute aufgesucht hätten, mit denen er zusammengearbeitet hatte: seine Kameraden, die an *echten* Spezialoperationen teilgenommen hatten, und die sich in verschiedenen Situationen gegenseitig das Leben gerettet hatten. Solche Gruppen sind wie eine echte Bruderschaft. Sie hatten sehr lange nicht miteinander gesprochen, aber wussten, was er mit dem *Disclosure Project* vorhatte. Seine Treffen mit mir wurden ganz sicher von ihnen observiert. Sie baten G. A. inständig, sich vorher mit ihnen zu treffen, bevor er seine Aussagen vor den Leuten aus dem Kongress und dem Weißen Haus machen würde. Ein guter Freund von Al Gore und Bill Clinton war auf diesem Treffen, und sie wussten auch, dass sehr mächtige Kongressabgeordnete dort sein würden. G. A. stimmte letztlich einem Treffen mit seinen ehemaligen Gefährten zu.

Am Morgen dieses Events im April 1997 versammelten wir uns zu einem privaten Treffen aller Top-Secret-Zeugen, darunter auch der Astronaut Ed Mitchell. Gerade, als wir zu G. A.s Zeugenaussage kommen wollten, entschlossen wir uns, noch eine kurze Pause einzulegen. In dieser trat er an mich heran und sagte, dass er sich mit Mitgliedern dieser Zelle treffen müsse, der er angehört hatte – dass sie aufgetaucht seien und auf ein Treffen *bestünden*. Er fühlte sich ihnen gegenüber noch immer hinlänglich loyal, sodass er diesem Treffen zugestimmt hatte. Sie nahmen ihn dann an einen geheimen Ort in Virginia mit und hielten ihn dort bis Mitternacht fest – so lange, bis die geschlossene Informationsveranstaltung für den Kongress vorüber war. Dann brachten sie ihn nach Westin in DC, wo er eine Botschaft unter der Tür meiner Assistentin Shari Adamiak durchschob. Auf diesem Zettel teilte er uns mit: „Ich kann jetzt wirklich nicht darüber sprechen. Sie bitten mich darum, nichts zu sagen, bis sie die Dinge wieder unter Kontrolle hätten. Sie würden daran arbeiten und bräuchten etwas Zeit."

G. A. sagte mir, dass aufgrund des *Disclosure Projects* die Moral innerhalb der Gaunergruppe ziemlich gesunken war. Wir hatten die federführenden Mitglieder dieser Bande und ihren Plan bloßgestellt – dass sie eine außerirdische Attacke auf die Erde vortäuschen wollten –, und nun gerieten sie in Panik. Die einzig wahre Macht, die sie besitzen, liegt in ihrer Geheimhaltung, dem Überraschungsmoment und dem Desinteresse der anderen – und diese Dynamik veränderten wir, indem wir ihre Pläne aufdeckten.

Eine Anzahl Insider dieser Operationen, inklusive eines SAIC-Direktors und eines Mannes, der jahrelang mit allen Raumfahrtunternehmen zusammengearbeitet hatte, sagten mir, dass unser Projekt die ganze sogenannte MJ-12-Kontrollgruppe ins Chaos gestürzt habe. Wir brachten ungemein bedeutsame Informationen direkt zu den wichtigsten Leuten in DC und an die Öffentlichkeit. Einige wechselten die Seiten und es entstand eine große Kontroverse, sodass die Gruppe, die ohnehin nie sehr homogen agiert hatte, aufgrund unserer Arbeit nun mehr und mehr auseinanderbrach.

Die Insider jedoch sagten zu G. A.: „Gib uns ein bisschen Zeit, damit wir die Dinge unter Kontrolle bekommen, und wenn wir keinen Erfolg haben, kannst du immer noch auspacken."

Einerseits bin ich erleichtert, dass sie diese Karte noch nicht ausgespielt haben, andererseits noch lange nicht überzeugt, dass sie sie letztlich nicht doch noch aus dem Ärmel ziehen werden.

Die Gefahr besteht darin, dass beinahe die gesamte Welt an der Nase herumgeführt würde, auch die Mehrheit der Leute, die denken, sie wüssten alles über UFOs und die geheimen Programme. Diese Operationen werden „trügerische Zeichen und Warnungen" genannt, oder eine „falsche I & W" (indication & warning), bei denen man einen Angriff eines Gegners vortäuscht, der keiner ist. Es ist ein geplantes Ereignis, um bestimmte strategische Ziele zu erreichen, wie zum Beispiel beim Vorfall im Golf von Tonkin. Um die Militärausgaben und die Truppenstärke für den Vietnamkrieg in die Höhe schnellen zu lassen, wurde einfach ein Ereignis in Szene gesetzt, das wie ein Angriff von außen aussah. Daher nenne ich die ganze Geschichte den „Kosmischen Plan für den Golf von Tonkin". Dieses Ereignis würde jeden überraschen.

Der einzige Weg, diese Überraschung zu vermeiden, liegt darin, die Wahrheit zu kennen. Deshalb dachte ich, dass es gerade für Leute wie G. A.

wichtig sei, auszupacken, alles aufzunehmen, Namen zu nennen und über den genauen Plan zu sprechen.

Als er praktisch schon auf dem Sterbebett lag, sagte Wernher von Braun zu Carol Rosin, dass diese verdeckten Programme planten, Waffen im Weltraum zu stationieren, außerirdische Zwischenfälle und einen Angriff vorzutäuschen. Er warnte eindringlich, dass dies eine große Gefahr für die Menschheit darstelle. Doch er sagte ihr auch eine Sache, von der ich Carol bat, nicht während der Veranstaltungen des *Disclosure Projects* zu sprechen: Von Braun erwähnte, dass es elektronische Systeme zur Kriegsführung gebe, die das Bewusstsein beeinflussen, dass diese bereits weit fortgeschritten seien und die Fähigkeit hätten, das Verhalten und den Willen zu verändern. Diese sogenannten psychotronischen Waffen stellten die größte aller Gefahren dar.

Zu jener Zeit hatten wir eine Veranstaltung in Colorado. Dort war eine Frau anwesend, die in einem Unternehmen gearbeitet hatte, das mit diesen Technologien handelte und die auch persönlich zugegen war, als diese eingesetzt wurden. Der Einsatzleiter konnte einen Schalter bedienen und dafür sorgen, dass beispielsweise ein Ausschuss mit Direktoren bei einem Treffen innerhalb weniger Minuten zu einem einstimmigen Beschluss käme, oder den Schalter in die andere Richtung bewegen und alle Anwesenden zum Streiten bringen, sodass die Situation im Eklat endete.

Ich kenne auch andere, die bei E-Systems, Raytheon, SAIC und EG&G mit dieser High-End-Elektronik gearbeitet und andere Versionen des gleichen Systems gesehen haben.

Manchmal betrachte ich die Welt und manche der Leute, mit denen wir umgehen müssen, und bin überzeugt davon, dass man sie in Zombies verwandelt hat. Sie verhalten sich bisweilen völlig unnormal, als ob ihnen ihr Verhalten einprogrammiert worden sei.

Einige Wissenschaftler, die Freie-Energie-Technologien entwickelt haben, wurden mit den programmierten Glaubenssystemen und Verhaltensmustern angegriffen, die diese dann davon abhielten, mit der Technik weiter voranzukommen. Sie alle scheinen die gleichen persönlichen Eigenarten und Verhaltensmuster aufzuweisen und schwanken ständig zwischen Optimismus und Paranoia. Folglich bleiben diese Technologien im Verborgenen – oder werden niemals fertig gestellt. Wir haben das wiederholt beobachten können. Um ein derartiges Verhalten hervorzurufen, werden die erwähnten Waffensysteme eingesetzt – nur auf diese Weise lässt sich erklären, warum jene neuartigen Technologien so stark zurückgehalten, zweckentfremdet oder aus dem Verkehr gezogen werden.

Im Verlauf der Planungen unserer Treffen in Washington wurde uns mehr und mehr bewusst, dass man mit elektromagnetischen Waffensystemen auf uns zielte. Nach meinem Auftritt bei Larry King begaben wir uns nach New Mexico, in der Nähe von Roswell, um ein CE-5-Projekt durchzuführen. Eines Abends waren Shari Adamiak, ein anderer Forscher und ich im Außeneinsatz und bemerkten einige Leute, die uns offensichtlich beobachteten. Wir befanden uns alle in einem meditativen Zustand, als Shari plötzlich zu zittern begann und verkrampfte. Ich wusste, dass dieser Anfall von einem gerichteten Waffensystem verursacht wurde – wie jenes, mit dem sie mich einige Monate früher im St. Moritz Hotel angegriffen hatten, um meinen Astralkörper zu extrahieren.

Nun wusste ich auch, was zu tun war: Mental begab ich mich zu ihr und stabilisierte ihren Zustand, indem ich das Skalarwaffensystem mit Hilfe des höheren Bewusstseins neutralisierte. Mit diesem elektronischen Waffensystem versuchten die Angreifer, eine Astral-Extraktion zu forcieren. Shari bemühte sich, einen langen, tiefen Atemzug zu machen, doch wurde von der Attacke sichtlich erschüttert und verängstigt.

Da diese Attacken immer häufiger auftraten, begannen wir mit Hilfe von Leuten, die ähnliche Technologien entworfen hatten, Gegenmaßnahmen einzuleiten. Bei einigen unserer Treffen spürte ich, dass gepulste Wellen auf uns gerichtet wurden – es fühlte sich an, als würde man von innen in einem Mikrowellenherd gekocht. Nachdem wir jedoch diese Schutzmaßnahmen ergriffen hatten, endeten auch die Angriffe. Zudem stellten wir ein spirituell orientiertes Team zusammen, das für unseren Schutz meditierte und betete.

Einen der schlimmsten derartigen Angriffe erlebte ich während der Informationsveranstaltung vor dem Kongress im April 1997. Während unserer Präsentation vor den Abgeordneten wurde ich plötzlich von einer Energiewelle getroffen, die mich beinahe bewusstlos machte. Im Publikum saß ein Mann aus dem Pentagon, der diese Welle ebenso spürte. Wieder war es so heftig, dass ich mich fühlte, als würde ich von innen nach außen weichgekocht. Es fiel mir schwer, bei Bewusstsein zu bleiben und ich dachte, ich müsste auf dem Podium zusammenbrechen.

Nebenbei bemerkt hatte Oberst M.K. im Vorfeld darauf bestanden, bei dieser Veranstaltung dabei zu sein. Als wir sagten: „Nein, Sie können nicht kommen", antwortete er ungehobelt: „Ich werde sowieso dort sein." Und das war er – wenn Sie verstehen, was ich meine. Nicht umsonst nennt man ihn „Doktor Tod" – Spezialist für die sogenannten nicht-tödlichen elektromagnetischen Waffensysteme.

Doch jedes Mal, wenn die Schattengruppe die Systeme einsetzt, verrät sie sich und wir können mehr über sie lernen …

Mitte der 1990er Jahre lernte ich einen Mann kennen, der einige dieser Systeme bereits vor 1958 für die CIA entwickelt hatte. Viele von Ihnen werden denken, dass sich das nach „Star Trek" anhört. Aber dieser Mann und sein Team hatten bis 1958 die Elektronik perfektioniert, mit der man Menschen an ein Gerät anschließen konnte, das diesen ermöglichte, jeden entfernten Ort oder jegliche Person zu observieren – eine Art technisches Remote Viewing. Er wurde dazu gezwungen, seine Erfindung an ein Deckunternehmen der CIA zu verkaufen. Eines Tages fragte er mich, ob ich ein solches Gerät haben wolle, doch ich verneinte. Das Risiko war einfach zu groß – außerdem haben wir alle die Möglichkeit, Remote Viewing ohne technische Unterstützung zu erlernen, indem wir unsere höheren Bewusstseinszustände entwickeln.

Ein weiterer Wissenschaftler aus diesem Bereich hatte ein elektronisches Gerät erfunden, mit dem Leute zum Schweben gebracht werden konnten.

Einer unserer militärischen Zeugen ist ein Oberst, dessen Eltern in den 1950ern mit einigen Personen befreundet waren, die bei der Rand Corporation arbeiteten. Sie hatten berichtet, während ihrer Mittagspausen Leute gesehen zu haben, die solche Geräte benutzten und damit förmlich über ihren Schreibtischen schweben konnten.

Diese Möglichkeiten existieren also bereits seit den 1950ern. Bedenken Sie weiterhin, welch rasante Fortschritte die allgemein zugänglichen elektronischen Geräte seit den 1950ern gemacht haben, dann haben Sie vielleicht auch eine Vorstellung davon, wie hochentwickelt die Technologien der Schattenregierung heutzutage sind! Selbstverständlich könnten all diese erstaunlichen Technologien auch für äußerst nützliche Zwecke eingesetzt werden – von Heilanwendungen über Transportlösungen bis hin zur Energieerzeugung. Doch unglücklicherweise befinden sie sich in den Händen von Leuten, die ihre Macht missbrauchen und von diesem Missbrauch der Macht abhängig sind.

21 Elektromagnetischer Transfer

Über ein CSETI-Vorstandsmitglied meldete sich damals ein ehemaliger Oberst, der eng mit dem früheren CIA-Direktor Bill Colby befreundet war. Colby war tief in diese Programme verwickelt und hatte Zugang zu außerirdischen Geräten, funktionierenden Energiemaschinen und anderen Technologien. Zudem besaß er rund 50 Millionen US-Dollar in Geheimfonds. Colby bot an, diese Gelder CSETI zukommen zu lassen, damit die Aufdeckung mit wasserdichten Beweisen und Dokumenten angemessen fortgesetzt werden könne.

„Endlich", frohlockte ich, „wird CSETI nun genügend Gelder besitzen, um der Welt die Wahrheit mitzuteilen."

Zunächst sagte uns der Oberst nicht, dass es Bill Colby sein würde, mit dem wir uns treffen würden. Er sprach nur von einem hohen Beamten, der mit den supergeheimen Projekten in Verbindung stehe.

Ich sagte: „Es ist mir egal, um wen es sich dabei handelt. Wir sind über jeden dankbar, der uns helfen möchte.", und autorisierte damit dieses Treffen.

In der Woche, als sich unser Vorstandsmitglied mit Bill Colby treffen wollte, um den Transfer in die Wege zu leiten, wurde Colby tot im Potomac River aufgefunden! Der Oberst, der das Treffen arrangiert hatte, sagte mir *persönlich*, dass man Colby ermordet hatte. Colbys Frau sagte später: „Ich weiß nicht, warum Bill mitten in der Nacht in den regenüberfluteten Potomac River schwimmen gegangen sein sollte. Er ließ die Haustür offen stehen und auch der Computer und die Kaffeemaschine waren an! Das klingt überhaupt nicht nach Bill."

Mrs. Colby deutete an, dass irgendetwas nicht stimmen konnte, doch der Fall wurde nie näher untersucht. Man verübte also ein Attentat auf einen ehemaligen CIA-Direktor, der unserer Sache freundlich gesonnen war, weil er definitiv mit der Gaunergruppe brechen wollte. Er war alt geworden und wollte all die Geheimnisse nicht mit ins Grab nehmen. Wie viele unserer Zeugen wusste Colby, dass die gesamte schwarze Welt völlig außer Kontrolle geraten und schon viel zu weit gegangen war.

Dieses Ereignis erschütterte mich, machte mir aber keine Angst. Es ist einfach bestürzend, dass jemand bei dem Versuch, mit uns zusammenzuarbeiten, sein Leben gelassen hatte.

Ab diesem Tag stimmte ich keiner Transaktion mehr zu, ohne zu wissen, wer die Mitspieler waren. Denn ich kann meine Partner nur schützen, wenn ich sie kenne.

Bis 1997 mussten Shari und ich feststellen, dass wir mit immer stärkeren EM-Waffen beschossen wurden. Innerhalb kürzester Zeit bildeten sich Metastasen bei Shari, einem Befürworter aus dem Kongress und mir. Ich bin davon überzeugt, dass diese elektronisch induziert wurden. Mit hochfrequentem Elektromagnetismus ist es möglich, Elemente zu verändern und diese sogar im Raum zu transferieren, um damit eine Person zu infizieren oder dieser auf elektronischem Weg zu schaden. Es handelt sich dabei um die tödliche Seite einer Wissenschaft, die eigentlich zur Heilung eingesetzt werden sollte. Doch leider befinden sich diese Technologien heutzutage in den Händen der bösartigsten Elemente der Menschheit.

Wenn sich jemand darum sorgt, diese Technologien herauszugeben, sage ich: „Das bringt nichts. Diese Technologien befinden sich bereits in den denkbar schlechtesten Händen!"

Dadurch begann eine sehr schwierige und aufwühlende Zeit: Nach den Informationsveranstaltungen vor dem Kongress im Jahr 1997 entwickelten sich bei Shari und mir innerhalb von sechs Monaten aggressive Krebsgeschwüre. Ich hatte ein malignes Melanom, das in den meisten Fällen tödlich endet, wenn es Metastasen bildet. Zu sagen, dass dies mich und meine Familie erschütterte, wäre etwas untertrieben. Shari dagegen – neben Emily die einzige, großartige Person, die all unsere Vorhaben unterstützte – litt schrecklich an metastatischem Brustkrebs. Wir waren zwei völlig normale Leute, in deren Familien bisher nicht ein einziges Mitglied an Krebs erkrankt war – und wir bekamen ihn im gleichen Monat! Beim besten Willen – das konnte einfach kein Zufall sein …

Ich kann diese Behauptung nicht beweisen, doch will ich Ihnen Folgendes erzählen: Der weltführende Experte in der Pathologie und Diagnose maligner Melanome sah sich das Geschwür an, das sie aus meiner linken Schulter operierten und sagte: „Es ist metastatisch." Dieses allererste Geschwür war metastatisch – was heißt, dass es einem primären Tumor entstammen musste. Doch diesen Primärtumor gab es weder in noch an meinem Körper.

Man untersuchte jede Stelle meines Körpers, von der Retina bis zu allen anderen Regionen, an denen Melanocyten vorkommen – die Zellart, aus der ein malignes Melanom entsteht. Doch man fand keinen Ursprungsherd! Schließlich sagte ich meinem Dermatologen: „Sie können aufhören zu suchen." Er fragte: „Wie meinen Sie das?"

Ich antwortete: „Ich weiß, woher das Melanom stammt. Es kommt aus einem Labor in Utah, aus dem es elektromagnetisch auf mich übertragen wurde." Er sah mich an und fragte: „Glauben Sie, dass so etwas möglich ist?" Ich antwortete: „Ich weiß es. Bei meiner engsten Assistentin im *Disclosure Project* hat man ebenfalls metastatischen Brustkrebs diagnostiziert."

„Oh mein Gott", war seine Antwort.

Zu dieser Zeit besaßen wir einen Golden Retriever namens Yami. Wir standen uns immer sehr nahe.

Zur gleichen Zeit, als sich bei mir der Krebs entwickelte, bekam auch er ein Krebsgeschwür an seinem linken Trizepsmuskel – ein Sarkom. Wir mussten seine linke Vorderpfote aufschneiden lassen. Als wir beide von unseren Ärzten zurückkamen, hatten wir identische Narben – vom Winkel der Wunde bis zur Anzahl der verwendeten Heftklammern!

Bis heute bin ich davon überzeugt, dass Yami astral mit mir verbunden war und den „Treffer" des EM-Systems abgefangen hatte. Ich glaube, dass er mein Leben gerettet hat. Der Geist kann durch alle Dinge Unterstützung anbieten, durch die Natur und wie in meinem Fall: durch einen Hund!

Doch man kann beten und meditieren so viel man will, aber wenn man sich mitten in Hiroshima befindet, während die Atombombe detoniert, ist es mehr als wahrscheinlich, dass man einfach verdampft. Selbst wenn Sie Ghandi sind und ihren Angreifer segnen, während Sie zu Boden sinken, wird die Kugel durch Sie hindurchgehen und Sie töten.

Erinnern Sie sich: Der Orwell'sche Ausdruck „Mindfuck" (Verstandesbruch) bezeichnet nicht-tödliche Waffensysteme, die in Wirklichkeit ziemlich tödlich sind. Die Sprache wird oft dazu missbraucht, um den wahren Zweck der Dinge zu verschleiern.

Viele Insider hatten uns berichtet, dass sich die geheimen Projekte im freien Fall befänden und sich Panik breit machte – dass wir die Informationen an wirklich mächtige Leute weitergegeben hätten und die Verschwörer nun die Kontrolle verlören.

Wir hatten nun Verbündete in unserem Kampf – und unsere Gegner begannen, um sich zu schlagen. Zu dieser Zeit gelangte ich in den Besitz eines Geheimdokuments, auf dem die Code- und Projektnamen der Operationen verzeichnet waren, die sich mit dem außerirdischen Thema befassten. Dieses Dokument finden Sie im „Disclosure"-Buch.

Am Tag nach der Informationsveranstaltung im Kongress 1997 bat man mich, den Leiter des Geheimdienstes des Vereinigten Generalstabs, Admiral Tom Wilson, zu unterrichten. Im Vorfeld dieses bedeutenden Treffens hatten wir seinen Leuten jenes Dokument zukommen lassen. Sein Mitarbeiter sagte uns, dass der Admiral einige der Codenamen und Projektbezeichnungen tatsächlich hilfreich fände und über verschiedene Kanäle einige dieser Operationen in einer Zelle des Pentagon ausfindig gemacht hätte.

Als Admiral Wilson die Gruppe identifiziert hatte, befahl er der Kontaktperson in dieser supergeheimen Zelle, ihn über das Projekt zu informieren. Die Antwort lautete: „Sir, das müssen Sie nicht wissen. Ich kann es Ihnen nicht sagen."

Können Sie sich vorstellen, dies als Admiral und J-2, Leiter des Nachrichtendienstes des Vereinigten Generalstabs, gesagt zu bekommen? Er war schockiert und wütend.

Zum Treffen mit dem Admiral begleiteten mich Shari, unser militärischer Berater sowie der Apollo-Astronaut Edgar Mitchell. Wir unterrichteten den Admiral aus dem Stegreif, und er sagte während des Treffens andere Verpflichtungen ab, weil er derart an den Informationen interessiert war. Der einzige Grund, warum wir dieses Treffen beenden mussten, war ein Fernsehinterview, das Ed Mitchell in New York geben musste. Es war offensichtlich, dass der Admiral gern noch mehr Zeit mit uns verbracht hätte.

Während des Briefings diskutierten der Admiral und ich die Gefahr, die von dieser Schattengruppe – die ihn hatte abblitzen lassen – für die Vereinigten Staaten, Recht und Gesetz und die Nationale Sicherheit ausging. Ich wies darauf hin, dass der erste CIA-Direktor, Admiral Roscoe Hillenkoeter, in den frühen 1960ern einen Brief verfasst hatte, in dem er behauptete, dass die *Geheimhaltung im Zusammenhang mit UFOs* – und *nicht* die UFOs selbst – eine Bedrohung der Nationalen Sicherheit darstelle. Ich berichtete dem Admiral weiterhin, dass diese illegale Gruppe ARV-Technologien besitze, mit denen sie seine B2-Stealth-Bomber umkreisen könnte. Er dachte einen Moment nach und sagte dann: „Von mir haben Sie die volle Erlaubnis, diese Informationen über die Medien zu verbreiten, solange Sie Leute finden, die über die Angelegenheiten Bescheid wissen und öffentlich darüber aussagen wollen! Diese Gruppe ist illegal!" Fragt man mich also, wer die *Enthüllung* unterstützt, dann antworte ich: der Leiter des Nachrichtendienstes des Vereinigten Generalstabs!

Nach dem Treffen wollte sich die Schattengruppe endgültig an uns rächen. Offensichtlich waren sie beunruhigt, dass wir einen Mann wie Admiral Wilson genauestens informiert und von der Illegalität ihrer ganzen Unternehmung überzeugt hatten.

Für uns brachen harte Zeiten an: Bill Colby war tot und auch der Kongressabgeordnete erlag ziemlich schnell seinem Krebs. Shari Adamiak und ich entwickelten zur gleichen Zeit metastatischen Krebs. Es ging ums nackte Überleben.

Nach der erwähnten Veranstaltung für den Kongress kam Dan Burton auf uns zu und sagte, dass er alles über dieses Thema erfahren möchte, um es eingehend untersuchen zu können. Wie sich herausstellte, versuchte er es auch – bis jemand zu Besuch kam und ihm riet, lieber die Finger davon zu lassen. Eine Person aus dem persönlichen Umfeld des Abgeordneten Burton erzählte mir, dass dieser explizit bedroht worden sei. Befragt man Dan Burton heute dazu, erwidert er, dass er nur persönlich an der Sache interessiert gewesen sei. Nur als Randbemerkung: Eine seiner besten Freundinnen, die auch Planerin in seinem Büro war, sichtete durch ihr Schlafzimmerfenster ein UFO. Sie stand Mr. Burton so nahe, dass er wusste, dass sie ihm die volle Wahrheit erzählte. Als Vorsitzender des einflussreichen Government Oversight and Reform Committee, das die Regierung beaufsichtigt, war Dan Burton eine zentrale Schlüsselfigur – doch man machte ihn innerhalb kürzester Zeit mundtot.

Bisher hatten wir also diese Informationen nicht nur an Personen wie den CIA-Direktor, Senator Pell, Leuten aus dem Senate Appropriations Committee und Mitglieder des Senate Intelligence Committees herangetragen – sondern auch an Leute wie Dan Burton, die persönlich von der Realität des Phänomens wussten. Hinzu kam eine wachsende Gruppe von Leuten innerhalb des Pentagons, die besorgt waren und sich für unsere Sache stark machten – und entdecken mussten, dass die Schattenregierung tatsächlich die Fäden zog. An der Spitze der Enthüllung standen Zeugen aus den innersten Kreisen, die den Vorhang zurückziehen konnten, sodass man dem Zauberer von Oz dabei zusehen konnte, wie er alle Hebel bediente und den Menschen schreckliche Angst einjagte. Wir deckten das auf, wovor Wernher von Braun eindringlich gewarnt hatte: Das Vortäuschen eines außerirdischen Angriffs, der die globale Macht um einen Angst- und Kriegsszenario zentrieren würde. Ich versichere Ihnen: Die Menschen, die diese Informationen erhielten, nahmen sie sehr ernst.

In all diese positiven Fortschritte mit dem Projekt platzte nun die niederschmetternde Hiobsbotschaft über unseren Krebs. Shari, meine engste Freundin und treue Beraterin, deren Zustand sich rasant verschlechterte, starb innerhalb eines Jahres! Es war eine emotional aufwühlende und schwere Zeit für mich.

Im Juli 1993 wurde ich beinahe umgebracht, nachdem ich das Planungstreffen zur Aufdeckung im Monroe-Institut verlassen hatte; 1994 gab es diese entsetzliche Attacke im St. Moritz Hotel in New York City, im Sommer gefolgt von den seltsamen Vier-Uhr-Angriffen in meinem Haus. 1997 nun dies. Es brachte mich an die Grenzen des Erträglichen.

Und trotz allem geschahen während dieser Zeit einige wirklich wundervolle Dinge …

Milliarden Lichtfunken 22

Im Juni 1997 hatten wir mit einer Trainingsgruppe von rund 20 Personen in Blanca Peak, Colorado, eine außergewöhnliche Begegnung mit einem Dutzend außerirdischen Ältesten. Shari Adamiak und ich konnten die tiefe Dankbarkeit spüren, die diese Wesen für uns empfanden – eine erhebende, himmlische Begegnung.

Nachdem wir unsere Protokolle durchgeführt und die ETs nach Blanca Peak gelotst hatten, schwirrten einige dieser Objekte durch die Luft – manche von ihnen kamen sogar direkt aus dem Berg! Im Vorfeld dieser Ereignisse hatte ich per Remote Viewing auf dem Berg eine Lichtung erspäht, auf der die Begegnung stattfinden sollte. Im rechten Moment wurde ich aufgefordert, mich dorthin zu begeben. Es war stockdunkel, als wir uns mit der Gruppe auf den Weg zur Lichtung machten.

Der Kontaktort lag auf einer Höhe von rund 3.000 Metern. Während wir uns unter der 4.200 Meter hohen Spitze des Berges schweigend der Lichtung näherten, umgaben uns plötzlich Milliarden von funkelnden Lichtern. Sie waren durchsichtig, aber dennoch zu erkennen.

In jener Nacht war der ganze Berg in diese Lichter gehüllt, ja die gesamte Gegend vibrierte in einem himmlischen, funkelnden Licht. Selbst der Boden und die Steine schimmerten und glitzerten durch diese beeindruckende Energie.

Vor Ort angekommen – eine kreisrunde Lichtung inmitten des immergrünen Waldes und Unterholzes – sahen wir die Konturen eines Schiffes. Es war nicht vollständig materialisiert, doch wir konnten seinen runden Umriss deutlich wahrnehmen. Das Schiff befand sich zur Hälfte in dieser Welt und zur anderen jenseits des Grenzübergangs des Lichts. Es war transdimensional – teilweise materialisiert, teilweise unsichtbar, halb astral und halb physisch. Als wir uns dem Objekt näherten, sahen wir eine Gruppe leuchtender Wesen in einem Halbkreis stehen.

Ich ging auf sie zu, als unvermutet ein gleißendes, funkelndes Licht über mir auftauchte. In seinem Strahl blieb ich stehen. Das Licht war unschwer zu erkennen, ein deutlich sichtbares, weiß-glühendes Licht über meinem Kopf. So wusste ich exakt, wo ich mich aufhalten sollte.

Der Rest der Gruppe blieb zurück, während ich mich jedem einzelnen Außerirdischen näherte und schweigend mit ihm in Verbindung trat. Es handelte sich eindeutig um sehr alte, erleuchtete Führer: Jeder Einzelne von ihnen stammte aus einem anderen Sternsystem, keine zwei glichen sich. Dann begab ich mich ins Gottesbewusstsein, während ich immer noch mit diesen Wesen verbunden blieb.

Damit begann eine wundervolle Kommunikation. Jeder von uns war hellwach und sich des Ortes und der Raumzeit bewusst, in der das Treffen stattfand, doch gleichzeitig spürten wir die Gegenwart des unendlichen kosmischen Wesens. So war die Erfahrung einerseits völlig transzendental und entrückend, andererseits aber auch überaus gegenwärtig und unglaublich real – super-real. In solch vereinigtem Zustand konnte ich über unsere Energieebene hinaus in eine Welt blicken, in der viele ätherische Wesen existierten. Doch selbst über diese Ebene der Schöpfung sah ich hinaus – und erblickte den Avatar, ein göttliches Wesen, das den höchsten Schöpfer repräsentierte. Eine wundervolle kosmische Zusammenkunft, die mit Worten nur schwer beschrieben werden kann.

Ich ging auf jeden einzelnen dieser älteren ETs zu, verneigte mich, begrüßte sie auf der Erde und dankte ihnen, dass sie gekommen waren. Die anderen aus unserer Gruppe berichteten später, dass ich zu einem bestimmten Zeitpunkt beinahe völlig durchsichtig wurde. Einige konnten mich gar nicht mehr sehen, während andere durch mich hindurch blicken konnten. Ich fühlte mich lebendig, leichter, begeistert. Meine Schwingungsfrequenz war so hoch, dass ich spüren konnte, wie ich immer durchlässiger wurde. Bisweilen dachte ich, dass ich gleich abheben, levitieren oder einfach nur verschwinden würde. Doch die Erfahrung blieb innerhalb der physischen Grenzen – meine Begleiter konnten mich immer noch wahrnehmen. Das Ganze dauerte gut eine halbe Stunde. Man könnte sagen, es handelte sich um einen kosmischen Kulturaustausch. Das war der Grund unseres Beisammenseins – der Zweck dieser Begegnung. Die außerirdischen Wesen drückten ihre Dankbarkeit für unsere Arbeit und unsere Anstrengungen aus – und baten uns, alles zu tun, was für den universellen Frieden nötig sei. Insbesondere wurden wir gebeten, bei der Aufrüstung der Star-Wars-Technologien zu intervenieren, die gegen die Außerirdischen eingesetzt werden. Ich versicherte ihnen, alles in unserer Macht stehende zu tun …

Am nächsten Tag begaben sich Shari und ich in die San Juan Hills im Süden des Blanca Peak, um einige ruhige Minuten zu verbringen. Wir kletterten auf ein paar Felsen, auf denen ich meinen Kompass herausholte. Der Kompass hatte sich während der ET-Begegnung in der Nacht zuvor in meiner linken Jackentasche befunden, direkt über meinem Herzen. Als ich nun auf den Kompass blickte, bemerkte ich, dass sich der magnetische Norden um 180 Grad gewendet hatte! Ein eindeutiger Beweis für eine Anomalie des magnetischen Feldes, die den Kompass in der vorhergehenden Nacht beeinflusst hatte.

Die Kompassnadel blieb noch mehrere Tage in dieser Position, bis sie wieder in ihren ursprünglichen Zustand zurückkehrte. Das Photo, das wir davon machten, sowie die ganze Situation erinnert stark an die Begegnung mit dem Raumschiff im Juli 1992, fast fünf Jahre zuvor, als der gleiche Kompass gegen den Uhrzeigersinn rotierte!

Im Juli 1997 gingen wir mit einer Trainingsgruppe erneut auf Forschungsreise nach Wiltshire, England, in der Nähe von Stonehenge.

Dieses Mal mieteten wir aber ein riesiges altes Herrenhaus, das im 17. oder 18. Jahrhundert erbaut worden sein musste und uns für eine Woche beherbergen sollte. Kurz vor unserer Abreise nach England erfuhren wir, dass

Sharis Krebs nun metastatisch geworden sei und sich in ihren Lymphdrüsen befände. Es war todernst.

Auch mir hatte man gerade ein weiteres malignes Melanom entfernt. In der ersten Nacht in diesem Herrenhaus versorgten wir daher unsere Wunden und waren zudem emotional ziemlich aufgewühlt. Zuzeiten lachten wir einfach und erzählten uns Geschichten, dann brachen wir wieder in Tränen aus. Uns war klar geworden, dass einer von uns – oder sogar wir beide – diese Welt verlassen musste …

Während wir im oberen Stock des Herrenhauses saßen, waren Ron Russell und ein paar andere zu einem CSETI-Außeneinsatz aufgebrochen. Wir beide waren einfach zu müde und aufgebracht, um die Gruppe zu begleiten, doch ich hatte ihnen gesagt, sie sollen gegen 22:30 Uhr aufbrechen. Unser Raum hatte ein Erkerfenster und einen kleinen Kamin.

Plötzlich schwebte ein gleißendes Licht – ein Lichtcluster in Form eines Balles – direkt durch das geschlossene Fenster, wandte sich in Richtung Kamin und entfaltete sich zu einem außerirdischen Wesen! Das Wesen stand mitten im Zimmer, schimmerte und war etwa 90 Zentimeter groß. Man konnte sie mit bloßem Auge mitten im hell erleuchteten Zimmer erkennen. Shari sah dieses Wesen zunächst nicht, bis ich sie darauf hinwies.

Sie wandte sich um und rief: „Großer Gott!" Das Wesen war einfach gekommen, um uns zu trösten, und wir begannen gemeinsam zu meditieren. Er war sehr niedlich, äußerst dankbar und liebenswürdig – einfach nett. Für ungefähr eine halbe Stunde blieben wir in diesem meditativen Zustand. Danach war mir klar, dass einer von uns den Krebs nicht überleben würde, und dieses Wesen drückte großes Mitgefühl, Respekt und Dankbarkeit für unsere Arbeit aus.

Wir hatten nicht die Absicht, irgendjemandem von der Begegnung zu erzählen – sie war zu persönlich, schön und schmerzhaft zugleich. Doch am nächsten Tag berichtete Ron Russell, dass alle während des Außeneinsatzes etwas Merkwürdiges beobachten konnten: Kurz nach 22:30 Uhr erschien am Himmel ein Licht, das aus dem Weltraum herabschwebte und über die Baumwipfel direkt in das Erkerfenster unseres Zimmers flog!

Ron rief: „Das ist Steves Zimmer!", und alle konnten die Ankunft dieses Wesens aus dem Weltraum beobachten. Die gesamte Gruppe konnte bezeugen, wie unsere Begegnung im Herrenhaus begann: Als Licht aus dem Weltraum, das daraufhin in unser Zimmer flog und sich auf dem Kaminboden manifestierte!

Die Wahrheit kann sich nur so gut verbergen, weil sie viel bizarrer – und wundervoller – ist als jeder Science-Fiction-Film.

Meine letzte Expedition mit Shari führte uns 1997 ins Joshua Tree Wilderness. Noch im April waren wir gemeinsam beim Admiral im Pentagon gewesen und hatten die Schlüsselpersonen aus dem Kongress und dem Weißen Haus unterrichtet, doch schon im Herbst hatte Shari metastatische Läsionen im Gehirn, die zu einer partiellen Lähmung führten. Seit 1991, als sie meinen allerersten Vortrag besucht hatte, war Shari meine engste Betraute.

Ich wollte die Expedition nach Joshua Tree schon abblasen, doch Shari sagte: „Selbst wenn es die letzte Handlung meines Lebens ist, ich werde mit dir und den ETs dort sein." Also nahmen wir sie mit …

Alle waren von Sharis unbeugsamen Willen beeindruckt. Sie war eine Löwin, grimmig und wild, hingebungsvoll und kompetent. Shari war die erste Person, die mir bei meinen eigenen Kontakterfahrungen weiter folgen konnte als jeder andere. Bis heute ist mir niemand so weit gefolgt wie sie. Sie hatte keine Angst und kannte ihr Schicksal.

Eine gemeinsame Vision und spirituelle Suche führte uns beide 1996 nach Baca, dem abgelegenen Areal nahe Crestone in den Rocky Mountains von Colorado, wo wir heute unsere Trainings durchführen. Ich sagte ihr, dass ich ihr einige Dinge zeigen und erzählen wollte, was ich seit meinen Kontakterlebnissen in frühester Kindheit schon immer gewusst hatte. Bis zu diesem Zeitpunkt hatte ich noch nie darüber gesprochen, doch ich wusste, dass Shari sehr empfänglich und spirituell erwacht war. Ich wusste, sie war dafür bereit.

Es war ein kalter Frühlingsabend, als wir nach Baca fuhren. Ich lud Shari auf einen Spaziergang ein, bei dem ich die Außerirdischen kontaktieren wollte. Nachdem wir das getan hatten, sahen wir ein Schiff am Himmel, das sich sehr eigentümlich bewegte. Dann deutete ich aufs Feld.

Dort konnte man in einem Bereich die Form einer Untertasse sehen, die mit funkelnden Lichtern gefüllt war – eine Art Hologramm, nur realer und lebendiger. Nach einer Weile stiegen aus dem Schiff menschliche Wesen und bewegten sich auf uns zu. Ich erklärte ihr, dass die außerirdischen Wesen während ihres Aufenthaltes auf der Erde die menschliche Erscheinungsform vorzögen, weil diese am sichersten sei.

Dann erläuterte ich ihr, wie ich die Struktur des Kosmos erlebt hatte, wie alles miteinander zusammenhinge und warum diese Wesen zu diesem Zeitpunkt der Geschichte auf der Erde seien. Wir hatten einen Kassettenrekorder dabei, und ich erzählte das, was Sie nun im Buch „Extraterrestrial Contact: The Evidence and Implications" in den Kapiteln „The Crossing Point" und „Extraterrestrials and the New Cosmology" nachlesen können. Diese Essays wurden damals in der Wüste von Colorado zur Zeit des Kontaktes live aufgezeichnet.

Etwas später am gleichen Abend, auf dem Rückweg zu den Stadthäusern von Baca, bemerkte ich, wie uns die ETs nach Hause begleiteten. Entlang der Straße eskortierten uns helle, stroboskopartige Lichter bis zu unserer Unterkunft in Crestone.

Nach unserer Rückkehr gingen wir auf die Veranda, um die schneebedeckten Bergketten der Sangre de Cristo zu betrachten, die sich mit ihren 4.000 Metern vor uns auftürmten. Sie glänzten im Mondlicht einer kristallklaren Rocky-Mountains-Nacht. Ich sagte: „Wir befinden uns hier, weil sie uns einen ihrer Eintrittspunkte sowie den Ort zeigen wollen, an dem sie sich gerne aufhalten. Sieh dich um. Kannst du die feinstoffliche Struktur des astralen Bereichs des Kosmos erkennen, der sich hinter der materiellen Schöpfung verbirgt?"

Ich fuhr fort: „Gedanken, Bewusstsein und die astrale Form des Lichtes sind die Stützpfeiler des materiellen Kosmos. An der Stelle, wo die drei sich in einem halbmaterialisierten Zustand befinden, gibt es eine Art ‚Zwischenraum'. In diesem Bereich kristallisiert das Astrale zum Physischen, wie eine architektonische Blaupause: Der astrale Teil bildet eine Matrix, die den materiellen Objekten und sogar der Atmosphäre zugrunde liegt." Mit diesen Worten schien ein Schleier zu fallen, und sie konnte sehen, wie die Struktur des himmlischen, ätherischen und astralen Raumes sich in das ergießt, was wir den materiellen Kosmos nennen.

Dann blickten wir auf den Berg, auf dessen Spitze ein riesiges, sombreroförmiges, durchsichtiges Raumschiff schwebte. Es war nicht vollkommen materialisiert, sondern wie eine verdichtete, perfekt geformte Wolke, die von innen leuchtete – ein weißgoldenes Licht auf der Spitze eines der höchsten Berge Crestones. An dieser Stelle blieb es etwa 45 Minuten lang.

In Shari hatte ich eine Vertrauensperson, mit der ich über all diese Dinge sprechen konnte. Allein deshalb war es mir auch möglich, sie anderen Menschen mitzuteilen. Niemand kann lehren, ohne dass ihm jemand zuhört. Es gibt ein Sprichwort: „Der Weise schweigt, solange die Ohren der Zuhörer verschlossen sind."

1996 waren wir auch das erste Mal in Joshua Tree. Nach kurzer Zeit schoss blitzschnell ein Schiff über unsere Köpfe hinweg, das um seine eigene Achse rotierte. Es flog derart tief, dass wir es pfeifen hörten und verschwand in Richtung Palm Springs Valley. Jeder in unserer Gruppe sah es und war beeindruckt!

In einer anderen Nacht verließen wir einen Standort in Joshua Tree, weil ich per Remote Viewing erfahren hatte, dass wir einen anderen Platz aufsuchen sollten. Auf unserem Weg dorthin fuhren wir eine matschige Straße entlang, als plötzlich die Lichter am Armaturenbrett ausgingen. Ich sagte zu Shari: „Sie sind hier."

Sekunden später tauchte direkt im Zenit ein riesiges Schiff auf, das die Form einer Träne hatte. Seine Unterseite war abgeflacht und lief nach oben auf eine Spitze zu, aus der ein funkelnder, glitzernder Schweif strömte, während sich das Schiff mit tosender Geschwindigkeit dem Wüstenboden näherte. Es hatte einen Durchmesser von 60 bis 90 Metern.

Das Raumschiff strahlte in einem aquamarinen Farbton – so stark, dass es den Wüstenboden taghell erleuchtete und dann – zwusch – geradewegs in die Erde verschwand. Ich vermutete, dass sie uns damit zeigen wollten, wo sie sich unter der Erde befänden.

Besitzt man die Fähigkeit, Objekte zu materialisieren und zu dematerialisieren, können sich diese in einer quasi-materialisierten Form gegenseitig durchdringen, als ginge ein Geist durch eine Wand. Warum auch nicht? Der größte Teil der Materie ist schließlich nur „leerer Raum".

Während unserer Weiterfahrt rief ich mir mental exakt die Stelle in Erinnerung, an der das Raumschiff in der Erde verschwunden war. Ich fuhr so schnell ich konnte, doch wurde von einem langsamen Fahrzeug auf der

Fahrbahn behindert. Ich beschleunigte und überholte es, um den ETs weiter auf der Spur zu bleiben …

Heute ist dieser Ort, an dem das riesige Schiff in der Erde verschwand, einer unserer besonderen Kontaktplätze in Joshua Tree.

Shari war entschlossen, bei dieser letzten Expedition mitzukommen, doch der Krebs hatte sich bereits in ihrem ganzen Körper und im Gehirn ausgebreitet – sie konnte kaum noch laufen. In der ersten Nacht verlor sie das Gleichgewicht, stürzte zu Boden und verletzte sich ihre Knie. Sie tat es ab und sagte: „Alles in Ordnung. Alles klar." Sie lag praktisch auf ihrem Sterbebett und war dennoch gewillt, uns im Namen des Universellen Friedens zu begleiten – unter den Sternhimmel, gemeinsam mit diesen kosmischen Wesen. Alles war so wundervoll – und gleichzeitig unheimlich schmerzhaft für mich.

Unendlichkeit 23

Die erste Novembernacht 1997 führte uns ins sogenannte „Hidden Valley" in Joshua Tree. Neben uns ragte ein Baum auf, der unerklärlicherweise – obwohl kein Wind ging – stark zu zittern begann. Einige aus unserer Gruppe riefen: „Was geht hier vor sich?", woraufhin ich erwiderte: „Sie lassen uns wissen, dass sie hier sind."

Die ETs berührten jeden einzelnen Teilnehmer an der Schulter oder am Kopf. Die meisten von uns hörten auch einen ungewöhnlich hohen elektronischen Ton, der sich durch die ganze Gruppe zu bewegen schien. Sie hatten uns also lokalisiert und nahmen Kontakt auf.

Der Mond war nahezu dreiviertelvoll – eine bezaubernde, kristallklare Nacht. Ganz plötzlich erstrahlte ein heller Lichtpunkt am Himmel, der wie eine Glühbirne aussah. Sie tauchte einfach auf – ziemlich nah und groß – und nahm in etwa ein Drittel der Größe des Mondes ein. Dieses riesige Schiff schwebte unter dem Mond entlang und verschwand wieder – eine absolut eindeutige Sichtung. In diesem Himmelsabschnitt erschien auch das außerirdische Raumschiff im Jahr zuvor, das geradewegs in die Erde hinein geflogen war.

Während wir von Joshua Tree aus in Richtung Westen nach Palm Springs fuhren, wurde Shari auf dieser allerletzten Expedition ein phantastischer Abschied zuteil. Es war schon spät, und der Kampf gegen den Krebs hatte sie sehr geschwächt.

Plötzlich tauchte ein riesiges Schiff auf und schwebte über das Tal – eine Szene, die uns stark an unsere erste Nacht in diesem Gebiet erinnerte. Das gewaltige Schiff flog an der Schwelle zum Hyperraum. Zu unserer Freude entfernten sich der Bug und das Heck dieses nahtlosen Schiffes voneinander, wie ein Akkordeon, das aufgezogen und dann wieder zusammengedrückt wird. Die außerirdischen Wesen verabschiedeten sich von Shari …

Im Dezember lag Shari bereits im Koma. Sie starb im Januar 1998.

Als Notarzt habe ich oft Leute beim Sterben begleitet. Meine eigene Nahtoderfahrung hatte mich gelehrt, wie wichtig es ist, möglichst jemanden dabei zu haben, der für die Verbindung mit den höheren Ebenen sorgt – der dabei hilft, eine Brücke in die Lichtwelten zu bauen. Unsere Zivilisation hat diesen heiligen Moment des Übergangs so gut wie vergessen. Heutzutage sind die Meisten an irgendwelche Schläuche und hochtechnisierte Geräte angeschlossen – doch es mangelt an Wertschätzung für das, was eigentlich in dem Moment geschehen sollte, an dem wir aus der physischen Ebene in die himmlischen und astralen Welten zurückkehren. Ich möchte Ihnen diese Geschichte mitteilen, weil sie illustriert, was mit einer solchen Sichtweise möglich ist.

Schon im Januar baten mich die Leute, die sich um Shari kümmerten, nach Denver zu kommen. Ich hatte sie allerdings während der letzten Monate oft besucht und sagte ihnen: „Ich werde zum rechten Zeitpunkt da sein." Genau darauf kommt es an – jeder von uns hat seinen Augenblick des heiligen Übergangs auf die andere Seite.

Eines frühen Morgens während der Meditation trat ich unerwartet in einen kosmischen Bewusstseinszustand, der mich weiter bis ins Gottesbewusstsein trug. Ich sah die Gesamtheit der Schöpfung in einer Form, die manche als das kosmische Ei bezeichnen würden. Stellen Sie sich ein grenzenloses Etwas vor, das gleichzeitig als separates Ding erscheint. Es war umgeben von der Unendlichkeit Gottes, und ich verschmolz bei vollem Bewusstsein mit dieser Wahrnehmung. Dann begegnete ich Shari. Sie stand direkt vor mir und ich wusste, dass ich ihr hier die höchste himmlische Ebene der Schöpfung zeigte. Ebenso wusste ich, dass sie vor mir in die unendliche, himmlische Heimat gehen würde – weil sie diesem unbegrenzten kosmisch bewussten Ort sichtlich näher stand …

Shari würde mit dieser Ebene verschmelzen. Ich nahm den Bereich als Mantel Gottes wahr – als seinen Körper. Es war die Vereinigung von Schöpfer, Schöpfung und Unbegrenztem Geist. In dieser überwältigenden, pfirsich-pink-magenta-farbenen, sombrero- oder galaxieförmigen Entität, die einem Ei ähnelt, konnte ich die Gesamtheit der Schöpfung spüren. Unendlich, und dennoch diskret in seiner Form, steckte es voller Freude – es war unbeschreiblich. Es war nicht nur räumlich atemberaubend und entzückend, sondern auch emotional, durchdrungen von Liebe und Schönheit.

Als wir uns gemeinsam diesem Ort näherten, vernahmen wir Billionen – unzählige – wunderschöne Engelsstimmen, die wie der Wiener Knabenchor sangen: „Wir alle sind eins durch den Geist", immer und immer wieder. Als ich in die Unendlichkeit blickte, sah ich, dass jedes erschaffene Wesen darin repräsentiert und durch diesen unendlichen Bewusstseinszustand geeint war. Aus dem Morgen des Alls tönten immer noch die gleichen Stimmen: „Wir alle sind eins durch den Geist" in einer einzigartigen, exquisiten Melodie. Ich würde sie wiedergeben, wenn ich könnte, doch ihre Schönheit liegt weit jenseits der Worte. Genau in diesem Augenblick löste ich mich im Zustand unendlicher Liebe und perfekten Einheitsbewusstseins auf.

Als ich wieder in meinem Schlafzimmer die Augen aufschlug, sah ich auf die Uhr und notierte die Zeit. Intuitiv wusste ich, dass Shari exakt sieben 24-stündige Zyklen später – sieben Erdrotationen – die Erde verlassen würde. Ich wusste es einfach.

Sie näherte sich unvermeidlich ihrem Tod, und alle baten mich zu kommen. Ich antwortete: „Ich werde im rechten Augenblick da sein."

Am sechsten Tag flog ich nach Denver, wo bereits ihre Familie, Ron Russell und alle ihr nahe stehenden Personen warteten. Ich trat völlig unerwartet mit den mysteriösen Worten ins Zimmer: „Ich bin hier, weil die Zeit gekommen ist."

In dieser Nacht wartete ich, bis alle Sharis Sterbezimmer verlassen hatten und saß einfach neben ihr, betete und meditierte. Sie lag seit Wochen im Koma. Während ich ein Gebet für sie sprach, sah ich zu ihr hinüber: Sie öffnete zum ersten Mal seit Wochen die Augen. Eine riesige Träne lief ihre Wange hinunter. Sie wusste, dass ich gekommen war.

Ich sagte zu ihr: „Es ist alles in bester Ordnung – du kannst jetzt gehen."

Ich war mir sicher, dass Shari dies von mir hören musste, denn sie hatte das Gefühl, mich mit der Last dieser Arbeit allein zurückzulassen. Ich sagte: „Du kannst uns von der anderen Seite aus genauso unterstützen. Von dort kannst du viel größere Dinge bewirken als von hier." Die meisten Leute wissen nicht, dass gerade die erwachten Menschen, die auf die andere Seite transitieren, die Hefe sind, die unsere Welt auf rätselhafte Weise erhebt.

Sie sind die Inspiration und die verborgene Hand, die die Entwicklung der Welt schützt, führt und unterstützt. Dies geschieht jederzeit, ob wir uns dessen bewusst sind oder nicht.

Ich sah ihr tief in die Augen und versicherte: „Du kannst nun gehen. Es ist Zeit. Du kannst gehen."

Als ich sie in ihrem Koma liegen sah und mir klar wurde, dass sie bis zum nächsten Morgen die Grenze überquert haben würde, machte mich das sehr traurig.

Bis auf die Frau, die sich um Shari gekümmert hatte, war ich nun allein in ihrem Haus. Da ich in dieser Nacht nicht mehr nach Hause zurückkehren konnte, begab ich mich ins Zentrum von Denver. Ich wollte einfach nur dasitzen und etwas trinken.

Ein homosexuelles Pärchen begann mit mir zu schwatzen, und ich schüttete ihnen mein Herz aus. Ich erzählte von den astralen und spirituellen Bereichen und den Dingen, die geschehen würden. Meine neuen Freunde waren außergewöhnlich reinherzig und spirituell – genau das, was ich in dieser Nacht gebraucht hatte. Hinzu kam, dass ich sie an einem Ort traf, an dem ich es am wenigsten vermutet hätte!

Ich habe festgestellt, dass ich an solch ungewöhnlichen Orten öfters unglaublich spirituelle Menschen treffe. In einer Kirche begegnen mir dagegen meist fehlgeleitete, herzlose Menschen. Es liegt also nicht am Ort, sondern an der inneren Einstellung.

Spät in der Nacht kehrte ich zurück und schlief in Sharis altem Zimmer. Am nächsten Morgen erwachte ich sehr früh, setzte mich im Bett auf und meditierte. Ruhig und gelassen blickte ich auf die Uhr, denn ich kannte den exakten Moment ihres Übergangs.

In diesem Augenblick klopfte Sharis Seelsorgerin an die Tür: „Es wird Zeit – sie ist dem Sterben nahe ...", sagte sie, und bemerkte mit einem verwunderten Blick, dass ich bereits angekleidet war, bereit zu gehen.

Ich traf vor den anderen ein, verbrachte noch ein wenig Zeit mit Shari allein und begleitete sie in den unendlichen Frieden und die unendliche Liebe des unbegrenzten reinen und kosmischen Geistes, der uns alle erwartet. Als die anderen hinzukamen, beteten wir gemeinsam für Shari. Wir bildeten einen Halbkreis um ihr Bett.

Nachdem wir sie innerlich vorbereitet und mit dem göttlichen Geist verbunden hatten, sagte ich zu ihr: „Lass alles los, Shari, und begib dich in das ewige Licht."

Sie atmete ein letztes Mal und ergab sich ihrem Schicksal.

Ihr Übergang war wundervoll friedlich; dennoch war ich am Boden zerstört.

Plötzlich trat ein außergewöhnliches Wesen ins Zimmer. Es fühlte sich wie ein Darshan oder das geistige Feld eines erleuchteten Avatars an – eine Brise mächtiger und göttlicher Energie, die durch den ganzen Raum und auch *durch mich hindurchfegte*. Ich konnte es förmlich greifen! Dies bestätigte mir, dass sie auf die höchste Ebene gelangt war. Kurz darauf brach ich völlig zusammen.

Wir alle sollten uns während der Zeit des Übergangs umeinander sorgen, denn wir alle benötigen die Hilfe, die Gebete und die spirituelle Kraft der anderen, damit wir während dieser Transition zur nächsten Ebene imstande sind, in die höchsten geistigen Ebenen zu gelangen.

In der Nacht ihres Todes widmete ich ihr den folgenden Nachruf:

„Shari Adamiak ist heute, am 20. Januar 1998 um 9:50 Uhr MST, in die Lichtwelten eingetreten. Ihr Übergang geschah friedlich und ohne Schmerzen, in Anwesenheit ihrer Freunde und Geliebten. Ich bat jeden innezuhalten und für Shari zu beten, für die Entwicklung ihrer Seele in der Gegenwart des höchsten Wesens. So weit es mit Worten überhaupt möglich war, unseren Verlust und unsere Liebe auszudrücken, teilten wir dies Shari mit.

Seit 1991, als wir uns das erste Mal bei einem Vortrag in Los Angeles begegneten, erwies sich Shari als Träger und Stütze, als unermüdliche Kollegin, treue Freundin, kühne Forscherin, unersetzliche Vertraute und furchtlose Löwin, ohne deren Einsatz CSETI niemals all seine historischen Erfolge hätte verzeichnen können.

Sechs Jahre lang war sie meine rechte Hand und engste Mitarbeiterin. Ob gefährliche Situationen in den entlegensten Gebieten Lateinamerikas oder Treffen mit dem Vereinigten Generalstab im Pentagon – Shari war stets im Namen der ganzen Menschheit an meiner Seite. Nie zögerte sie. Nie gab sie auf.

Ungeachtet der Kritik von außen und der Intrigen unbarmherziger Schattengruppen, arbeitete sie entschlossen für ein Zeitalter des Friedens – eines universellen Friedens für die Erde und zahllose andere Welten.

Wie vieler Wunder wurden wir gemeinsam gewahr? Wir wanderten im Schatten eines der größten Vulkane der Welt, während außerirdische Raumschiffe lautlos im Himmel über uns schwebten und waren dabei, als dutzende Top-Secret-Zeugen aus dem Militär vor einer Versammlung von Kongressabgeordneten die Wahrheit über UFOs offenbarten – Shari und ich sahen tiefbedeutsame Dinge geschehen. Bei allem war Shari voller Freude, Begeisterung und Energie. Neugierig und staunend wie ein Kind betrachtete sie das Rätsel der Schöpfung und die unglaublichen Möglichkeiten dieser Zeit.

Selbst als ihr Körper zu versagen begann, strahlte sie eine solche Anmut, Kraft und Liebe aus, dass alle, die sie kannten, von ihrem Vorbild beeindruckt und mitgerissen wurden.

Noch vor zwei Monaten, im November 1997, begleitete sie mich auf eine Reise in die Wüste von Joshua Tree, California. Dort erlebte sie, was sie am meisten liebte: Die Einheit mit den Sternen, dem Universum und die Kommunikation mit Wesen anderer Planeten, die unserem turbulenten Planeten einen Besuch abstatteten. Ungeachtet ihrer wachsenden physischen Behinderungen begab sich Shari jede Nacht in die Wüste – trotz ihrer Schwäche, ihrer Schmerzen und trotz der zunehmenden Lähmung ihrer rechten Körperhälfte. Dort, durch den Grenzübergang des Lichts, sahen wir die Tiefen des Alls sowie die Völker und Raumschiffe anderer Welten, die auf das kommende Zeitalter der geeinten Menschenrasse warten. Nichts hätte Shari von diesem Ziel abbringen können.

Ein großartiges Licht hat nun diese Welt verlassen, doch es wird in den Bereichen der Ewigkeit für immer weiter strahlen. Ich weiß, dass Shari auf diese große Reise vorbereitet war: Exakt sieben Tage vor ihrem Tod überquerten wir gemeinsam die Grenze zur anderen Seite, wenn auch nur für kurze Zeit. Ehrfürchtig gewahrten wir gemeinsam ein Licht – ein wunderschönes Wesen, die dem Herzen der Schöpfung entsprang. Kein Wort kann es schildern; es lag jenseits der Grenzen des Intellekts: Eine grenzenlose Brillanz, golden im Zentrum und eher pfirsisch-, pink- und magentafarben, als es uns mit einem unendlichen Meer aus Liebe, Freude und Schönheit durchflutete. Es glich keiner anderen Erfahrung in meinem Leben. Wir erfuhren das Bewusstsein Gottes – reines Licht, unaussprechliche Liebe und Frieden. Dieser allumfassende Punkt war von Millionen geeinter Stimmen durchdrungen, die eine unausdrücklich liebliche Melodie sangen. Der Refrain lautete: ‚Wir alle sind Eins durch den Geist'.

Im Wissen, dass ihre Zeit gekommen war, begab ich mich gestern nach Denver, um sie auf die andere Seite zu geleiten. Während ich letzte Nacht betete, erwachte sie aus dem Koma und öffnete mit einem strahlenden Lächeln ihre Augen. Ich sagte ihr, dass alles bereit stünde. Sie nickte schwach und eine große Träne kullerte aus ihren Augen, denn sie wusste, dass wir nun fast am Ende unseres gemeinsamen Weges in dieser Welt standen.

Heute Morgen wurden wir an ihr Bett gerufen. Wir versammelten uns, beteten, und bereiteten sie geistig auf die Transition vor. Während der Raum mit Licht und einem großartigen Geist durchtränkt war, spürten wir, dass die Zeit nun gekommen sei und ich sagte: ‚Shari, geh in das ewige Licht.' Sie nahm einen letzten Atemzug und schied dahin.

Obwohl ich die Freude und Liebe ihres jetzigen Zustands kenne, ist es ein herber Verlust. Doch sollten wir auch Folgendes bedenken: Sie lebt nun glücklich in den Lichtwelten und würde es begrüßen, wenn wir die Arbeit, der sie ihr Leben widmete, weiterführen – den Universellen Frieden errichten und eine kosmische Zivilisation erschaffen.

Wir finden Hoffnung in dem Wissen, dass jene, die in die nächste Welt gegangen sind, zum Gärmittel dieser aufsteigenden Existenzebene werden.

Ich besprach mit Shari ihre zukünftige Arbeit hinter dem Schleier, bei der sie grundlegend an Frieden und Erleuchtung in allen Bereichen Gottes mitwirken würde. Ich bin mir sicher, dass sie auch aus ihrer immateriellen Heimat ihren Dienst leisten wird – gemeinsam mit den Engeln des Friedens.

Ohne Frieden wird die Erde in ihrer Entwicklung stagnieren. Lasst uns also mit liebendem Herzen für den Frieden arbeiten! Denn wenn wir diese Welt verlassen, nehmen wir nur eine Sache mit: Liebe – endlose, grenzenlose Liebe."

Nach dem Verfassen ihres Nachrufs in der Nacht ihres Todes hatte ich im Tiefschlaf eine ungewöhnliche Begegnung mit einem Außerirdischen. Ich erwachte in einem Luzidtraum, in dem mir Shari ein nichtirdisches Wesen vorstellte, das wir seitdem „Kindness" (Freundlichkeit) nennen. Diese Außerirdische war in der Lage, simultan mit Sharis Astralkörper und mir zu kommunizieren.

Sie war weiblichen Geschlechts, hatte einen völlig runden, haarlosen Kopf, exotische, schöne Augen und ein hübsches Gesicht. Sie war äußerst schlank und besaß feine Gesichtszüge. Als wir miteinander in Verbindung traten, strahlte Kindness eine außerordentlich liebenswerte Freundlichkeit aus – sie war die perfekte Verkörperung dieses Gefühls.

Während unseres Gesprächs fragte ich sie: „Erlaubt ihr uns, die Aufdeckung der Wahrheit selbst in die Hände zu nehmen? Weder der Präsident noch die internationale Gemeinschaft haben gehandelt, und der Kongress wurde entweder eingeschüchtert, ist verängstigt oder korrupt."

Kindness antwortete: „Wenn Ihr es könnt, dann tut es."

Wenn Ihr könnt, tut es. Wir bekamen also grünes Licht von dieser sehr alten ET-Botschafterin. Ab 1998 stellten wir die Weichen für das Disclosure-Event im Jahr 2001, im Wissen, dass es von jener Außerirdischen genehmigt wurde, die uns in der Nacht nach Sharis Tod begegnete. Zusätzlich beflügelte uns, dass der Leiter des Joint-Staff-Nachrichtendienstes uns seine Unterstützung versichert hatte.

Interessanterweise beriet ich im gleichen Luzidtraum die ganze Angelegenheit mit Bill Clinton. Mit einem äußerst sarkastischen Lächeln sagte er: „Also, ich kann das nicht, aber Sie können es tun." Eigentlich wollte er damit sagen: „Ich werde es nicht tun, weil es zu gefährlich ist, aber warum tun Sie es nicht?" John McCain hat völlig Recht, wenn er sagt, Mut sei eine unentbehrliche Eigenschaft echter Führungskräfte …

In der Folgezeit spürten wir, dass unsere Arbeit von Shari unterstützt wurde: Bei fast jeder Kontaktaufnahme seit 1998 tauchte jene Außerirdische „Kindness" in einem wunderschönen blau-weißen Raumschiff auf. Oft schießt es über den Himmel, beschreibt einen Bogen und wirft ein blau-weißes Licht auf die ganze Gruppe! Ich weiß, dass es sich dabei um diese ältere spirituelle und politische Botschafterin der außerirdischen Koalition handelt, die seit 1998 mit uns verbunden ist.

Bis dahin war mein außerirdischer Hauptkontakt ein männlicher ET mit rabenschwarzem Haar und kaukasischen Gesichtszügen, eindringlichen blauen Augen und der weißesten Haut, die ich je gesehen habe. Er war der Außerirdische, der mich 1990 kontaktierte, als ich CSETI und all die anderen Projekte in Angriff nahm.

Wir erblickten Kindness' Raumschiff mehr als einmal über unserem Haus in Virginia. Selbst unsere Nachbarn haben dieses Schiff beobachtet. Sie berichteten von einem intensiv-blauen Schiff, das nicht vollständig materialisiert war und in einer ätherischen Hülle über unserem Haus schwebte. Eine Nachbarin hatte damals keine Ahnung von meinen Projekten – doch als sie auf diese kobaltblaue Scheibe blickte, spürte sie einen unglaublichen Frieden und Schutz.

Nachdem Shari uns verlassen hatte, war ich eine Zeitlang emotional ausgelaugt. Ich fühlte mich verantwortlich und schuldig, weil ich überlebt hatte. Meine Kinder spürten meine Trauer und schenkten mir zu Weihnachten das Video „The Bird Cage" (Ein Käfig voller Narren). Ich schaute es mir immer und immer wieder an, denn ich hatte eine Lachtherapie dringend nötig: Ich hatte nicht nur Krebs, sondern auch meine engste Vertraute verloren. Doch ich bin mir immer noch sicher, dass man sie umgebracht hatte.

Ich habe alle möglichen Leute getroffen – Berühmtheiten, Rockstars, CIA-Direktoren und Senatoren. Doch die einzige Person auf der ganzen Welt, der ich wirklich begegnen möchte, ist Nathan Lane – Mr. Albert in „The Bird Cage"! Gerne würde ich ein wenig Zeit mit ihm verbringen und ihm sagen: „Sie haben mir mit diesem Film mein Leben gerettet, denn das Lachen ebnete mir meinen Weg zur Genesung!"

Nach Sharis Tod begaben wir uns im Februar 1998 nach Hawaii, wo wir auf der großen Insel gemeinsam mit Joan Ocean unser Trainingsprogramm durchführten und ein ermutigendes Erlebnis hatten. Nach diesen ganzen Rückschlägen hatte ich das wirklich dringend nötig.

Eines Nachts sahen wir im Feld ein glitzerndes, elektrisch-blaues Schiff. Es war noch nicht vollständig materialisiert, doch eindeutig sichtbar: eine Scheibe aus kobaltblauem Licht. Es war Kindness.

Unter Anleitung von Joan Ocean, einer Expertin für Delphine, schwammen wir am Ende unseres Trainings gemeinsam mit den ostpazifischen Delphinen umher. Diese Delphine sind fürchterlich verspielt: Sie springen aus dem Wasser, drehen sich wie ein Korkenzieher und tauchen wieder hinein.

Wir suchten eine ganze Weile nach einem geeigneten Ort und kamen in ein Gebiet, in dem sich diese Tiere aufhielten. Gemeinsam mit Linda Willits, meiner Kollegin, stieg ich ins Wasser und trat in eine ausgedehnte, entspannte Bewusstheit. Eine Gruppe von vier Delphinen näherte sich uns.

Mein Zustand hatte eine kindliche Unschuld: bewusst, jedoch ohne Erwartungen oder Willenskräfte. Ich *war* einfach. Ein Zen-ähnlicher Bewusstseinszustand tiefen Friedens.

Die vier Delphine erreichten uns und nahmen mich in ihre Mitte. Gemeinsam bildeten wir einen Stern: ein Delphin schwamm vor mir, einer zu meiner Rechten, einer zur Linken und einer hinter mir – ganz so, als wären wir Flugzeuge in einer Formation. Ich war ihnen so nahe, dass ich ihre Augen sehen konnte und sie hätte berühren können, wenn ich gewollt hätte. Wir blickten uns verständnisvoll, aber auch verschmitzt, in die Augen.

Ich schwamm mit ihnen ins Meer hinaus. Wenn ich nicht Schritt halten konnte, wurden sie für mich langsamer. Wir tauchten gemeinsam unter, doch da ich nicht so lange die Luft anhalten konnte wie sie, musste ich früher auftauchen – sie jedoch kamen immer gleichzeitig mit mir an die Oberfläche. Gemeinsam schwammen wir geradewegs ins offene Meer. Unser Boot wurde am Horizont immer kleiner und kleiner, und Linda fiel zurück. Zur Sicherheit hätte ich umkehren müssen, doch sie nahmen mich mit zu ihrem Aufenthaltsort draußen im Meer.

Das friedliche Beisammensein mit diesen intelligenten Wesen in ihrem Element war eine wundervolle Erfahrung. Es ist ein guter Weg, sich auf den Kontakt mit Außerirdischen vorzubereiten, da es dazu den gleichen unschuldigen, nachgiebigen und verspielten kosmischen Bewusstseinszustand braucht. Man kann es mit einem flatternden Schmetterling vergleichen: Wenn Sie einen Bewusstseinszustand annehmen, der den Wesen angenehm erscheint, kommen sie von selbst zu Ihnen. Sie müssen sich einfach auf deren Bewusstsein einlassen.

Diesen Zustand kann man auch in der Gegenwart von Hunden und anderen Tieren trainieren, denn in uns Menschen schlummert die mystische Fähigkeit, mit Tieren in Verbindung zu treten.

Am Ende unserer Reise nach Hawaii wanderten wir in einer hellen Mondnacht an die Stelle, wo sich die Lava des großen aktiven Vulkans ins Meer ergießt. Nahe einer Touristeninformation tauchte ein paar Meter vor uns ein gleißendes, pulsierendes, blauweißes Licht auf.

Als wir zum Auto zurückkehrten, waren dessen Scheinwerfer an, die Türen geöffnet und die gesamte Elektronik spielte verrückt. Schließlich wurden wir zweimal von einem entfernten Objekt angeblitzt. Solche Dinge haben sich in den letzten 15 Jahren tausende Male ereignet.

Bei einem weiteren derartigen Ereignis befanden wir uns in Joshua Tree an dem Ort, an dem das Raumschiff in die Erde eingedrungen war. Plötzlich sahen wir im Weltraum recht ungewöhnliche Lichter, die aufblitzten und wieder verschwanden. Es konnte sich um keine Satelliten handeln, denn die Lichter bewegten sich nicht: Sie gingen einfach an und wieder aus.

Mit einem Mal stand die ganze Gruppe in diesem ungewöhnlichen Licht – ein subtiles, silbriges Licht. Jeder bemerkte es! Es war ein stiller, friedlicher Moment, und wir befanden uns ungefähr eine halbe Stunde in dem Lichtkegel. Dann verschwand es in Sekundenbruchteilen, und alles wurde wieder pechschwarz!

Auf einer anderen Expedition nach Crestone, Colorado, führten wir ein Protokoll durch, bei dem wir die Gruppe mit einer schützenden Kuppel umgaben. Plötzlich hatten wir eine wundervolle Sichtung des bläulich-weißen Schiffes von Kindness. Es schwebte auf uns zu, vollzog einen Bogen und kehrte zurück in den Weltraum.

Während des Protokolls spürten wir, wie uns ein riesiges Raumschiff umgab. Es war völlig lautlos und nur zum Teil materialisiert. Die Luft um uns wurde plötzlich wärmer und wir konnten ein glühendes Gebilde um uns herum wahrnehmen. Viele aus der Gruppe sahen außerirdische Wesen, die sich in unmittelbarer Umgebung bewegten. Auch diese waren nur teilweise in unserer materiellen Dimension zu sehen und wirkten wie Geister.

Es war ein goldenes Schiff, um dessen Außenhülle ein rotes Licht rotierte. In der Ferne trat ein spektakulärer elektrischer Sturm in Erscheinung. Wie sich später herausstellte, gab es einen Koch und anderes Personal, die zu dieser Zeit in einem kleinen Motel namens „The White Eagle" in der Nähe von Crestone arbeiteten. Sie waren in einer Pause nach draußen gegangen und blickten in unsere Richtung nach Baca. Weder wussten sie von CSETI noch von dem, was wir taten. Doch als sie in unsere Richtung sahen, bemerkten sie eine glühende Kuppel in Form eines Schiffes, an dessen Unterseite rote Lichter gegen den Uhrzeigersinn rotierten. Das brachte sie völlig aus der Fassung. Sie berichteten auch, dass sie sogar durch andere Objekte hätten hindurchblicken können, um diese Erscheinung zu sehen: Ein zwischen uns befindliches Farmhaus wurde für sie vollkommen unsichtbar.

Natürlich berichteten sie uns am nächsten Tag davon. Sie waren völlig verblüfft, als sie hörten, dass wir uns an exakt dieser Stelle des Raumschiffs befunden hatten und was wir erlebt hatten. Dieses Erlebnis hatte sie so durcheinander gebracht, dass sie daraufhin das Tal verließen!

Nachdem das Schiff sich entfernt hatte, fiel die Temperatur innerhalb weniger Sekunden um 10 bis 15 Grad. Es war, als hätten wir uns in einem Gebäude befunden, das nun einfach verschwunden war!

24 Bühnenkunst

Zweifellos sind die außerirdischen Zivilisationen sehr fortschrittlich, und das nicht nur im technologischen Sinn. Jede Zivilisation, die schneller als das Licht durch den Kosmos reist, muss sozial und spirituell hochgradig entwickelt sein – sie hätte sich sonst selbst zerstört, bevor sie die Erde überhaupt erreichen könnte. Viele Menschen hier auf der Erde sind jedoch der „Guter Außerirdischer/Böser Außerirdischer"-Phantasie verfallen. Dabei projizieren wir auf die ETs nur unsere anthropozentrische Sicht, die unsere eigenen kollektiven Erfahrungen widerspiegelt. In Wahrheit haben wir jedoch nur uns selbst zu fürchten.

Der weiseste Weg – unabhängig davon, was wir von ihren Motiven halten –, besteht für uns darin, ihnen gegenüber als Botschafter aufzutreten, einen Dialog herzustellen und gemeinsam Frieden zu schaffen. Wir werden niemals einen vermeintlichen Konflikt oder Differenzen durch irgendwelche Waffensysteme lösen können, völlig gleich, wie fortschrittlich diese auch sein mögen. Entwickelte EM-Waffensysteme haben das mehrfache Zerstörungspotential von Kernwaffen. Weder menschliche noch außerirdische Zivilisationen könnten einen bewaffneten Konflikt auf diesem technologischen Level überleben. Diejenigen, die dem Paradigma des Krieges – ja sogar des Weltraumkrieges – verfallen sind, sind fehlgeleitete Konfliktsüchtige, die wir im Zaum halten müssen. Wie bereits erwähnt, existiert ein Plan zur Täuschung der Öffentlichkeit, damit die ganze Kriegsmaschinerie endlos weiterlaufen kann – und nun zum Großteil in den Weltraum ausgedehnt wird.

Eines der Dinge, die Wernher von Braun Carol Rosin mitteilte, war, dass es zunächst den Kalten Krieg geben werde, dann besorgniserregende Staaten und später Schurkenstaaten. Dann sagte er ausdrücklich – das war im Jahr 1974 –, dass es zu globalem Terrorismus käme und danach zur Bedrohung durch Asteroiden aus dem Weltraum. Als Letztes würden die Manipulateure mit der vorgetäuschten außerirdischen Bedrohung auffahren. Und all das, um mittels Angst die maximale Kontrolle über die Weltbevölkerung zu erlangen.

Als mir Carol Rosin davon erzählte, sagte ich ihr: „Ich habe ein halbes Dutzend anderer Personen getroffen, die in Planungsgruppen tätig waren, in denen exakt dieses Szenario ins Auge gefasst wurde."

Die Außerirdischen, denen wir begegneten, gaben uns unzweideutig zu verstehen, dass wir versuchen sollten, diesen Weg zu korrigieren. Wir sollten unser Bestes geben – und das taten wir.

Carol Rosin war es auch, die mir von fortschrittlichen Mind-Control-Technologien berichtete. Als sie Wernher von Braun zum ersten Mal begegnete, war er sehr krank und bat sie, in seinem Auftrag eine Rede vor einer Versammlung von Leuten aus der Raumfahrtindustrie zu halten. Sie fühlte sich völlig unvorbereitet, er aber sagte: „Es wird alles gut gehen; machen Sie sich keine Sorgen. Gehen Sie einfach." Sie ging also dorthin und hatte keinen blassen Schimmer, was sie vor diesen tausenden Leuten sagen sollte.

Als sie zu sprechen begann, hörte sie plötzlich von Brauns Stimme in ihrem Ohr zu sich sprechen. Sie hatte weder ein Implantat noch irgendein elektronisches Gerät bei sich, aber hielt die ganze Rede, indem sie die Worte wiedergab, die Wernher von Braun ihr ins Ohr flüsterte! Damals wurde ihr bewusst, wie weit entwickelt die Systeme bereits waren.

Für die Anwendung dieser fortschrittlichen nonlokalen elektromagnetischen Systeme, die von der Schattengruppe entwickelt wurden, brauchen Sie kein spezielles Gerät am Körper zu tragen. Natürlich existieren im Bereich der Verhaltenskontrolle und der erzeugten Erinnerungen auch die sogenannten Implantate, die man mutmaßlichen Entführungsopfern entfernt hat. Diese werden im Geheimen von High-Tech-Elektronikfirmen hergestellt und den Opfern in vorgetäuschten Entführungen eingepflanzt. Die Entführten leitet man dann zu bestimmten unfreiwilligen (oder kollaborierenden) Entführungsforschern, die dann behaupten, es wären Außerirdische gewesen! Welch eine Travestie!

Da sie keine Vorstellung von den Möglichkeiten der Geheimtechnologie haben, kommen solche Forscher zu dem Schluss, dass es nur Außerirdische getan haben können. Nichts könnte weiter von der Wahrheit entfernt sein. Wenn Sie die menschengemachten Geheimtechnologien nicht kennen, können Sie nie beurteilen, was Sie gerade in Händen halten – mag es nun menschlichen oder außerirdischen Ursprungs sein.

Nachdem 50 bis 60 Jahre lang Billionen Dollar in geheime Budgets geflossen sind und die intelligentesten Köpfe der Welt engagiert worden waren, kam es in der Schattenwelt zu einigen beeindruckenden Entwicklungen. Ich bin mir sicher, dass die aktuellen Technologien so weit fortgeschritten sind, dass sie zum Teil sogar an außerirdische Entwicklungen heranreichen. Wir haben auch festgestellt, dass sich Entführungen in der Nähe militärischer Einrichtungen oder in Familien mit militärischem Hintergrund häufen. Dies erfuhr ich von Leuten, die diese Zusammenhänge in den 1970ern und 1980ern untersucht hatten und eine starke Korrelation zwischen Personen aus dem Militär, deren Verwandten und Militärgebieten entdeckten. Die Berichte wurden an einige zivile UFO-Gruppen verschickt, doch Personen, die die Tatsachen an die Öffentlichkeit bringen wollten, wurden von den Treffen ausgeschlossen und bekamen Redeverbot. Es wurde übertüncht und vertuscht. Man fragt sich, wer wirklich hinter den UFO- und Entführungsgruppen steht! Eines Tages rief mich der Leiter einer dieser zivilen Entführungsgruppen an. Er hatte gehört, dass ich zu dieser Schlussfolgerung gekommen sei und gab zu, dass ich völlig richtig läge – er wusste, dass es sich bei vielen ihrer Fälle um militärische Entführungen handelte. Doch diese Tatsache wurde vom Stifter der Gruppe geheim gehalten, und jeder, der diese Information veröffentlichen oder über positive Begegnungen mit Außerirdischen berichten wollte, wurde kurzerhand entfernt. Es stellte sich heraus, dass einer der Hauptsponsoren der prominenten UFO-Entführungsgruppe Prinz S. A. war!

Solche Dinge geschehen mittlerweile routinemäßig. Genau aus diesem Grund habe ich immer versucht, mich an die Wahrheit zu halten, egal, wo sie mich auch hinführen mag. Traurig ist nur, dass sich einige Leute mit ihrer ganzen Persönlichkeit und ihrem Glaubenssystem derart in diese Ideen verstrickt haben, dass sie die Wahrheit nicht ans Tageslicht bringen wollen.

In den 1980ern gab es einen Forscher namens Paul Benowitz. In diesem Fall war ein Beamter des Air Force Office of Special Investigations (AFOSI) involviert. Ein Entführungsopfer des Militärs wurde vorsätzlich zu Paul Benowitz geleitet, damit dieser sich mit supergeheimen Projekten in der Nähe der Kirkland AFB, New Mexico, befasste.

Spätnachts fuhr eine Frau an einer dieser geheimen Einrichtungen vorüber, in denen die Schattengruppe ihre Antigravitationsschiffe testete. Diese Frau sah etwas, was sie nicht hätte sehen sollen – folglich startete man die militärische Entführungssequenz. Man verabreichte ihr eine Chemikalie, sie verlor das Bewusstsein und erhielt ein Implantat. Unter Verwendung fortschrittlicher Techniken der „MK-Ultra"-Machart injizierte man der Frau Erinnerungen einer Entführung durch Außerirdische.

Sie wurde dann von diesen Leuten zu Paul Benowitz geführt, der von ihnen mit einem elektromagnetischen Waffensystem angegriffen wurde. Daraufhin erlitt er einen ernsten Nervenzusammenbruch und musste ins Krankenhaus eingeliefert werden. Es war eine schwerwiegende Tragödie.

All das geschah, weil diese unglückselige Person etwas gesehen hatte, was sie nicht hätte sehen dürfen. Die Deckgeschichte lautete: „Entführung durch Außerirdische", obwohl sie in Wirklichkeit den Test eines nachgebauten Raumschiffs in der Nähe der Kirkland AFB beobachtet hatte. Manche Leute sind einfach zur falschen Zeit am falschen Ort. Doch bevor man es zulässt, dass die Bevölkerung von Geheimprojekten erfährt, die im Besitz von Antigravitationsantrieben sind, führt man inszenierte Entführungen als zweckdienliche Deckgeschichte durch.

Während unserer Untersuchungen in den 1990ern identifizierten wir einige Leute, die Teil dieser Einsatzgruppen waren. Einer von ihnen kam aus der Gegend um Seattle, Washington, ein anderer lebte in Colorado. Letzterer war ein Ranger der US-Armee und wurde in diese segmentierten Programme hineingezogen. Er sagte, es handelte sich dabei um die Ausführung der „Bühnenkunst". Man wurde nur ein einziges Mal bei einer solchen Entführung eingesetzt und dann wieder vom Projekt getrennt. Ich bat ihn darum, eine Zeugenaussage zu machen, doch er hatte große Angst und war sich sicher, dass man ihn umbringen würde, wenn er es täte. Er sagte auch, dass es Menschen gäbe, die andere in der Aufgabe führten, wie Außerirdische aufzutreten. Die „Bühnenkunst" sei bereits perfektioniert und würde jeden glauben lassen, dass die Operation tatsächlich von Außerirdischen durchgeführt werde. Der Mann erzählte auch, dass sie sowohl Elektronik als auch Drogen anwenden würden, um Menschen zu entführen. „Sie haben keine Vorstellung davon, wie viele wichtige Politiker und militärische Schlüsselpersonen oder deren Anverwandte wir entführt haben, damit sie begannen, die Außerirdischen zu hassen und die Star-Wars-Bemühungen zu unterstützen."

Ich antwortete: „Doch, ich glaube Ihnen, denn ich habe mich bereits mit Prinz S. A. getroffen, dessen Bruder von einer verdeckten paramilitärischen Operation entführt worden war, um dieser mächtigen Bankiersfamilie weiszumachen, dass eine Bedrohung existiert. Diese Operationen werden äußerst intelligent geplant und durchgeführt, eine perfekte Täuschung." Die gleichen Details über Art und Zweck dieser Operationen wurden mir von unabhängigen Leuten bestätigt, die an geheimen Programmen von Unternehmen und Militär teilgenommen haben. Die Inszenierungen werden auch in anderen Ländern durchgeführt. Sie dienen exakt dem Ziel, vor dem uns Wernher von Braun eindringlich warnte: Die Bevölkerung auf eine letztlich falsche Bedrohung aus dem Weltraum vorzubereiten, die die „Welt vereinigen" würde, um einem neuen militärisch-industriell-ökonomischen Zentralismus die Macht zu übertragen.

Einige Medienleute und bestimmte Autoren wurden gezielt mit diesen Erfahrungen „beglückt". Präsident Kennedy wurde ermordet, weil er der Wahrheit über die Projekte und den anverwandten Themen zu nahe kam.

25 Außen vor

Präsident Kennedy starb aufgrund einer ungünstigen Konstellation zusammenhängender Themen: UFOs und außerirdische Intelligenzen sind Teil eines ganzen Problemclusters. Dazu gehören das Weltfinanzsystem, die Geheimdienstzentralen, die Schattengruppe, die unsere Gesellschaft über wirtschaftliche, finanzielle und institutionelle Netzwerke kontrolliert sowie korrupte Unternehmensinteressen bezüglich Militär und Regierung.

Jack Kennedy wusste ziemlich genau, was vor sich ging und wollte entschieden einschreiten. Er wollte den militärisch-industriellen Komplex an die Leine nehmen. Zudem hatte er geplant, Frieden mit der Sowjetunion zu schließen und den Kalten Krieg zu beenden. Kurz gesagt: Er wollte die Pläne der Faschisten durchkreuzen. Jack Kennedy war auch intelligent genug zu wissen, dass Marilyn Monroe ermordet worden war, weil sie öffentlich über Außerirdische und ähnliche Dinge sprechen wollte, die er ihr mitgeteilt hatte.

Bobby Kennedy wusste mit Sicherheit davon: Ich habe einen Brief von ihm, in dem er über UFOs und sein Interesse an diesem Thema schreibt, kurz bevor er ermordet wurde.

Aus meinen Quellen geht hervor, dass Jack Kennedy im Herbst 1963 gerade eine Exekutiv-Order in die Wege leiten wollte, die die Dynamik vieler dieser Projekte grundlegend verändert hätte. Er stand praktisch kurz davor, die CIA aufzulösen und wollte die UFO-Angelegenheit enthüllen, damit die Technologien zum Wohle der Menschheit eingesetzt werden könnten. Auch in Vietnam wollte er eine andere Richtung einschlagen. Nun, die ruchlosen Elemente verhinderten all dies. Natürlich brachte man ihn um, bevor diese Veränderungen eintreten konnten.

Ein Mann, der am Kennedy-Attentat beteiligt war, rief mich an, um mit mir über UFOs sowie das ganze Energie- und Antriebsthema zu diskutieren. Dieser Mann war im Hintergrund des Attentats mit der Logistik beschäftigt gewesen. Außerdem war er tief in die Geheimregierung verstrickt, die die UFO-Projekte durchführt und jene Technologien unter Verschluss hält, die unsere Umwelt retten könnten. Seine Bekannten würden über ihn sagen, dass er mehr Menschen getötet habe, als Sie an Händen und Füßen abzählen könnten. Zum Zeitpunkt unseres Gesprächs war er in Projekten tätig, die sich mit Nachbauten von UFO- und „Flugscheiben"-Technologie beschäftigten. Ich habe ihn mehrmals gesprochen und weiß daher persönlich, dass Jack Kennedys Ermordung und viele weitere Morde tatsächlich durchgeführt wurden, um bestimmte Lecks zu stopfen, die diese Themen anrührten.

Als ich mich in England mit Lord Hill-Norton traf – ein Fünf-Sterne-Admiral, „Seelord" und ehemaliger Chef des britischen Verteidigungsstabs – wollte er wissen, warum ihm nie etwas über UFOs erzählt worden sei. Er hatte gehört, dass ich mich mit dem CIA-Direktor getroffen und Clintons Leute informiert hatte. Wir trafen uns in seinem Haus in Hampshire. Es war eines dieser großen, alten Häuser mit dickem, strohbedecktem Dach – ein wundervoller Ort. Wir nahmen in seinem Wohnzimmer in zwei Ohrensesseln Platz. Er saß zu meiner Rechten, hatte einen kleinen Block in seiner Hand, stellte mir Fragen und notierte akribisch die Antworten. Er wollte alles wissen, was ich wusste. Lord Hill-Norton war ein beeindruckender, kleinwüchsiger Mann mit stechend blauen Augen. An einem bestimmten Punkt fragte er mich: „Warum sollte man mich nicht darüber informiert haben? Ich war der Chef des Verteidigungsstabs, des MI-5 und MI-6 und all der anderen sensiblen Operationen in Großbritannien. Ich war auch der Vorsitzende des Militärausschusses der NATO! Solange ich in diesen Positionen war, habe ich nie etwas darüber gehört. Ich erfuhr erst später davon, und zwar durch Leute wie Lord Mountbatten. Warum hat mich niemand darüber unterrichtet?" Er war verärgert darüber, dass er „außen vor" stand, genau wie Admiral Tom Wilson, der Leiter des Geheimdienstes und Generalstabs, wie der CIA-Direktor James Woolsey und all die anderen. Ich sagte: „Sir, lassen Sie mich diese Frage mit einer Gegenfrage beantworten: Was hätten Sie getan, wenn Sie herausgefunden hätten, dass es eine transnationale Gruppe gibt, die keiner Regierung der Welt Rechenschaft schuldig ist, aber dennoch die bedeutenden Teile jeder Regierung unterwandert hat; die sich selbst, durch kriminelle Unternehmungen und skrupelloses Verhalten (inklusive Morde und Attentate), in den illegalen Besitz der wichtigsten jemals entdeckten Technologien gebracht hat, Technologien, die interstellare Reisen ermöglichen, Technologien, die die ganze Welt aus der Abhängigkeit von fossilen Brennstoffen befreien könnten, die Umwelt retten und die Armut beenden könnten; und dass diese Gruppe sich keinen Deut um das Gesetz, die Demokratie, die Freiheit und ebenso wenig um das Wohlergehen jedes Menschen oder die Zukunft des Planeten Erde schert? Was hätten Sie getan?" Er rief aus: „Ich hätte dies nicht eine einzige Sekunde geduldet!" Ich sagte: „Genau aus diesem Grund hat man Ihnen nie davon erzählt. Sie haben sich Ihre Frage selbst beantwortet." Er fragte: „Wie meinen Sie das?" Ich sagte: „Wenn Sie Bescheid gewusst hätten und dies Ihre Antwort gewesen wäre, dann hätten Sie geendet wie Jack Kennedy oder Lord Mountbatten – ermordet durch eine angebliche IRA-Bombe, die eigentlich von den dunklen Schurken gezündet wurde. Letztlich wäre mit Ihnen dasselbe geschehen wie mit Marilyn Monroe, Mary Meyer und all den anderen Leuten, die dafür umgebracht wurden, dass sie nicht länger schweigen wollten. Genau dasselbe wäre mit Ihnen passiert." Ich ergänzte: „Wie es übrigens, unglücklicherweise, auch einem aus unserer Gruppe widerfahren ist – dem früheren CIA-Direktor Bill Colby." Er sah mich nur an. Dann murmelte er etwas wie: „Diese Bastarde!"

Worüber Sie informiert werden und was man Ihnen verschweigt, hängt allein davon ab, inwieweit die Insider der Schattengruppe davon ausgehen, dass Sie Geheimnisse für sich behalten können. Halten diese Leute Sie für einen Rebellen, der sich ihren Plänen entgegenstellt, sobald er bemerkt, wie wertvoll diese Informationen und wie kriminell die ganze Unternehmung ist, wird man Ihnen die Informationen nicht anvertrauen. Denn in diesem Fall müsste man Sie umbringen.

Mein militärischer Berater kannte solche inoffiziellen, schwer zugänglichen Projekte und erklärte mir, wie diese operierten. Nehmen beispielsweise zehn Leute an einem inoffiziellen Projekt teil, dann wissen nur diese zehn Leute, was innerhalb des Projektes vor sich geht. Wenn Sie in dieser Gruppe aus der Reihe tanzen, dann, so sagte er, gäbe es eine Kugel mit Ihrem Namen darauf, die Sie finden würde. Sind Sie dagegen nicht Teil dieser Zelle, ist es egal, welchen Rang und Namen Sie haben: Sie werden nie von deren Existenz erfahren.

Eines der Projekte wurde von Admiral Harry Trane geleitet, der später zum SAIC ging. Kurz bevor das Projekt geschlossen werden sollte, damit es seine Form wandeln konnte, um an anderer Stelle wieder emporzusprießen – damit das Hütchenspiel weitergehen kann –, versammelte der Admiral alle seine Männer um sich und sagte: „Vielen Dank für euren Dienst; ihr habt gerade an einem x-milliarden Dollar schweren, inoffiziellen Projekt teilgenommen. Aber nun ist es an der Zeit, dessen Aussehen zu verändern." Dann schlossen sie es. Ich arbeite mit vielen Menschen zusammen, die an solchen Projekten teilgenommen haben.

Einer unserer Zeugen heißt Merle Shane McDowell. Er war gerade im Dienst beim Atlantischen Kommando in Norfolk, Virginia, als ein UFO enormen Ausmaßes aus dem Weltraum auftauchte, die nordöstliche Meeresküste entlang flog und letztlich von mindestens fünf verschiedenen militärischen Radarstationen erfasst wurde. Das Kontrollzentrum, in dem er sich befand, ging umgehend in den Alarmzustand „Code Zebra". Um bei dieser höchsten Alarmstufe in der Einrichtung bleiben zu können, müssen Sie Zebrastreifen auf Ihrer Dienstmarke tragen.

Jeder Anwesende ohne Zebrastreifen, der nicht innerhalb von 60 Sekunden die Kommandozentrale verlassen hat, wird von den Marinesoldaten erschossen. Als sich besagter Vorfall ereignete, war Admiral Harry Trane der CINC – der zuständige Kommandeur des Atlantischen Kommandos. Merle Shane McDowell erzählte mir, dass der Admiral wirklich beunruhigt gewesen sei, weil sich dieser Vorfall seiner Kontrolle entzogen habe. Er habe daraufhin befohlen, das außerirdische Schiff herunterzuholen und ließ Jets die östliche Küste hinauf- und hinunterjagen, die es abfangen sollten. Doch das UFO habe sich während einer Umdrehung des Radars von der Küste New Englands zur Küste Floridas bewegt und in einer weiteren bis nach Norfolk. Schließlich sei es in Richtung Azoren verschwunden. Ein Pilot sei dem Objekt nahe genug gekommen, um es zu photographieren. McDowell habe dieses Photo zu Gesicht bekommen, das ein riesiges, langes, zylindrisches Schiff gezeigt hätte. Über den Azoren habe es sich um 60 Grad geneigt und sei in Sekundenbruchteilen im Weltraum verschwunden.

In den frühen 1980ern war Admiral Trane offensichtlich noch nicht über die UFOs in Kenntnis gesetzt worden, denn McDowell berichtet: „Der alte Mann war völlig fassungslos." Er habe mit diesem Ding nichts anfangen können! Sie hätten eine Kommunikationsverbindung zur Sowjetunion hergestellt, um herauszufinden, ob es sich um eine russische Rakete oder etwas

Derartiges handelte. Doch die Sowjets antworteten: „Das kam sicher nicht von uns." Es stammte auch nicht aus Europa oder aus Amerika.

Später seien Geheimagenten in Anzügen hereingekommen und hätten jeden zur Rede gestellt, der diese Begegnung miterlebt hatte. Sie hätten ernsthafte Drohungen ausgesprochen.

Einer der Gründe, warum ich viele Kommandeure des Militärs über diese Themen informiere, besteht darin, dass sie in eine ähnliche Situation geraten könnten ohne zu wissen, wie sie sich verhalten sollen. Die operationelle Bereitschaft wurde durch die Geheimhaltung der parallel tätigen Schattengruppe untergraben – sie wusste, was vor sich ging, aber behielt es für sich. Admiral Trane befahl militärische Maßnahmen, um das außerirdische Raumschiff vom Himmel zu holen, weil er zu jener Zeit nicht wusste, mit was er es zu tun hatte! Das ist unvernünftig und extrem gefährlich.

Nach dem Militärdienst ging Admiral Trane durch die Drehtür des militärisch-industriellen Komplexes geradewegs zum Kronjuwel der Schattenregierung: Science Applications International Corporation, SAIC.

Vor ein paar Jahren hatte unser militärischer Berater die Gelegenheit, Admiral Trane zu begegnen und ihn mit diesen Fragen zu konfrontieren. Admiral Trane hörte ihm zu, wurde dann sehr kleinlaut und sagte: „Ich möchte dieses Thema nicht diskutieren." Er nahm dann den Gesprächsfaden genau an dem Punkt wieder auf, bevor das UFO-Thema zur Sprache kam und setzte die Diskussion nahtlos fort. Solche Leute werden darauf trainiert.

Mrs. Boutros-Ghali, die Frau des UN-Generalsekretärs, ist langjährige Förderin und Mitglied von CSETI und dem *Disclosure Project*. Sie war lange Zeit mit einem sehr hochrangigen Senator befreundet. Ich warnte sie, dass dieser mit ziemlicher Sicherheit einer der Schlüsselfiguren der geheimen Gruppe sei. Daraufhin konfrontierte sie ihn mit dem Vorwurf. Er hörte ihr zu und sah sie eindringlich an. Als sie fertig war, nahm er den Faden des Gesprächs genau an der Stelle auf, *bevor* sie auf das Thema UFOs zu sprechen kam und führte das Gespräch ansatzlos weiter. Als hätte sie es nie erwähnt, schnitt er einfach den Teil des Gesprächs heraus, der sich um UFOs gedreht hatte. Sie fand das wirklich bemerkenswert.

Auch ich habe das bei manchen Leuten beobachtet. Dadurch war es mir möglich, die wirklich gut ausgebildeten Spitzenkräfte der Schattenregierung ausfindig zu machen, darunter ein früherer US-Präsident und zwei ehemalige Verteidigungsminister.

Mitte der 1990er lud mich jemand ein, der Senator Barry Goldwater kannte. Viele von Ihnen erinnern sich vielleicht daran, dass er der Senator von Arizona war, der sich 1964 zur Präsidentschaftswahl aufstellen ließ und diese verlor. Außerdem war er ein General der Reservekräfte der Air Force.

Ich begab mich zu Senator Goldwaters Haus nahe Scottsdale, Arizona, das sich auf einem Hügel befand, von man die Stadt überblicken konnte. Der Senator war schon Mitte 80, immer noch äußerst scharfsinnig und sehr an unserem Projekt interessiert. Wir hatten ihm unsere gesamten Materialien zukommen lassen, über die er sehr dankbar war.

Er erzählte mir folgende Geschichte: In den 1960ern war er eng mit General Curtis Lemay befreundet – genau, der „Bombt-sie-zurück-in-die-Steinzeit"-Lemay.

Senator Goldwater, der damals in der Luftwaffe als Pilot diente, hatte durch sehr glaubwürdige und ihm persönlich bekannte Quellen von UFOs erfahren. Er hatte zudem gehört, dass einige Reste eines „abgestürzten" UFOs in New Mexico in der Wright-Patterson AFB gelandet seien.

Trotz seines hohen Postens hatte Mr. Goldwater selbst über verschiedene Kanäle nie mehr Informationen zu dem Thema erhalten können. Er ging also zu General Curtis Lemay und fragte ihn, ob dieser es für ihn einrichten könne, in den „Blauen Raum" innerhalb der Foreign Technology Division der Wright-Patterson AFB zu gelangen, um die UFO-Teile zu begutachten. Lemay und er waren immer gute Freunde gewesen, doch Curtis Lemay blickte ihm tief in die Augen und sagte: „Verdammt, Barry. Nicht einmal *ich* darf in diesen Bereich, und solltest du das Thema je wieder ansprechen, werde ich persönlich dafür sorgen, dass du vor dem Militärgericht der Air Force landest!"

Dies sagte er zu einem US-Senator, Präsidentschaftskandidaten und General der Air Force Reserve! Ich saß im Wohnzimmer des Senators und fragte: „Mein Gott, hat er das ernst gemeint?" Er antwortete: „Es war ihm todernst. Ich habe ihn nie wieder darauf angesprochen!"

Diese Geschichte kann Ihnen einen Eindruck von der Angst und extremen Geheimhaltung vermitteln, die mit dem Thema einhergehen, und die selbst vor Leuten wie Barry Goldwater nicht haltmacht, dem Gründer des konservativen Flügels der Republikaner. Er war erzkonservativ, befürwortete das Militär und hätte im Namen Amerikas sein Leben gelassen. Und hier drohte ihm ein Freund und Kamerad mit dem Militärgericht!

Senator Goldwater bestätigte mir, wie wundervoll er unsere Arbeit fände und fragte, wie er uns weiterhelfen könne. Ich antwortete: „Wir versuchen genügend Leute zu finden, die detailliertes Wissen auf einer so signifikanten Ebene besitzen, dass wir das UFO-Thema glaubwürdig an die Öffentlichkeit bringen können. Es ist an der Zeit, dass die Geheimhaltung beendet wird …"

Goldwater sagte: „Sie haben vollkommen Recht! Es war schon damals ein schrecklicher Fehler, die Sache überhaupt unter Verschluss zu halten, und das ist es auch heute noch!"

Dann sprachen wir darüber, wer an der geheimen Schattengruppe beteiligt ist. Nachdem ich eine Reihe von Namen durchgegangen war, fragte ich schließlich: „Kennen Sie Admiral Y. N.?" – „Sicher. Wir sind lange Jahre befreundet gewesen." – „Verdammt. Er ist wie die Nummer 3 bei MJ-12." Goldwater war schockiert: „Wirklich?"

Ich bejahte und ergänzte, dass er zum Schlag eines Edward Teller gehöre, der eine Schlüsselfigur bei diesen Projekten gewesen sei.

Er fragte: „Was soll ich tun?" – „Könnten Sie den Admiral für mich kontaktieren und ihn fragen, ob er sich mit mir treffen würde, um mit mir über das Thema zu sprechen und herauszufinden, wie wir kooperieren können, um diese Informationen effektiv und sicher an die Öffentlichkeit zu bekommen?" – „Gut, ich werde mein Möglichstes tun." Und das tat er.

Einige Wochen später rief mich Senator Goldwater zurück: „Oh mein Gott! Ich darf den Admiral nie wieder darauf ansprechen!"

Er erzählte mir sehr wortreich, dass Admiral Y. N. ihn regelrecht zerpflückt hätte und mit keiner einzigen Person über dieses Thema diskutieren würde. Dieser Admiral hatte verschiedene ranghohe Posten in der Regierung inne, und von einer dieser Positionen heraus gelangte er ins Führungsgremium der Science Applications International Corporation, SAIC. Alles klar?

Admiral Y. N. ist ganz sicher eine der Schlüsselpersonen – und das seit Jahrzehnten.

Später sprach ich mit Joanne Goldwater, einer der Töchter des Senators und Geschäftsführerin von Goldwater Foods in Arizona. Sie sagte: „Mein Vater kann Ihnen wirklich nicht mehr helfen, näher an diese Leute heranzukommen … Was immer der Admiral ihm damals gesagt hat, es hat ihm fürchterliche Angst eingejagt." Ich sagte: „Das ist völlig in Ordnung. Wir sind eine freiwillige Vereinigung und jeder hat seine Grenzen. Ich bitte Niemanden darum, Dinge zu tun, bei denen er sich nicht wohl fühlt und schätze Ihren Vater für das, was er getan hat."

Im gleichen Zeitraum kam mir zu Ohren, dass Vizepräsident Humphrey im Geheimen zur Kirkland AFB und in die Sandia Labs gereist sei, um sich einen Überblick über die dortigen UFO-Technologie-Projekte zu verschaffen. Er hatte erfahren, dass es Geheimprojekte gebe, die mit außerirdischen Materialien experimentierten. Ein Zeuge, der damals in Sandia Labs an den UFO-Projekten arbeitete und speziell mit der Elektronik der nachgebauten Raumschiffe beschäftigt war, hatte ihn beobachtet.

Vizepräsident Humphrey kam zu dieser Einrichtung, um zu sehen, was dort vor sich ging. Doch man sagte ihm: „Sir, Sie sind nicht berechtigt, in diese Bereiche vorzudringen. Sollten Sie noch einen Schritt weitergehen, müssen wir Sie erschießen." Ich fragte den Mann: „Meinten die das ernst? Wollten Sie wirklich den Vizepräsidenten der USA erschießen?" Er antwortete: „Absolut. Er wäre ein toter Mann gewesen."

26 Das neue Zeitalter

Tritt eine Inkarnation Gottes – die verkörperte Gottheit selbst – auf den Plan, belebt diese jeden Aspekt der Schöpfung: eine Art spiritueller Frühling. Sie regeneriert den Geist, das Wissen sowie den Intellekt. In den tieferen geistigen Schichten, innerhalb aller Dinge und Wesen, erfüllt sich das, was wir den göttlichen Plan nennen.

Dieser Plan wird mit der Substanz der Schöpfung verwoben und erweckt jede Kreatur bis zum kleinsten Atom zu neuem Leben. Alles wird grundlegend verändert. Ganz plötzlich – „spontan" – kommt es zu außerordentlichen wissenschaftlichen Durchbrüchen, Gemeinschaftsgedanken und spirituellen Ideen. Die Menschen wachsen zusammen. Der enorme Wandel und Fortschritt der Wissenschaft und des Denkens im letzten Jahrhundert gründet sich auf die spirituelle Kraft und den göttlichen Plan.

Der spirituelle Zyklus bildet die Basis einer völlig neuen Welt. Mag diese Ära auch erst in den Anfängen stecken, so entfaltet sie sich dennoch bereits in uns selbst und in unserem Umfeld. Der Plan vollzieht sich, selbst während rückwärts gerichtete Kräfte mit aller Macht, aber vergeblich, versuchen, den Prozess aufzuhalten.

Doch dieser wird nicht von allein geschehen, sondern durch uns. Das ist das Interessante daran, ein Mensch zu sein. Jeder Mensch, mag er auch noch so unscheinbar sein, trägt das gesamte Universum in sich. Tief in unserem Innern kennen wir die ganze Wahrheit. Alles ist in uns verborgen. In Wirklichkeit gibt es keinen Unterschied zwischen Innen und Außen: „Jedes Hier ist Dort."

Wir alle haben ein neues Potential erreicht. In allen Wesen des Universums existiert eine neue Fähigkeit. Der Zyklus, in dem wir uns nun befinden, ist nicht nur ein Zyklus des Weltfriedens, sondern eines universellen Friedens. Die Kriegstreiber, die seit tausenden von Jahren wild entschlossen unsere Galaxis mit Krieg überziehen, liegen völlig daneben. Egal, wie stark die rückwärts gerichteten Elemente unserer Gesellschaft auch dem alten Paradigma endlosen Krieges verfallen sein mögen: Diese Zeit wird bald vorüber sein. Wir treten in eine Ära ein, in der es auf der Erde für die nächsten 500.000 Jahre Frieden geben wird!

Vor unseren Augen entfaltet sich der Todeskampf des alten Paradigmas. Kurz vor der Dämmerung ist es am dunkelsten; oft stürmt es am heftigsten, bevor wieder Ruhe einkehrt – und auch vor einer neuen Ära sind die Zeiten beschwerlich und trügerisch. In dieser stürmischen Zeit leben wir. Die letzten 100 bis 150 Jahre sind Zeugen eines enormen Wandels auf allen Ebenen: spirituell, kosmologisch, sozial, religiös, politisch, wissenschaftlich – kein Bereich blieb von diesem Wandel ausgeschlossen.

In den letzten 150 Jahren gab es größere Umbrüche als in den zehntausend Jahren zuvor. Wie konnte es dazu kommen? Weil zu Beginn dieses neuen Weltzeitalters die Gottheit auf den Plan trat und die neue Zeit manifestierte. In den himmlischen Lichtwelten des Wissens, im spirituellen Bereich, existiert sie bereits. Wir können in uns hineingehen und dieses Wissen sehen – es ist wundervoll!

Was die geheime Agenda der von der alten Welt Abhängigen betrifft: Alles ist in Bewegung. Mir wurde von Insidern aus den höchsten Ebenen gesagt, dass noch alles offen sei: Noch sind beide Wege möglich. Aus diesem Grund müssen wir bis zum letzten Atemzug bestrebt sein, die neue Welt des universellen Friedens hervorzubringen. Je mehr Menschen sich dieser betrügerischen und manipulativen Agenda bewusst sind, desto besser für uns alle. Wenn wir nämlich davon wissen, können wir es vermeiden, in die Torheit der Star-Wars-Pläne getrieben zu werden. Wissen ist Macht.

Seit dem 11. September wurde viel manipuliert, aber gewisse Elemente haben das Spiel übertrieben. Dadurch ist vielen Menschen bewusst geworden, dass eine dunkle Agenda existiert, die nichts mit der Sicherheit der Vereinigten Staaten oder der Welt zu tun hat. Schon vor dem 11. September sprachen wir von dem bevorstehenden Ablauf, der uns von verschiedenen Seiten zugespielt worden war: Dass der Kalte Krieg den Weg für die Schurkenstaaten ebnen würde, worauf eine Phase des globalen Terrorismus folgen würde und schließlich eine Bedrohung aus dem Weltraum, in Form eines Asteroiden oder durch Außerirdische.

Sie sehen, dass das Spiel bereits sehr weit fortgeschritten ist, und alles hängt davon ab, wie viele Leute sich noch betrügen lassen. Die andere Frage lautet, ob innerhalb der geheimen Programme immer noch genügend Willenskraft existiert, einen kosmischen Golf von Tonkin loszubrechen.

Innerhalb dieser Projekte gibt es eine Menge Menschen, die von der tatsächlichen Agenda nichts ahnen. Es ist extrem segmentiert. Von den 200 bis 300 Menschen der globalen Führungsriege der Programme kennen nur ganz wenige den vollständigen Plan und damit meine ich den allerschwärzesten. Nur etwa zwei Dutzend Menschen kennen diesen Plan auf der Ebene, die ich beschreibe. Durch die Segmentierung der Projekte wird das Ganze außerordentlich stark kontrolliert.

Eines unserer Hauptziele besteht darin, diese Ebene des Plans den wohlmeinenden Menschen innerhalb der geheimen Gruppe mitzuteilen. Es gibt Abtrünnige, die sagen: „Da werde ich nicht mitspielen. Ich habe die Geheimhaltung nur befürwortet, damit die Technologien nicht von unseren Feinden zu Kriegszwecken eingesetzt werden" oder „Ich habe darüber geschwiegen, um das Weltfinanzsystem nicht zu destabilisieren" oder „Ich war für die Geheimhaltung, da ich sichergehen wollte, dass nicht von heute auf morgen die gesamte Ölindustrie zusammenbricht". Wenn diese Leute jedoch einige der von mir beschriebenen Pläne erfahren, werden sie innehalten und nachdenken.

Von den tausenden Menschen, die in diesen Projekten beschäftigt sind, und von den hunderten aus der strategischen Führungsriege werden die Meisten belogen, was das ultimative Ziel betrifft.

Deshalb ist es sehr wichtig, den Leuten, die innerhalb der Operationen tätig sind, nichts zu unterstellen. Viele von ihnen sind Menschen guten Willens, die unwissend manipuliert werden. Aus diesem Grund rufen mich einige der Schlüsselpersonen aus der Gruppe an und sagen: „Machen Sie weiter damit. Wir wollen das in Ordnung bringen." Einer von ihnen schickte mir folgende Nachricht: „Geben Sie niemals, niemals, niemals, niemals, niemals, niemals, niemals, niemals, niemals, niemals, niemals, niemals, niemals, niemals auf."

Selbstverständlich ist dies leichter gesagt als getan: Meine beste Freundin wurde umgebracht, ich hatte metastatischen Krebs, hängte meinen „Alltagsberuf" an den Nagel, habe nebenbei Kinder großzuziehen, die aufs College gehen wollen, wurde im Internet als Hexer beschimpft und so weiter und so fort. Es ist es oft genug demoralisierend und schwer, einfach weiterzumachen. Am schwersten fällt es, ständig in Bewegung zu bleiben.

Einige Leute innerhalb der supergeheimen Projekte sind sehr dankbar für das, was wir tun. Als unser Projekt begann, stand vielleicht ein Drittel der Kontrolleure innerhalb dieser Gruppe hinter uns und unterstützte die Enthüllung; mittlerweile sind es 45 bis 50 Prozent. Allerdings gibt es immer noch ein sehr mächtiges und mitleidsloses Element an der Spitze. Der frühere CIA-Direktor Bill Colby war ein Präzendenzfall: Abtrünnige auf dieser Ebene können nicht toleriert werden.

Doch das ist schon fast ein Jahrzehnt her und die Dinge verändern sich. Sie können niemals die Zukunft vorhersagen, indem Sie in die Vergangenheit blicken, ganz besonders nicht in dieser Zeit. Überall blühen neue Entwicklungen auf. Wir sollten die Leute innerhalb der Kontrollgruppe als lernfähig betrachten, denn auch diese können ein tieferes Verständnis erlangen. Viele werden aussagen und uns unterstützen.

Ich hatte einen wiederkehrenden, luziden, präkognitiven Traum, in dem ich mich an einem bestimmten Ort im Südwesten Amerikas befand, wo ich bei Tageslicht ein außerirdisches Schiff in die Gegend lotste und Kontakt herstellte. Aus dem Schiff trat ein sehr alter, spiritueller Diplomat, ein Ältester der Außerirdischen. Es handelt sich um ein friedliches, offenes Ereignis, das von den freundlichen Teilen der geheimen Militärprogramme unterstützt wird.

Diese unglaubliche Begegnung wurde mir in den frühen 1990ern gezeigt. Ich denke, dass sich die Wahrscheinlichkeit ihres Eintreffens im Verlauf der Zeit noch erhöhen wird.

Doch wann begannen all die supergeheimen Projekte eigentlich? Es gibt sogar schwarze Projekte und Materialien aus der letzten Jahrhundertwende und aus dem Ersten Weltkrieg, die immer noch nicht deklassifiziert wurden! Schon seit tausenden von Jahren existieren in unserer Gesellschaft Personen, die diese Art von Geheimhaltung ausüben.

Kartelle sind keine Erfindung der Neuzeit. Seit Menschengedenken führen Geheimbünde ihr Dasein, die im Verborgenen die Macht an sich reißen wollen. Sie haben sich beständig gewandelt und sich den Erfordernissen der Zeit und des Ortes sowie den politischen und technologischen Umständen angepasst.

Ganz gewiss aber gab es im 20. Jahrhundert verdeckte Programme, die mit wichtigen industriellen Interessen verknüpft waren. Sie wussten von diesen Technologien – insbesondere von sogenannten elektromagnetischen Freie-Energie-Systemen, die Tesla erfunden hatte. Selbst Faraday hatte in einigen seiner Experimente aus dem 19. Jahrhundert einen Over-Unity-Effekt entdeckt. Die Entdeckungen wurden von gewichtigen Interessengruppen unterdrückt und für lange, lange Zeit unter einem Mantel des Stillschweigens verwahrt.

Im 19. Jahrhundert – der Ära der Vanderbilts, Rockefellers und Standard Oil – waren mächtige Interessen zugegen, die Entwicklungen auf dem Gebiet der Freien Energie geheim halten wollten. Es gab eine Zeit, in der die Standard Oil ein höheres Einkommen hatte als die Regierung der USA! So riesig und mächtig war dieses Unternehmen, das von der Rockefeller-Familie kontrolliert wurde. In dieses monopolistische, industrielle Umfeld traten Genies wie Tesla, T. Townsend Brown und andere mit ihrer sogenannten Nullpunktenergie, den Freie-Energie-Maschinen und frühen Hochspannungs-Antigravitationssystemen.

Schon im späten 19. Jahrhundert fanden sich Berichte über außerirdische Raumschiffe – beispielsweise den berühmten „Airship Scare" von 1896. Von einer absolut vertrauenswürdigen Quelle erfuhr ich, dass General McArthur 1930 an der Bergung eines außerirdischen Objektes in China beteiligt war. Es gab also Programme, die sowohl die außerirdische Angelegenheit observierten, als auch gleichzeitig versuchten, die Technologien der nächsten 100 Jahre unter ihre Kontrolle zu bekommen.

Der nächste Quantensprung für diese Programme kam während des Zweiten Weltkriegs. Während wir mit der Entwicklung thermonuklearer Waffen und den ersten Weltraumerkundungen beschäftigt waren, gab es Programme, die Antriebssysteme entwickelten, die wie Fliegende Untertassen aussahen. Daran beteiligt waren von Braun, Edward Teller, Dr. Vannevar Bush und andere. 1936 und 1937 entwickelte Goddard einige von Teslas Arbeiten weiter. Man stahl Teslas Aufzeichnungen zur Antigravitation und verkaufte sie Mitte der 1930er Jahre an die Nazis.

Doch in dem Augenblick, als wir so fortschrittlich wurden, dass wir sowohl thermonukleare Waffen als auch geheime Antigravitationsantriebe benutzten, wurden die außerirdischen Wesen, die seit tausenden von Jahren die Erde beobachten, sehr besorgt. Sie wussten, dass diese Art der technologischen Entwicklung bald zu interstellaren Reisen führen würde. Da existieren also ein paar Menschen auf der wunderschönen Erde, die innerhalb weniger Jahrzehnte von Pferden über Autos bis zur Antigravitation, elektromagnetischen Waffensystemen und thermonuklearen Anlagen gelangten. Man müsste wirklich galaktisch hirntot sein, um darüber nicht zutiefst besorgt zu sein!

Zur Zeit des Zweiten Weltkrieges nahmen außerirdische Erkundungen und begrenzte Einflussnahmen zu. Die ETs versuchten, die Geschwindigkeit zu drosseln, mit der wir auf die destruktive Bahn gerieten. Beim *Disclosure Project* haben wir militärische Zeugen, die beschreiben, wie außerirdische Raumschiffe Interkontinentalraketen aus der Vandenburg Air Force Base und über dem Südatlantik abfingen. Sie wollten unsere wilde Jagd in die sichere gegenseitige Zerstörung aufhalten.

Menschen wie Oberst Diedrikson, der bei der Atomenergiebehörde beschäftigt war, beobachteten eine Häufung außerirdischer Vorfälle über kerntechnischen Anlagen. Er wusste persönlich von einem Vorfall, bei dem eine Interkontinentalrakete abgefangen wurde, die speziell für eine Explosion auf dem Mond entwickelt worden war. Die Außerirdischen fingen sie ab, bevor sie aus der Atmosphäre treten konnte. In den 1940ern schossen wir außerirdische Raumschiffe in der Nähe von Roswell, New Mexico, ab, das zur damaligen Zeit unsere einzige nukleare Basis war. Wir haben ein FBI-Dokument, das an J. Edgar Hoover gerichtet ist und besagt, dass ein speziell eingestelltes Radarsystem die UFOs abstürzen ließ.

In den 1960ern hatten wir die „Mittel, um zu den Sternen zu reisen", wie Ben Rich [der verstorbene ehemalige Leiter der Lockheed Skunk Works] erklärte. Klandestine Geheimprojekte hatten elektromagnetische Systeme entwickelt, die das Bewusstsein verändern und Menschen Schaden zufügen konnten. Nebenbei bemerkt hatte Tesla bereits ein funktionsfähiges Antigravitationssystem getestet, bevor die Gebrüder Wright überhaupt vom Erdboden abhoben! Während der Regierungszeit von Präsident Eisenhower verloren diese Projekte dann jeden Anschein von Verfassungsmäßigkeit und Legalität, und seitdem sind sie völlig außer Kontrolle geraten. Die Schattenregierung fiel Eisenhower in den Rücken.

Ein wahrhaft kosmischer Augenblick 27

Ich erfuhr von Menschen wie Catherine Austin Fitts – die während der ersten Bush-Administration stellvertretende Ministerin für Wohnen und Städteplanung gewesen war –, dass riesige Summen von Schwarzgeldern durch Attrappenprogramme aus jeder Agentur in die schwarzen Projekte geschleust wurden. Als sie dies entdeckte, gab man ihr den Laufpass und versuchte, sie beruflich und finanziell zu zerstören. Wir reden hier von einer glaubwürdigen Person aus der Regierung, die an der Spitze einiger Top-Investmentbanken des Landes gearbeitet hat. Wie meine Freunde im Pentagon sagen: „Eine Milliarde hier, eine Milliarde da, und schon bald reden wir über echtes Geld." Tausende von Angestellten sind in diesen verschiedenen Projekten beschäftigt, doch keiner weiß genau, woran eigentlich gearbeitet wird. Jemand könnte an einer kleinen Vorrichtung arbeiten, in einer Abteilung, die Teil einer größeren Abteilung ist, die wiederum Teil einer noch größeren ist – und all das wird scharf kontrolliert. Die Kontrollgruppe, die die Regeln bestimmt, besteht aus 200 bis 300 Menschen und ist staatenübergreifend. Auf keinen Fall ist die USA das Hauptzentrum ihrer Aktivitäten. Wichtige Vertreter dieser Gruppe kommen aus China, Lateinamerika, dem Vatikan, Europa und Russland. Staatsgrenzen und nationale Belange bedeuten dieser Gruppe nichts. Es handelt sich um keine Regierung in der Art, wie Sie und ich uns das vorstellen würden. Die Gruppe hat wirtschaftliche, monetäre, transnationale und religiöse Interessen; sie zieht die Fäden, an denen die Marionetten der Regierung hängen. Eine einzelne sehr mächtige Gruppierung darin sind die Unternehmen der Mormonischen Kirche. Die Spitze der Mormonen hat ausgedehnte finanzielle und wirtschaftliche Besitztümer, die mit den geheimen Programmen in Verbindung stehen, doch hat die Masse der Gläubigen damit nichts zu tun. Es wird ihnen von außen aufgezwungen … In meinen Vorträgen sage ich immer: „Was, die CIA? Das sind Mietzekätzchen dagegen." Diejenigen, über die man sich wirklich Sorgen machen muss, sind die Subunternehmer, die für Lockheed oder E-Systems arbeiten oder die, die von der Gruppe beauftragt werden und sich dem Teufel verschrieben haben, eine Motorradbande. Diese Untergruppe der Hell's Angels führt Folterungen, Menschenopfer und Vivisektionen durch – bei denen man bei lebendigem Leib aufgeschnitten wird –, um die Geheimhaltung von bestimmten Themen durchzusetzen.

Ich kenne einen Energieforscher, der mit einem Opfer der Devil's Disciples (Jünger des Teufels) zusammenarbeitete. Diese Teufelsjünger tragen Halsketten mit Zähnen von jeder Person, die sie getötet haben. Auch diesem Opfer schlugen sie einen Zahn heraus, machten ihn fertig und überließen ihn dem Tod, doch er überlebte. Heute ist er sehr menschenscheu und meidet Gesellschaft.

Die Devil's Disciples handeln im Auftrag einiger krimineller Schattenunternehmen, die den gewalttätigen Arm der Geheimhaltung darstellen.

Viele Sicherheitsaufgaben werden an traditionelle Security-Unternehmen wie Wackenhut abgegeben. Doch dann gibt es eben auch die weniger orthodoxen „Auftragnehmer".

Ein Bekannter aus den Geheimoperationen in Arizona gelangte in den Besitz des Carp-Videos, auf dem man entweder ein ARV oder ein echtes ET-Raumschiff sieht, wie es außer Kontrolle gerät und in der Nähe einer militärischen Einrichtung in Kanada abstürzt.

Während der Bergung filmte eines der Spezialteams das Raumschiff. Die Person hinter der Kamera nahm verdeckt auf, deswegen ist der Film ziemlich verwackelt. Ich erhielt ihn zusammen mit zwei Photographien, auf denen möglicherweise zwei Außerirdische zu sehen sind.

Film und Kameramann gelangten an eine Person, die in den schwarzen Programmen mitmischt, aber sich selbst als besorgter UFO-Forscher und Analyst für Digitalbilder ausgibt. Er stellte dieser Person, die den Film gemacht hatte, ein „sicheres Versteck" auf seiner Ranch in Arizona zur Verfügung. Ich glaube nicht, dass das Haus überhaupt gesichert war. Eines Tages kam der „Beschützer" zurück auf die Ranch – und an den Pfahl des Postkastens war ein Beutel genagelt, in dem sich ein Finger und ein kleines Stück Papier mit der Aufschrift „TWEP" befand – „terminate with extreme prejudice" (Gnadenlos ermordet). Die Person tauchte nie wieder auf und man vermutet, dass sie umgebracht wurde. Diese Geschichte erfuhr ich vom Besitzer der Ranch.

Oft befinden sich bestimmte Leute in Schlüsselpositionen, weil ihre Familie über Generationen darin verwickelt war – und immer noch ist. Ich erwähnte beispielsweise James Jesus Angleton, der das Abhörprotokoll von Marilyn Monroe unterzeichnete. Ich wurde von seinem Nachfahren kontaktiert, der sehr reich ist und mit der verdeckten Gruppe zu tun hat, aber nicht mit der CIA. Alle wirklich wichtigen Sachen geschehen außerhalb der CIA, in der privaten Welt. Nach der *Disclosure-Project*-Veranstaltung rief er mich an und sagte: „Sie haben unser Vorhaben, diese Informationen an die Öffentlichkeit zu bringen, um sechs bis zwölf Jahre verkürzt." Ich antwortete: „Gut." Dann ergänzte er: „Wir arbeiten gemeinsam mit der NATO an diesem Material; es gibt eine Abteilung innerhalb des NATO-Hauptquartiers in Europa, die damit beschäftigt ist. Doch wir planen – und wir würden uns wünschen, dass Sie dabei mit uns kooperierten –, in wenigen Jahren den führenden politischen, militärischen und religiösen Köpfen der Welt mitzuteilen, dass wir ETs entdeckt haben und Beweise dafür vorliegen, dass wir nicht allein im Weltraum sind." Ich sagte: „Dafür ist es ein bisschen zu spät, meinen Sie nicht auch?!" Er versuchte mich davon zu überzeugen, die Enthüllung aufzuschieben, damit es in ihren Zeitplan passt. Natürlich haben sie das schon öfter versucht – denken Sie an General T. E. Ich sagte: „Ich befürchte, wenn wir die Enthüllung aufschieben, würde das weiterhin eine Agenda der Macht bestärken, die genau den gegenteiligen Kurs verfolgen wird, den die Erde eigentlich nehmen sollte." Die wohlwollenderen Mitglieder dieser Gruppe – darunter auch Mr. Angleton – sind bereit, diese Informationen lieber früher als später zu veröffentlichen. Innerhalb der Schattenregierung existieren sehr widersprüchliche Ziele, es gibt Spionagen und Gegenspionagen, ständig verschieben sich die Fraktionen und Allianzen. Das ganze Bild ist außerordentlich dynamisch. Die meisten Menschen denken, diese geheime Kontrollgruppe sei aus einem Guss und hätte gemeinsame Ziele, aber das stimmt nicht. Sie ist sehr dynamisch, aber eben auch brüchig.

Das *Disclosure Project* wurde von Beginn an aus allen möglichen Ebenen maßgeblich beschützt. Seit 1998 wurde nicht einer unserer militärischen Zeugen zum Schweigen aufgefordert. Nicht einer. Keiner von ihnen wurde je bedroht.

Vor der nationalen Pressekonferenz des *Disclosure Projects* im Jahr 2001 traf ich mich mit einer Zelle der Schattenregierung. Ich sagte: „Macht euren Leuten Folgendes klar: Wir begrüßen jede Unterstützung, aber ihr könnt auch neutral bleiben. Doch wenn ihr einem dieser Männer und Frauen auch nur ein Haar krümmt oder andere bedroht, die mit diesen Projekten verknüpft sind, oder falls ich in Washington über den Bordstein stolpern und von einem Metrobus erwischt werden sollte, hätte das schwerwiegende Konsequenzen." Sie wussten, dass wir es ernst meinten. Wir haben außergewöhnliche geistige Helfer auf der Erde und auch in anderen Bereichen, die uns beschützen. Das heißt nicht, dass wir unbesiegbar sind – im Gegenteil. Es ist ein gegenseitiges Abtasten, aber es ist gerecht.

Wir können keine Versprechungen machen. Ich weiß nur, dass wir alles tun, was in unserer Macht steht.

Seit meiner Nahtoderfahrung im Alter von 17 Jahren betrachte ich den Sinn und Zweck des Lebens aus einer völlig anderen Perspektive. Diese Erkenntnis hat sich auf meine gesamte Tätigkeit ausgewirkt. Wir sind nur kurz hier auf der Erde, aber leben ewig. Wir haben unseren Weg zu beschreiten – unser Schicksal zu erfüllen –, und genau darin liegt der Sinn.

Ich habe meinen Posten als Notarzt aufgegeben und mich dieser Aufgabe verschrieben. Ich gebe zu, dass ich es sehr vermisse, mich aktiv um die Patienten zu kümmern. Doch jetzt sind die Erde und ihre Bewohner meine Patienten, und ich tue mein Möglichstes, um ihnen zu helfen …

Es ist dieses Opfer wert, denn die Zeit, in der wir leben, bestimmt die Zielrichtung der nächsten halben Million Jahre menschlicher Evolution. Wir leben in einem wahrhaft kosmischen Augenblick.

Es hat etwas Ironisches, dass ich immer gefragt werde: „Sind Sie in der Nähe eines dieser UFOs nicht besorgt, dass Ihnen irgendwas passieren könnte?" Ich antworte dann: „Nur solange keine anderen Menschen in der Nähe sind." Die Bedrohung geht immer von den Menschen aus, nicht von den Außerirdischen. In vielen Fällen zogen unsere Mitmenschen einfach die Waffen und schossen ohne Vorwarnung auf die UFOs!

In anderen Fällen zielte man auf die CSETI-Teams. Im März 1997 wurden wir in Mexico in vier von fünf Nächten, in denen wir um einen Kontakt bemüht waren, von bewaffneten „Polizisten" angegriffen, die eigentlich nichts anderes waren als herumstreunende Gangster, die die Leute um ihr Geld erleichterten.

Eines Nachts begannen wir in der Nähe eines alten Forts bei Atlimayaya am Fuß des Vulkans mit den Protokollen. Plötzlich sahen wir ein Polizeifahrzeug auf uns zukommen, vor dem bewaffnete Polizisten mit gezogenen Waffen liefen.

In Sekundenbruchteilen wurde mir klar, dass sie uns ausrauben und umbringen würden. Wir waren in einem meditativen Zustand und baten deshalb das Göttliche Wesen um Schutz. Insbesondere fokussierten wir Frieden und göttlichen Schutz auf diese Personen.

Anfangs waren die Polizisten sehr aufgebracht und feindselig – sie wirkten sehr bedrohlich. Doch unmittelbar nach unserer Bitte wurden sie plötzlich sanft wie die Lämmer. Sie setzten sich unerklärlicherweise hin, legten ihre Waffen nieder, holten eine Gitarre aus dem Polizeiwagen und begannen Lieder zu singen!

Ich wandte mich zu unserer Gruppe und rief: „Packt sofort alles zusammen und steigt ins Auto. Wir hauen ab." Wir handelten, als hinge unser Leben davon ab und sagten kurz „Adios", während die Polizisten noch auf der Gitarre klimperten. Die Situation hatte sich von einer extrem angsteinflößenden zu einer äußerst friedlichen gewandelt, dank der Auswirkungen des göttlichen, beruhigenden Eingriffs.

Wir sprangen ins Auto und rasten in Richtung Unterkunft. Wir wussten nicht, wie lange die Polizisten in diesem sanften, traumähnlichen Zustand sein würden. Sie waren bewaffnet, angespannt und zu allem bereit – ich dagegen war fest entschlossen, uns in Sicherheit zu bringen.

Dieses Erlebnis zeigt aber auch, wie das göttliche, kosmische Wesen eine Situation unmittelbar und auf mysteriöse Weise verändern kann, wenn wir einfach darum bitten.

Entschlüsselung der Matrix 28

Im Frühjahr 1998 zog ich mit meiner Familie von Asheville, North Carolina, nach Albemarle County, Thomas Jeffersons Heimat in Virginia.

Fünf Jahre – von 1993 bis 1998 – hatten wir der Exekutive, dem Präsidenten, dem Militär, der internationalen Gemeinschaft und dem Kongress zugestanden zu handeln. Doch sie hatten entweder Angst oder waren korrupt.

Daraufhin begannen wir unsere Suche nach Zeugen zu intensivieren, die für uns aussagen würden. In den frühen 1990ern hatten wir mit etwa einem Dutzend Leute angefangen – mittlerweile sind es über 400 Insider aus Militär, Regierung und Unternehmen. Wir brachten das Projekt ohne Personal, ohne Büro und ohne bedeutende Finanzierung auf den Weg. 1998 schätzten wir, dass wir zwischen zwei und drei Millionen Dollar benötigen würden, um die gesamte Aufdeckung in einem größeren Rahmen an die Öffentlichkeit zu bringen. Es galt, die Forschungen und weltweiten Reisen zu finanzieren, das Filmen und Archivieren sowie die Abläufe und die Veranstaltung im nationalen Presseclub zu organisieren, wozu wir eine PR-Firma anheuern wollten.

Als das *Disclosure Project* im Jahr 2000 an Fahrt gewann, meldete sich eine Frau, die unsere Bemühungen finanzieren wollte. Im Gegenzug erbat sie eine exklusive Dokumentation mit den Zeugen. Diese Frau behauptete, uns mit bis zu zwei Millionen Dollar zu unterstützen.

Innerhalb von ein oder zwei Monaten brach sie unseren Vertrag. Ich hatte alles mit meinen eigenen Kreditkarten bezahlt: die Ausrüstung, die Reisen nach Europa, um die Zeugen zu filmen und vieles anderes. Doch sie wollte einfach nicht bezahlen. Sie stand weder zu ihrem Wort noch zu ihrer Unterschrift. Letztlich ließ sie mich mit 10.000 US-Dollar Belastung auf meinen persönlichen Kreditkarten sitzen!

Die Vorbereitungen für das Disclosure-Event begannen also im Juni 2000 und wurden im August 2000 erneut abgebrochen – nur, damit Sie einen Eindruck von den Schikanen gewinnen, die wir bis dahin erleben mussten.

Ich hatte es so satt: Jahrelang hatte ich mich durch das Labyrinth von „Mord & Co." geschlagen, und nun lief uns der nächste betrügerische Lockvogel über den Weg! Ich hatte meinen Beruf an den Nagel gehängt, den Krebs überstanden, Sharis und Bill Colbys Tod verkraftet, war nach Virginia gezogen und versuchte, Körper und Seele beeinander zu halten – und als dann unser Projekt bereits öffentlich bekannt gegeben worden war, wurden wir schon wieder so gemein hintergangen! Ich war hart an der Grenze meines Fassungsvermögens …

Im August 2000 stand ich kurz davor, die Segel zu streichen. Dann tauchte mit einem Mal Dr. Jan Bravo auf. Jan übergab dem *Disclosure Project* eine beträchtliche Spende, die uns ermöglichte, alle offenen Posten zu bezahlen, damit das Disclosure-Event im Mai 2001 stattfinden konnte. Wäre Jan nicht gewesen, hätte ich sicherlich die Stecker des gesamten Projekts gezogen. Ich danke dir an dieser Stelle, Jan.

Wir waren also wieder auf Kurs, und ich fuhr meistens allein mit einer Kamera umher, um unsere Zeugen zu filmen. Jeder, der mein Verhältnis zu technischen Geräten kennt, wird an dieser Stelle lauthals lachen! Vergessen Sie das schwebende Auto – es ist der reinste Klax. Dagegen ist es ein *echtes* Wunder, mich, den größten Technik-Trottel auf Erden, dazu zu bringen, eine Digitalkamera zu bedienen! Ich habe keine Probleme damit, jemanden, dem gerade durch den Hals geschossen wurde, zu intubieren oder ein Herz zu defibrillieren. Aber eine digitale Videokamera!

Als wir dann genug Quellen identifiziert, katalogisiert und in unsere Datenbank eingespeist hatten, legten wir ein Datum für die Veranstaltung fest. Mit minimalen Ressourcen und freiwilligen Helfern hatten wir enorm viel erreicht.

Wir hatten über 110 Stunden Zeugenaussagen auf Band, von der ehemaligen UdSSR nach Spanien, über Italien und England nach Frankreich, Lateinamerika und durch die gesamten Vereinigten Staaten. Es gibt Insider-Aussagen aus jeder Agentur und aus jedem Zeitraum – von den 1940ern bis zu den 1990ern.

Unter Verwendung eines Apple-Computer mit dualem G4-Prozessor und einem einfachen Videoschnittprogramm nahm ich mir das komplette Originalmaterial vor, sichtete alles, editierte es, setzte die Schnitte und protokollierte jede Szene und jeden Zeugen. Ich tat dies alles allein, denn nur jemand, der das ganze Bild kannte, konnte die Szenen zusammenschneiden.

Zunächst kürzte ich die 110 Stunden ursprünglichen Materials auf ungefähr 35 Stunden. Diese 35 Stunden reduzierte ich wiederum auf 18 Stunden. Das verbleibende Material gab ich dann Jeff Thill – Gott segne ihn –, der in seiner Freizeit (neben einem Vollzeitjob bei Laser Pacific und als Vater zweier kleiner Kinder) aus diesen 18 Stunden die *Disclosure-Project*-Videos machte. Wir bezahlten kein Geld dafür, sondern erreichten dies nur durch ehrenamtliche Arbeit und echtes, physisches Engagement.

Aus den 35 Stunden Videoband extrahierten wir dann die Audiosequenzen. Diese gaben wir einem Transkriptionsservice, der sie in Text konvertierte, der anschließend über Disketten auf meinem Laptop landete.

Es waren gut 1.200 Seiten Transkripte! Sie mussten nun so eingekürzt werden, dass daraus das „Disclosure"-Buch entstehen konnte – in dem aber auch alle Regierungsdokumente sowie andere Dokumentationen und Positionspapiere enthalten sein sollten. Und ich hatte für das Zusammenstellen der Materialien und das Schreiben der Übergänge dieses 600-seitigen Buches nur etwa zwei Monate Zeit. Dieses Projekt verlangte mir alles ab.

Wir buchten den nationalen Presseclub und engagierten Sarah McClendon, die berühmte Korrespondentin des Weißen Hauses, als offizielle Moderatorin.

Als wir die Veranstaltung im nationalen Presseclub planten, konnten wir uns gerade so einen Posten für die Öffentlichkeitsarbeit leisten. Ich schrieb alle Presseveröffentlichungen selbst und unterrichtete gemeinsam mit unserer PR-Dame die Presse, dass dieses wichtige Ereignis mit dutzenden militärischer Top-Secret-Zeugen, die über ihre persönlichen Erfahrungen mit UFOs aussagten, demnächst stattfinden würde. Wir machten großräumig auf uns aufmerksam, und alle erwarteten gespannt den 9. Mai 2001.

„Wir reservieren den kleinen Holloman-Raum für Ihre Veranstaltung … Der hat genau die richtige Größe."

„Nein – wir benötigen den Ballsaal."

„Aber der wird nie genutzt – nur für sehr große und extrem wichtige Veranstaltungen."

„Dies *wird* eine sehr große und extrem wichtige Veranstaltung!"

„Sie müssen verrückt geworden sein."

„Ich bleibe dabei. Wir nehmen den ganzen Ballsaal!"

„Aber der Ballsaal war zum letzten Mal voll, als Präsident Reagan dort war!"

„Reservieren Sie ihn einfach! Tun Sie es."

„Gut – Sie wollen nicht auf mich hören … aber ich werde ihn reservieren."

Am Tag der Veranstaltung war sie froh über diese Entscheidung, denn der Ballsaal war mit Medienleuten und 22 Kameras am Ende des Raums randvoll. Gut 20 unserer Zeugen aus Militär und Regierung waren anwesend.

Connect Live ist der offizielle Webcast und Internetausrichter des nationalen Presseclubs – ebenso für *CNN* und das Pentagon. Wir beauftragten dieses Unternehmen, das gesamte Disclosure-Event live über das Internet auszustrahlen.

Der Vorsitzende von Connect Live sagte mir nach der Veranstaltung, dass die Leitungen während der ersten Stunde der Zeugenaussagen von außen elektronisch überlastet gewesen seien! Er hatte so etwas noch nie erlebt! Wir wussten schon vorher, dass die NSA versuchen würde, den Webcast zu blockieren – unsere Sicherheitsleute hatten in der vorhergehenden Nacht derartige Aktivitäten beobachtet. Nach einer Stunde lief der Webcast wieder und wurde schließlich der meistgesehene Webcast in der Geschichte des Internets! Die Leute von Connect Live bestellten mich später zu sich und zeigten mir die Bandbreite, die verwendet worden war: „Für diese Veranstaltung brauchten wir jede einzelne T-1-Verbindung – eine solche Bandbreite haben wir noch nie bei einem News-Webcast beobachten können!" Das Event wurde von etwa einer halben Million Menschen live verfolgt – und keiner konnte sagen, wie viele Menschen sich darüber hinaus einwählen wollten.

Insgesamt wurde die zweistündige Pressekonferenz von über drei Millionen Menschen gesehen. Neben *CNN*, *BBC* und den meisten bekannten News Groups berichteten auch verschiedene Nachrichtenagenturen kurz darüber.

Der Geschäftsführer des nationalen Presseclubs war von der Anzahl der anwesenden Medienleute verblüfft. Nachrichtensender unterbrachen andere Programme und berichteten: „Das sind die *echten* X-Akten!" Es gab eine gewaltige Aufregung.

Das ganze Ereignis war wie ein Beta-Test für die Schattenregierung, die damit ihren Einfluss auf die nationale Sicherheit und auf die Medien proben konnte. Es war interessant zu beobachten, wie sie damit umgingen.

Die Nachricht über unsere Veranstaltung verbreitete sich. Über die Interviews bei der *BBC* und der *Voice of America* sowie all die anderen Nachrichten erfuhren letztlich hunderte Millionen Menschen davon. Das Personal des nationalen Presseclubs dachte, wir hätten ein Budget von mehreren Millionen Dollar und hunderte Angestellte – doch wir hatten nur den unermüdlichen Einsatz unserer Ehrenamtlichen!

Als sie herausfanden, dass bis auf die eine vorübergehende Presse-Agentin nicht einer von uns bezahlt wurde, konnten sie es nicht fassen. Der Geschäftsführer des nationalen Presseclubs sagte: „Das ist die am besten organisierte Veranstaltung, die hier jemals stattgefunden hat!" Außerdem wurde uns gesagt, dass es das meistbesuchte Presseereignis im nationalen Presseclub seit Ronald Reagans Auftritt gewesen sei.

Den Medien wurde erlaubt, bis zu einem gewissen Grad über das Ereignis zu berichten, sonst wäre die Vertuschung zu offensichtlich gewesen. Doch dann nahmen sie es ganz schnell aus dem Programm. Es kam also kurz in den *CNN*-Hauptnachrichten, und auch *CNN International* berichtete in einem Großteil von Europa darüber, ebenso die *Pravda* und die chinesische Nachrichtenagentur.

Interessant war dann nur, dass die großen Medienkonzerne die Sache nicht bis zum Ende verfolgten – wie das *Wall Street Journal*, das mich interviewte, oder auch andere große Zeitungen. Sie alle sprachen von einem „wirklich bedeutsamen Ereignis", kamen aber später zurück und sagten: „‚Sie' lassen nicht zu, dass wir die Geschichte bringen …"

Ira Rosen, Produktionsleiter von *ABC News*, war einer der wichtigsten Rechercheure für Mike Wallaces „60 Minutes" und hatte für seine Arbeit bereits einen Emmy gewonnen. Seit einem Jahr hatte er unsere Arbeit verfolgt und sich bereits öfters in unserem Haus mit uns getroffen. Er war alle unsere Materialien durchgegangen – wir hatten ihm stapelweise Dokumente, Zeugenaussagen und Informationen zur Verfügung gestellt. Er wollte darüber ausführlich berichten, in einer „Prime Time Live"- oder „20/20"-Sendung, ja sogar eine Serie daraus machen. Doch nach unserer Veranstaltung im Presseclub rief er an und gestand, dass er die Geschichte wahrscheinlich nicht bringen werde. Ich fragte: „Warum nicht?" Er antwortete: „Sie werden es mich nicht senden lassen. Sie erlauben mir nicht, dieses Stück zu drehen." Ich fragte: „Wer sind ‚sie'?" – „Dr. Greer, Sie wissen ganz genau, wen ich meine …"

Während eines Essens in unserem Haus hatte er meiner Frau und mir erzählt, dass er glaubwürdige Beweise besäße, dass Martin Luther King von einer dunklen Interessengruppe innerhalb des FBI erschossen worden war

– diese Informationen ihnen aber „nicht passten". Rosen stand kurz davor, die Sache aufzudecken – doch die Geschichte ging niemals auf Sendung.

Es blieb also interessant zuzusehen, wie sich *ABC* schließlich aus der UFO-Thematik herauswinden würde. Im Hintergrund wurde mächtig Druck gemacht, damit die Sache nicht zu sehr Fuß fassen konnte.

Den Manipulateuren war klar, dass sich die jahrelange Geheimhaltung in Luft auflösen würde, wenn die wichtigsten Nachrichtensender beginnen würden, das wirre Knäuel an Desinformationen aufzudröseln. Wir haben genügend Beweise in der Hand und verfügen über ausreichend Informationen, um die Matrix zu entschlüsseln. Das wussten natürlich auch diejenigen, die diese Sache weiter geheim halten wollten und setzten die Medien unter Druck, damit die tiefgründigeren Analysen und weiterführenden Berichte abgesägt wurden.

Stellen Sie sich vor, was wir mit institutioneller Unterstützung oder entsprechenden Geldern hätten erreichen können! Mit fünf oder zehn Millionen Dollar hätten wir die Geheimhaltung ein für alle Mal beenden können.

Vieles davon liegt nun in den Händen der Öffentlichkeit: Die Informationen existieren. Die Menschen können die Zeugenberichte ins Internet stellen, auf Offenen Kanälen senden oder in ihrem Bekanntenkreis vorführen, und zwar weltweit.

Am Tag nach der Veranstaltung im nationalen Presseclub war einer unserer militärischen Zeugen vor dem Weißen Haus unterwegs. Er trug eine Karte bei sich, die ihn als *Disclosure-Project*-Zeugen auswies. Andy Card, Stabschef des Präsidenten, kam heraus, sah die Karte und sagte: „Oh, das *Disclosure Project*. Wir haben es gesehen ... Viel Glück damit!" Unser Zeuge gab Andy Card daraufhin eine Informationsbroschüre, die dieser direkt ins Weiße Haus mitnahm! Die *Washington Post* – die Zeitung der Republikaner, die ganz sicher auch im Weißen Haus gelesen wird – brachte einen halbseitigen Artikel über uns.

Am Nachmittag der Pressekonferenz trafen wir uns mit verschiedenen Kongressabgeordneten. Ich übergab Senator Ted Kennedy persönlich die gesamten Unterlagen.

Der Kongressabgeordnete Kucinich, Vorsitzender des Progressive Caucus des Kongresses, lud uns zu einer Informationssitzung in sein Büro ein. Direkt nach der nationalen Presseveranstaltung gingen wir zu neunt zu ihm. Er bat jeden der Zeugen, einen kleinen Abriss seiner persönlichen Erlebnisse mit dem UFO-Thema zu geben.

Nachdem jeder gesprochen hatte, wandte er sich an mich, sah mir in die Augen und sagte: „Ich möchte Ihnen mitteilen, dass ich in all den Jahren, in denen ich Kongressmitglied bin, nie eine solche Energie und einen solchen Geist gespürt habe wie heute, als sie alle durch diese Tür hereingetreten sind. Die Tatsache, dass Sie hier sind, bedeutet mir, dass wir nicht mehr viel Zeit haben." Er war einer der scharfsinnigsten Regierungsmitarbeiter, die ich je kennengelernt habe – und sicher auch einer der aufgeklärtesten.

Viele Kongressabgeordnete wissen von unserer Arbeit und verfolgen sie genau. John Cypher, der Schauspieler, über den ich an den nationalen Presseclub gelangt bin, und Carol Rosin trafen sich mit Daniel Golden, der zu jener Zeit Chef der NASA war. Golden war zuvor bei Science Applications International beschäftigt. (Das habe ich doch schon mal irgendwo gehört …)

Wir treffen uns auch weiterhin regelmäßig mit Kongressabgeordneten. Der Abgeordnete Virgil Goode, der meinen Distrikt im Kongress vertritt, war bereits im House National Security Committee und traf sich mit mir privat für eine Stunde. Er sagte, dass er und einige andere Kongressmitglieder eine Zeitlang unsere Bemühungen verfolgt hätten.

Dann sagte er: „Sie wissen, dass da eine andere Gruppe existiert, die in Wirklichkeit das Ruder in der Hand hat. Sie ist sehr undurchsichtig und dunkel, genau wie Sie es beschrieben haben. Und wir [die Kongressmitglieder] sind nur Schaufensterpuppen." Er gestand mir ganz offen: „Wir vom Kongress der Vereinigten Staaten sind reine Dekoration." Ich antwortete: „Ja, Sir, das weiß ich. Andererseits würden Sie genügend Kraft aufbringen können, wenn Sie sich zusammenschlössen." Wir begannen, darüber zu diskutieren. Am Ende unseres Treffens sagte er: „Ich möchte diese Technologien wirklich sehen. Viele von uns warten darauf. Als nächstes sollten Sie etwas zusammenstellen, das die Technologien hinter diesem Phänomen beweist." Solche Sätze habe ich schon von einigen Kongressabgeordneten gehört.

Mr. Good besprach mit mir ebenso, in welchem Grad die Medien korrumpiert und kontrolliert würden: Tanzte jemand aus der Reihe – wie es der Kongressabgeordnete Schiff getan hatte – werde dieser abgesägt, verhöhnt und angegriffen. Es stimmt also nicht, dass kein Kongressabgeordneter die Aufdeckung unterstützt – viele stehen tatsächlich hinter uns. Doch aufgrund der strukturellen Hindernisse, die eine Aufdeckung abwenden, denken sie, dass sie nicht das tun können, was sie wirklich wollen. Eines der Haupthindernisse ist die Korruption und Kontrolle der Massenmedien.

Die großen Medienkonzerne sind durch und durch korrupt und von den schlechtesten Elementen der Schattengruppe unterwandert. Die Medien der USA sind nicht freier als die chinesische Presseagentur – denn sowohl die Chinesen als auch die *Pravda* haben ausführlicher über unsere Veranstaltung berichtet als die *Washington Post*, *Newsweek*, *Time* und andere.

Die einzig freie Presse ist die unbedeutende, doch darüber denken die meisten Menschen nicht nach. Sie meinen, dass man heutzutage alles sagen könne, worauf ich antworte: „Ja, man kann es ins Internet stellen, wo es ignoriert wird und als digitales Treibgut verloren geht, oder man kann es in irgendeinem kleinen Magazin veröffentlichen. Doch sobald es um die großen Medienunternehmen geht – um Hollywood, große Verleger, Zeitungen, elektronische Medien oder das Fernsehen – stößt man auf Korruption und die Drahtzieher der Schattenregierung.

Die riesigen Medienkonzerne wurden horizontal und vertikal in das transnationale Unternehmensnetz der Schattengruppe eingewoben und bewahren die Geheimhaltung. *Fox* bewacht dabei den ganzen Hühnerstall. Bob Schwartz, der im Aufsichtsrat von *Time-Life* saß, sagte unverblümt, dass die Medien zur rechten Hand des Königs geworden seien: Schreiberlinge, die nur notierten, was ihnen diktiert werde. Dies gestand er mir Anfang der

1990er in New York. Die „Vierte Gewalt" ist praktisch inexistent und bedeutungslos. Die Institutionen, die von unseren Gründungsvätern zur Kontrolle der Staatsmacht initiiert wurden, sind seit Jahrzehnten verschwunden.

Um die Verbreitung der Informationen kontrollieren zu können, hat man auch ein paar angesehene Leute an den richtigen Stellen installiert. Eine dieser Personen stellte mir Y. H. nach unserem 2001er Disclosure-Event in San Francisco vor: Ein sehr reicher europäischer Finanzier und Hotelier. Er kam soeben aus einem Treffen in Bohemian Grove – einem Zufluchtsort in Kalifornien am Russian River, an dem sich die Weltelite zur Diskussion und Entspannung trifft –, an dem gerade 2.500 der prominentesten Leute teilgenommen hatten.

Es fand zur gleichen Zeit statt wie unsere Tour mit dem *Dis-closure Project* durch verschiedene Städte. Dieser Mann sagte uns, dass sehr einflussreiche Leute in Bohemian Grove nach dem *Disclosure Project* gefragt hätten.

Um derartige Interessen zu unterdrücken, ließ die Kontrollgruppe ein renommiertes Mitglied des Treffens aufs Podium treten und allen Leuten sagen, dass er an den Untersuchungen der Regierung teilgenommen habe und absolut nichts dahinter stecke! All die Erscheinungen wären nur Sumpfgas oder Irrtümer, die sich durch Meteoriten und natürliche Phänomene erklären ließen. Dieser reiche Mann, der an dem Treffen teilgenommen hatte, fragte mich: „Warum sollten sie jemanden mit dieser Reputation zur gleichen Zeit auf die Bühne stellen, in der Sie vor 1.000 Leuten in San Francisco sprechen?" Ich antwortete: „Weil diese Leute einige ‚achtbare' Personen in jeder Organisation haben, die als Übermittler von Desinformationen fungieren – ob es sich um die Bilderberger handelt, den CFR, die Trilaterale Kommission, den Senat oder den Vatikan. Die meisten Leute, die mit diesen Gruppen zu tun haben, wissen nichts von solchen Themen!" Die Verschwörungstheoretiker liegen mit ihren Vermutungen, wie alles kontrolliert wird, vollkommen daneben. Von den Freimaurern weiß beispielsweise so gut wie keiner Bescheid. Burl Ives konnte mir nur sehr wenig Neues erzählen – und er war ein Freimaurer des 32sten Grades.

Doch gibt es immer auch einige Wenige, die die Wahrheit *kennen* und deren Rolle darin besteht, in ihre „Gruppen" zu gehen – weil man ihnen dort vertraut und sie respektiert werden – und zu sagen: „Ihr könnt mir vertrauen: Nichts davon ist wahr. Ich bin doch einer von euch." Sie gehören den gleichen Ständen an und sind allesamt angesehene Leute. Doch in Wirklichkeit stehen diese Leute auf der Gehaltsliste der Schattengruppe und nutzen ihre Reputation, um die Lügen zu verbreiten.

Auf diese Weise wird die Geheimhaltung aufrechterhalten. Eigentlich ist es recht einfach und auf keinen Fall so verschworen, wie viele Leute das vermuten würden. Man benötigt nur wenige solcher Kontrollpunkte: Sobald es sich um berühmte und angesehene Leute handelt, die eine „hohe Glaubwürdigkeit und Status" besitzen, brauchen diese nur sagen: „Nichts davon ist wahr, und wenn es das wäre, würdet ihr es von mir erfahren." Genau.

29 Zeugenaussagen

Im Folgenden finden Sie einen Auszug aus den Berichten von Personen aus Militär, Regierung und Unternehmen, die für das *Disclosure Project* interviewt wurden. Die vollständigen Zeugenaussagen finden sie im Buch „Disclosure: Military and Government Witnesses Reveal the Greatest Secrets in Modern History" sowie unter www.disclosureproject.org.

Zeugnisse, die die Geheimhaltung erläutern

Merle Shane McDow:
US-Marine, Atlantisches Kommando

„Diese zwei Herren begannen, mich über das Ereignis zu befragen. Ehrlich gesagt waren sie sehr unwirsch. Ich erinnere mich, wie ich die Hände hob und sagte: ‚Wartet mal einen Moment, Kollegen. Ich bin auf eurer Seite. Nur einen Augenblick.' Sie waren nicht wirklich freundlich, im Gegenteil: Sie beleidigten mich und gaben mir eindeutig zu verstehen, dass nichts von dem, was gesehen, gehört oder bezeugt wurde, das Gebäude verlassen dürfe. ‚Sie werden nichts davon Ihren Mitarbeitern berichten. Außerhalb der Basis werden Sie einfach alles vergessen, was Sie gesehen und gehört haben. Es ist nicht passiert ...'"

Lt. Col. Charles Brown:
US-Air-Force (im Ruhestand)

„Es ist ziemlich seltsam, aber wir schicken Leute ins Gefängnis, wir schicken Leute in den Tod, weil ihre Verbrechen von Augenzeugen bestätigt werden. Darauf basiert unser Rechtssystem doch größtenteils. Ich verfolge ungewöhnliche Phänomene im Luftraum nun schon seit 50 Jahren, und aus irgendeinem Grund werden äußerst glaubwürdige und seriöse Zeugen diskreditiert, wenn diese behaupten, etwas sei nicht identifizierbar [...]

Ich weiß, dass es Einrichtungen in unserer Regierung gibt, die Daten manipulieren können. Sie können [alles, was sie wollen] herstellen oder nachbauen. Raumschiffe, intelligent gesteuerte Raumschiffe, haben die Grundgesetze unserer irdischen Physik übertreten, und das seit geraumer Zeit. Die Tatsache, dass die Regierung bisher – ich weiß, dass wir diese Phänomene seit 1947 untersuchen – noch keine Antworten dafür geliefert hat, deutet für mich darauf hin, dass hier irgendetwas ernsthaft schief läuft. Ist unsere Wissenschaft derart inkompetent? Ich glaube nicht. Sind unsere Nachrichtendienste so unzurechnungsfähig? Ich weiß, dass sie das nicht sind.

Nehmen wir beispielsweise das Projekt „Blue Book". Ich habe viele Gründe anzunehmen, dass es sich dabei um eine geplante Farce handelte, als es von Dr. Condons Gruppe geschlossen wurde [...]

UFOs werden seit langem untersucht, doch das wird der Öffentlichkeit verschwiegen – diese erhält nur Informationsbrocken, vorprogrammierte Antworten und Ähnliches."

Master Sgt. Dan Morris:
US-Air-Force, Agent des NRO

„Ich kam in eine Untersuchungsgruppe zur Informationssammlung, die anfangs noch unter dem Projekt ‚Blue Book', ‚Snowbird' und anderen verdeckten Programmen tätig war. Meine Aufgabe bestand darin, Leute zu interviewen, die behaupteten, sie hätten irgendetwas gesichtet und sie dann davon zu überzeugen, dass sie nichts gesehen oder nur halluziniert hätten. Funktionierte das nicht, wurde ein anderes Team hingeschickt, um diese Leute zu bedrohen. Man bedrohte sie, ihre Familien, und so weiter und so fort. Die Teams waren dafür verantwortlich, jene Leute in Misskredit zu bringen, sie unglaubwürdig zu machen und so weiter und so fort. Wenn auch das nicht funktionierte, gab es ein weiteres Team, das dieses Problem auf dem ein oder anderen Weg beseitigen würde."

Dr. Robert Wood:
Raumfahrtingenieur bei McDonnell Douglas

„Wie Sie vielleicht wissen, bekommt man, wenn man zu einem dieser klassifizierten Programme zugelassen wird, eine spezielle Dienstmarke. Man weiß dann, dass man mit jedem im Raum offen sprechen kann, und daraus entsteht eine Art psychologische Verbundenheit – Kameradschaftsgeist. Wir hatten auch Zugang zu speziellen Bibliotheken. Zum Beispiel konnten wir einfach in die Air-Force-Bibliothek gehen und uns das gesamte Top-Secret-Material ansehen. Da ich schon immer an UFOs interessiert war, habe ich, selbst als ich noch mit ganz gewöhnlichen Arbeiten betraut war, in dieser Bibliothek nachgeschaut, was zum Thema UFOs vorrätig war. Über ein Jahr lang konnte ich ab und zu verschiedene Berichte darüber entdecken. Von heute auf morgen war dann das ganze Material zum Thema wie vom Erdboden verschluckt – mehr noch, die gesamte Kategorie verschwand. Der Bibliothekar unserer Gruppe sagte mir, er sei seit 20 Jahren in dem Gebäude und wüsste daher, wie die Dinge normalerweise abliefen. Er sagte, dies sei ungewöhnlich. Er hätte nie zuvor gesehen, dass ein ganzes Themengebiet unter seinen Händen verschwinden würde und meinte, dass ich da auf etwas gestoßen sein könnte [...]

Unterdessen ergab sich noch eine andere Sache aus meinem Kontakt zu Jim McDonald. Ich mochte diesen Typen, denn er war ein äußerst tatkräftiger Physiker, der nichts auf die lange Bank schob. Wurde er mit einem Fall betraut, grub er sich so lange hinein, bis er einen überwältigenden und überzeugenden Fachvortrag dazu halten konnte. Er sprach vor dem amerikanischen Institut für Aeronautik und Astronautik und der amerikanischen physikalischen Gesellschaft, in denen auch ich Mitglied war. Wann auch immer er in der Stadt war, holte ich ihn ab, begleitete ihn und kümmerte mich um ihn.

Eines Tages legte ich einen Zwischenstopp in seiner Heimatstadt Tucson ein – ich hatte zwei Stunden Pause zwischen zwei Flügen –, und er kam zum Flughafen gefahren, um mit mir ein Bier zu trinken. Ich sagte: ‚Was gibt's neues, Jim?' Er antwortete: ‚Ich glaube, ich habe es.' – ‚Was meinst du damit?' – ‚Ich denke, ich kenne die Antwort.' – ‚Wie lautet sie?' – ‚Das kann ich dir noch nicht sagen. Ich muss mir sicher sein.' Sechs Wochen später versuchte er sich umzubringen. Ein paar Monate später starb er schließlich.

Das, was ich über die Fähigkeiten unserer Gegenspionagedienste weiß, lässt mich vermuten, dass wir die Kapazitäten hatten, ihn dazu zu bringen, es selbst zu tun. Ich glaube, genau das ist geschehen […]

Um dieses Themengebiet effektiv kontrollieren zu können, muss man es auf allen Ebenen kontrollieren, und die offensichtlichste Ebene sind die Medien. Man muss also alle existierenden Medien im Blick haben, die Kinofilme und Magazine – und natürlich war das in den frühen Tagen alles: Zeitungen, Kinofilme und Zeitschriften. Heute gibt es das Internet, Video und all die anderen Dinge. Doch mit dem Wachstum dieser Technologien in anderen Bereichen haben sich auch die Personen, die alles kontrollieren wollen, in die Bereiche hineingearbeitet. Jedes Mal also, wenn sich ein neuer Informationskanal eröffnet, ergreifen sie neue Gegenmaßnahmen."

Dr. Paul Czysz:
Berufsingenieur bei McDonnell Douglas

„Die Welt der schwarzen Budgets zu beschreiben ist, als würde man Caspar, den freundlichen Geist, beschreiben wollen. Sie könnten einen Zeichentrickfilm mit ihm sehen, aber wüssten nicht, wie groß er ist, Sie wüssten nicht, wie er sich finanziert, Sie wüssten nicht, wie viele von ihm es geben würde, alles aufgrund der Segmentierung der Programme und dem Eid, den die Teilnehmenden ablegen müssen. Ich kenne Menschen, mit denen ich zusammen in einem der Projekte gearbeitet habe, und würden Sie diese dazu befragen – selbst wenn das Thema im Internet diskutiert werden würde –, antworteten sie: ‚Keine Ahnung, wovon Sie da reden.' Diese Kollegen sind mittlerweile Mitte 70, doch sie würden nie und nimmer zugeben, dass sie über die Dinge Bescheid wüssten. Sie können sich das vielleicht nicht vorstellen, aber es ist möglicherweise riesiger, als Sie vermuten würden."

John Callahan:
FAA, amerikanische Luftfahrtaufsichtsbehörde, Leiter für Unfälle und Ermittlungen

„[…] Als sie fertig waren, ließen sie alle anderen Leute einen Eid ablegen, dass dieser [UFO-Vorfall] niemals stattgefunden habe. Dieses Treffen habe es nie gegeben. Und es gebe keine Aufzeichnungen davon […]

Es war einer der Jungs von der CIA. Okay? Sie seien niemals hier gewesen und dies wäre nie geschehen. Damals wusste ich nicht, warum er das sagt. Ich meinte, da wäre etwas gewesen, und wenn es kein Stealth-Bomber gewesen sei, dann eben ein UFO. Und wenn es ein UFO gewesen sei, warum sollten es die Leute nicht erfahren? Darüber regten sich alle mächtig auf. Sie wollten nicht einmal die drei Buchstaben aussprechen. Er sagte, dies sei das erste Mal, dass sie über 30 Minuten Radarmaterial eines UFOs hätten. Alle seien begierig, diese Daten in ihre Finger zu bekommen und herauszufinden, was wirklich vor sich gehe. Er sagte, wenn sie öffentlich machen würden, dass sie über ein UFO gestolpert seien, würde das zu einer Panik im gesamten Land führen. Deshalb dürfe man nicht darüber sprechen. Und sie würden alle Daten mitnehmen […]

Die CIA wollte den Vorfall meiner Meinung nach nicht an die Öffentlichkeit bringen, damit diese weiter im Dunkeln tappe. Normalerweise benachrichtigen wir immer die Presse, wenn etwas geschieht […]

Ich war an vielen Vertuschungsaktionen der FAA beteiligt. Als wir den Stab von Reagan über die Dinge informierten, stand ich hinter der Gruppe, die vor Ort war. Als sie vor diesen Leuten sprachen, ließen sie alle Anwesenden einen Eid schwören, dass dieses Treffen nie stattgefunden habe."

Prof. Robert Jacobs:
US-Air-Force

„Nach diesem Artikel [der über den UFO-Vorfall erschien], war die Kacke am Dampfen! Auf Arbeit begann man, mich zu schikanieren. Ich erhielt tagsüber seltsame Anrufe. Nachts klingelte zu Hause das Telefon – die ganze Nacht über, manchmal um 3:00 Uhr morgens, 4:00 Uhr morgens, 10:00 Uhr … Irgendwelche Leute riefen an und schrieen: ‚Du wirst den Bach runtergehen, Arschloch! Du wirst den Bach runtergehen, Arschloch!' Das war alles, was sie sagten. Sie schrieen so lange weiter, bis ich schließlich auflegte.

Eines Nachts sprengte jemand meinen Briefkasten mit ein paar Raketen. Er ging in Flammen auf. In dieser Nacht klingelte um 1:00 Uhr das Telefon. Ich nahm den Hörer ab, und jemand sagte: ‚Wenn Raketen in deinem Briefkasten aufgeh'n, dann ist das wundervoll anzuseh'n, Arschloch!'

Solche Dinge geschahen seit 1982 immer und immer wieder […]

Ich glaube, dieser hirnrissige Umgang mit UFOs ist Teil eines durchdachten Plans, damit das Phänomen nicht ernsthaft untersucht wird. Jedes Mal, wenn jemand versucht, dieses Thema ernsthaft zu analysieren, wird er der Lächerlichkeit ausgesetzt. Ich bin Vollzeit-Professor an einer ziemlich bedeutenden Universität und bin mir sicher, dass meine Kollegen an der Universität sich hinter meinem Rücken vor Lachen auf dem Boden wälzen würden, wenn sie erführen, dass ich mich für die Erforschung unidentifizierter Flugobjekte interessiere. Und das ist nur eines der Dinge, mit denen wir leben müssen [...]

Was mit dem [Air-Force-UFO-] Film geschah, ist eine interessante Geschichte für sich, wie Major Mansmann mir und einigen anderen bestätigte. Kurz nachdem ich gegangen sei, wären Typen in Zivil hereingekommen – ich dachte dabei an die CIA, er aber sagte, dass es sich nicht um die CIA handele, sondern um jemand anderes –, hätten den Film genommen, zu dem Teil zurückgespult, in dem das UFO vorkam, eine Schere genommen und ihn herausgeschnitten. Sie hätten besagten Teil auf ein Extraband kopiert und in ihre Aktentasche gesteckt. Dann hätten sie Major Mansmann den restlichen Film zurückgegeben und gesagt: ‚Bittesehr. Wir müssen Sie, Major, hoffentlich nicht daran erinnern, welche Folgen ein Sicherheitsverstoß für Sie hätte. Wir befinden diesen Fall für abgeschlossen.' Sie seien mit dem Film verschwunden, und Major Mansmann hätte diesen nie wieder zu Gesicht bekommen."

Vorfälle mit Radar und Piloten

John Callahan:
FAA, amerikanische Luftfahrtaufsichtsbehörde, Leiter für Unfälle und Ermittlungen

„[...] In der Nase der 747 existiert ein Radar, das die äußere Wetterlage misst. Sein Radar empfängt also ein Zielobjekt. Er sieht dieses Objekt mit seinen eigenen Augen – laut seiner Beschreibung eine riesige Kugel, die von beweglichen Lichtern umgeben war. Ich glaube mich zu erinnern, dass sie vier Mal größer als eine 747 gewesen sein soll!

Der Mann vom Militär sagte etwas wie: ‚Ja, ich orte ihn 35 Meilen nördlich von Anchorage' ...

‚Das UFO springt um die 747 herum!' Als er das sagte, unterbrach ihn der Militär und sagte, dass es sich jetzt auf 2:00 oder 3:00 Uhr befände, und der Pilot bestätigte jeweils die Position. Der militärische Beobachter konnte auf verschiedene Ortungsmöglichkeiten zurückgreifen, darunter Höhenradar, Langstreckenradar und Kurzstreckenradar. Konnten sie es also mit einem ihrer Systeme nicht orten, dann mit einem anderen. Ich hörte dem Militär zu, und er sagte entweder: ‚Ich habe es auf dem Höhenradar' oder dem ‚Weitenradar' – sie hatten ihn also eindeutig im Visier. Und dieses Spielchen spielten sie während der gesamten 31 Minuten der Sichtung ...

Am nächsten Tag erhielt ich einen Anruf von einem Mitglied der wissenschaftlichen Forschungsgruppe [von Präsident Reagan] oder der CIA. Ich bin nicht sicher, von wem dieser erste Anruf stammte. Sie hatten einige Fragen zum Vorfall. Ich sagte, dass ich nicht wüsste, wovon sie sprächen und den Admiral fragen sollten [FAA-Administrator Engen].

Ein paar Minuten später ruft mich der Admiral an und sagt: ‚Ich habe für morgen ein Treffen um 9:00 Uhr im runden Zimmer anberaumt. Bringen Sie ihr gesamtes Personal mit. Bringen Sie jeden verfügbaren Mann mit und geben Sie diesen Leuten alles, was sie verlangen. Wir wollen damit nichts zu tun haben. Lassen Sie die tun, was immer sie wollen.' Ich nahm also alle Leute aus dem technischen Zentrum mit. Wir hatten alle möglichen Kisten mit Daten, die wir ausgedruckt hatten; sie füllten den ganzen Raum. Dann kamen drei Leute vom FBI herein, drei von der CIA und drei aus Reagans wissenschaftlicher Forschungsgruppe – ich weiß nicht, wer die anderen Leute waren, aber sie taten sehr aufgeregt …

Als sie fertig waren, schworen sie alle Leute im Raum darauf ein, dass dieser Vorfall niemals stattgefunden hätte. Dieses Treffen habe es nie gegeben. Und nichts davon wäre aufgezeichnet worden.

Die einzigen Personen, die im Fernsehen von UFOs berichten, sind solche Hinterwäldler auf dem Land, die nachts auf Waschbären- oder Alligatorenjagd gehen. Niemals sehen sie jemanden Intelligentes oder einen Experten, der sagt: ‚Hey, ich habe letzte Nacht was beobachtet!' Solche Dinge werden in den Vereinigten Staaten nicht ausgestrahlt. Sprechen Sie also über ein UFO, werden Sie von den Meisten belächelt. Möglicherweise ist das einer der Gründe, warum man nichts mehr davon hört. Was mich angeht, ich habe selbst eine halbe Stunde auf Radar verfolgen können, wie ein UFO eine japanische 747 durch die Luft jagte. Es bewegte sich schneller als alles, was unsere Regierung meines Wissens besitzt.

Es regt mich immer noch auf, dass ich all das gesehen habe, dass ich dies alles persönlich weiß und mit einer Antwort durch die Gegend spaziere, zu der niemand die Frage stellen will. Das irritiert mich ein wenig. Ich bezweifle, dass sich unsere Regierung richtig verhält. Wenn solche Dinge existieren, dann könnte man möglicherweise mehr darüber herausfinden, was wirklich in dieser Welt vor sich geht [indem man es nicht vertuscht]. Wenn sie [die UFOs] mit dieser Technologie über solche Distanzen reisen können, wer weiß, was sie dann für die Gesundheit unserer Nation tun könnten? Sie könnten der Bevölkerung spezielle Lebensmittel zur Verfügung stellen oder sogar Krebs heilen. Sie müssen einfach ein tieferes Verständnis des Universums haben als wir, wenn sie mit diesen Geschwindigkeiten reisen können.

Jenen Leuten, die behaupten, wenn UFOs wirklich existierten, würde man sie eines Tages auf dem Radar sehen und es auch Fachleute geben, die diese beobachteten, kann ich nur entgegnen, dass bereits 1986 genügend Fachleute das Phänomen bestätigen konnten. Unsere Daten gingen ins FAA-Hauptquartier nach Washington, DC. Einer der Administratoren sah das Band. Alle Leute, die wir nach dem Zwischenfall befragten, hatten es gesehen. Reagans wissenschaftliche Forschungsgruppe, drei davon Professoren, Doktoren, haben es gesehen. Sie waren diejenigen, die meine eigenen Gedanken über das Ereignis bestätigten, und sie waren außerordentlich begeistert von den Daten. Sie sagten, dass dies das erste Mal sei, dass man ein UFO länger als 30 Minuten mit Radaraufzeichnungen verfolgt habe. Sie nahmen all diese Daten mit, um sie zu analysieren …

Das, was ich Ihnen hier sage, habe ich mit meinen eigenen Augen gesehen. Ich besitze ein Videoband und die Aufzeichnungen der Dialoge. Ich habe die Berichte aus den Akten, die Ihnen bestätigen werden, was ich gesagt habe. Und ich bin einer von den sogenannten ‚hohen Regierungsbeamten' in der FAA. Ich war ein Abteilungsleiter. Ich war nur drei oder vier Ränge unter dem Admiral […]"

SAC (Strategic Air Command)/Atomwaffen

Oberstleutnant Bob Salas:

„[…] Der UFO-Zwischenfall ereignete sich am Morgen des 16. März 1967. Ich hatte gemeinsam mit meinem Kommandeur Fred Mywald Dienst. Wir waren beide in Oscar Flight stationiert, als Teil des 490sten strategischen Raketengeschwaders. Das Geschwader besitzt fünf Startkontrollzentren, und wir waren in Oscar Flight.

Draußen war es immer noch dunkel. Wir befanden uns gut 20 Meter unter dem Erdboden [im ICBM-Startkontrollzentrum für Interkontinentalraketen]. Früh am Morgen erhielt ich einen Anruf vom Sicherheitsbediensteten an der Oberfläche, der auch für die Flugsicherheit zuständig ist. Er sagte, dass er und einige andere Sicherheitsleute ein paar seltsame Lichter beobachtet hätten, die sich im Luftraum um das Startkontrollzentrum aufhielten. Da laut seiner Aussage ihr Flugverhalten sehr ungewöhnlich sei, fragte ich: ‚Sprechen Sie von UFOs?' Er antwortete, er wüsste nicht, worum es sich bei diesen Objekten handele. Es seien Lichter, die durch die Luft schwebten. Da sie keinerlei Geräusche erzeugten, könnten es keine Flugzeuge sein; auch keine Helikopter, da die Objekte äußerst eigenartige Manöver vollführten. Er könne es einfach nicht erklären …

Nicht viel später – vielleicht eine halbe Stunde – ruft er zurück, dieses Mal sehr verängstigt. Ich hörte an seiner Stimmlage, dass er sehr aufgewühlt war: ‚Sir, dort schwebt ein glühendes, rotes Objekt vor dem Haupttor – ich stehe direkt vor ihm. Ich habe alle Männer herausgerufen und wir sind schussbereit …'

Ich begab mich unverzüglich zu meinem Kommandeur, der gerade ein Nickerchen machte – in den unterirdischen Kontrollzentren gibt es eine kleine Pritsche für die Pausen, um uns auszuruhen – und berichtete ihm von dem Anruf, den wir soeben erhalten hatten. Während ich ihm dies erzählte, schalteten unsere Raketen eine nach der anderen ab. Mit Abschalten meine ich, dass sie alle in einen „nicht-betriebsbereiten" Zustand versetzt wurden und nicht mehr abgefeuert werden konnten. Sofort gingen die Alarmsirenen los – die Anlage war im Ausnahmezustand …

Bei diesen Waffen handelte es sich übrigens um „Minuteman One"-Raketen, die mit Atomsprengköpfen ausgestattet sind.

Während des Abschaltens war mein Kommandeur bereits wach geworden, und wir begannen mit der Statusabfrage. Wir wollten die Ursache des Abschaltens herausfinden. Soweit ich mich erinnere, gab es Fehlfunktionen bei den Steuerungs- und Kontrollsystemen. Mein Kommandant berichtete dann an die zuständige Befehlsstelle. Währenddessen rief ich nach oben, um zu fragen, was mit dem Objekt passiert sei. Der Posten antwortete, dass es verschwunden sei – es sei mit hoher Geschwindigkeit davongeflogen …

Die Air Force untersuchte den gesamten Vorfall sehr gründlich und konnte keine plausible Erklärung für den Ausfall der Raketen finden. Ich habe mehrere Zeugen, die diese Geschichte bestätigen können – einige davon arbeiteten im Untersuchungsteam –, und ich stehe mit dem Mann in Kontakt, der das Untersuchungsteam orderte. Es gab keine brauchbare Erklärung dafür [das Abschalten mehrerer Interkontinentalraketen]. Jede Rakete funktioniert grundsätzlich autark. Die meisten werden durch konventionellen Strom versorgt, doch jede Rakete hat ihren eigenen Stromgenerator …

Auf unserem Areal fielen sechs bis acht Raketen aus, und zwar in schneller Folge, was wiederum absolut selten geschieht. Es kam nur ganz selten vor, dass auch nur eine einzige Rakete ausfiel …

Nachdem ich mit dem Außenposten gesprochen hatte, unterrichtete mein Kommandeur die zuständige Befehlsstelle. Danach kam er auf mich zu und sagte: ‚In ECHO-Flight ist genau dasselbe passiert.' ECHO-Flight ist ein weiteres Geschwader, das schätzungsweise 80 bis 100 Kilometer von unserer Einrichtung entfernt liegt. Bei ihnen schwebten die UFOs jedoch nicht über dem Startkontrollzentrum, sondern über den Abschussanlagen der Raketen. Sie wurden vom Wartungs- und Sicherheitspersonal gesichtet, das sich gerade in der Nähe aufhielt. In ECHO-Flight schalteten alle zehn Raketen ab – alle zehn …

Es war am gleichen Morgen. An jenem Morgen verloren wir also zwischen 16 bis 18 Interkontinentalraketen zur gleichen Zeit, als vom Personal UFOs im Gebiet gesichtet wurden. Die Raketen waren vermutlich den Rest des Tages nicht einsatzbereit. Das geht aus einer Aussage von Oberst Don Crawford hervor, der zur Unterstützung der ECHO-Flight-Gruppe vor Ort war und die Raketen wieder in Alarmbereitschaft versetzte. Er sagte, es hätte den ganzen Tag gedauert. Also nehme ich an, dass auch unsere Raketen erst nach einem Tag wieder einsatzfähig waren …

Ich schrieb einen Bericht über den Vorfall. Dieser befand sich in meinem Logbuch, das ich einzureichen hatte. Als wir zur Basis zurückkehrten, mussten wir dem Kommandeur unseres Geschwaders Bericht erstatten. Zusammen mit dem Kommandeur war jemand vom AFOSI im Raum (wir hatten ein Sonderermittlungsbüro der Air Force auf der Basis). Er bat um mein Logbuch und wollte meine Version der Geschichte hören, obwohl es schien, als wisse er ganz genau, was vorgefallen sei. Wir unterrichteten ihn also, woraufhin er uns beide ein Geheimhaltungsdokument unterzeichnen ließ, das diese Informationen klassifizierte – wir durften niemandem davon erzählen, Punkt. Er sagte, wir dürften weder mit unserer Crew noch unseren Ehegatten, unserer Familie, ja selbst untereinander nicht über den Vorfall sprechen …

Ich besitze die Kopie eines Fernschreibens, das durch den Freedom Of Information Act in unsere Hände fiel und am Morgen nach den Vorfällen vom SAC-Hauptquartier nach Malstrom und zu anderen Basen gesendet wurde. Es besagt, dass dieser Zwischenfall im SAC-Hauptquartier große Besorgnis errege, weil er nicht erklärt werden könne. Niemand hatte eine Erklärung dafür. Unsere Schweigepflicht wurde bis heute nicht aufgehoben. Dabei hatten wir Zugang zu den höchsten Sicherheitsebenen, da wir Atomwaffen beaufsichtigten.

Als die Raketen abschalteten, löste das in den Einrichtungen den Sicherheitsalarm für einen feindlichen Angriff aus. Das ist deshalb ungewöhnlich, weil eine Rakete aufgrund von bloßen Fehlern in der Steuerungseinheit keinen solchen Alarm aktiviert. Dieser bedeutete nämlich, dass jemand in den Sicherheitsbereich eingedrungen war, ein Objekt den Zaun durchbrochen oder etwas das Alarmsystem stillgelegt hatte, das sich im Sicherheitsbereich der Starteinrichtung befand. Ich schickte einige Wachmänner zu ein paar der Anlagen, um das zu überprüfen.

Der Grund, warum ich diese Geschichte für sehr wichtig erachte, führt uns in den August 1966 nach Minot, ND, wo etwas sehr Ähnliches in einem anderen Startkontrollzentrum geschah, der Minot Air Force Base. Sie hatten dort die gleichen Waffensysteme wie wir: M-1-Raketen. Es [das UFO] wurde mit dem Radar erfasst, es gab Probleme mit den Kommunikationssystemen und das Objekt wurde über dem Startkontrollzentrum gesichtet.

Dieser Vorfall vom August 1966 ist gut dokumentiert. Ich besitze auch die Aufzeichnung eines Anrufs von einem Sicherheitsposten etwa eine Woche vor dem von mir geschilderten Ereignis, im März 1967. Er ging im Außenbereich spazieren und sah über den Abschussanlagen ein Objekt, das dem von mir beschriebenen sehr ähnelte …

Bob Kominski leitete die Untersuchungen, um alle Aspekte dieser Deaktivierungen zu überprüfen. Kominski teilte mir schriftlich mit, dass ihn an einem bestimmten Punkt der Ermittlungen sein Vorgesetzter dazu aufgefordert habe, die Untersuchungen fristlos einzustellen und auch keinen abschließenden Bericht zu verfassen. Die Anweisung kam von der Air Force. Auch das ist äußerst ungewöhnlich, insbesondere angesichts der Tatsache, dass das CINC-SAC-Hauptquartier behauptet hatte, dass es von extremer Wichtigkeit sei, die Vorkommnisse exakt aufzuklären. Und nun wurde dem Leiter des Untersuchungsteams während der Untersuchung gesagt, er solle sie beenden und auch keinen Abschlussbericht verfassen …"

Professor Robert Jacobs:
US-Air-Force, Oberst

„Wir sandten den [UFO] Film zurück zur Basis, woraufhin ich – ich weiß nicht, wie viel Zeit seit dem Vorfall vergangen war, vielleicht ein oder zwei Tage – ins Büro von Major Mansmann im Haupquartier der First Strategic Aerospace Division beordert wurde. Im Büro hatte man einen Bildschirm sowie einen 16-mm-Projektor aufgebaut. Es gab ein Sofa, und Major Mansmann deutete mir, mich zu setzen. Besonders ungewöhnlich waren die zwei Typen in grauen Anzügen in Zivil, die der Sitzung beiwohnten. Major Mansmann sagte: ‚Sehen Sie sich das an' und schaltete den Projektor ein. Auf dem Bildschirm sah ich den Raketenstart von vor ein oder zwei Tagen …

Wir beobachteten das Ausbrennen der dritten Stufe. Durch das Teleskop sahen wir den Testgefechtskopf. Während seines Fluges tauchte plötzlich etwas anderes im Bild auf. Es flog einfach ins Bild und schoss einen Lichtstrahl auf den Gefechtskopf.

Bedenken Sie, dass diese Flugkörper mit mehren tausend Meilen pro Stunde unterwegs sind. Das Ding [UFO] feuerte also einen Lichtstrahl auf den Sprengkopf ab, traf diesen und bewegte sich dann auf die andere Seite, um einen zweiten Lichtstrahl abzufeuern, dann schwebte es wieder zur anderen und schoss erneut. Es sank unter die Rakete und feuerte einen weiteren ab. Schließlich verschwand es in der Richtung, aus der es gekommen war. Der Gefechtskopf taumelte in den Weltraum. Das Objekt, die Lichtpunkte, die wir sahen, und der Sprengkopf waren etwa in 100 Kilometern Höhe unterwegs. Die Rakete flog zwischen 18.000 und 22.000 Stundenkilometern, als dieses UFO zu ihr aufschloss, sie mehrmals umkreiste und dann wieder aus dem Bild verschwand.

Verdammt, ich habe es gesehen! Mir ist völlig egal, was irgendjemand sonst darüber behauptet. Ich hab es auf diesem Film gesehen! Ich war dort!

Als das Licht wieder anging, drehte sich Major Mansmann zu mir um, sah mich an und sagte: ‚Habt ihr Jungs euch da oben rumgetrieben?' Ich antwortete: ‚Nein, Sir.' Er sagte: ‚Was war das?' Und ich erwiderte: ‚Es sieht so aus, als hätten wir es hier mit einem UFO zu tun.' Das Objekt war kreisförmig und sah aus wie zwei zusammengeklappte Untertassen mit einem Pingpongball darauf. Der Lichtstrahl kam aus diesem Pingpongball. So sah es zumindest auf dem Film aus.

Nachdem wir darüber diskutiert hatten, sagte mir Major Mansmann, dass ich nie wieder davon sprechen solle. Für mich sei diese Sache nie geschehen. Er sagte: ‚Ich brauche hoffentlich nicht zu betonen, welche verheerenden Folgen ein Sicherheitsverstoß für Sie hätte, oder?' Ich antwortete: ‚Nein, Sir.' Er sagte: ‚Gut. Dieses Treffen hat niemals stattgefunden.' Als ich gerade gehen wollte, sagte er noch: ‚Moment. Falls sie jemals von jemandem dazu gezwungen werden, darüber zu sprechen, dann sagen sie, es hätte sich um Laserwaffen gehandelt, um gerichtete Laser …'

Die Geschichte stammt nicht aus zweiter Hand. Sie ist mir selbst widerfahren. Somit war ich 18 Jahre lang Teil einer Vertuschungskampagne der US-Air-Force."

Oberst (a.D.) Ross Dedrickson:
US-Air-Force/Atomenergiebehörde

Oberst Dedrickson ist ein Oberst der USAF im Ruhestand. Er studierte Management an der Stanford Business School. In den 1950ern gehörte es zu seinen Aufgaben, für die amerikanische Atomenergiebehörde die Atomwaffenlager zu beaufsichtigen und Sicherheitsteams zu begleiten, um die Sicherheit der Waffen zu überprüfen. Die Behörde erhielt zahlreiche Berichte von UFO-Sichtungen über verschiedenen Atomwaffenlagern und auch Atommeilern. Mr. Dedrickson hat sie selbst oft beobachtet und war auch beim berühmten Überflug über der Hauptstadt im Jahr 1952 anwesend. Bei diesem Vorfall erinnert er sich an neun glänzende scheibenförmige Schiffe. Er weiß persönlich von mindestens zwei Ereignissen, bei denen Außerirdische Atomwaffen zerstörten, die in den Weltraum gerichtet waren – eine davon sollte zu Testzwecken auf dem Mond detonieren. Sie wurde zerstört, weil „Atomwaffen im Weltraum … von den Außerirdischen nicht akzeptiert werden konnten …"

Insider der Regierung/NASA/Top-Secret-Projekte

Merle Shane McDow:
US-Marine, Atlantisches Kommando

Mr. McDow trat 1978 der Navy bei und erhielt eine „Top-Secret"-Bevollmächtigung namens Special Compartmented Intelligence (SCI) mit Zebrastreifen. Er wurde der Atlantic Operational Support Facility des Atlantischen Kommandos zugewiesen, das damals von Admiral Trane befehligt wurde. Mr. McDow war im Dienst, als ein UFO per Radar verfolgt und von Piloten gesichtet wurde, als es mit hoher Geschwindigkeit an der Atlantikküste entlang flog. Das Kommandozentrum ging zu Zebra-Alarm über, und Admiral Trane erteilte die Anweisung, das UFO zur Landung zu zwingen. Mr. McDow diskutiert die Bedrohungen, Beleidigungen und das Konfiszieren von Logbüchern nach diesem Ereignis:

„… Unser Frühwarnsystem – ich glaube, es kam damals von einer Basis der Air Force in Grönland oder Neuschottland – alarmierte uns, dass wir Kontakt zu einem unidentifizierten Flugobjekt hätten, das in unseren Luftraum eingedrungen sei …

Innerhalb weniger Minuten hastete Admiral Trane ins Kommandozentrum in seine Kabine unter der Empore. Das Erste, was er wissen wollte, war, wie viele Kontakte wir hätten, wo sich die Objekte befänden, in welche Richtung sie sich bewegten und ob die Sowjets reagiert hätten. Es war von Anfang an ziemlich sicher, dass es nicht die Sowjets waren, die in unseren Luftraum eindrangen.

Als dies endgültig feststand, wollte Admiral Trane wissen, ob die Sowjets auf diese Bedrohung reagiert hätten und gab den Befehl, zwei Flugzeuge raufzuschicken, um sich die Sache anzusehen. Damit begann die Verfolgungsjagd entlang der Ostküste. Wir ließen Flugzeuge starten von Grönland bis zur NAS (Naval Air Station) in Ozeanien und verfolgten das Objekt auf dem Radar beinahe eine Stunde. Man hörte die piepsigen Stimmen der Piloten, die live in die Kommandozentrale übertragen wurden. Sie konnten das Objekt visuell bestätigen und es beschreiben. Die Piloten kamen dem Objekt mehrmals sehr nahe und konnten sehen, dass es sich um kein bekanntes Fluggerät handelte – weder wir noch die Sowjets besaßen so etwas. Das stellten wir ziemlich schnell fest. Dieses Vehikel oder was auch immer sie da verfolgten zeigte ein sehr sprunghaftes Flugverhalten entlang der Küste und flog bei diesen Manövern außergewöhnlich schnell …

In einer Sekunde war es hier und in der nächsten Minute – wusch – befand es sich mehrere hundert Kilometer weiter südlich. Es schien Fange mit uns zu spielen …

Die Photographien, die wir später aus der Kommandozentrale erhielten, stammten von den allerersten Begegnungen unserer Flugzeuge mit dem Objekt an der nördlichen Küste Nordamerikas. Sie waren nah genug herangekommen, um das Objekt zu photographieren …

Was Admiral Trane wirklich wurmte, was ihn wirklich verrückt machte, war die Tatsache, dass dieses Ding die absolute Kontrolle über die Situation hatte und innerhalb von Sekundenbruchteilen den Ort wechseln konnte. In einem Moment näherten wir uns dem Objekt an der Küste von Maine, und im nächsten befand es sich in Norfolk und flog Richtung Süden, nach Florida. Alles, was wir tun konnten, war, mit unserem Frühwarnradar die Küste rauf und runter zu scannen und dem Ding dabei zuzusehen, wie es seinen Spaß mit uns hatte.

Admiral Trane und seine Crew waren, gelinde ausgedrückt, besorgt. Insbesondere, nachdem sie herausgefunden hatten, dass es weder die Russen noch wir selbst waren und er kein anderes Land kannte, das im Besitz solcher Technologien sein könnte, mit denen man ein Flugschiff so einfach und schnell manövrieren konnte. Ich erinnere mich noch genau, wie ich über das Geländer der Empore blickte und bemerkte, wie völliges Chaos ausbrach, als sie es nicht schafften, das Objekt im Blick zu behalten – was auch immer es sein mochte.

Das UFO bewegte sich völlig willkürlich und überaus schnell die Küste hinauf und hinunter … Sie bemühten sich, so viele Kommandozentralen wie möglich entlang der Küste zuzuschalten oder ein Flugzeug hinaufzuschicken, um dieses Ding zu verfolgen. Admiral Trane sammelte und autorisierte Flugzeuge aus allen Himmelsrichtungen entlang der ganzen Ostküste, um diesem Ding den Weg abzuschneiden oder es mit Flugzeugen aus nördlicher und südlicher Richtung einzukreisen und herunterzuholen. Sie wollten es mit allen erdenklichen Mitteln abfangen und zur Landung zwingen.

Admiral Trane gab den Befehl, das Objekt ‚mit allen zur Verfügung stehenden Mitteln' vom Himmel zu holen – falls dies überhaupt möglich sei …

Der Zwischenfall endete meines Wissens damit, dass das verfolgte Objekt über dem Atlantik in Richtung Azoren verschwand. Ich erinnere mich, wie sie sagten, dass es in einem Winkel von 66 Grad nach oben gezogen sei, als es die Azoren erreichte. Ohne die Geschwindigkeit zu verringern, verließ es die Atmosphäre und verschwand im Weltraum. Es hob in den Weltraum ab und war einfach so weg [schnippt mit den Fingern]. Das heißt: Es war vollkommen verschwunden. Wir sprechen hier über etwas, das tausende Kilometer mit einem Augenzwinkern überbrückt hatte und nun einfach weg war. Alle saßen verblüfft da und kratzten sich am Kopf: ‚Meine Güte, was war denn das?'

Auf eine Art war es auch komisch dabei zuzusehen, wie die geballte Militärmacht der Vereinigten Staaten von etwas auf die Knie gezwungen wurde, das sie weder identifizieren konnten, noch wussten, woher es kam, wohin es unterwegs war oder sonst irgendwas. Die einzige Sache, die sie mit Sicherheit wussten, war, dass es nicht von den Sowjets kam – und das stand hundertprozentig fest […]

Falls uns das Objekt feindlich gesonnen wäre und uns mit Raketen oder anderen Waffen hätte angreifen wollen, dann hätte es dies problemlos tun können. Das stand außer Zweifel. Zu jener Zeit hatten wir nicht im Entferntesten die Mittel, um diesem Objekt das Wasser zu reichen. Es flog einfach durch unseren Luftraum spazieren und konnte sich überall hinbewegen, wo es wollte. Es war schmerzhaft offensichtlich, dass wir für es keine Bedrohung darstellten. Ich glaube, dass dies auch Admiral Trane klar war und es ihm Furcht einjagte. Zusammenfassend würde ich sagen: Der alte Junge hatte einfach Angst […]

Ich würde sagen, dass zumindest fünf Einrichtungen das UFO auf dem Radar hatten. Diese fünf, von Grönland bis nach Florida, hatten es ganz sicher auf dem Schirm, und vielleicht noch ein paar andere, von denen ich nichts weiß. Das weiß ich daher, weil Admiral Trane Anweisungen an die NAS-Oceania erteilte: ‚Lassen Sie uns ein paar Flugzeuge hochschicken, ein paar Kampfflugzeuge sammeln.' Er wies sie an, die folgenden Basen zu alarmieren: Dover Air Force Base, Patuxent River, Maryland, Cecil Field unten in Florida …"

Admiral Lord Hill-Norton:
Fünf-Sterne-Admiral, ehemaliger Leiter des britischen Verteidigungsstabs

Lord Hill-Norton wurde während seiner offiziellen Tätigkeit über das UFO-Thema im Dunkeln gelassen. In diesem kurzen Interview bekundet er, dass dieses Themengebiet äußerst bedeutsam sei und nicht länger verleugnet oder geheim gehalten werden solle. Er betont ausdrücklich, „[…] dass die ernsthafte Möglichkeit besteht, dass wir bereits seit vielen Jahren von Wesen aus dem Weltraum, von anderen Zivilisationen besucht werden; dass es uns obliegt, herauszufinden, wer sie sind, woher sie stammen und was sie hier wollen. Dies sollte mit strengen wissenschaftlichen Methoden untersucht und nicht von der Boulevardpresse verunglimpft werden."

Feldwebel Clifford Stone:
US-Armee

Feldwebel Stone berichtet Unglaubliches über die Geschichte der UFOs und Außerirdischen, die bis in die frühen 1940er und sogar noch weiter zurückreiche. General Douglas McArthur habe 1943 eine Gruppe ins Leben gerufen, die sich Interplanetary Phenomena Research Unit – Einheit zur Untersuchung Interplanetarischer Phänomene – genannt hätte. Sie habe diese Themen erforscht und existiere bis heute. Ihr Zweck bestehe darin, Objekte unbekannter Herkunft zu bergen, insbesondere jene, die nichtirdischen Ursprungs seien. Die geheimdienstlichen Daten, die sie bei ihrer Arbeit im Feld erlangten, würden an jene weitergereicht, die als „Hüter dieser Informationen" gälten. Stone sagt auch, dass selbst Projekt „Bluebook" eine elitäre Untersuchungseinheit besessen habe, die nichts mit dem eigentlichen Projekt zu tun gehabt hätte. Diese Einheit habe offiziell mit „Bluebook" zusammengearbeitet, doch eigentlich unabhängig vom Projekt agiert. Während seines offiziellen Dienstes bei einer Armee-Einheit, die für die Bergung außerirdischer Raumschiffe zuständig gewesen sei, habe Stone lebende und tote Außerirdische gesehen. Er denkt, dass uns die Außerirdischen nicht erlauben werden, in die Tiefen des Weltraums vorzudringen, solange wir uns nicht spirituell entwickelten. Sie würden zudem selbst ihre Anwesenheit bekannt geben, wenn wir es nicht als Erstes täten.

Mr. Don Phillips:
Lockheed Skunkworks, USAF und Auftragnehmer der CIA

Don Phillips war an der Las-Vegas-Luftwaffenbasis stationiert, als ein UFO beobachtet werden konnte, das mit enormer Geschwindigkeit in der Nähe des Mount Charleston, im Nordwesten von Las Vegas, unterwegs war. Zudem arbeitete er gemeinsam mit Kelly Johnson bei den Lockheed Skunkworks am Design und der Konstruktion des U-2 und des SR-71 Blackbird. Er bezeugt, dass wir nicht nur im Besitz außerirdischer Geräte seien, sondern auch unglaubliche Technologiesprünge aus deren Erforschung gewonnen hätten. Die NATO habe in den 1950ern und 1960ern die Herkunft der Außerirdischen untersucht und ihre Berichte an die Führer verschiedener Länder weitergereicht. Weiterhin erzählt Mr. Phillips, dass Aufzeichnungen und Filmdokumentationen existieren würden, die ein Treffen zwischen Außerirdischen und der Regierung der USA in Kalifornien im Jahr 1954 zeigten. Er führt eine Reihe von Technologien an, die auf Basis der außerirdischen Geräte entwickelt worden seien: Computerchips, Laser, Nachtsichtgeräte und kugelsichere Westen. Mr. Phillips schlussfolgert: „Sind uns diese Außerirdischen feindlich gesonnen? Wären sie es, hätten sie uns mit ihren Waffen schon seit langer

Zeit zerstören können – oder hätten uns zumindest Schaden zugefügt." Mr. Phillips entwickelt nun Technologien, die die Umwelt nicht verschmutzen und keine fossilen Treibstoffe mehr benötigen – Energiesysteme, die die Naturenergien von Planet Erde nutzen.

Technologie/Wissenschaft

Mr. Fred Threllfell:
Königliche Kanadische Luftwaffe

Mr. Threllfell war 1953 Ausbilder für Kommunikationstechnik in der RCAF-Basis Toronto der Königlichen Kanadischen Luftwaffe, als er Zeuge eines Experiments wurde, bei dem ein Objekt erfolgreich dematerialisiert und rematerialisiert werden konnte. Aufgrund seiner hohen Zugangsberechtigung hatte er auch Zutritt zur Bibliothek der Basis, darunter zu Originalaufnahmen von Geschützkameras aus Flugzeugen im Zweiten Weltkrieg. Beim Betrachten dieser Filme sah er häufig UFOs in verschiedenen Positionen und mit unterschiedlichen Formen. Er ist sich sicher, dass es sich um UFOs handelte und hat selbst welche beobachten können, die in der Luft manövrierten.

Das Monster unkontrollierter Macht 30

Die Gruppe, die diese geheimen UFO-Programme durchführt, ist relativ klein. Allerdings hat sie nichts mit dem Präsidenten der USA oder dem Kongress zu tun, obwohl sie besser informiert ist und mehr operative – exekutive – Gewalt besitzt. Ein leitender Angestellter von E-Systems gestand mir, dass seine Firma stark an den Entwicklungen beteiligt sei. Er sagte weiterhin, dass dies nur wenigen Mitarbeitern des Unternehmens bewusst sei. Das Geld, das diese Firmen erhalten, fließt durch verschiedene Scheinfirmen und Agenturen direkt in die supergeheimen schwarzen Projekte – eine eng verzahnte Machtstruktur zwischen Unternehmen, Institutionen, Banken und Religionen. Sie agieren jenseits der Gesetze oder der Verfassung der USA oder irgendeines anderen Landes. Innerhalb der Schattenwelt haben sich auch skrupellose Elemente von den Hauptzielen der Unternehmung getrennt. Die mächtigen und dunklen Elemente gibt es nicht nur in den USA, sondern auch in anderen Ländern sowie innerhalb von Geheimbünden. Zwar haben sie immer noch undurchsichtige Verbindungen zur Hauptgruppe – doch können sie unabhängig von dieser handeln, manchmal auch konträr. All das ist unwahrscheinlich komplex. Man kann das mit den Schalen einer Zwiebel vergleichen: Sobald man denkt, man sei im Kern angekommen, entdeckt man weitere 20 Schalen. Ich habe die Schalen nun seit 15 Jahren entfernt und eine gute Vorstellung davon bekommen, wer diese Leute sind, wie sie strukturiert sind und was sie für Ziele haben. Es gibt sogar Personen in der zentralen Kontrollgruppe, die zwar Verbindungen zur Regierung haben, aber dennoch nicht wissen, was wirklich innerhalb der FEMA oder im Imperium der Mormonen vor sich geht, dessen bizarre Pläne eine eschatologische Lösung für die menschlichen Probleme heraufbeschwören.

Mitte der 1990er Jahre lud man mich in einen „Salon" in San Francisco, Pacific Heights, ein. Eine Prominente, zu deren Freunden Gordon Getty, Willy Brown und Steven Bechtel (von der Bechtel Corporation) gehörten, wünschte, dass ich ihren Freundeskreis über diese Themen informierte. (Nebenbei bemerkt, ist die Bechtel Corporation ein großer Auftragnehmer der Schattenregierung. In diesem Zusammenhang fällt auch oft der Name George Shultz. Sie alle sind Teil des Geheimregierungsapparats. Es existiert eine sehr mächtige Zelle, zu der Shultz, George Bush senior, Frank Carlucci, Maurice Strong und andere gehören, die mit der mächtigen Blackstone Group assoziiert sind.) Auch der Vorsitzende von AT&T und der ehemalige Leiter des SRI, des Stanford Research International, waren bei dieser Zusammenkunft anwesend. Ich ging dorthin, um ihnen unseren Stand des Wissens mitzuteilen und um die weitere Vorgehensweise zu diskutieren.

Neben mir saß der ehemalige Vorsitzende des SRI. Während der Diskussion neigte er sich zu mir hinüber und sagte: „Wissen Sie, ich habe nie etwas von diesen Dingen erfahren, doch ich wusste, dass solche Dinge am SRI vor sich gingen. Was wissen Sie über ...", und er stellte mir zahlreiche

Fragen. Wie der CIA-Direktor, den ich unterrichtet hatte, erklärte er mir, dass er zwar Geschäftsführer gewesen sei, aber offensichtlich nichts davon mitbekommen sollte und über diese Projekte im Dunkeln gelassen wurde. Er sagte: „Eigentlich war ich nur ein Bürokrat, ein Stellvertreter, der dafür sorgte, dass das Geld weiterhin in die riesige Organisation floss. Hatte allerdings die DARPA [Defense Advanced Research Projects Agency] ein Projekt am Laufen, erfuhr ich wirklich nichts Genaueres. Ich hörte es hier und da flüstern, doch die Projekte wurden streng überwacht, und so spielte es keine Rolle, dass ich der Vorsitzende des SRI war. Und ich war nur deshalb bis in diese Position gelangt, weil mir bewusst war, dass man nicht zu viele Fragen stellen durfte! Die werde ich nun Ihnen stellen!"

Während der Anhörungen zur Iran-Contra-Affäre behauptete Senator Inouye, es gebe eine geheime Gruppe mit einer eigenen Luftwaffe, einer eigenen Marine und eigenen Finanzierungswegen, die sich über das Gesetz hinwegsetze. Dies gelte insbesondere für den Bereich fortschrittlicher Geheimtechnologien, UFOs, außerirdischer Angelegenheiten und den damit verbundenen Waffensystemen.

Eine der gefährlichsten Entwicklungen, die seit den 1960er Jahren stattgefunden hat, ist, dass die Schattenregierung so mächtig wurde, weil sie sich selbst finanzieren kann. Lassen Sie mich das erklären. Dick D'Amato vom Senate Appropriations Committee hatte vollkommen Recht, als er sagte, im schwarzen, illegalen Budget befänden sich mehr als 100 Milliarden US-Dollar. Doch die wirklich großen Deals werden in der privaten Finanz- und Unternehmerwelt gemacht. Nehmen wir an, Sie seien Bell Labs in Murray Hill. Ich arbeite mit einem Zeugen zusammen, der dort seine ganze Karriere verbracht hat. Er war Teil einer Zelle, die viele Top-Secret-Verträge mit Militäroperationen abgeschlossen hatte, die außerirdische Kommunikationsgeräte und Schaltkreise besaßen. Diese privaten Laboratorien studierten die Technologien, entschlüsselten deren Funktionsweise und prüften mögliche Einsatzbereiche. Daraufhin brachten sie Vorrichtung A oder X heraus, die sie dann patentieren ließen, woraus sich schließlich eine Multimilliarden-Dollar-Industrie entwickelte. Darunter befanden sich Technologien wie die Glasfaseroptik, integrierte Schaltkreise, Laser und dergleichen.

Das Krebsgeschwür dieser Geheimregierungsfinanzierung bildete Metastasen in zahlreichen wirtschaftlichen, finanziellen und technologischen Vermögen. Zum jetzigen Zeitpunkt ist die geheime, private Unternehmerwelt im Besitz von Technologien, die alles übertrumpfen, was die DIA, die CIA oder irgendeine andere Regierungsagentur jemals besaß.

Ein weiterer Zeuge aus Unternehmenskreisen, den ich interviewte, war ebenfalls bei den Bell Labs und behauptete, während dieser Zeit 28 oder 29 Freie-Energie-Geräte gesehen zu haben, die in ihren Besitz gelangt seien und dann in irgendwelche „Schubladen wanderten". Der Zeuge hatte selbst an den Technologien gearbeitet und ist jetzt im Ruhestand.

Auch General Motors und andere große Unternehmen halten Technologien unter Verschluss, die die Erde vor dem Untergang bewahren könnten, aber sind nicht bereit, diese herauszugeben.

Die miteinander verzahnten, multinationalen wirtschaftlichen und finanziellen Interessen sind also ein Multi-Billionen-Dollar-Unternehmen, dessen Macht alles übertrifft, was das Pentagon, die Regierung der USA oder irgendeine andere Nation der Erde aufbieten könnten. Wir haben es hier mit einem Monster ungehemmter, korrupter und geheimer Macht zu tun, das nur teilweise staatlich ist. Selbst wenn eine mächtige Person innerhalb der sogenannten „Regierung" die Wahrheit ans Licht bringen möchte, stehen ihr immer noch diese anderen „spezifischen Interessen" im Weg.

Im Februar 2004 sprach ich mit einem Kongressabgeordneten, der im Energiekomitee des Kongresses saß. Von einem Treffen mit Cheney berichtete er: „Cheney führte dieses Treffen genau so, wie ein Ölindustrieller ein solches Treffen leiten würde – er betrachtet alles aus der Perspektive eines Ölhändlers, und nicht mehr." Die Regierung – ja, alle Regierungen der Welt –, werden immer mehr zu einem Großkonzern, der einer bestimmten Agenda folgt.

Einer der Männer, mit denen ich seit Jahren zusammenarbeite, ist ein Firmen-Geheimagent, der ebenfalls an diesen Operationen beteiligt war. Als ich ihn bat, eine Zeugenaussage zu machen, sagte er: „Es gibt keinen Geheimdienst und keine Regierung der Welt, die mich vor dem Zorn der Gruppe beschützen könnte. Sie operiert außerhalb der Regierungen und ist sehr viel mächtiger als diese."

Bei der Größe und Komplexität gibt es aber auch immer Leute, die sowohl übereinstimmende als auch gegensätzliche Interessen haben. Je mehr diese Interessen auseinander gehen, desto größer ist die Wahrscheinlichkeit, dass sich eine Splittergruppe bildet. Die gewalttätigsten und verbrecherischsten Operationen sind diejenigen, die einer Ideologie folgen. Ihnen geht es nicht allein um Geld, denn ihre Ziele wurzeln in einer bestimmten ideologischen und eschatologischen Metaphysik.

Die Weltsicht dieser Leute ist sehr destruktiv. Sie glauben, dass der einzige Weg zur Wiederkehr Christi über eine zerstörte Welt und Milliarden Tote führe. Die Überzeugung wird von einer sehr mächtigen Gruppe geteilt. Doch eigentlich blicken diese Leute nur in ihren eigenen Rückspiegel. Das, worauf sie warten, ist bereits geschehen. Sie wissen nicht, in welchem Zyklus wir uns gerade befinden, geschweige denn in welchem Jahrhundert. Sie befinden sich folglich auf einer anderen Zeitlinie der menschlichen Evolution, sind sich dessen aber nicht bewusst. Sie führen die Welt in eine bestimmte Richtung, um ihre eigene Interpretation einer Vorhersage zu erfüllen, die längst eingetreten ist. Ihre Pläne könnten zu einer selbsterfüllenden Prophezeiung werden, die das Armageddon heraufbeschwört – eine mögliche Realität, die sie aufgrund ihrer Unwissenheit, ihres Aberglaubens und ihres Hasses erschaffen würden. Das größte Problem ist die Unwissenheit, und diese können wir nur durch Erleuchtung, Wissen und echte Spiritualität aufheben.

Das Problem scheint sehr komplex zu sein, doch man könnte es ganz einfach lösen. Wo zu viel Dunkelheit existiert, muss nur Licht hineingestrahlt werden. Wir müssen also nichts anderes tun, als Licht in die ganze Angelegenheit zu bringen sowie eine Perspektive, die diese Leute verstehen lässt, dass sie nicht um die globale Vormachtstellung oder die globale Zerstörung kämpfen müssen, um sich ihre Träume zu erfüllen.

Ich möchte Sie auch an die Tatsache erinnern, dass niemand Geringeres als Reagans Innenminister, James Watt, nach einem Meeting während der Reagan-Ära zusammenfassend etwas sagte wie: „Die Naturschützer brauchen sich um die Umwelt nicht wirklich sorgen, denn bald kommt das Ende der Welt und damit kehrt Christus zurück. Die Welt wird ohnehin zerstört werden! Gott verlangt von uns guten Christen nichts weiter, als dass wir weitermachen und die Welt aufbrauchen, solange wir noch Zeit dazu haben." Ich paraphrasiere zwar, aber im Kern stammen diese Worte von einem Mann, der für die gesamte Innenpolitik der Vereinigten Staaten zuständig war!

Die Menschen müssen begreifen, dass die derzeitigen Entscheidungen und die Politik von Leuten mit solchen abergläubischen und rückwärtsgerichteten Weltbildern bestimmt werden. Es ist eine einzige Tragödie. Vor allem wird diese Tatsache so gut wie nie thematisiert. Watt rutschte der Kommentar damals nur heraus – er wusste nicht, dass er aufgezeichnet worden war. Doch ich habe mich mit vielen einflussreichen Leuten auf dieser Ebene getroffen, und die Menschen glauben wirklich daran. In diesem Augenblick der Menschheitsgeschichte ist die US-Regierung mit Leuten durchsetzt, die daran glauben, dass „das Ende der Welt nahe ist".

Lassen Sie sich das durch den Kopf gehen: Wenn Sie an die Endzeit glauben, dann kümmert Sie doch keine Klimaerwärmung oder Schulden in Höhe von acht Billionen. Wir befinden uns doch in den letzten Tagen, nicht wahr? Die Erde und alles Leben auf ihr wird vernichtet werden, die guten Christen schweben in den Himmel zu Jesus – also wen juckt's?

Für den Normalbürger mag das ziemlich verrückt klingen, doch folgen viele der geheimen Entscheidungsträger der Welt dieser eschatologischen Weltsicht – insbesondere, seit die Gruppe stark von geheimen Interessen der Mormonen, des Vatikan und anderen religiösen Extremisten dominiert wird.

Natürlich sind auch Personen innerhalb der geheimen Welt tätig, die nur an konventioneller Gier, Macht, Geld und Kontrolle interessiert sind. Oder auch andere, die sich um eine Art Homöostase sorgen: „Lasst uns das Boot nicht ins Wanken bringen, selbst wenn es gleich die Niagara-Fälle hinuntersegelt!" Im Hintergrund werden sehr unterschiedliche Pläne verfolgt, doch von diesen haben die bizarrsten den größten Einfluss: jene, die in einer rückschrittlichen, kultähnlichen Religiosität, im Aberglauben, wurzeln.

George Santayana hat völlig richtig gesagt: „Fanatismus heißt, die eigenen Anstrengungen zu verdoppeln, wenn man sein Ziel verloren hat."

Aus einer fanatischen Endzeit-Perspektive ist es völlig verständlich, eine halbe Billion Dollar Schulden zu den acht Billionen hinzuzufügen, um sie unseren Kindern zu hinterlassen. Es ist verständlich, jahrzehntelang Technologien zurückzuhalten, die die Erde retten könnten, selbst wenn beide Polkappen schmelzen! Und warum sollte man nicht zulassen, dass tausende Pflanzen- und Tierarten aussterben? Die Welt geht sowieso zugrunde! *Niemand* würde mit dem Wissen um die Lösung der weltweiten Probleme weiterhin einen solchen Kurs verfolgen, solange seine Entscheidungen nicht auf diesem eschatologischen Paradigma basieren.

Als ich schließlich die geheime Agenda der globalen Zerstörung entdeckt hatte, fügte sich das Bild zusammen. Ich traf Anhänger des Satanskultes, die innerhalb der gewalttätigen Splittergruppen tätig waren. Sie sind zerstörungswütig und lieben alle Arten von Folter, Leid und Sadismus. Diese Leute sind die praktische Kehrseite derer, die für das Ende der Welt beten. Seltsame Bettgenossen. Sie denken wirklich, dass das Ende der Welt nahe ist – dabei handelt es sich nur um den Wechsel von einem göttlichen Zyklus in den nächsten!

Diese himmelschreiende Fehlinterpretation der Schriften und Prophezeiungen hat folgenschwere Konsequenzen.

Mein Lösungsvorschlag lautet, eine andere Perspektive anzubieten: Natürlich können wir über das Ende eines Kreislaufs reden – es ist das Ende *einer* Welt, der alten Welt. Doch das heißt nicht, dass wir uns zurücklehnen sollten, während wir weiterhin die Erde zerstören.

Möglicherweise können wir die Perspektive dieser Leute nicht ändern. Doch wir können zumindest eine sinnvollere und hoffnungsvollere Erklärung liefern, sodass einige von ihnen den Lösungsweg sehen, bevor es zu spät ist.

Es leuchtet nicht ein, dass wir Glasfaseroptik, integrale Schaltkreise und Laptops mit einer Leistungsfähigkeit verwenden, die früher ein ganzes Haus an Geräten gefüllt hätte – aber immer noch in der „höchstentwickelten" Nation der Erde über 50 Prozent unserer Elektrizität aus Kohle erzeugen! Also wirklich. Um das zu verstehen, müssen Sie begreifen, was in den Herzen und im Verstand derjenigen vor sich geht, die die Zukunft der Menschheit gekidnappt haben.

Nachdem sich die unternehmerische Gier hineingeschlichen hatte, entglitten diese Projekte der Kontrolle Eisenhowers und anderer, und die Projekte verselbstständigten sich. Menschen mit verschwiegenen religiösen Zielen infiltrierten dann die Institutionen und Unternehmen und haben nun das Ruder in der Hand. Mir wurde gesagt, dass diese Gruppen ihre eigenen Leute für bestimmte Posten festlegen und rekrutieren. Die mächtigen, rechtsgerichteten Mormonen sitzen in den höchsten Rängen der CIA, des FBI, des Militärs, in vielen Universitäten, Laboratorien und Unternehmen.

Den meisten Leuten ist nicht klar, dass wir längst in einer *undeklarierten Theokratie* leben. Ihnen wurde einfach verschwiegen, dass sie bereits in einer Theokratie leben. Es geschah durch die Hintertür: heimlich, still und leise. Was die Nazis mit ihrem Thule-Orden nicht in der Öffentlichkeit erreichen konnten, wollen diese Leute im Geheimen vollbringen. Es ist die Fortsetzung des Zweiten Weltkriegs im Untergrund.

Ich weiß, dass die meisten Leute das nicht hören wollen. Es ist verwirrend und widerspricht dem Mythos, den man uns zu glauben gelehrt hat.

Unter den Leuten, die von dieser Religiosität und in diesem Weltbild angezogen wurden, befinden sich auch solche, die sich um den Glauben oder die Existenz Christi einen feuchten Kehricht scheren. Vielmehr folgen sie einem satanistischen Weltbild, das Zerstörung und Leid predigt. Sie sitzen in den innersten Kreisen der Religionen – und die Religiösen ahnen nicht, welcher Hirte ihre Schäfchen wirklich führt.

Wir schließen ein Kapitel der menschlichen Geschichte ab und schlagen das nächste auf. In dieser Übergangszeit kann es ziemlich turbulent werden.

Bereits seit 150 Jahren ereignen sich wundervolle Dinge auf diesem Planeten: Neue Ideen, neue Institutionen, neue Lebensstile und neue technologische Potentiale eröffnen sich. Vieles davon klingt äußerst vielversprechend. Auf der einen Seite liegt also der Kadaver einer alten Welt, die sich mitten im Todeskampf befindet. Direkt gegenüber wächst dagegen eine neue Welt heran, die für tausende von Jahren bestehen wird. Es wird nicht das Ende *der* Welt sein: Es ist nur das Ende *einer alten Welt* und die gleichzeitige Errichtung einer neuen. Wir befinden uns im frühen Stadium einer goldenen Ära der menschlichen Rasse – einer Welt, die 500.000 Jahre lang bestehen wird.

Das ist das Aufregende und Schöne, und dies gilt es zu erzählen, während wir uns gleichzeitig der verrückten und abergläubischen Dramen bewusst werden, die gerade ausgespielt werden. Wir sollten uns auf das Gute und Positive fokussieren, dem wir entgegen sehen, doch uns auch der anderen Agenden bewusst sein, um die Situation richtig einschätzen zu können.

Das Raumschiff Erde muss durch diese Periode gesteuert werden, damit die Zivilisation begründet und verwurzelt werden kann, für die es bestimmt ist. Außerirdische Zivilisationen stehen bereit, um den Prozess zu unterstützen, und ab einem gewissen Punkt werden sich die Dinge sehr rasch verändern.

Die Transformation wird jedoch nicht von allein geschehen. Unsere Aufgabe als Mensch besteht darin, sie zu leiten und zu erleichtern. Dabei stehen wir nicht alleine da: Das Schicksal der menschlichen Rasse und der Erde wurde noch nie sich selbst überlassen. Nie fehlte ihm die Unterstützung, nie stand es in Zweifel. Unsere Zukunft und unser Schicksal sind gewiss. Die einzige Frage ist, wie wir uns aus der gegenwärtigen Situation befreien und eine Welt basierend auf Frieden und Gerechtigkeit begründen.

Wir leben auf einem Planeten des freien Willens. Damit sich etwas verändern kann, müssen wir den freien Willen nutzen. Genau diese Lektion gilt es zu lernen. Der Wandel wird geschehen, sobald wir alle an einem Strang ziehen und den freien Willen einsetzen.

Unser Bildungssystem und unsere Gesellschaft haben uns zu gefügigen, konformen Lebewesen gemacht. Aber wissen Sie was? Wenn Sie sich in ein System einfügen, das schlichtweg verrückt geworden ist, dann gibt es ein Problem. Und die Welt um uns herum ist äußerst verrückt geworden.

Deshalb müssen wir erkennen, was hier wirklich gespielt wird, uns davon lossagen und die positive Zukunft erschaffen, die auf uns wartet, reif wie eine Frucht, die nur vom Baum in unsere Hände fallen muss.

Die Erde und die Menschheit sind bereit zu erblühen. Und wir sprechen hier nicht nur vom Frühling der Erde, wir sprechen vom Frühling des gesamten Kosmos.

Was weiß der Vatikan? 31

Die Erforschung des Bewusstseins und dessen Ausdrucksformen lag mir schon immer sehr am Herzen. Bei einem Außeneinsatz in Blanca Peak in Colorado führten wir aufgrund eines Gewitters die Protokolle aus dem Auto heraus durch. Ich verwendete eine Technik, in der ich aus dem unbegrenzten Geist heraus die gesamte Gegend mit einem Energiefeld speiste, das in meinem geistigen Auge wie zwei gegenläufig rotierende Scheiben wirkte – wie eine Merkaba. Plötzlich hüpfte unser Auto kurz auf und trotzte für einen Moment den Gesetzen der Schwerkraft. Auch die anderen Autos machten einen kleinen Satz und meine Expeditions-Begleiter fragten erschrocken: „Großer Gott, was ist passiert?" Ich lächelte zurück und sagte: „Wir haben mit den wahren Möglichkeiten des Bewusstseins gespielt …"

Wir haben so viele verborgene Fähigkeiten. Doch was die Erde im Augenblick wirklich braucht, sind praktische Anwendungen: Wie schon vor 100 Jahren verbrennen wir immer noch Kohle, um den größten Teil unserer Energie zu erzeugen. Die Evolution der Menschheit wurde seit 100 Jahren von den Kräften der Unwissenheit und der Gier gekidnapped. Nun liegt es an uns, für die Erde einzutreten.

Dazu fällt mir die Geschichte von Buddha ein, der einem Mann begegnet, der 30 Jahre lang trainiert hatte, über einen Fluss zu schweben. Ganz in seiner Nähe befand sich eine Brücke. Der Mann, überaus stolz auf seine neu erworbene Fähigkeit, sagt: „Schau, Buddha, schau nur!", und schwebt über den Fluss auf die andere Uferseite. Der Buddha geht über die Brücke zur anderen Seite und sagt: „Aber du hättest doch einfach die Brücke benutzen können, anstatt 30 Jahre lang schweben zu üben …"

Ich will damit nicht leugnen, dass diese Fähigkeiten überragend und wundervoll wären – sie sind es. Doch man kann eine Menge Zeit und Anstrengung darauf verschwenden, während die Erde und unsere Zivilisation weiter in den Abgrund steuert. Wenn also konkrete Aufgaben anstehen, sollte selbst die wichtige Entwicklung unserer höheren Fähigkeiten warten können.

Diese schlummernden Fertigkeiten des Bewusstseins beginnen sich zu entwickeln, sobald man die wahre Natur des Geistes und der Materie verstanden hat, insbesondere die Tatsache, dass keine Materie unabhängig vom Bewusstsein existiert und durch dieses hervorgerufen wird. Nichts existiert getrennt vom Geist. Alle Materie und Energie ist nichts anderes als wache Bewusstheit, die auf verschiedene Arten schwingt, sich durchdringt und überlagert.

Diese Tatsache wurde von verschiedenen Untersuchungen bestätigt, die Dr. Bob Jahn an der Princeton University sowie andere Forscher durchgeführt haben. Alles ist nichtlokal: Die Grenzen von Raum und Zeit existieren nicht. Haben Sie dies einmal verstanden, dann können Sie – mit entsprechendem Training und Konzentration – wirklich alles erreichen.

Auf einer meiner Reisen durch Italien, England und Frankreich organisierte Paola Harris für mich ein Treffen im Vatikan mit Monsignor Balducci, einem ranghohen Theologen, der dem Papst sehr nahe steht. Für das Interview begaben wir uns in sein Apartment, von wo aus wir auf den Petersdom blicken konnten. Mr. Balducci ist ein patrizischer, würdevoller und sehr angenehmer Mann, ein hochgeistiger Mensch.

Ich fragte ihn: „Denken Sie, dass diese Außerirdischen eine Bedrohung für uns darstellen oder uns feindlich gesinnt sind?" Er antwortete: „Auf gar keinen Fall! Und falls Sie mir die Bemerkung gestatten: Tiefer als die Menschheit kann nichts im gesamten Universum sinken!"

Später sagte er: „Wissen Sie, Gott wird nicht so töricht sein und all seine Hoffnungen auf nur *eine* intelligente Spezies auf *einem* Planeten setzen."

Als wir auf seinem Balkon standen und über den Petersdom und den Vatikan blickten, eröffnete er mir: „Ich würde ihnen diese Dinge nicht ohne die Erlaubnis des Heiligen Vaters erzählen." Der Papst hatte ihn also instruiert, über die Existenz außerirdischer Zivilisationen zu sprechen!

Er sagte mir ganz offen, dass er den Segen des Papstes habe, über die Dinge zu sprechen und die Tatsache betonen solle, dass UFOs real seien und es sich bei den Außerirdischen um wohlmeinende Wesen handele. Es gebe nichts, worüber wir uns sorgen müssten. Als ich ihn fragte, was er von dem Vorhaben halte, Waffen im Weltraum zu stationieren und auf außerirdische Raumschiffe zu richten, wurde er sehr aufgebracht und sagte, dies wäre ein völlig falscher Weg.

Ich traf mich auch mit dem Astronomen des Vatikans, der ebenfalls versicherte, dass UFOs und ETs real seien. Mittlerweile haben wir erfahren, dass innerhalb des Vatikans und des Opus Dei Zellen existieren, die die Vorgänge aus einer sehr dunklen Perspektive betrachten und den anderen im Vatikan diese Informationen vorenthalten haben. Wie in den Vereinigten Staaten ist auch im Vatikan alles sehr labyrinthisch, segmentiert und verschwiegen angelegt.

Es gab Päpste und hochrangige Bedienstete im Vatikan, die in der konventionellen religiösen Struktur beschäftigt waren, aber nicht den Hauch einer Ahnung davon hatten, was innerhalb der schwarzen Zellen ihrer eigenen Bürokratie vor sich ging. Immer wieder stößt man auf das gleiche Muster.

Diesem Strickmuster begegnet man im religiösen, politischen oder wissenschaftlichen Bereich, in Regierungsbehörden oder im Militär. Prägen Sie sich das Muster ein. Denn haben Sie das Bild einer gewalttätigen, segmentierten, geheimen Operation innerhalb *einer* Institution verstanden, dann lässt es sich wie ein Fraktal multiplizieren: Es ist eine Krankheit, die sich in der ganzen Welt verbreitet hat.

Während meines Aufenthaltes in Rom traf ich mich auch mit einem Malteserritter – es gibt sie wirklich – sowie einem Vertreter des Geheimdienstes der Jesuiten und des Vatikangeheimdienstes. Diese Gruppierungen sind eng verzahnt mit dem weltweiten Finanzsystem und den hochentwickelten Technologien, die mit dem ET-Thema in Verbindung stehen. Innerhalb der Hierarchie besetzen sie einige Schlüsselpositionen.

Sie baten mich darum, ihnen die Materialien zur Verfügung zu stellen, die ich schon den Führungspersönlichkeiten der „weißen Welt" hatte zukommen lassen – der regulären, konventionellen Welt der Regierungen, Senatoren und Präsidenten –, und selbstverständlich tat ich dies.

Doch im gleichen Atemzug sagte ich: „Wie Sie wissen, existieren seit mehreren Jahrhunderten Traditionen der Geheimhaltung und der verborgenen Macht. Nun ist die Zeit gekommen, in der die Zirkel umfunktioniert werden sollten. Sie sollten offen und wahrhaftig handeln, um auf diese Weise der ganzen Menschheit zu nützen." Sie hörten meinen Worten freundlich und interessiert zu und wirkten tatsächlich etwas gerührt.

Die Malteserritter, der Geheimdienst der Jesuiten und der Geheimdienst des Vatikans spielen eine Schlüsselrolle bei der Geheimhaltung des außerirdischen Themas.

Als Präsident Carter sich Informationen über UFOs verschaffen wollte, ging er während der Zeit seiner Amtsübergabe zum damaligen CIA-Direktor George Bush, der ihn einfach abblitzen ließ: „Nein, diese Informationen kann ich Ihnen nicht aushändigen. Versuchen Sie es beim Congressional Research Service." Hier verweigerte also ein amtierender CIA-Direktor – George Bush senior –, der über die Themen informiert war, einem designierten US-Präsidenten den Zugang zu diesen Informationen! Wir haben Zeugen, die die Wahrheitsgehalt der Geschichte bestätigen.

Carters nächste Station war also der Congressional Research Service (CRS). Dieser wiederum trat im Gegenzug an den Anwalt Daniel Sheehan heran, der im Christlichen Institut tätig war und die Jesuiten in Washington repräsentierte. Der CRS wollte herauszufinden, ob er über den Vatikan an die gesuchten Informationen gelangen konnte. Sheehan kontaktierte also im Auftrag des künftigen Präsidenten Carter den Vatikan.

Doch auch der Vatikan reagierte ablehnend: „Nein, diese Informationen können wir Ihnen nicht aushändigen." Sie sagten gezielt nicht: „Wir haben diese Informationen nicht", sondern: „Wir möchten sie weder Ihnen noch dem Präsidenten geben." In den geheimen Akten und der Geheimbibliothek des Vatikans finden sich umfangreiche Informationen zu all den Angelegenheiten. Erinnern Sie sich, dass mir bereits 1994 ein Insider der Geheimregierung mitgeteilt hatte, dass ich lieber bestimmte Gruppen von Jesuiten kontaktieren solle als den CIA-Direktor oder den US-Präsidenten, wenn es um den Technologietransfer und das -management ginge. Er hatte vollkommen Recht.

Einer unserer Zeugen aus der Marine nahm an einer Mission teil, bei der sogenannte „magnetische Anomalien" im Atlantik untersucht wurden. In diesen Kreisen sind „magnetische Anomalien" nur ein Euphemismus für außerirdische Raumschiffe unter Wasser. Um die Unterwasser-UFOs aufzuspüren, stachen sie mit einem speziell ausgerüsteten Atom-U-Boot in See.

Kurz bevor sie zu ihrer geheimen Mission aufbrachen, hielt eine Limousine, aus der ein Mann im Anzug (ein namenloser Geheimagent) und ein Priester im Talar stiegen. Diese beiden waren die Letzten, die an Bord gingen und erteilten alle Anweisungen.

Das U-Boot steuerte in einen Meeresabschnitt, in dem es unzählige Unterwasser-Raumschiffe gab, deren Geschwindigkeit manchmal zwischen 400 und 500 Knoten gemessen wurde! Diese UFOs glitten mit der Geschwindigkeit eines Jets durch das Wasser, ohne eine nennenswerte Heckwelle zu hinterlassen. Plötzlich nahmen zwei UFOs das U-Boot in ihre Mitte und deaktivierten den Nuklearantrieb: Das Atom-U-Boot war außer Kraft gesetzt und konnte sich keinen Meter mehr bewegen.

Die gesamte Reise wurde mit hochsensiblen elektronischen Ausrüstungen aufgezeichnet. Als das U-Boot in den Hafen zurückgekehrt war, wurden alle gesammelten Daten zusammengetragen und dem Priester ausgehändigt. Er war kein Amerikaner, sondern agierte im Auftrag des Vatikans, nahm die Daten an sich und verschwand. Diese Spezialoperation wurde vom und für den Vatikan durchgeführt, unter Verwendung eines Atom-U-Boots der US-Marine!

Bis dieser Zeuge mit mir gesprochen hatte, konnte er sich keinen Reim darauf machen, wie ein katholischer Priester eine solche Operation leiten könne.

Wir wissen warum. Die Trennung von Staat und Kirche ist – zumindest auf dieser Ebene der Geheimhaltung – nur ein Mythos. Selbst Menschen, die von der Existenz einer Schattenregierung wissen, können sich kaum vorstellen, bis zu welchem Ausmaß gewisse religiöse Interessen mit zweifelhaften Ambitionen die Organisation infiltriert haben. Das macht die Aufklärung nicht unbedingt leichter.

Die Wahrheit verbirgt sich von selbst. Anders gesagt: Wenn Sie eine genießbare Version der Wahrheit verkünden, dann wird diese akzeptiert werden. Falls Sie jedoch die tatsächliche Wahrheit aussprechen, die ganze Wahrheit – falls Sie also den gesamten Vorhang mit einem Mal fallen lassen –, dann scheint es nicht glaubwürdig. Doch so verrückt all die Dinge auch klingen mögen – sie sind wirklich wahr …

Ironischerweise fällt es also schwer, die ganze Wahrheit zu enthüllen, weil sich das tatsächliche Geschehen weit außerhalb der konventionellen Wissens- und Glaubensmatrix abspielt. Seit 12 Jahren habe ich damit zu kämpfen. Nachdem ich bis in diese Bereiche des Geheimwissens vorgedrungen war, dachte ich: „Wem zur Hölle kann ich das erzählen?"

Weisheit heißt, die Wahrheit mitzuteilen, die Ihr Zuhörer auch aufnehmen kann. Was nützt es, einem Kind in der Vorschule höhere Mathematik beizubringen, das gerade erst die Grundrechenarten gelernt hat?

Gleichzeitig hat es mich immer bedrückt, dieses Wissen niemandem mitteilen zu können. Nun spreche ich also die Wahrheit aus, selbst wenn sie meinem Ansehen schaden sollte …

Wir nähern uns dem Ende des Algorithmus, des großen Plans der Geheimmächte. Am 11. September wussten wir – nachdem das *Disclosure Project* zehntausende von Leuten dazu gebracht hatte, öffentliche Anhörungen zu verlangen und sich einige Kongressabgeordnete ernsthaft mit dieser Möglichkeit auseinanderzusetzen begannen –, dass die Agenda nun noch schneller vorangetrieben werden würde.

Und was folgte im Algorithmus dem globalen Terrorismus? Die inszenierte Bedrohung aus dem Weltraum.

Die letzte Karte, die die geheime Über-Regierung ausspielen würde, wäre eine vorgetäuschte Bedrohung aus dem Weltraum, die außerirdischen Intelligenzen zugeschoben werden würde. Wir sind dem Ende des Theaterstücks ziemlich nahe. Die Zeit erlaubt uns nicht, die Wahrheit zu verschweigen – selbst die Verbotene Wahrheit.

32 Hinter den Kulissen

Nach dem 11. September begannen sich viele Menschen die Frage zu stellen, was hinter der Weltbühne wirklich vor sich geht. Für sie ist die finstere Manipulation offensichtlich. Den Luxus, all diese Informationen abzutun und zu denken, sie seien Verschwörungstheorien, kann ich mir nicht erlauben. Ich weiß, dass es wahr ist. Die einzige Frage, die ich mir immer wieder stellte, lautete: Wann füge ich alle Einzelteile so zusammen, dass die Menschen das Gesamtbild verstehen können – wann schlage ich Alarm, damit die Menschheit aufwacht und sich nicht länger täuschen lässt? Die Menschen dürfen nicht in die Falle laufen und Angst vor Außerirdischen haben, um daraufhin Star-Wars-Projekte gegen außerirdische Zivilisationen gut zu heißen. Diese verdeckten, zielgerichteten Interessen wollen die Welt durch Angst vereinigen und kontrollieren, statt sie durch Frieden und Hoffnung zu verbinden. Es ist die Antithese zu dem Standpunkt, den wir eigentlich an diesem Punkt unserer Evolution einnehmen sollten. Diese Pläne sind das Gegenteil einer lebendigen und positiven Zukunft für die Erde.

Die meisten Leute wissen über die Existenz geheimer Projekte. Eine geringere Anzahl von Menschen weiß auch, dass es ultrageheime, schwarze Projekte gibt. Jedes Regierungsmitglied weiß das. Dann gibt es diejenigen, die noch weiter denken und sich vorstellen können, dass diese Projekte außer Kontrolle geraten sind und nun opportun und illegal operieren – innerhalb des militärisch-industriellen Laborkomplexes, der sich mit fortschrittlichen Energiesystemen und UFOs auseinandersetzt.

Eine noch kleinere Anzahl von Menschen begreift, dass einige dieser skrupellosen Gruppen voll funktionsfähige Raumschiffe besitzen, die wie UFOs aussehen. Sie haben künstliche Lebensformen erschaffen, die Außerirdischen ähneln, inszenieren „Entführungen" und verstümmeln Rinder, um den Angstfaktor zu erhöhen. Die Berichte werden dann an die Öffentlichkeit weitergereicht, an die UFO-Subkultur, an die Massenmedien, an Science-Fiction-Freaks und andere – und so füttert man das Bewusstsein der Menschen mit Angst. Die Allerwenigsten jedoch können sich vorstellen, dass die Fäden der ganzen Szenerie von einer transnationalen, faschistisch orientierten Gruppe gezogen werden, ähnlich der Thule-Gesellschaft, die hinter dem Aufstieg Hitlers stand. Was sie während des Dritten Reiches nicht öffentlich tun konnten, taten sie im Geheimen. Durch die Operation „Paperclip" kamen sie in die USA, wo sie dann die Raumfahrtindustrie und die CIA bevölkerten.

Die globalen sozialistisch-faschistischen Bestrebungen, die schon während des Zweiten Weltkriegs unter der Oberfläche heranwuchsen, wurden also seitdem weiterverfolgt. Wir können sehen, wie sich diese Pläne nun auf einer größeren Ebene entfalten und die Macht um eine solche Philosophie herum strukturell zentriert wird. Sie sprechen von Demokratie, meinen aber die Pseudo-Demokratie einer zentral kontrollierten Gesellschaft, die von einer geheimen, unidentifizierbaren und unbekannten Machtstruktur geleitet wird.

Wenn Sie dies verwirrend finden, ist das nur verständlich. Das einzige wirksame Gegenmittel ist meiner Meinung nach, das Wissen um die Wahrheit genügend Leuten mitzuteilen, damit sie nicht betrogen werden können – denn diejenigen an der Spitze der geheimen Agenda sind von unserer kollektiven Unwissenheit abhängig. Sie bauen auf eine Matrix der Fehlerziehung, Umerziehung und Desinformation, die alle Menschen zu Wiederkäuern materialistischer Glaubenssysteme gemacht hat. Falsche Glaubenssysteme, gepaart mit verschiedenen materiellen Abhängigkeiten, sind das Gift, das die Massen in die gewünschte Richtung irren lässt.

Doch wenn wir aus tiefstem Herzen die Wahrheit aussprechen, können wir gemeinsam eine andere Zukunft für die Erde und unsere Kinder erschaffen. Wir leben in einer Zeit der Extreme – pechschwarz und strahlend hell. Wir leben in einer Zeit des grundlegenden Wandels.

Die meisten Menschen innerhalb des Pentagon, des Weißen Hauses und der CIA wissen nichts über diese ultrageheimen Pläne. Die meisten von ihnen sind Menschen guten Willens, die in einer Maschinerie gefangen sind, die sie nicht selbst gemacht haben und von der sie wenig wissen. Unsere Aufgabe besteht darin, das Wissen allen mitzuteilen, auch den Leuten innerhalb der Regierung und des Militärs. Zwölf Jahre lang haben wir diese Kreise informiert, und mittlerweile realisieren die meisten, dass sie getäuscht wurden und unterstützen die Enthüllung.

Kurz vor dem 11. September hielt ich einen Vortrag in Oregon. Danach kam ein Mann zu mir, der seine ganze Karriere im Militär verbracht hatte. Er war zusammen mit einem Freund gekommen, und beide verhielten sich sehr vorsichtig.

Als die meisten schon gegangen waren, sagte mir einer unserer ehrenamtlichen Mitarbeiter beim *Disclosure Project*, Jordan Pease, dass diese Männer einen Augenblick mit mir allein sein wollten. Einer der beiden, ich nenne ihn R. J., war seit langer Zeit beim Militär und wurde in den 1960er Jahren in die geheimen Projekte hineingezogen. Eines dieser Projekte entwickelte Weltraumspionagetechniken, die so fortschrittlich waren, dass man aus dem Weltraum Gespräche von Personen und deren Bewegungen verfolgen konnte – und das in den 1960ern!

Die Technologien, die im Untergrund kursieren, sind weitaus fortgeschrittener als alles, was Sie jemals in den Nachrichten gesehen haben. Aus diesem Grund muss ich lachen, wenn gesagt wird: „Oje, wir können Osama bin Laden nicht finden." Genau. Also, bitte ... Ich meine, für wie dumm halten die uns?

R. J. fuhr fort und erzählte, dass er aufgrund seiner Fähigkeiten immer tiefer und tiefer in die Projekte hineingezogen wurde und schließlich bei UFOs landete. Er sagte: „Ich befürchte, dass Sie nicht verstehen werden, was diese Dinge, von denen Sie denken, es seien ETs, wirklich sind." Ich antwortete: „Meinen Sie die menschengeschaffenen, programmierten Lebensformen?" Er fuhr von seinem Stuhl auf: „Woher wissen Sie davon?"

„Nun, ich habe ungefähr ein Dutzend Zeugen, die an diesen pseudo-außerirdischen Kreaturen gearbeitet haben", sagte ich. „Aber wenn ich zu viel darüber spräche, würden die Leute denken, ich hätte nicht alle Tassen im Schrank."

Daraufhin berichtete er mir von den Projekten in Amerika und Australien, an denen er beteiligt gewesen war:

„Wir beschäftigten uns mit außerirdischen Materialien und entwickelten sehr fortschrittliche Technologien, darunter eine Art Antigravitations-Raumschiff. Ich sah transdimensionale Technologien, Dinge, mit denen man in der Zeit vorwärts und rückwärts reisen konnte – alles Mögliche", erklärte er.

(Wir haben auch einen anderen Zeugen, der das bestätigt. Er war bei Boeing und MacDonnell Douglas und wusste vom Projekt „Redlight" und der Operation „Looking Glass", die beide mit der Zeit experimentierten.)

Dann sagte R. J.: „Die meisten Leute können sich nicht vorstellen, dass ich an der Zusammenführung von Projekten gearbeitet habe, bei denen es um sogenannte ‚Entführungen' ging! Wir haben viele Entführungen inszeniert, bei denen die Leute glaubten, sie hätten Kontakte mit Außerirdischen. An einem der Orte, an denen ich arbeitete – er war unterirdisch – gab es eine Reihe von Behältern. In diesen züchteten wir Kreaturen in einer Nährlösung, die sich in verschiedenen Entwicklungsstadien befanden. Diese Kreaturen würden die meisten Menschen für Außerirdische halten."

R. J. erwähnte auch, dass es verschiedene Generationen der künstlichen Lebensformen gebe. Man sei dabei, die von Menschen gezüchteten ETs zu perfektionieren. Diese naziähnlichen Projekte seien bereits seit den 1940ern bis zu dem Zeitpunkt durchgeführt worden, an dem er aus den Projekten ausschied. Die neuesten „Modelle" sähen sehr echt und glaubwürdig aus. „Diese Kreaturen, die wie Automaten funktionieren, von Menschen kommandiert werden und in nachgebauten Raumschiffen operieren, gibt es wirklich." R. J. wusste nicht, dass ich bereits über diese ausgeklügelten Inszenierungen informiert war. Er dachte, dass man auch mich getäuscht hatte, wie so viele andere UFO-Forscher zuvor.

„Nein, davon weiß ich schon seit langem", sagte ich.

„Warum sprechen Sie dann nicht darüber?", fragte er.

„Weil ich versuche, die Leute erstmal dazu zu bringen, wenigstens die Existenz von UFOs anzuerkennen."

„Ja, ich verstehe Ihren Standpunkt", sagte er. „Ich bin sehr froh, dass Sie von all dem wissen. Aber wissen Sie auch Folgendes? Vieles davon befindet sich in Einrichtungen, die auf der ganzen Welt verstreut sind, im Amazonas-Dschungel, in Australien und in anderen abseits gelegenen Gebieten. Nach und nach gelangte ich auf immer tiefere Ebenen, und bevor ich an diesem Ort in Australien beschäftigt war, brachte man mich auf die nächste Stufe meines ‚Ausbildungs'programms."

Er sagte: „Sie haben keine Ahnung, was wirklich vor sich geht."

Er erzählte mir, dass er Zeuge eines satanischen Einweihungsrituals gewesen sei. Die Anwesenden hätten Blut getrunken, es habe Opfer- und Folterrituale gegeben. Er sei in Programme eingeführt worden, die Teufelsanbetung, satanische Opfer und blutrünstiges Ermorden Unschuldiger beinhalteten. Auf dieser Stufe habe er einen Eid auf Luzifer ablegen müssen, was er auch tat.

R. J. war nicht die erste Person, die mir von derartigen Ritualen berichtete. Er fuhr fort, dass er nach Pine Gap, Australien, überführt worden sei, wo er ein sonderbares Erlebnis gehabt hätte. Man habe ihn nachts in einem Helikopter zu einer Anlage gebracht. Als sie auf einen Berg zugeflogen seien, der wie eine normale Erhebung aussah, habe sich dieser geöffnet – er schien nur ein Hologramm zu sein. Sie seien durch eine Seite des Berges direkt in die Erde hineingeflogen. Dort habe man ihn bis zu den untersten Ebenen gebracht, wo eine enorme Anzahl nachgebauter UFOs stationiert gewesen sei. Darunter hätten sich auch große dreieckige befunden. Er sagte: „Diese Anlagen gibt es auf der ganzen Welt." Während seiner Erzählung hielt er ab und zu inne und sagte: „Ich weiß, dass Sie denken, ich bilde mir das alles nur ein. Ich bin sicher, dass Sie das nicht glauben können."

Am Ende seines Berichts sagte ich: „Sie sollten wissen, dass ich viele solcher Zeugen habe – von denen Sie nichts wissen können, weil Sie in Ihrem eigenen, abgespaltenen Projekt tätig waren. Diese Zeugen erzählen beinahe die gleiche Geschichte wie Sie, nur dass diese an anderen Orten zu anderen Zeiten spielt. Folglich zweifle ich nicht im Geringsten an Ihrem Bericht."

Er holte tief Luft und atmete aus – ein gewaltiger, befreiender Seufzer. Eines der fortschrittlichsten Laboratorien dieser Art befindet sich in England. Viele der sogenannten „reptiloiden" Kreaturen, die von der Mehrheit für Außerirdische gehalten werden, sind programmierte Lebensformen. Es sind Biomaschinen, die in diesen Einrichtungen genetisch geschaffen wurden. Diese Details wollen die meisten Menschen nicht hören. Doch es ist außerordentlich wichtig zu verstehen, mit welcher Geisteshaltung wir es hier zu tun haben. Einer der Herren, mit denen ich in Kontakt stehe, stammt aus einer gut informierten Multimillionärsfamilie, die in diplomatische und geheimdienstliche Operationen involviert ist. Er wurde in einem bestimmten Meditationsinstitut programmiert und kam bis zur 14. Stufe des Trainings. Er sagte, man käme nicht über diese Stufe hinaus, solange sie kein persönliches Profil erstellen und sehen konnten, dass man auf der „rechten Seite von Dschingis Khan" steht, d.h. willens, aggressiv, gewalttätig und destruktiv zu sein. Da er weder extrem gewalttätig noch hasserfüllt war, wurde die Zusammenarbeit beendet.

Er sagte auch, es sei sehr viel über Dr. Greer und das *Disclosure Project* diskutiert worden, und sie seien sehr erfreut, dass ich Informationen über die Realität von UFOs und Außerirdischen veröffentliche. Doch mache es sie sehr wütend und erfülle sie mit tiefem Hass, dass ich das gefälschte Szenario und ihre inszenierte Agenda aufdecke. Diese Leute haben sich einem Endzeitszenario des interplanetarischen Krieges verschrieben – das Hauptziel des harten Kerns der Geheimhaltung. Sie waren außer sich vor Wut, dass ich nicht mit ihrer Agenda konform ging, den Plan für die Inszenierung eines außerirdischen Angriffs auf die Erde aufgedeckt hatte und diese Pläne den führenden Militärs und Regierenden mitteilte. Er sagte, dass sie mich umbringen wollen. Sie bräuchten niemanden mit beweisbarem Material, der zeigt, dass die echten Außerirdischen nicht nur freundlich gesinnt, sondern auch hilfsbereit und erleuchtet seien.

„Ist Ihnen klar, wie sehr sie gehasst werden?", fragte er. „Ja", antwortete ich, „doch das – und ihre Drohungen – werden uns niemals davon abhalten, die Wahrheit auszusprechen."

Als das *Disclosure Project* an Fahrt gewann, warnte man mich, dass Dinge geschehen würden, die mich zum Aufgeben zwängen, falls ich diesen Weg weiter verfolgte. Man sagte mir das ganz explizit.

Am 11. September befand ich mich in Seattle. Nachts zuvor war ich gerade von einer Vorlesung an der Simon Frazier University in Vancouver zurückgekehrt. Als ich am 11. September erwachte und den Fernseher einschaltete, dachte ich, es handele sich um einen Film. Nachdem mir klar wurde, dass es keineswegs nur ein Film war, rief ich meine Frau Emily an, um festzustellen, ob bei ihr alles in Ordnung sei. Mein nächster Anruf galt meiner Tochter in Washington, der ich sagen wollte, dass sie die Stadt verlassen solle.

Ich kam nicht nach Washington durch, weil das Telefonnetz völlig überlastet war. Als nächstes rief ich meinen militärischen Berater an. Seine ersten Sätze waren: „Die konventionellen Institutionen, von denen die Leute *denken*, diese seien für die Sicherheit der Vereinigten Staaten verantwortlich, haben keine ultramoderne Ausrüstung und mangelhaftes Personal. Dagegen gehören die Leute, die Ereignisse in Echtzeit überwachen können, zu einer dunklen Schattengruppe. Doch die zwei werden sich niemals begegnen."

Ich war gut 5.000 Kilometer von zu Hause entfernt und es bedrückte mich, während dieser chaotischen Zeit nicht bei meiner Familie sein zu können. An dem Abend stand für mich jedoch eine Vorlesung vor der medizinischen Gesellschaft auf dem Programm. Ich rief einen der Organisatoren an und fragte: „Was sollen wir tun? Sagen wir die Vorlesung ab? Dies ist ein nationaler Notfall." Sie antworteten: „Die Leute rufen uns an und möchten immer noch hören, was Sie zu sagen haben."

Ich war nicht unbedingt in der richtigen Verfassung, um einen Vortrag zu halten, aber ich tat es trotzdem.

Es gab nur Stehplätze – dennoch war es die bestbesuchte Vorlesung vor einer medizinischen Gesellschaft, an die ich mich erinnern kann.

Ich stellte unser Projekt vor und setzte es in Beziehung zur manipulierten Agenda, die uns vom Konflikt der Supermächte über den globalen Terrorismus hin zu einer möglichen Bedrohung aus dem Weltall führen würde. Es gebe Elemente – weder im konventionellen Militär noch in den konventionellen Geheimdiensten oder Machtabteilungen –, jedoch innerhalb einer Schattengruppe, die die Zustände herbeimanipulieren würden. Für diejenigen von uns, die sich bereits mit der Agenda und der Weltsicht innerhalb dieser Gruppe befasst hätten, käme der 11. September keineswegs überraschend.

Sie hätten eine Stecknadel fallen hören können.

Es war so ziemlich das erste Mal, dass ich die Zusammenhänge vor einer Versammlung von Berufskollegen äußerte. Dies war keine New-Age UFO-

Konferenz! Ich begründete, dass man dazu wissen müsse, dass es nur um Macht gehe – um enorme geopolitische Macht. Die Menschen, die diese Programme durchführten, hätten einen „universellen Herrscher"-Komplex – sie spielten Gott. Es sei stereoider Größenwahn, doch man müsse sich mit dieser Mentalität ernsthaft auseinandersetzen, um zu verstehen, was die Leute antreibt.

Ich sagte: „Ist das wirklich so schwer zu begreifen? Ich habe selbst drei Jahre in Israel gelebt und war zwei Mal in unmittelbarer Nähe, als eine Terroristenbombe detonierte. Mich überrascht das nicht. Wir sind seit dem ersten Golf-Krieg im Nahen Osten, und das wird uns von Osama bin Laden und anderen Fanatikern schwer verübelt. Im Krieg gegen die UdSSR in Afghanistan stand Osama noch auf unserer Seite. Doch der Großteil der Bevölkerung im Nahen Osten ist wütend, dass unsere Armee in Saudi-Arabien stationiert ist, ihrem Heiligen Land." Ich fuhr fort: „Warum sind wir dort? Weil wir die Landschaft mögen? Die Kultur? Oder weil wir gerne Mekka besuchen möchten? Die hohen Temperaturen lieben? Wir sind nur wegen eines Wortes dort: Öl. Wir sind immer noch wegen des Öls dort, und wir verwenden immer noch Öl, weil diese anderen Technologien vor uns geheim gehalten werden. Ich möchte hier nicht dem Terrorismus das Wort reden; trotz allem müssen wir verstehen, warum wir ganz plötzlich zu einem solch zentralen Ziel geworden sind. Es geschah nicht über Nacht, im Gegenteil – es war schon lange abzusehen. Und es gibt Leute, die seit langer Zeit verdammt genau wussten, dass dies geschehen würde. Ich habe mit Personen zusammengearbeitet, die davon gesprochen haben, dass ‚unsere Hühner nun für lange Zeit in ihren Stall zurückkehren würden'. Ein chinesischer Spruch besagt: ‚Solange wir nicht die Richtung verändern, werden wir dort enden, wo wir hinstreben.' Aber niemand scheint hinzusehen, in welche Richtung wir uns bewegen. Es wird höchste Zeit, dass wir aufwachen und darauf achten, wohin wir geführt werden."

Ich sagte: „Es liegt nun an uns, einige taktische Schritte in die Wege zu leiten, um das Problem unter Kontrolle zu bekommen, denn das konventionelle Militär und die Geheimdienste werden sich zusammenraufen, um auf diesen Vorfall zu reagieren. Doch keiner von ihnen wird auf die ursächliche Dynamik verweisen."

Nach dem 11. September waren alle Flughäfen geschlossen, doch die Vortragstour durch den pazifischen Nordwesten war schon lange geplant. Wir entschieden uns, die Tour trotz des Horrors des 11. Septembers fortzusetzen.

Den allerletzten Vortrag hielt ich in einer ländlichen Gegend in Washington vor einer Gruppe, die von der Schauspielerin Linda Evans unterstützt wurde. Wir aßen gemeinsam zu Abend und sprachen sehr lange über diese Themen. Linda Evans befürwortet unsere Projekte sehr.

Der Tag, an dem ich regulär nach Hause fliegen wollte, war der erste Tag, an dem wieder normaler Flugverkehr in Seattle herrschte! Ich musste weder ein anderes Ticket buchen noch verpasste ich irgendeinen Flug. Es war, als hätte uns der 11. September kein bisschen aus dem Takt gebracht. Darin verbirgt sich eine tiefere Botschaft: Selbst inmitten des globalen Chaos können wir die Wahrheit aussprechen, tausende von Menschen erreichen und auf unserem Weg durch diese außergewöhnliche Zeit bleiben.

Wenn Sie das Richtige tun und die Wahrheit sagen, werden sich selbst die stärksten Schranken öffnen und Ihnen den Weg freimachen. Sie müssen den mystischen Pfad auf praktischen Füßen beschreiten.

Michael Moore sagte, die einzigen Verschwörungen, an die er glaube, seien diejenigen, die wahr wären.

Es gibt eine Art konditionierte Pawlow'sche Reiz-Reaktion, die den „etablierten" Medien und Führungskräften anerzogen wurde. Sobald Sie das gewisse Wort verwenden – „Verschwörung" – werden Sie unmittelbar als „Spinner" abgestempelt.

Verwenden Sie das Wort „UFO", assoziiert man sofort „Entführung" und „Spinner". Bestimmte automatische Reaktionen wurden in unsere Kultur einprogrammiert, insbesondere von den Massenmedien. Analysiert man die Handlungen der totalitären Überwachungsmafia und ihrer psychokriegerischen Handlanger, stößt man darauf, dass sie die programmierten Antworten bewusst hervorrufen, sobald die Themen aufkommen. Diese Strategie wird seit vielen Jahrzehnten gepflegt.

Wir fühlen uns dafür verantwortlich, das Thema so glaubwürdig und nachvollziehbar wie möglich darzustellen, doch ein ernsthaftes Problem dabei ist: Je näher man der Verborgenen Wahrheit kommt, desto unglaubwürdiger wird sie, und man riskiert seine Glaubwürdigkeit.

Es ist ein Teufelskreis.

Ich wurde oft gefragt, welche Sache mich in den letzten 15 Jahren am meisten enttäuscht hat. Vor allem waren das die einflussreichen Leute, die diese Informationen als wahr akzeptierten und sich in äußerst mächtigen Positionen befanden, aus denen sie wirklich eine Menge hätten erreichen können – sei es ein Senator, ein Präsident, ein UN-Beamter, ein General des Militärs oder ein hochrangiger Wissenschaftler. Doch sobald es darum ging, diesen Informationen produktive, konstruktive Taten folgen zu lassen, zogen sie den Schwanz ein und sagten: „Ich kann das nicht."

Henry Kissinger sagte einst: „Das ist die heißeste Kartoffel im Universum. Ich werde sie nicht mehr allzu oft berühren." Er wusste es also, aber die meisten dieser Leute wollen die Angelegenheit einfach nur weiterreichen. Es ist der ultimative Schwarze Peter. An wen würden Sie die Karte weiterreichen, wenn sogar der Präsident der Vereinigten Staaten die Karte nicht in die Hand nehmen wollte?

Es existieren Pläne innerhalb von Plänen, die innerhalb übergeordneter Agenden verschachtelt sind. Die Frage war: Wie leiten wir ausreichend Informationen an die Mächtigen und an die Öffentlichkeit weiter, um das Wissen über diese Machenschaften publik zu machen und so die dunklen Ecken auszuleuchten? Außerdem sollten wir klare Alternativen zur Verfügung stellen.

Nach dem 11. September entschloss ich mich kurzerhand – zeitgleich zum *Disclosure Project* –, die neuen Technologien, die die Erde retten könnten, zu identifizieren und an die Öffentlichkeit zu bringen. Wir wollten ein Projekt mit ausreichender Unterstützung und potentiellen Finanzierungsmöglichkeiten gründen – eine Gegenkraft zur Schattenmaschinerie, die nun seit über 50 Jahren unermüdlich läuft. Es war an der Zeit, von den militärischen Zeugenaussagen und Dokumenten zu den eigentlichen Technologien zu gelangen. Am 11. September wurde uns klar, dass wir ziemlich spät in das ganze Spiel eingriffen.

Im Herbst 2001 gründeten wir Space Energy Access Systems (SEAS) Inc. Eine Gruppe von Leuten investierte ein paar hunderttausend Dollar, sodass wir gemeinsam herausfinden konnten, welche Entwicklungen in der nicht-geheimen Welt verfügbar waren. Wir machten einige Technologien ausfindig, deren prinzipieller Beweis noch ausstand und die noch nicht ausgereift genug waren, um sie als Freie-Energie-Systeme an die Öffentlichkeit zu bringen. Von diesen fortschrittlicheren Systemen haben wir einige gesehen, doch sie befinden sich in den Händen von Wissenschaftlern, die extrem eingeschüchtert oder gehirngewaschen wurden.

Zum Beispiel besuchten Dr. Loder und ein Ingenieur aus unserem Team einen Wissenschaftler, den ein „Physiker" abgefangen und mit einem eschatologischen Glaubenssystem indoktriniert hatte. Dieser Spion, der sich als Wissenschaftler ausgab, sagte dem Erfinder: „Veröffentlichen Sie keine Ihrer Technologien, bevor die Gesellschaft kollabiert. Wenn dann alles in Trümmern liegt, können Sie immer noch mit ihrer Technologie wie ein Phönix aus der Asche als wissenschaftliche Rettung auftreten."

Der Mann wurde also von Grund auf mit einer eschatologischen Zeitlinie gehirngewaschen und hält die Technologien zurück, bis der Kataklysmus geschehen ist. Natürlich wird dies zu einer selbsterfüllenden Prophezeiung. Wenn wir nichts in der Hand haben, mit dem wir die Ausbeutung der Ölreserven und die Zerstörung der Biosphäre stoppen können, dann werden die schrecklichen Ereignisse geschehen. Dieses Denken dreht sich im Kreis. Aber man kann wirklich wenig tun, wenn jemand mit einem solchen Glaubenssystem indoktriniert wurde.

Wir haben auch ein Antigravitationssystem gefunden, das sich in einer frühen Entwicklungsphase befindet und mit ausreichender Finanzierung fertig gestellt werden könnte. Die Welt benötigt die rettenden Technologien äußerst dringend.

33 Eine neue Welt – falls wir wollen

Von Leuten mit „Top Secret"-Zugang, Zeugnissen und Dokumenten hin zur Entwicklung einer tatsächlichen Maschine ist es ein riesiger Schritt, denn dazu braucht es harte, technische Fakten. Unsere größte Chance besteht darin, einige der Wissenschaftler, die Kenntnis von diesen neuen Energie-Technologien haben, davon zu überzeugen, dass ein Zeitfenster geöffnet ist – und wenn wir nicht jetzt hindurchgehen, wann dann? Worauf warten wir? Allerdings werden wir auch niemanden dazu zwingen: Die Teilnahme ist freiwillig. Wir können ihnen nur unsere bestehenden Sicherheitssysteme und unseren Schutz anbieten und erklären, warum es gerade jetzt dringend notwendig ist, diese erstaunlichen neuen Wissenschaften zur praktischen Anwendung zu bringen.

In diesem Augenblick besitzen wir zusätzlich zur taktischen Sicherheit hinter den Kulissen etwas, das ich „strategische Sicherheit" nenne. Wir werden von sehr mächtigen Leuten innerhalb der Schattengruppe unterstützt, die auf jede Art Bedrohung gegen uns reagieren würden.

Zudem verfolgen Millionen von Menschen unsere Arbeit. Erinnern Sie sich, was mir der Anwalt 1990 sagte, als ich CSETI gründen wollte: „Laufen Sie nicht, rennen Sie, und stellen Sie sich mit diesen Informationen vor möglichst viele Leute."

Aus diesem Grund stimmte ich zu, bei „Larry King Live" oder bei Sendungen wie „48 Hours" aufzutreten, denn egal ob man gute oder schlechte Publicity bekommt: Solange Millionen Menschen unser Projekt verfolgen, bringt das enorme Sicherheit.

Derartige Auftritte stellen mich und meine Mitarbeiter in ein Rampenlicht von Milliarden Watt. Der Vorteil dabei ist: Geheime Mächte gedeihen nur in der Dunkelheit der Geheimhaltung.

Entscheiden sich diese Leute, uns ruhig zu stellen, während unsere Anstrengungen von aller Welt verfolgt werden, können eine Menge Menschen deren hässliche Aktionen praktisch in Echtzeit beobachten. Alles, was wir tun, alles, was wir herausfinden, alle unsere Beweise und Dokumente werden dupliziert und an zentrale Schlüsselpersonen weitergereicht. Sollte uns etwas zustoßen, werden diese die Informationen unmittelbar an die Öffentlichkeit bringen – ins Radio, Internet oder Fernsehen. Verfährt man mit den Plänen für eine neue Technologie auf ähnliche Art und Weise, dann wird diese nicht verschwinden, sondern weiträumig publik. Dann spielt es auch keine Rolle, ob wir getötet werden.

Die Strategie wird für viele Wissenschaftler nicht unbedingt nachvollziehbar sein. Doch eine Geheimhaltung lässt sich gegenüber der Gruppe, mit der wir es zu tun haben, nicht aufrechterhalten. Sie sind im Besitz elektronischer Systeme, die mit dem Bewusstsein interagieren. Vergessen Sie die alte NSA-Technologie im Weltraum – die stammt aus den 1960ern.

Diese Gruppe kann alle Vorgänge in Echtzeit verfolgen. Es gibt also keine Möglichkeit für uns, irgendetwas vor den Elementen geheim zu halten, weshalb wir auch keinen einzigen Gedanken daran verschwenden. Es ist wahnwitzig zu glauben, man könnte den Überwachungsmethoden der mächtigen Geheimmaschinerie etwas vorenthalten.

Wie handelt man mit diesem Wissen? Man entscheidet sich für eine Art Aikido und kehrt die Energie der Geheimkräfte in ihr Gegenteil um, indem man mit völliger Offenheit und Transparenz handelt. Anstatt also obskur, geheimnisvoll und hintergründig zu sein, macht man seine Bemühungen für alle transparent und bringt seine Erkenntnisse in Echtzeit an die Öffentlichkeit.

Genau aus diesem Grund sprachen Dr. Loder, ein Mitglied des SEAS-Gremiums, und ich im Jahr 2003 sofort öffentlich und vor Millionen Zuhörern über eine funktionierende Energiemaschine, die wir im Ausland entdeckt hatten.

Je mehr Menschen davon erfahren, desto unwahrscheinlicher ist es, dass die Schurkengruppe eingreift, denn dann stände sie mitten im Rampenlicht. Das aber vertragen sie nicht, weil sie Vampire sind – wie Dracula. Geht die Sonne auf, laufen sie wie die Kakerlaken davon und verschwinden in ihren Ritzen und Spalten.

Die Burschen wollen nicht bei einer verdeckten, mörderischen, brisanten Aktion erwischt werden, die an einer Gruppe mit hohem Bekanntheitsgrad begangen wird. Ich habe mit einigen Leuten in den Massenmedien gesprochen, die mir sagten, dass es für sie sehr schwer wäre, unsere Informationen als eine Geschichte über UFOs herauszubringen. Aber sobald jemand von uns bedroht werden würde und wir das beweisen könnten oder uns irgendetwas widerführe, dann könnten sie eine große Story daraus machen, denn dann wäre es ein Skandal. Millionen von Menschen würden sich daraufhin fragen, was mit uns und unseren Leuten passiert sei.

Es existieren auch Aufnahmen, die die Schlüsseleinrichtungen und viele Namen innerhalb der Schattengruppe nennen. Sie wurden vervielfältigt und Leuten in die Hände gegeben, die diese sofort veröffentlichen könnten.

Allerdings leben viele der Wissenschaftler in Angst und leiden an einem Trauma des Typs: „Posttraumatisches Neue-Energie-Syndrom". Sie wurden durch psychologische Kriegsführungstaktiken davon überzeugt, übermäßig paranoid und verschwiegen zu sein. Doch letztlich richtet sich diese Haltung nur gegen sie selbst: Sie werden das Geheimhaltungsspiel niemals gewinnen. Dagegen könnten wir mit der massiven Enthüllung tatsächlich erfolgreich sein! Im Gegensatz zu dem, was die meisten Leute denken, liegt unsere Sicherheit in der Geschwindigkeit und Offenheit.

Es gibt keinen Weg, die Technologien unbemerkt zu veröffentlichen. Unsere ärgsten Feinde würden alles, was wir tun, in Echtzeit verfolgen; wogegen unsere Unterstützer und der Großteil der Bevölkerung, der sich um die Umwelt und den Ölverbrauch sorgt, keine Ahnung von unserer Tätigkeit hätte. Dieser Fehler wurde seit 100 Jahren begangen.

Die Menschen verlangen nach einer Lösung für die Umweltverschmutzung, den Ölverbrauch und die wachsende Armut der Welt. Es existiert also enorme Unterstützung für jede Art von Technologie, die diese Probleme zu meistern hilft. Hat man einmal eine breite Unterstützung, würden die Leute sofort in Washington aufmarschieren und eine Revolte anzetteln, bevor das Patentamt eine „Section 181" herausgeben könnte, um die Technologie zu beschlagnahmen!

Als Ted Koppel mich zu „Nightline" einlud und fragte, wann wir nun endlich eine funktionsfähige Freie-Energie-Maschine finden würden, antwortete ich: „Ich werde in Ihre Show kommen und jede Anordnung zur Geheimhaltung vor Millionen Menschen in Stücke reißen, wenn Sie mich lassen."

Er sah mir direkt in die Augen und sagte: „Das werde ich." Kein Geld der Welt und keine Bedrohung wird uns davon abhalten, das Richtige zu tun.

Wir werden die positive Zukunft, die auf die Menschheit wartet, nicht ohne Technologien erreichen, die uns von fossilen Kraftstoffen und Atomkraft unabhängig machen. Deshalb ist es uns auch wichtig, die Technologien einzig zu friedlichen Zwecken einzusetzen und eine Nutzung für Kriegszwecke zu verbieten.

Dieses Ziel ist absolut erreichbar.

Die Geheimhaltung und skrupellose Unterdrückung der Technologien hat einzig und allein mit Macht zu tun. Wenn Sie etwas erfinden oder vertreiben, das einen fünf bis sechs Billionen Dollar schweren Bereich der Weltwirtschaft beeinflusst, die Technologie vielmehr noch das Herz dieser Wirtschaft ist, dann handelt es sich ganz sicher um ein gewichtiges Thema.

Viele Leute wissen nicht, dass einer der Schlüsselbereiche, um den sich der nationale Sicherheitsrat der USA kümmert, die Sicherheit der nationalen Wirtschaft ist. Einer unserer Zeugen diente unter einem Admiral, der das Marineforschungsbüro leitete. Dieser Admiral sagte auf einem Treffen gerade heraus: „Meine Hauptaufgabe besteht darin, den Status Quo der Weltenergieversorgung und deren Netz aufrechtzuerhalten."

Stellen Sie sich Folgendes vor: Wir veröffentlichen die Technologien, und plötzlich würde einer Milliarde Menschen in Lateinamerika oder Afrika, 1,1 Milliarden Menschen in Indien und 1,5 bis 2 Milliarden Menschen in Asien ein solches Gerät zur Verfügung stehen. Damit wäre jedes Dorf versorgt: mit sauberem Wasser, Elektrizität, Kühlung, Transport und Licht – und das ohne Verschmutzung und ohne Kosten für die Energie selbst. Das Gerät wäre in der Herstellung nicht teurer als ein Generator. Dies würde die Masse der Weltbevölkerung, die zur Zeit noch in unglaublicher Armut lebt, einen enormen Schub geben.

Wir vergessen, dass nur circa 20 Prozent der Weltbevölkerung die Annehmlichkeiten unserer modernen Technologien nutzen können. Die anderen 80 Prozent sind gerade mal einen halben Schritt aus dem Dschungel herausgetreten, falls überhaupt.

Unter diesen Verhältnissen leben wir in einer Welt mit wachsenden Krisenherden, erhöhtem Hass gegen den Westen und der zunehmenden Wahrscheinlichkeit von Krieg und Terrorismus. Kommen allerdings solche

Technologien auf den Weltmarkt, erzeugen sie einen Effekt, der allen nützt. Das sind wirklich für jeden von uns gute Neuigkeiten – solange Sie nicht ein billionenschweres Ölfeld besitzen.

Was wird passieren, wenn Milliarden Menschen in Indien, Afrika, Lateinamerika und Asien eine wirtschaftliche Aktivität erreichen, die diejenige von Amerika und Europa übertrifft?

Plötzlich wird es den größten geopolitischen Machtwechsel in der Geschichte des Planeten geben und der „große weiße Vater" nicht mehr allein die Entscheidungen auf der Plantage treffen. Um die Wahrheit zu sagen, trifft dies mitten ins Herz der faschistischen Elemente innerhalb der Kontrollgruppe: Steht der ganzen Welt die Freie Energie zur Verfügung, müssten die Interessengruppen ihre Macht mit Menschen aus anderen Kontinenten, Rassen und Kulturen teilen. Geopolitische Macht hängt nicht von der Einwohnerzahl Ihres Heimatlandes ab – sondern von dessen ökonomischen Einfluss!

Würde allein die Bevölkerungsanzahl eines Landes seine Macht in der Welt bestimmen, wären Indien und China die mächtigsten Nationen der Welt, aber das sind sie nicht. Macht entspringt technologischem und ökonomischem Können und der daraus resultierenden militärischen Gewalt – und das ist ihr einziger Ursprung.

Die UdSSR zerfiel, weil sie wirtschaftlich bankrott war. Nun ist die USA die einzige verbleibende Supermacht der Welt.

Bereits heute könnte die ganze Welt produzieren, ohne die Umwelt zu verschmutzen. Wir könnten Abfälle zu 100 Prozent recyceln und saubere Energie für Elektrizität und Transport zur Verfügung haben – alles ohne Kosten für die Energie selbst. Es wäre kein Multi-Billionen-Dollar Stromnetz nötig, das in Indien und anderen Teilen der Welt fehlt und für dessen Errichtung es diesen Ländern an finanziellen Ressourcen mangelt.

Die Freie-Energie-Technologien würden die Weltwirtschaft von 30 Billionen Dollar pro Jahr auf über 100 bis 200 Billionen Dollar jährlich anwachsen lassen. Doch dann würde das größte Wachstum außerhalb von Amerika und Europa stattfinden, die zusammen nur etwa 600 Millionen Einwohner besitzen – ein Zehntel der sechs Milliarden. Es wäre der größte geopolitische Machtwechsel in der Geschichte der menschlichen Rasse. Und dieser würde ziemlich rasch vonstatten gehen: innerhalb von 10 bis 20 oder maximal 50 Jahren.

Es ist einer der Hauptgründe für die Geheimhaltung, die tief in gewissen Machtbedürfnissen wurzelt und unglücklicherweise von einem faschistischen Unterton begleitet wird.

Hier trifft das alte Sprichwort zu: „Wenn du Frieden willst, setze dich für Gerechtigkeit ein." Es fällt schwer, diese Gerechtigkeit in der Welt zu etablieren, wenn eine sehr geringe Anzahl von Menschen die Ressourcen der Welt verbraucht, während die überbordende Mehrheit in einer Armut lebt, die jeglichen Verstandes entbehrt.

Um diese Dynamik zu verändern, müssen die Technologien endlich veröffentlicht werden. Sobald das geschehen ist, wird die Welt für alle Völker wachsen.

Die zentrale Frage lautet also: Sind wir gewillt, eine gerechte Welt für alle zu erschaffen, in der alles im Überfluss vorhanden ist? Sind wir bereit, unsere Macht abzugeben und zu teilen? Sind wir bereit, allen Menschen ein gleiches Recht am geopolitischen Tisch einzuräumen?

Bisher lautete die Antwort auf diese Frage nach einer positiven Zukunft: „Nein." Es ist an der Zeit, „Ja" zu sagen.

Regionen der Welt, die lange von der Entwicklung ausgegrenzt wurden, werden beeindruckend und schnell wachsen. Diese Gebiete überspringen einfach hundert Jahre der Entwicklung von linearen Telefonkabelverbindungen und werden direkt in die Ära von Satelliten- und Mobiltelefonen katapultiert.

Auf einer bedeutenderen und tieferen Ebene überspringen die Regionen aber auch 150 Jahre verdreckter industrieller Revolution und landen in einer Zeit der punktuellen Energieversorgung ohne Kabelnetze, ohne die Notwendigkeit von Treibstoffen oder teurer Infrastruktur.

Sie werden rasant industrialisiert, allerdings ohne Verschmutzung. Damit einher gehen enorme ökonomische Aktivitäten, technologische Entwicklungen und geopolitische Macht.

Ein solcher Wandel in unserer Energiegewinnung wird eine Dezentralisierung der Macht in Worten wie in Taten mit sich bringen. So wie die Antriebskräfte dezentral erzeugt werden, werden sich auch die politischen Kräfte dezentralisieren. Jede Stadt wird sich autark versorgen können und damit zentralisierte Kontrolle minimieren. Haben Sie den Stellenwert dieser Technologien wirklich verstanden, begreifen Sie, dass sie alle lokalen Energiebedürfnisse sowie sämtliche Transport- und Produktionsfragen lösen können. Die fortgeschrittenen Anwendungen der Wissenschaften erlauben es, jedes beliebige Objekt aus dem Äther zu erzeugen, das vor Ort gebraucht wird. Dies führt auch zu einem gewaltigen Umsturz bei den materiellen Bedürfnissen.

Wir bewegen uns aus einem Zeitalter hinaus, in dem sich die Menschen gegenseitig den Kopf für ein Stück Land oder Gold eingeschlagen haben – vor uns liegt ein völlig neues Paradigma. Doch das neue Paradigma spült auch die Notwendigkeit zentraler, klandestiner Geheimgesellschaften, eines zentralisierten Bankwesens und exzessiver zentraler Kontrolle hinweg.

Wir werden eine geeinte und vernetzte Zivilisation bilden, die gleichzeitig auf lokaler Ebene gestärkt sein wird.

Einerseits werden wir aufgrund der rasanten globalen Kommunikation und der Transportmittel als globales Dorf immer enger zusammenwachsen – die neuen Antigravitationsantriebe werden Reisen zu anderen Kontinenten enorm verkürzen. Andererseits wird sich die Macht vorrangig auf eine autarke Versorgung auf lokaler, dörflicher und nachbarschaftlicher Ebene verteilen.

Diese parallelen, etwas widersprüchlichen Prozesse werden sich ziemlich synchron abspielen: die Zunahme der Autarkie und Macht auf lokaler Ebene sowie die zunehmende Integration der globalen Gemeinschaft. Es ist eine völlig neue Welt.

Das erinnert mich an den Song der Gruppe R.E.M.: „Es ist das Ende der altbekannten Welt, aber ich fühl mich prima!"

So wundervoll der globale Wandel auch für die Mehrheit der Menschen – und auch für die Erde – sein mag, so verheerend ist dieses Szenario für die Elite, die weiterhin die Zügel der Welt in ihren Händen halten will. Wenn wir die Energieerzeugung und die ökonomischen Aktivitäten dezentralisieren, zerstören wir damit auch die Macht der Ultra-Kleptokraten, die zur Zeit unseren Planeten steuern.

Ich erinnere mich an eine Geschichte, die Oberst Corso einem gemeinsamen Freund erzählte. Sie handelt von einem Erlebnis auf der Holloman Air Force Base und spielt im Jahr 1956.

Damals wurden viele außerirdische Raumschiffe gesehen, die über die Basis zischten und per Radar verfolgt werden konnten. Es handelte sich um ein sehr anfälliges Gebiet in der Nähe des Trinity-Areals, wo wir die erste Atombombe gezündet hatten.

An jenem Tag wurde ein Objekt tagsüber auf dem Radar gesichtet. Dieses ET-Schiff schwebte herab und landete im Bereich der Holloman-Basis.

Oberst Corso sprang in seinen Jeep und fuhr persönlich in das Areal. Als er ankam, sah er ein nahtloses, silbernes, eiförmiges Schiff, das geräuschlos über dem Boden schwebte. Es materialisierte sich vollständig, glänzte in der Sonne, und verschwand dann – er sah nur noch eine Luftspiegelung, eine Hitzewelle über dem Sand. Das außerirdische Raumschiff verschwand in dem gleichförmigen Energiefeld, dann blitzte es wieder auf und war erneut vollkommen physisch.

Plötzlich tauchte ein außerirdisches Wesen außerhalb des Raumschiffs auf und begann mit Hilfe eines technischen Gerätes telepathisch zu kommunizieren.

Oberst Corso fragte: „Wer sind Sie – Freund oder Feind?"

Der ET antwortete: „Weder noch."

Das Wesen fuhr fort: „Wir möchten Sie bitten, einige der Radarsysteme abzuschalten, die unser Raumschiff stören …" (Erinnern Sie sich, dass der Roswell-Absturz aufgrund eines Hochleistungsradars auftrat, dessen spezielle Frequenz die Antriebs- und Navigationssysteme des außerirdischen Raumschiffs störte.)

Oberst Corso fragte schnoddrig: „Was springt für mich dabei heraus?"

Der ET wandte sich zu ihm und sagte: „Eine neue Welt, falls Sie wollen!"

Heute, 50 Jahre später, müssen wir dieses Wollen lernen. Wir müssen lernen, die neue Welt anzunehmen, die uns angeboten wird – und deren Realisierung seit Jahrzehnten hinausgezögert wurde –, um die nächsten tausende von Jahren ins Rollen zu bringen, die eine nachhaltige, erleuchtete Zivilisation auf der Erde zur Folge haben.

Darauf warten die außerirdischen Zivilisationen, und wir werden es noch in dieser Generation erreichen.

34 Ein Umdenken ist nötig

Ein Mann aus dem Ölgeschäft sagte mir, dass Öl als Treibstoff zu verwenden auf das Gleiche hinauskäme, als würde man seinen Picasso zum Heizen verwenden: Öl ist viel zu kostbar, um es zur Energieerzeugung zu nutzen. Ziehen wir die Bedürfnisse einer Zivilisation in Betracht, die hier für hunderttausende von Jahren bestehen soll, dann sollten wir die Ölreserven für wichtigere Zwecke aufbewahren: für Kunststoffe und -fasern, Schmiermittel und Ähnliches. Verwalten wir die Ressourcen weise, hat die Erde ausreichend Vorräte, um eine fortgeschrittene Zivilisation tausende oder sogar Millionen von Jahren mit Rohstoffen zu versorgen. Doch so töricht, wie wir heute mit den Ressourcen umgehen, kann uns die Erde nicht mehr lange ertragen.

Jeder logisch denkende Mensch kann dieser Argumentation folgen. Basiert aber die Entscheidungsfindung auf unlogischer Angst und Gier oder auf einem eschatologischen Endzeit-Weltbild, wird man sich kaum um die kommenden tausend Jahre Gedanken machen. Man schert sich nicht einmal um die nächsten 20.

Die Zurückhaltung dieser neuen Technologien hat uns dazu gezwungen, förmlich alle Ressourcen aufzubrauchen, die wir eigentlich als Reserve für die Kinder unserer Kindeskinder hätten aufbewahren sollen.

Mein Vater war ein halber Cherokee, und die Cherokee glaubten, dass man bei all seinen Handlungen an die vielen Generationen denken sollte, die noch nicht geboren worden seien. Wir befinden uns heute am Beginn einer Ära, die eine halbe Million Jahre andauern wird.

Alles, was wir tun, sollten wir folglich im Hinblick auf die nächsten 20.000 Generationen tun. Ein Mann, mit dem ich in den 1990ern zusammenarbeitete und der im Rat für Nationale Sicherheit der Reagan-Administration saß, sagte mir, die Langzeitpläne dieses Rates seien für sechs Monate ausgelegt! Ein rein reaktives Verhalten – das von einer Krise zur nächsten plant.

Man hat argumentiert, dass die neuen Energie- und Antriebstechnologien als Waffen eingesetzt werden könnten. Das ist wahr. *Alles* kann als Waffe verwendet werden: Als Notarzt habe ich gesehen, wie Leute mit Bierflaschen umgebracht wurden! Aber sollten wir die Technologien allein deswegen nicht einsetzen und die Welt von diesen Kannibalen aus Dummheit zerstören lassen?

Oder sollten wir stattdessen einen international kooperierenden und gemeinsamen Sicherheitsdienst schaffen, der die ungefährliche Nutzung der Technologien gewährleistet, garantiert und durchsetzt? Mit einem solchen System könnte jede Gruppe oder Nation unmittelbar gestoppt werden, die derartige Technologien für Krieg, Gewalt oder zum Schaden anderer einzusetzen plant. Wir können diese Technologien nicht herausgeben und uns einreden, es werde keinen nächsten Hitler, Saddam Hussein oder Pol Pot geben.

Mit Sicherheit aber gibt es bereits heute die Mittel, um derartige Entwicklungen zu überwachen und einen stabilen Frieden zu verwirklichen. Innerhalb der verdeckten Welt existieren Technologien, die in den Händen von friedfertigen Personen jegliche schadhafte Anwendung der neuen Energiesysteme *in Echtzeit* observieren könnten.

Wir müssen realistisch bleiben: Nicht alle Menschen werden von heute auf morgen erleuchtet, treten ins Samadhi ein und werden gewaltfrei und friedfertig. Wir sind immer noch Menschen.

Dennoch existieren genügend wohlwollende Personen und Führungskräfte, die unsere Gesellschaft in die richtigen Bahnen lenken könnten. Taucht eine potentiell gefährliche Person auf, die ihre Macht missbrauchen könnte, sollte jedes zivilisierte Land der Erde sich ihr entgegenstellen und die Person aufhalten, bevor sie zum Problem wird.

Hätten wir diese Politik bereits früher verfolgt, wären weder der Erste noch der Zweite Weltkrieg geschehen. Heutzutage haben wir die Kommunikations- und Überwachungsmittel, doch bleibt die Frage: Ist tatsächlich der Wille und die Absicht vorhanden, den Frieden zu stärken?

Nehmen wir als Beispiel Saddam Hussein und seine chemischen Waffen. Wer hat ihm die Technologie und die Chemikalien zur Verfügung gestellt? Es waren die Deutschen, die Amerikaner und die Franzosen, mit ein wenig Unterstützung der Russen. Rumsfeld war höchstselbst an diesem Technologietransfer beteiligt.

Und durch welchen Rohstoff sind solche Subjekte zu ihrem Reichtum gekommen, um derartige Waffenprogramme überhaupt ins Leben rufen zu können? Öl.

Es ist keine Frage, *ob* wir es tun können oder nicht, und je eher die Menschheit diese Lektion lernt, desto besser. Der Zustand der Welt wird von denjenigen manipuliert, die am meisten von Konflikten profitieren. Doch die Lektion haben wir weder nach dem Ersten Weltkrieg gelernt noch nach dem Zweiten. Nun müssen wir mit den Konsequenzen leben.

Richtig muss die Frage also lauten: Was genau muss geschehen, damit der politische Körper die Lektion lernt?

Wir haben den Höhepunkt der Ölförderung bereits überschritten und bewegen uns schnurstracks in Richtung „Mad Max", den Kinofilm, in dem um das letzte Barrel Öl gekämpft wird. Die Zeit ist gekommen, das Richtige zu tun und unsere Zivilisation auf die nächste Entwicklungsstufe zu heben.

Sind wir gewillt, wie zivilisierte Menschen die Einhaltung der Gesetze zu fordern, oder werden wir ängstlich und schauen weg, wenn Gauner, illegale Operationen und „Mord & Co." rücksichtlos die Interessen des Volkes zertreten?

Wenn wir irgendwann die Existenz dieser Technologien weiträumig bekannt geben, wird die Öffentlichkeit sie haben wollen und einfordern. Niemand will zehn Euro pro Liter Sprit zahlen, nur um durch die Gegend zu fahren. Es gibt Kräfte, die diese Angelegenheit unvermeidlich auf die Spitze treiben werden – und wir werden sie nicht aufhalten können. Doch genauso unvermeidlich werden wir auf der Gegenseite auftauchen, und die Welt wird unsere Vision dankbar annehmen.

Die Frage ist nur: Wie viel Chaos und wie viele Dummheiten müssen noch begangen werden, bevor wir auf der Gegenseite auftauchen? Das ist die Hauptfrage. Menschen sind kollektive Überlebenskünstler, und wenn es hart auf hart kommt, werden wir überleben.

Ich begrüße die Tatsache, dass die Veröffentlichung dieser Technologien einfach aus Überlebensgründen zwingend von uns *erfordert*, eine andauernde und friedliche Zivilisation zu errichten. Wir stehen an einem Punkt, an dem jeder weiß, dass wir nicht länger die gewaltigen strukturellen und umweltbedingten Probleme einfach abtun können. Taucht also eine Lösung auf, wird sie die Aufmerksamkeit der Bevölkerung auf sich ziehen und uns dazu zwingen, das zu tun, was wir schon vor Jahrzehnten hätten tun sollen.

Ohne Frieden wird es keine weitere Entwicklung auf der Erde geben. Die einfache Wahrheit lautet: Wir sind an einem Punkt der menschlichen Evolution angelangt, an dem die einzig denkbare Zukunft eine friedliche ist.

Es gibt viele Leute, die argumentieren, dass die Menschheit niemals friedvoll sein wird und sich immer gegenseitig die Köpfe einschlagen wird. Aber die meisten von uns ziehen nicht durch die Straßen und bringen sich gegenseitig um. Der größte Teil der sechs Milliarden Menschen sind wirklich nette und friedliebende Persönlichkeiten.

Unglücklicherweise waren wir nicht imstande, die paar tollwütigen Hunde in Zaum zu halten, die Spaß daran haben, die Herde zu reißen.

Manche Leute in den supergeheimen Projekten malen sich aus, jene Technologien wie in „Star Wars" zu gebrauchen und den Weltraum mit gleißenden Waffen zu kolonisieren. Doch Technologien als Waffensysteme zu verwenden, die den Grenzübergang des Lichtes überschreiten, würde unsere Zivilisation genauso vernichten, wie der Einsatz thermonuklearer Waffen.

Andere Personen innerhalb der Projekte haben bestimmte Handlungen der Außerirdischen fehlinterpretiert: Als diese Leute zum Beispiel einen Atomsprengkopf auf dem Mond zünden wollten, um der Sowjetunion die Macht Amerikas zu demonstrieren, tauchte ein außerirdisches Raumschiff auf, fing die Rakete ab und zerstörte sie. Man könnte dies als feindseligen Akt der Außerirdischen interpretieren, obwohl sie in Wirklichkeit Einrichtungen auf dem Mond schützen wollten und das Heiligtum des Weltraums als friedlichen Ort ohne Massenvernichtungswaffen verteidigten.

Doch die Frustration derjenigen, die die Mondexplosion erleben wollten, führte sie zu der Annahme, der Eingriff der Außerirdischen sei ein Beweis für deren Feindseligkeit gewesen!

Es sind einige solcher Ereignisse geschehen, bei denen wir Menschen die Handlungen der ETs als feindlichen Akt missinterpretiert haben, wobei es in Wirklichkeit nur deren hohen Grad an Weisheit belegte. Die außerirdischen Zivilisationen wollen eine unreife und außer Kontrolle geratene militärische Zivilisation auf Erden einfach davor bewahren, ihren irdischen Konflikt aus der Biosphäre in den Weltraum zu tragen.

Unsere Perspektive entscheidet, wie wir die Vorfälle interpretieren. Ich bin mir ziemlich sicher, dass die Außerirdischen friedliche Absichten hegen. Doch wenn man *einen solchen Zwischenfall umdeuten wollte* und, sagen wir, an Präsident Reagan oder jemand anderen, der die Star-Wars-Pläne befürwortet, verkaufen wollen würde, könnte man auf einen solchen Eingriff hinweisen und sagen: „Wir sind mit einer echten Bedrohung konfrontiert. Wir müssen Waffen im Weltraum stationieren und sie vom Himmel blasen!"

Diese Beispiele sind nicht nur theoretischer Natur. Jene Dinge sind wirklich geschehen und haben dazu geführt, dass der Abschuss außerirdischer Raumschiffe und die Aufrüstung im Weltraum gerechtfertigt wurden.

Wir haben *Disclosure-Project*-Zeugen, die von außerirdischen Zwischenfällen berichten, bei denen 16 bis 18 Interkontinentalraketen in Sekundenbruchteilen außer Betrieb genommen wurden. (Siehe die Aussage von Bob Salas in Kapitel 29.) Auf die Frage, was die Außerirdischen damit bezwecken wollten, antworteten sie: „Wir glauben, sie wollten uns sagen, dass wir diesen wunderschönen Planeten nicht in die Luft jagen sollen." Andere könnten aufgrund des gleichen Ereignisses zu einer gegenteiligen Schlussfolgerung kommen: „Sie haben unsere Nationale Sicherheit empfindlich gestört und uns für die Sowjets verwundbar gemacht."

Die gleiche Situation kann unterschiedlich interpretiert werden, doch werden die Entscheidungen heutzutage von jenen getroffen, die einer paranoiden Weltsicht frönen oder das militärisch-industrielle Budget in die Höhe treiben wollen.

Bei vielen Gelegenheiten haben uns die Außerirdischen darauf aufmerksam gemacht, dass sie unmittelbar eingreifen und unseren Aktionen sofort Einhalt gebieten, sollten wir mit unseren Handlungen das Überleben der Erde gefährden.

Sie haben es uns wieder und wieder demonstriert – die Rakete an der Vandenburg AFB, die abgefangen und zerstört wurde, der Mond-Zwischenfall oder das Abschalten der 16 Interkontinentalraketen. Ich bin mir sicher, dass die außerirdischen Zivilisationen uns damit sagen wollten: „Folgt bitte nicht weiter dem Pfad der sicheren Zerstörung. Solltet ihr es dennoch tun, werden wir euch aufhalten."

Was viele Leute nicht wissen ist, dass ähnliche Dinge *im gleichen Zeitraum* in Russland geschahen. Die ETs wollten allen Konfliktparteien auf diesem Planeten sagen, dass wir den Weg der Massenvernichtung verlassen und uns versöhnen sollten und sie nur im äußersten Notfall eingreifen würden.

Wenn genau dieselben Dinge zur gleichen Zeit in der Sowjetunion vonstatten gingen, dann kann niemand behaupten, sie wollten den Sowjets einen Vorteil gegenüber uns verschaffen!

Die außerirdischen Zivilisationen werden es ganz sicher nicht zulassen, dass wir diese Waffen im Weltraum stationieren. Sollten wir es dennoch versuchen, werden sie wie Falschgeld an den Sender zurückgeschickt.

Als geheime Operationen der Schattenregierung versuchten, mit ARVs und anderen hochentwickelten Raumschiffen in den Weltraum zu gelangen, wurden diese abgefangen.

Ein Zeuge aus der DIA sagte mir, dass wir eine Anzahl fortschrittlicher Satellitensysteme besäßen, die ins All gerichtet seien – und nicht etwa nach unten auf die Sowjetunion. Sie würden dazu verwendet, außerirdische Raumschiffe im Weltraum aufzuspüren und ins Visier zu nehmen. Er meinte auch, die Außerirdischen nähmen die Systeme normalerweise außer Betrieb, rein aus Selbstschutz. Doch derartige Aktionen verärgerten natürlich die „Universellen Herrscher"-Typen, die es nicht gewohnt waren, dass man ihre Pläne durchkreuzte.

Man kann diese Vorfälle also leicht so umdeuten, dass sie die Weltsicht von Leuten bestätigen, die der Paranoia und dem Militarismus frönen. Genau das ist in den letzten 50 Jahren geschehen.

Ein Präsident oder andere hohe Regierungsbeamte sind für die „Rosinenpickerei" der Geheimdienste anfällig, und deshalb ist es möglich, die Vorfälle xenophob zu verdrehen. Und wer steht den Regierenden sonst nahe, um ihnen eine andere Perspektive aufzuzeigen? Das ist eine der wirklichen Gefahren abgeschlossener, geheimer Systeme.

Die ETs wollen, dass wir unsere Fehlfunktion selbst in den Griff bekommen. Sie würden nur dann massiv und öffentlich eingreifen, wenn es zu einem globalen thermonuklearen Krieg käme, einem geophysischen Kollaps oder falls Menschen Dinge täten, die die friedliche Ordnung des Kosmos aus dem Gleichgewicht brächten.

Dieser Eingriff würde jedoch nur im äußersten Notfall stattfinden, denn es ist meist grundsätzlich verkehrt, wenn eine Kultur in eine andere eindringt und sie künstlich auf eine höhere Entwicklungsstufe bringen möchte.

Es ist reines Wunschdenken, dass außerirdische Zivilisationen auf der Erde landen, um eine neue Ordnung zu errichten. Als Erdenbürger, die aus ihren Kinderschuhen wachsen und reif und erwachsen werden, müssen wir diese Lektion schon selbst lernen.

Außerirdische Zivilisationen haben unsere Entwicklung seit vielen, vielen Jahren verfolgt – möglicherweise seit tausenden oder sogar Millionen. Sie werden es nicht zulassen, dass eine einzige perverse Generation eine Biosphäre zerstört, die sich seit Milliarden von Jahren entwickelt hat und deren Bestimmung es ist, für hunderttausende bis Millionen von Jahren als Ort der Entwicklung intelligenten Lebens und der Erleuchtung zu dienen.

Es hat schon immer zwei Raumfahrtprogramme gegeben. Zum einen gibt es das konventionelle Programm, in dem auch mein Onkel tätig war – er war ein hochrangiger Ingenieur des Grumman-Projekts, bei dem die Mondfähre gebaut wurde, die noch Schubdüsen usw. benutzte. Parallel dazu existiert ein Programm, das fortschrittlichere Technologien erforscht und anwendet, darunter frühe Antigravitations-Raumschiffe, die mit Überlichtgeschwindigkeit fliegen können.

Doch die Erde steht unter einer Art kosmischer Quarantäne. Man weiß, dass wir sozial und spirituell noch nicht weit genug entwickelt sind, um mit den fortgeschrittenen Technologien in den Weltraum zu reisen – und daher stutzt man uns erst einmal die Flügel. Der Schlüssel für das Tor in den Kosmos heißt: Frieden.

Es existieren ganze Welten, denen das Konzept des Krieges nicht im Entferntesten bekannt ist, die aber unser technisches Niveau erreicht und überschritten haben. Eine Welt wie die unsere auf den Kosmos loszulassen, wäre extrem riskant – dazu sind wir einfach noch zu gewalttätig und primitiv.

Die außerirdischen Kräfte achten darauf, dass wir erst ab einem bestimmten Reifegrad all diese im Geheimen entwickelten Technologien nutzen können. Sie haben den Auftrag, das Universum vor einer Spezies zu schützen, die ihre soziale und spirituelle Entwicklung stark vernachlässigt hat. Das ist angewandte universelle Gerechtigkeit. Es wäre eine bodenlose Dummheit, dem Kosmos eine militaristische Menschheit zuzumuten!

Jemand hörte zufällig, wie Neil Armstrong sagte, dass er bei seiner Landung auf dem Mond von einigen Raumschiffen in einem Krater beobachtet wurde und dass man uns aufforderte, den Mond zu verlassen.

Denken Sie darüber nach. Zur Blütezeit des Kalten Krieges hatte das Weltraumprogramm einen starken militärischen Beigeschmack: Es war ein *Wettrennen* mit den Sowjets, und man plante, militärische Einrichtungen auf dem Mond zu installieren. Die außerirdischen Völker wollen verhindern, dass wir auch andere Welten gemäß unserer „Wir gegen Euch"-Perspektive aufteilen und den menschlichen Zwist so in den Weltraum tragen. Sie werden es uns nicht gestatten.

Noch einmal: Wenn man diese Wahrheit in eine bestimmte Richtung verdrehen möchte, könnte man sagen: „Eindeutig! Es existiert eine Bedrohung!", obwohl die ETs in Wirklichkeit den Weltraum vor Konflikt und Krieg schützen wollen.

Begeben wir uns allerdings vereint und in Frieden in den Weltraum, wird sich der Kosmos wie ein offenes Buch lesen lassen.

Es existieren künstliche Strukturen auf dem Mond, die sich schon vor der Landung 1969 dort befunden haben. Einige davon sind sehr alt, während andere neuer und funktionaler aussehen. Im Weltraum sind ebenfalls außerirdische Stationen vorhanden, die meist dauerhaft besetzt sind, und auch unter der Marsoberfläche gibt es ausgedehnte außerirdische Einrichtungen.

Diese alten ET-Basen auf Mond und Mars sowie die Beweise für außerirdische Besucher auf der Erde haben einige Forscher schlussfolgern lassen, dass Außerirdische genetisch in die Evolution der Menschheit eingegriffen haben. Das klingt für mich wahrscheinlich und plausibel. Es gibt ganz gewiss ein fehlendes Glied in unserer Evolution, und es ist sehr wahrscheinlich, dass entwickelte Zivilisationen unsere Rasse unterstützt und verbessert haben.

Wenn ich dies sage, bin ich gleichzeitig sehr vorsichtig, nicht zu behaupten, dass uns die Außerirdischen „erschaffen" hätten. Ich glaube an einen unbegrenzten Gott, der uns alle erschaffen hat. Doch das bedeutet nicht, dass ich als Arzt nicht eingreifen darf, um ein Problem zu beheben. Die Prozesse schließen sich nicht gegenseitig aus, es sei denn, man ist wissenschaftlicher oder religiöser Fundamentalist. Sie könnten nun fragen: „Wenn dem so ist, heißt das, dass es tatsächlich einen Gott gibt?"

Selbstverständlich. Doch dieser göttliche Schöpfer wirkt und bewegt sich auch innerhalb der relativen Welt, indem er sich bestimmter Kanäle und Werkzeuge bedient. Die Kanäle und Werkzeuge können wir sein, wie auch die Bevölkerung anderer Planeten.

Ich besitze Kontakte zu den JPL (Jet Propulsion Labs), die mir von den alten Strukturen auf dem Mond und dem Mars berichteten und sagten, dass diese Informationen aus theologischen und religiösen Gründen verheimlicht würden. Eine solche Enthüllung würde die Orthodoxie des konventionellen religiösen Dogmas sofort beenden.

Die Existenz eines unendlichen Schöpfers und die Wahrscheinlichkeit, dass bestimmte Entwicklungen die Evolution der menschlichen Rasse als Teil des göttlichen Plans beschleunigten, sind keine widersprüchlichen Konzepte. Tatsächlich finde ich sie eher ergänzend – fortschrittliche theologische Gedanken vielleicht, aber nicht unvereinbar mit der grundlegenden Tatsache der Existenz eines intelligenten höchsten Wesens.

Wenn wir uns – wie undeutlich auch immer – vorstellen können, dass es eine göttliche Absicht oder einen göttlichen Plan gibt, warum sollten nicht auch andere Wesen das Konzept kennen? Und könnten sie nicht auch aus diesem Wissen heraus handeln?

Es existiert eine universelle Urform intelligenter Spezies. Es scheint, dass die Entwicklung von Wesen mit einem Kopf und einem Bimorphismus zweier Arme und Beine eine universelle Konstante ist, die sich möglicherweise nichtlokal morphogenetisch verbreitet.

Sheldrake stellt mit seiner Theorie der morphogenetischen Felder das Konzept auf, dass ein funktionierendes und lebensfähiges Muster zur Replikation neigt, und zwar nicht nur über die bekannten lokalen und physischen Wege, sondern auch über nichtlokale Verbindungen. Das wiederum führt dazu, dass solche Muster an weit entfernten Orten zur gleichen Zeit auftauchen können.

Es ähnelt dem Phänomen des „hundertsten Affen", bei der eine Affen-Population auf einer Insel eine bestimmte Fähigkeit erwirbt, die dann ganz plötzlich ohne direkten physischen Kontakt auf Affen anderer Inseln überspringt.

Dieses nichtlokale Evolutions- und Wissensmuster existiert offensichtlich. Versteht man die Macht des Bewusstseins, die Tatsache, dass der *Geist* – als ultimativer nichtlokaler Integrator – allgegenwärtig ist, dann wird auch klar, wie unsere Gedanken, Gebete und Visionen nichtlokal auf die gesamte Erde, ja selbst auf das gesamte Universum wirken.

Eines der zentralen Ziele der CSETI-Expeditionen ist es, die gesamte Gruppe in ein Einheitsbewusstsein zu führen und aus diesem Zustand heraus ein friedliches Universum zu visualisieren und mitzuerschaffen. Allein der Zustand des Einheitsbewusstseins hat materielle Auswirkungen.

Sie haben gewiss schon von Berichten über Fernheilung gehört. Zwei Leute sind räumlich voneinander getrennt, aber trotzdem ist eine Heilung nachweisbar. Wie kann das funktionieren? Ganz einfach deshalb, weil alles nichtlokal ist. Obwohl es uns nicht bewusst ist, besteht selbst die Materie aus wacher Bewusstheit, aus Geist, der auf einer anderen Resonanzfrequenz schwingt.

Raum, Zeit und Materie sind jederzeit eng mit dem Bewusstsein verwoben. Dieses Bewusstsein aber ist eine Singularität. Es ist unteilbar. Wir teilen es vielleicht mit unserem Intellekt, doch das ist ein künstliches Konstrukt: In Wirklichkeit ist das Bewusstsein perfekt ins Universum eingebunden und allgegenwärtig, und genau deshalb kann es so etwas wie Fernheilung geben. Darum existiert Telepathie. Aus diesem Grund kann man aus den Grenzen der Raumzeit ausbrechen und eine entfernte Szenerie beobachten oder eine Veränderung an einem anderen Ort hervorrufen. Nichtlokalität ist die Natur des Geistes. Er befindet sich immer in einem vollkommenen, allumfassenden und omnipräsenten Zustand.

Das erklärt auch, warum physikalische Antriebssysteme und genetische Entwicklungen gleichzeitig an mehreren Orten auftauchen. Erweisen sich diese Konzepte als erfolgreich, werden sie sich auch in anderen Teilen des Universums ausbreiten – eine nichtlokale Fortpflanzung von Erkenntnissen, die durch die vollkommene und verbindende Qualität des Bewusstseins ermöglicht wird.

35 Meditation: Kosmische Architektur

Die vollkommene, alles durchdringende Natur des reinen Geistes oder Bewusstseins ermöglicht es Ihnen, alles zu erfahren: Von der Unendlichkeit bis zur endlichen Materie können sie jeden Ort in Raum und Zeit bereisen.

Diese geführte Meditation können Sie mit einem Freund, einer Freundin oder in einer Gruppe durchführen, indem Sie von einer Person vorgetragen wird; oder Sie können sie auf einer CD unter www.cseti.org auf Englisch erwerben.

Schließt eure Augen und entspannt euch. Gestattet euch zu hören und zu verstehen, zu sehen und zu erfahren, während wir die Entfaltung der Ordnung und Struktur des Kosmos vom Unendlichen bis zur materiellsten Dimension nachvollziehen.

Während ihr hier ruhig und still an diesem wundervollen Punkt der Erde sitzt, beginnt ihr euch zu zentrieren und zu spüren, dass ihr wach seid.

Atmet nun tief durch eure Nase die reine, lebendige Luft, und erlaubt eurem Zwerchfell, sich auszudehnen. Dann atmet durch den Mund wieder aus.

Spürt während des Einatmens, wie euer gesamter Geist und euer Körper mit dem Leben, dem Licht und der Energie durchflutet werden, die um euch pulsieren. Während ihr ausatmet, verlässt alle Anspannung und alles Negative euren Geist und euren Körper. Sie werden vom Wind davongefegt und durch die unendliche Weisheit von Mutter Erde gereinigt.

Mit jedem Atemzug werdet ihr wacher und bewusster und gelangt auf eine neue und höhere Energieebene; mit jedem Ausatmen vertieft ihr eure Stille und Entspannung und lasst sämtliche Begrenzungen und jegliche Negativität los; übergebt sie einfach der unendlichen Fülle und dem reinigenden Einfluss der Erde.

Fühlt, wie ihr gemeinsam mit Mutter Erde atmet, die euch die Luft zur Verfügung stellt und euren Atem entgegennimmt, und atmet bewusst das Licht und Leben unserer unendlich weisen Mutter. Lasst alle eure Sorgen, euren Schmerz und euer Leid in die Erde gleiten, und seid völlig gelassen und friedvoll.

Beobachtet nun sanft, ohne euren Geist anzustrengen, euren Atem, wie er in Ruhe und Frieden ein- und ausströmt. Nun wendet eure Aufmerksamkeit auf den bewussten Geist, der dem Atmen zusieht. Bemerkt, wie beständig und allgegenwärtig dieser Beobachter ist.

Wer oder was beobachtet euren Atem? Ihr stellt fest, dass in euch eine wache Bewusstheit existiert, eine beständige und unwandelbare Wachheit, die all die Dinge friedlich beobachtet. Während ihr weiter den anschwellenden und abfallenden Atem betrachtet, wie die Luft in diesem friedlichen Zustand ein- und wieder ausfließt, wird euch gewahr, dass der stille Beobachter ein unendlicher Ozean wacher Bewusstheit ist.

Behutsam und sanft begebt ihr euch tiefer in den bewussten Geist. Ihr seht, dass eure Individualität, das, was ihr „ich" nennt, nur ein Fenster ist – ein sehr klares und reines Fenster – durch das das unendliche Licht der wachen Bewusstheit scheint. Ihr taucht noch tiefer in den Bewusstseinsozean ein, und euch fällt auf, dass die Wachheit, die durch eure Individualität hindurch scheint, ein unendliches und allgegenwärtiges Feld ist. Diese wache Bewusstheit erst ermöglicht es euch, euren Atem zu verfolgen, Geräusche zu hören, Erscheinungen zu sehen, Gedanken zu beobachten und sogar euer eigenes Selbst zu erfassen.

Lasst nun euer kleines Selbst zurück und springt in absoluter Freiheit in den unendlichen Ozean, den makellosen und unbegrenzten bewussten Geist. Fühlt eure eigene Wachheit und spürt, dass diese Wachheit eine Singularität ist. Sie ist unteilbar und lebt in allen Wesen. Jeder in unserer Runde, jedes irdische Wesen, jedes Wesen im Universum wird von dem ungebrochenen und unteilbaren Licht des Bewusstseins durchdrungen – dem Geist in seiner unbegrenzten und unendlich wahren Natur.

Getragen auf den Schwingen des unendlichen Geistes, als würdet ihr inmitten eines unergründlichen und grenzenlosen Ozeans schwimmen, wird euch bewusst, dass jeder von uns eine Einheit ist, aus der dieses stille, absolute, unendliche und ewig wache Wesen strahlt. Es strahlt aus jedem Atom, bewegt jedes Photon, durchleuchtet jede Seele und erhellt jeden Stern.

Im selben Moment wird euch klar, dass die Gesamtheit der Schöpfung und alles, was existiert, von der gleichen wachen Bewusstheit durchsetzt ist, die in einzigartigen Formen und Gestalten strahlt, atmet und pulsiert. Dennoch ist alles Eins. Unteilbar. Ewig.

Weil dieses absolute Wachheitsfeld jenseits räumlicher Begrenzungen existiert, ist es unendlich. Da es zudem an keinen speziellen Zeitpunkt gebunden ist, ist es unendlich *und* ewig.

In seiner Vollkommenheit und Unteilbarkeit ist es an jedem Zeit- und Raumpunkt zugegen, und darin erkennt ihr die göttliche Perfektion, die vollkommene Harmonie. Zentriert in der unendlichen Wachheit, beginnt ihr nun, die Struktur des Kosmos zu erkunden. Ihr seht, dass die allgegenwärtige Bewusstheit und die unendliche manifestierte Schöpfung auf dieser Ebene eine Einheit bilden. Die Unterschiede existieren nur innerhalb der relativen Sphäre.

Fest verwurzelt im unendlichen kosmischen Geist blickt ihr nun in die feinsten Ebenen seiner Manifestationen. Seht, wie das unbegrenzte Wesen, der ewige Geist, durch seinen eigenen Willensakt die Gestalt des Schöpfers annimmt. In seiner Bewegung durch die Unendlichkeit des reinen Bewusstseins bildet dieser schöpferische Aspekt die ursächliche Quelle, die das gesamte Universum und die gesamte Schöpfung manifestiert und aufrechterhält.

Diese urerste Emanation des unendlichen und absoluten Bewusstseins ist ein Ton, ein Gedanke, eine tonale Schwingung, die in sich den Samen trägt für alles, was war, was ist und was sein wird.

Aus diesem Ursprungsgedanken, der der unbegrenzten Einheit des bewussten Geistes entströmt, seht ihr den Kosmos entspringen, der manifest und differenziert wird. Aus der Dämmerung der Ewigkeit strömt der erste Gedanke, und ihr spürt, wie dieser Gedankenton den Samen aller Dinge in sich trägt, den Grundgedanken und die Idee aller Orte, aller Strukturen, aller Formen und aller Klänge – all dessen, was innerhalb der ewigen Schöpfung möglich ist und jemals möglich sein wird.

Ihr nehmt wahr, wie die ursächliche Gedankenschwingung sich in eine unendliche Zahl von Realitäten aufteilt. In einer davon seht ihr einen Stern. In einer anderen einen Apfel. Eine nächste bildet eure eigene Individualität und euer Selbst, eine weitere eure Freunde, das Gras, den Wolf, die Erde und auch andere Welten …

In endloser Bewegung bilden sich die ursprünglichen Ideen, deren eigene Urschwingung aus dem allerhöchsten Gedanken ausströmt, der durch den Willen des Schöpfers aus dem stillen unendlichen Wesen rinnt.

Während ihr wahrnehmt, wie die Ideen Gestalt annehmen, bemerkt ihr innerhalb des höchsten Wesens ein strahlendes Licht. Aus dem ersten Gedanken, dem Urton, strömt ein perfektes Licht, die ideale Form, in der sich die gesamte Schöpfung verbirgt. Begebt euch in das Licht, und vor euren Augen entfaltet sich die unendliche kosmische Schöpfung.

In diesem höchsten Licht seht ihr alle Formen und Gestalten, die jemals existieren können. Stellt euch in dieser Lichtwelt – dieses Ozeans unendlichen Lichts – einen Apfel vor. Betrachtet dessen *Lichtgestalt*, die Idee des Apfels, die aus dem ersten Gedanken und Ton hervorgeht und sich mit einer eigenen Ton- und Gedankenschwingung manifestiert. Auf die Weise entsteht jede Schöpfung, sei es ein Wolf, ein Baum, ein Stern oder ein Planet. Obwohl jede Schöpfung innerhalb der vollkommenen Einheit des bewussten Schöpfergeistes existiert, ist sie gleichzeitig für sich genommen perfekt und vollkommen, erst im Gedanken, dann in der Form, und schließlich im Licht.

Seht, wie sich das unendliche Licht ausdehnt und differenziert. Die unermesslichen himmlischen Welten erstrecken sich vor eurem geistigen Auge, endlose und göttliche Welten umgeben euch in alle Richtungen und breiten sich unendlich in Raum und Zeit aus.

Ihr betrachtet die lichte Struktur der himmlischen Blaupause, in der alles enthalten ist: die gesamte Schöpfung, das Universum und all das, was innerhalb der Welt des Wandels in Raum und Zeit geschieht.

Während sich diese Grundstrukturen vor eurem Auge immer mehr differenzieren, bemerkt ihr, dass innerhalb der Lichtwelt jedes Ding seinen vollkommenen Ton und seine Grundidee besitzt, und in jedem der Töne klingt der Urton. Dringt ihr noch tiefer ein, könnt ihr den Schöpfer dabei beobachten, wie er die gesamte Schöpfung hervorbringt, wie er alles durchdringt. Ihr seht den ungebrochenen, wachen Geist, der euch in diesem Augenblick, in dieser Zeit, in diesem Raum sein Bewusstsein einhaucht.

Haltet die Wahrnehmung fest, und wendet eure Aufmerksamkeit nun auf die materielle Schöpfung, die von der feinen kristallinen Form des Astrallichts gestützt und getragen wird. Aus den Blaupausen innerhalb der astralen Lichtwelten entspringt die Urenergie, die jedes Atom und jedes Elektron bewegt und alle Kräfte innerhalb der Schöpfung und des materiellen Universums hervorruft.

Nehmt wahr, wie aus der himmlischen Schöpfung die differenzierten und perfekten Lichtwelten hervorgehen, die sich dann in unserer physischen Realität des äußeren Universums manifestieren und ausdrücken.

Nun seht ihr auch unseren eigenen Stern, die Sonne, die aus der perfekten Astralsonne hervorgeht, der wiederum das höchste Licht zugrunde liegt. Dieses Licht enthält die perfekte Urgestalt der Sonne, einen ursprünglichen Gedankenton, der dem unumschränkten Willen des Schöpfers entströmt.

Alle Dinge, die in eurem Geist auftauchen, entstammen diesem Ursprung: Sei es ein Grashalm, ein Tier, eure Persönlichkeit, euer Körper oder weit entfernte Welten mit Wesen, die genauso bewusst sind wie wir. All das geht aus den perfekten Vorlagen der astralen Lichtwelten hervor, die sich aus dem höchsten Licht und den feinsten Ebenen des himmlischen Lichts entfalten, die wiederum aus dem höchsten und ersten Gedanken strömen, der in sich den Urton beherbergt, aus dem Morgen der Ewigkeit klingend.

Taucht ihr noch tiefer, gelangt ihr an die Grenze des Unendlichen, des Zeitlosen und des Ewigen.

Ihr spürt die perfekte Einheit zwischen dem unendlichen Geist – dem Ursprung eures Wachbewusstseins – und eurer eigenen Existenz.

Diese höchste Wachheit, die jeden von uns zu bewussten Wesen macht, kann niemals getrennt von einem erwachten Wesen existieren, das in allen Dingen wohnt. Ihr seid niemals getrennt, niemals von irgendetwas abgeschieden.

Während ihr um euch herum in alle Richtungen blickt, betrachtet ihr die vollkommene göttliche Ordnung und erkennt, dass das Höchste Wesen von Zeit zu Zeit in unsere und andere Welten Avatare oder Manifestationen der Gottheit sendet, die ganze Welten neu beleben und einen Frühling der gesamten Schöpfung initiieren.

Mit Freude erkennt ihr, dass die Zeit eines neuen Frühlings gekommen ist: Eine Ära der Erleuchtung und des tausendjährigen Friedens für die Erde und alle Welten der Schöpfung, eine Friedenszeit im gesamten Kosmos.

In der Perfektion der Schöpfung, des Schöpfers und des unendlichen Geistes wird euch bewusst, dass jede Kreation eine Tür zum Unendlichen ist, dass das unbegrenzte und endlose Wesen wahrhaftig allgegenwärtig und allwissend ist und jeden Punkt in Raum und Zeit, jede Ebene der Schöpfung, durchdringt. Ihr erkennt, dass in jedem von uns, in jedem erschaffenen Wesen, ein perfektes Quantenhologramm der gesamten Schöpfung verborgen ist.

Dadurch ist das gesamte Universum in jedem von uns enthalten. Eure Individualität geht als Teil der Schöpfung aus dem großen Schöpfer hervor – und eure höchste Einsicht besteht darin, still und leise wie ein Nichts zu sein.

Ihr seht nun, dass ihr klare Fenster seid, durch die das unendliche Licht des höchsten Wesens strahlt.

Der bewusste Beobachter, der euch in diesem Augenblick erkennen und wahrnehmen lässt, ist das ewige Wesen, das endlose Selbst, der kosmische Geist, aus dem alle Dinge, alle Zeit und aller Raum hervorgehen.

Lasst nun euren Geist an dem Punkt zur Ruhe kommen, an dem die ursprüngliche Emanation des Bewusstseins zur relativen Existenz wird, an dem das Absolute in die relativen Bereiche des Universums und der Schöpfung übergeht. Seht im höchsten Gedanken den Samen allen Wissens. Auf dieser Ebene könnt ihr alles erfahren. Alles Wissen existiert bereits: jede Wissenschaft, jede Kunst, jede Tatsache und jede Wahrheit. Das Wissen ist auch in unserem Menschsein verborgen – eine Quelle, aus der jede Wissenschaft und jede Wahrheit strömt. Wir könnten lernen, uns an den Punkt zu begeben und in diesem raumlosen Ort in uns die Wahrheit entdecken, in der sich alle Wissenschaften, alle Begebenheiten und Tatsachen befinden.

Beflügelt durch den unendlich wachen Geist in euch stellt ihr fest, dass ihr in eine perfekte Harmonie eingebettet seid, untrennbar verbunden mit jedem Punkt in Raum und Zeit. Indem ihr sanft und nachgiebig euren freien Willen einsetzt, der euch vom Schöpfer zur Verfügung gestellt wurde, könnt ihr im Einklang mit dem göttlichen Willen alles erreichen und allen Wesen nützen. Wendet ihr euch in Demut an das unbegrenzte Wesen, könnt ihr an jeden entfernten Punkt in Raum und Zeit reisen und erfahren, was dort vor sich geht.

So kann es zufällig geschehen, dass ihr eines Nachts im Schlaf Dinge wahrnehmt, die am nächsten Tag oder im nächsten Jahr oder im folgenden Jahrhundert geschehen werden, denn in euch ist der gesamte Raum und die gesamte Zeit verborgen. Der Geist in euch ist seiner Natur nach allgegenwärtig, er existiert an jedem Punkt der Schöpfung – an jedem Punkt in Raum und Zeit.

Erkennt, dass euch die Türen des gesamten Universums offen stehen, denn der höchste Geist, das ursprüngliche erwachte Wesen, existiert in jedem von uns. Aus diesem endlosen Bewusstseinsozean, der in sich niemals geteilt werden kann, stammt auch eure eigene Bewusstheit. Er macht uns zu bewussten Wesen. Sobald ihr ruhig werdet und in euch geht, könnt ihr diesen stillen Geist erfahren, ihr könnt über die Wahrheit meditieren, jeden Punkt im Weltraum wahrnehmen und zu jeder Frage eine Antwort finden.

Für alle intelligenten und bewussten Wesen ist es daher möglich, mit dem unbegrenzten Wesen eins zu werden. Ihr könnt euren freien Willen einsetzen, um den göttlichen Willen auszuführen und euch selbst in den Dienst des göttlichen Plans stellen.

Dies ist das Höchste, was ihr als Wesen erreichen könnt. Während ihr hier auf der Erde seid, werdet ihr gebeten, die Bedürfnisse der Zeit und des Ortes zu erkennen und entsprechend zu handeln, auch wenn ihr seht, dass ihr eigentlich in unserer ewigen Heimat und dem unendlichen Raum verankert seid.

Aus der Tiefe des ewig bewussten Wesens, geeint durch den unteilbaren Geist, erhebt ihr euch nun auf den Flügeln der unendlichen Wachheit in den Himmel über euch. Innerhalb des ewigen Geistes seht ihr die Erde, einen wundervollen blauen Planeten, der von der Unendlichkeit des Weltalls umhüllt wird.

Die Erde selbst ist ein bewusstes Wesen. Ihr seht dieses erwachte Wesen und fühlt euch als ihre Kinder mit ihr verbunden, vollkommen eins durch die wache Bewusstheit, die sowohl euch als auch die Erde lebendig macht. Blickt euch um und schaut auf unser Sonnensystem, auf die Planeten, die Brüder und Schwestern unserer Erde, und auf Vater Sonne. Der Raum um euch ist mit unendlichem Licht und unendlicher Energie erfüllt. Er ist nicht leer, sondern voller Leben, kein toter Raum, sondern erwachter Geist.

Erkennt, dass der ganze Raum von Bewusstsein durchflutet ist. Beflügelt und getragen von dieser Bewusstheit, derselben Bewusstheit, die auch in euch existiert, reist ihr durch die Unendlichkeit des Weltraums und entdeckt unzählige Welten. Ihr seht die Spiralgalaxie der Milchstraße und begebt euch noch tiefer in den intergalaktischen Weltraum, in dem sich Milliarden Galaxien befinden – unendliche Welten, die sich in den Raum ausdehnen. Diese Welten befinden sich nicht nur außerhalb von euch, sondern auch in euch, denn die Gesamtheit des unbegrenzten Weltraums ist nichts anderes als der unermessliche Ozean des Geistes in euch selbst.

Ihr seid immer durch das kosmische Wesen verbunden, und der universelle Geist macht euch auf ewig bewusst. Mit Hilfe eures Willens könnt ihr nun durch den Kosmos reisen und jede Welt und jedes Sternensystem betrachten.

In dem allumfassenden Bewusstseinszustand erblickt ihr hinter dem bewussten materiellen Universum die grenzenlosen astralen Lichtwelten. Beide gehen ihrerseits aus der perfekten Idee und dem Urton hervor. Seid eins mit dem Schöpfer und eins mit der Schöpfung.

Erkennt, dass Schöpfer und Schöpfung eins sind und ihr in eurem Innern immer damit verbunden seid. In diesem Zustand der Einheit bittet nun die himmlischen Bereiche, die Engelwesen, die Manifestationen der Gottheit und jedes bewusste und erleuchtete Wesen im Kosmos, mit euch gemeinsam auf die Erde zu blicken. Ladet sie zu uns ein. Betrachtet die Erde in diesem Zeitraum der Geschichte und seht, dass sie in ein Zeitalter der Erleuchtung eintritt. Mit Konzentration auf die Erde bittet nun die unendliche Gottheit, jeden dunklen Gedanken in einen Gedanken der Erleuchtung umzuwandeln, jedes selbstsüchtige Herz mit unendlicher göttlicher Liebe zu erfüllen, jedes Gefühl des Hasses in Zuneigung und Liebe, und jede Gier und Selbstsucht in Altruismus und Großmut zu verwandeln.

Jene Kräfte auf Erden, die in der Unwissenheit des Hasses und der Gier leben, werden erfüllt mit dem Licht des Wissens, der Liebe und des Friedens.

Im Herzen der irdischen Realität und der Erdenmenschen seht ihr ein goldenes Licht dämmern, das die Erde in einen Rosengarten des Friedens verwandeln wird. Von diesem Zeitpunkt an wird sich die Erde zu einem Diadem der Schöpfung entwickeln, zu einem der echten Zentren des Wissens und des Friedens im Kosmos.

Mit der Errichtung des Friedens werden sich alle kosmischen Völker freudig der Erde zuwenden. Dies ist die Zeit, in der die Prophezeiungen der Menschheit wahr werden, und wir sind hier, um die Zeit zu bezeugen und einzuläuten.

Dabei unterstützen uns alle Wesen: himmlische, astrale, außerirdische und die wohlmeinenden Menschen der Erde. Vermählt mit dem göttlichen Wesen erschaffen wir eine Zeit der Erleuchtung und eines ununterbrochenen tausendjährigen Friedens auf Erden.

In der Stille eurer Meditation seht ihr, wie uns die Bereiche der Engel unterstützen, die himmlischen Wesen und die Astralwelten, in denen sich unsere Vorfahren und die Wesen anderer Welten aufhalten. Bemerkt auch, wie uns außerirdische Wesen zur Seite stehen, und dass uns auch Menschen auf diesem Planeten mit bewussten Gedanken und Gebeten unterstützen. Haltet den Gedanken fest: Die Vision der Erde, getaucht in das goldene Licht des Friedens, das alle Kriege und alles Leid beenden wird.

Ungerechtigkeit wird der Gerechtigkeit Platz geben, Armut dem Überfluss, und aus der Zerstörung werden wir in eine Zeit einzigartiger und perfekter Architektur und eines vollkommenen, erleuchteten Sozialwesens gelangen.

Nun, da ihr dies in euch gesehen habt, ist euch klar, dass die Zeit kommen wird. Ihr seid euch gewiss, dass ihr mit den unendlichen und göttlichen Welten, aber auch mit den materiellen und außerirdischen verbunden seid. Die Zeit ist gekommen, in der die alten und korrupten Wege zu Ende gehen und die alte Ordnung aufgewickelt wird, um einer neuen Welt Platz zu machen, die im Zeichen der Einheit, des Friedens und der umfassenden Erleuchtung tausender zukünftiger Generationen von Erdenkindern stehen wird.

Unbegrenzter Geist 36

Jedes stabile Sternsystem besitzt Planeten, und in jedem dieser Sonnensysteme existieren Lebensformen, die fähig sind, den Göttlichen Geist zu erkennen. Wenn wir in den uns umgebenden Weltraum blicken, sehen wir das erleuchtete und erwachte Wesen, jenen allgegenwärtigen Geist, der nicht nur uns Bewusstsein schenkt, sondern auch allen außerirdischen Lebensformen – und auf dieser Erkenntnis fußt der interplanetarische Friede. Für den Weltfrieden sowie zum Erreichen persönlicher Erleuchtung ist das Verständnis vonnöten, dass in jedem von ihnen der kosmische Geist existiert, der eine Geist, der ihre Bewusstheit erst ermöglicht.

Dieser eine Geist verbindet uns alle, denn er ist immer eins und unteilbar.

Wir heißen die Wesen auf der Erde willkommen, in welcher Form auch immer sie erscheinen mögen – als materialisiertes Raumschiff, als Botschaft oder Ton, als Licht oder ätherisches Schiff, das in Form eines Feldes um uns schimmert. Doch alles, was wir sehen und hören, ist nichts im Vergleich zu dem, was unser Inneres weiß. Wir selbst sind genauso wach und bewusst wie die Wesen, und sie nehmen uns durch ihr geistiges Auge genauso wahr wie wir sie. Das göttliche Auge ist Teil jedes intelligenten Lebens.

Als irdische Botschafter für die Völker laden wir sie in aller Bescheidenheit zu uns ein. Wir gestehen ihnen zu, in jeder Form, Gestalt oder Art und Weise aufzutauchen, die ihnen sicher und angemessen erscheint, denn wir wissen, dass die Erde in diesen Zeiten ein sehr gefährlicher Ort ist. Sicherheit geht vor. Wir wissen, dass wir uns gegenseitig mühelos durch die innere Sicht erkennen können, die allen bewussten Wesen zu eigen ist. Diese Bewusstheit ist allgegenwärtig.

In naher Zukunft wird es keinen Unterschied mehr geben zwischen den spirituell Erleuchteten und denen, die wir in politische Führungspositionen wählen. Ohne erleuchtete Erkenntnis wird man kein höheres Amt mehr bekleiden dürfen. Diese Zeit wird der Zeit der weisen Könige ähneln.

Sie sollten zudem wissen, dass sich Außerirdische, die notfalls eingreifen können, unter der Erde und unter den Ozeanen vorzugsweise in ätherischer Form aufhalten. Manchmal werden Sie ein Raumschiff sichten können, das aus der Erde anstatt aus dem Weltraum kommt.

Denken Sie nur an unsere Expedition in Colorado, als sich die Erde unter unseren Füßen zu bewegen begann, die Temperatur um 10 bis 15 Grad anstieg und wir uns in einem ätherischen, durchsichtigen Schiff befanden, dessen Umrisse und Besatzung wir erkennen konnten.

Da ihre entwickelte Elektronik es ihnen gestattet, Materie über den Grenzübergang des Lichts hinaus zu transformieren und feste Materie in ätherische Formen umzuwandeln, können die Wesen geradewegs durch feste Stoffe – auch Berge – hindurchgehen, als existierten diese nicht.

Selbst innerhalb klassifizierter irdischer Projekte gibt es derartige Entwicklungen, mit deren Hilfe man sich unsichtbar machen und nicht entdeckt werden kann, obwohl man anwesend ist.

Tatsache ist, die meisten Menschen wollen nicht wahrhaben, dass die Außerirdischen bereits hier sind, obwohl wir sie nicht immer sehen können. Einige sind sich dessen bewusst, die Meisten jedoch nicht. Je tiefer sich die Wesen in die sichtbare dreidimensionale Raumzeit begeben, desto eher kann ihr Schiff mit bestehenden menschlichen Technologien angegriffen werden.

Ihre Technologien und Antriebssysteme sind sehr mächtig. Materialisieren sich diese Schiffe auf unseren Expeditionen vollständig, dann lassen wir sie einfach auf uns zukommen. Wir gehen nicht auf sie zu, denn das wäre unsicher und dumm.

Wenn Sie das Protokoll in einer kleinen Gruppe durchführen, kommt es häufig vor, dass Leute sich niederlegen, einschlafen und in einen Traumzustand eintreten.

Darin fällt es den Meisten leichter, ihre inneren Blockaden zu umgehen, um die ETs noch deutlicher wahrzunehmen. Bedenken Sie, dass sich die Außerirdischen eher in ätherischen oder astralen Körpern aufhalten und dadurch auch besser mit unseren Astralkörpern in Kontakt treten können, die im luziden Traumzustand aktiviert werden.

In diesem Zustand, aber auch in einer zentrierten kosmischen Bewusstheit, werden uns die ETs viel näher kommen. Warum? Weil es für die Außerirdischen sicherer ist, wenn wir ihnen nicht nur mit unserem kleinen „Selbst", dem ängstlichen Ego, gegenübertreten.

Wie Krishna bereits zu Arjuna auf dem Schlachtfeld sagte: „Ein wenig von Jenem" – mit großem „J" – „beseitigt alle Ängste." Und „Jenes" meint den unbegrenzten Geist.

Der geeinte Geist entzieht unserer Angst die Basis, und den Außerirdischen fällt eine Kontaktaufnahme leichter, weil wir ihnen als erwachte Wesen gegenübertreten. Es ist eine wundervolle Erfahrung.

Sie können erst mit uns in Beziehung treten, wenn wir mit unserem eigenen universellen Aspekt verbunden sind – dem einzigen Teil von uns, der universell ist. Es ist der Kern unseres Wesens. In einem solchen Traumzustand sind wir für eine derartige Begegnung bereit und empfänglich. Der einzig maßgebliche Faktor für einen solchen Kontakt ist folglich Ihr eigener Bewusstseinszustand.

Das Wichtigste bei den Kontaktprotokollen ist es, sich die Zeit zu nehmen, ruhig und gelassen ins kosmische Bewusstsein einzutreten und sich zu zentrieren. Das können Sie folgendermaßen erreichen: Sitzen Sie zunächst ruhig da, und verwenden Sie eine Meditationstechnik, die Ihnen ermöglicht, Ihre bewusste Aufmerksamkeit, Ihren Bewusstseinsfunken, zu spüren – welche Technik Sie benutzen, ist völlig gleich. Sind Sie sich Ihrer Wachheit bewusst, dehnen Sie diese in einem zweiten Schritt aus. Sehen und spüren Sie, dass sie sich nicht nur auf Ihren individuellen Raum beschränkt, sondern in Wirklichkeit eine allumfassende Bewusstheit ist.

Auf den Schwingen der universellen Bewusstheit können Sie sich drittens gestatten – durch „Fernsicht" – den Weltraum wahrzunehmen. Dabei können Sie das Weltall frei bereisen oder sich im Geist einem außerirdischen Raumschiff nähern. Passen Sie auf, dass Sie sich dieses Schiff nicht nur vorstellen – lassen Sie es einfach in Ihr Sichtfeld eintreten. Wenn Sie sich sicher sind, dass es sich um einen Außerirdischen oder sein Schiff handelt, treten Sie in einem vierten Schritt mit dem außerirdischen Wesen in Verbindung, indem Sie an Ihre ureigene Bewusstheit anknüpfen und erkennen, dass dieselbe Bewusstheit Ihnen aus dessen Augen entgegenstrahlt.

In dem Zustand der Einheit laden Sie das Wesen nun ein, Sie auf einem Weg aufzusuchen, der diesem sicher und angemessen erscheint.

In einer erweiterten Version können Sie sich auch an das interplanetarische Zentrum oder den galaktischen Rat wenden und um Erlaubnis bitten, indem Sie sagen: „Bitte gestattet diesen Kontakt" oder „Sendet Sie zu mir, damit ich mich mit ihnen treffen kann."

Fünftens lotsen Sie dann die Wesen exakt zu Ihrem Standort. Zeigen Sie ihnen, wo Sie sich befinden, indem Sie aus dem Weltraum auf Ihre Position zoomen. Sie können sich dazu mit deren Geist oder Leitsystem verbinden oder beides nutzen – denn die außerirdischen Technologien sind eng mit dem Bewusstsein verknüpft. Wie bereits erläutert, wird dadurch das Reisen durch den Weltraum erst ermöglicht. Alles funktioniert über die Schnittstelle „Bewusstsein": ihr Geist, Körper und Schiff sind perfekt miteinander verwoben. Das Raumschiff selbst ist eine intelligente und bewusste Biomaschine.

Sie können sich in einer kleinen Gruppe zusammenfinden und diese Protokolle ein oder zwei Stunden lang durchführen. Es ist sehr wirkungsvoll, wenn eine Gruppe von Menschen die Protokolle gemeinsam praktiziert.

Als uns auf einer unserer Expeditionen einmal ein ätherischer Außerirdischer begegnete, überreichten wir ihm einen Kristall. Ich streckte meine Hand aus, um dem ET den Kristall zu übergeben, als sie sich plötzlich vor unser aller Augen veränderte: Meine Hand verlängerte sich und hatte nur noch drei Finger – sie sah genauso aus wie die Hand des Außerirdischen!

Die ETs können also auf sehr ungewöhnliche und bizarre Weise in Erscheinung treten, was manchmal sehr schockierend sein kann. Selbst ein Science-Fiction-Film enthält nicht so viele Seltsamkeiten, wie wir auf unseren Expeditionen bereits sehen und erleben durften.

Wenn Sie sich als Gruppe unter dem Sternhimmel versammeln, denken Sie daran, dass wir immer durch das Einheitsbewusstsein verbunden sind. Gemeinsam werden wir die schweren Zeiten hinter uns lassen und in die neue Zeit eintreten, die wir bereits gesehen haben.

37 Der Tropfen und der Ozean sind eins

Es gibt einen wunderbaren Spruch: „Wissen ist einfach, doch die Unwissenden haben es vermehrt."

Die direkte Wahrnehmung des Geistes ist sehr einfach, doch sie drückt sich im Detail auf sehr unterschiedliche Weise aus – was unweigerlich zu verschiedenen Standpunkten führt. Sie sitzen an diesem Punkt der Raumzeit und lesen dieses Buch, während an dieser Stelle gleichzeitig das enthalten ist, was jenseits von Raum und Zeit existiert. Ihr Standort und alles, was Sie umgibt, stammen aus der Unendlichkeit, und damit sind selbst der relativen Welt der Schöpfung keine Grenzen gesetzt. Der Kosmos hat weder räumliche noch zeitliche Begrenzungen, ganz wie der unendliche Geist nicht durch Raum und Zeit eingeschränkt ist. Die Schöpfung ist das endlose äußere Gewand des inneren grenzenlosen Geistes, und beides zusammen bildet das höchste Wesen.

Können Sie das wahrnehmen?

Es ist ganz einfach, ruhig dazusitzen und die subtile, grenzenlose Natur des Geistes zu erfahren und diese Realität um uns herum zu erfassen. Dazu müssen wir nur aus unserem Wachsein *sowie* einer geringen Fokussierung ins einfache Dasein übergehen, indem wir die uns innewohnende Wachheit reflektieren und bewusst wahrnehmen.

Wir setzen unser Bewusstsein mit unserem Ego gleich, weil Ersteres durch uns hindurchstrahlt – dabei befindet es sich gleichzeitig auch außerhalb von uns. Schauen Sie in die Augen derer, denen Sie täglich begegnen. Sehen Sie, dass auch diese Personen jene Wachheit in sich tragen. Mögen sie sich auch äußerlich von Ihnen unterscheiden, haben sie dennoch das gleiche Bewusstsein – der geistige Stoff, der uns bewusst macht, ist in uns allen derselbe: Im Geist sind wir alle eins.

Ihr Gegenüber wird von der gleichen Wachheit beseelt, die auch Ihrem eigenen Bewusstsein zugrunde liegt. Zwar ist diese Person individuell verschieden, intellektuell und körperlich anders ausgestattet, doch die Bewusstheit in ihr ist eine Singularität. Diese Tatsache vereint uns alle und hat es schon immer getan. Wir waren niemals voneinander getrennt.

Wenn Sie die Einheit erkannt haben, dann können Sie sie mit jedem anderen Wesen erfahren, seien es Tiere, Bäume, Sterne oder Außerirdische, die Personen innerhalb der Schattenregierung oder im Weißen Haus.

Kein Ort verschließt sich Ihnen. Kein Wesen und kein Bereich kommt Ihnen fremd vor. Der gesamte Kosmos ist Ihre Heimat.

Dies ist keine rein intellektuelle Erkenntnis – man erlebt sie.

Zweifelsfrei wird die Menschheit irgendwann alle Orte bereisen können und sämtliche inneren Zustände erfahren …

Unser Individuum ist ein Fenster, durch das sich die Unendlichkeit ausdrückt. Bald werden wir lernen, diesen Tropfen willentlich in den Ozean zurückkehren zu lassen, um ihn dann erneut als individuellen Tropfen zu gebären.

Das ist es, was wir auf unserer spirituellen Reise lernen: „Sei ein Nichts, und gehe dann über das Wasser."

Der Tropfen unserer Individualität kann in den Ozean zurückkehren, und dann *sind* wir der Ozean. Gleichzeitig ist uns aber bewusst, dass wir immer noch der individuelle Tropfen sind – der sich nun aber im Zustand des Einheitsbewusstseins befindet.

Wir nehmen dies jedoch nicht nur für uns selbst wahr, sondern sehen, dass alle Dinge und Wesen und auch die Erde unter unseren Füßen waches, unendliches Wesen sind.

Uns wird bewusst, dass alles heilig ist – die gesamte Schöpfung und jedes Wesen, denn der Geist, das erwachte Wesen, ist der Kitt, der alles zusammenhält. Die Wesenheit ist immer eins, auch wenn sie uns in der Außenwelt verschieden und getrennt erscheint.

Die Herausforderung besteht darin, die Einheit in der Verschiedenheit zu erkennen, aber dennoch die Verschiedenheit zu genießen.

Auf unseren Expeditionen waren wir an verschiedenen Orten der Welt und hatten das fürchterlichste Wetter, doch während wir unsere Meditation durchführten und Gebete sprachen, klarte der Himmel innerhalb von Minuten auf – eine Öffnung, die mit dem Bewusstseinszustand einherging. Wir erlebten das hunderte Male – egal, wie schlecht das Wetter vorher auch war oder wie sehr es stürmte.

Die Frage ist: Gibt es eine Wechselwirkung zwischen der Einheit und der Dualität?

Sie sind miteinander verwoben. Sie existieren nicht unabhängig voneinander. Mit anderen Worten sind das Relative, der Wandel, Raum, Zeit und Materie sowie das unendliche stille Absolute das Gleiche. Es gibt keinen Unterschied, und deswegen gibt es keine Dualität.

Im Relativen jedoch gibt es Unterschiede: Wir haben individuelle Körper, es gibt männlich und weiblich, verschiedene Energien und Elemente. Parallel dazu aber existiert die perfekte göttliche Einheit und Wachheit – sie koexistiert, umhüllt und durchdringt alles.

Es ist möglich, die Unterschiede und Dualität der Dinge wahrzunehmen, während man sich gleichzeitig der Einheit bewusst ist, die diese Dualität durchdringt.

Das ist keine Entweder-Oder-Frage.

Alles geht aus dem freien, absoluten, ungetrennten, reinen Geist hervor und wird von diesem zum Leben erweckt. Nur wird er als das Eine oder Andere wahrgenommen. Wir müssen uns zu einem Verständnis entwickeln, das keine Entweder-Oder-Frage stellt, sondern die Einheit sieht, die sich in der Verschiedenheit ausdrückt.

Selbst Experimente mit mechanischen Systemen und Geräten, wie die von Dr. Robert Jahn an der Princeton University, haben gezeigt, dass der Geist mit der Materie interagiert.

Wie ist das möglich? Weil das materielle Objekt selbst Geist *ist*, Wachheit *ist* – die nur als dieses Ding erscheint und eine Eigenschwingung besitzt.

Man braucht dazu etwas Übung, aber die Wahrnehmung der Einheit beginnt dergestalt, dass sie hervortritt und wieder verschwindet, hervortritt und wieder verschwindet – bis man bemerkt, dass sie dies gar nicht tut. Alles ist eins. Der Tropfen und der Ozean sind eins, auch wenn der Tropfen vom Ozean unterschieden werden kann.

Manchmal ist es hilfreich, einfach mit anderen Leuten zusammenzusein, ruhig dazusitzen, sie anzuschauen und sich der Tatsache bewusst zu werden, dass Ihr Gegenüber wach und bewusst ist und auch Sie selbst wach und bewusst sind.

Vergessen Sie nun all die Unterschiede und konzentrieren Sie sich auf die Bewusstheit selbst. Begeben Sie sich in Ihre eigene Wachheit und bemerken Sie dann, wie Sie Ihr Selbst und Ihre Individualität verlassen, um sich mit der Bewusstheit der anderen zu verbinden. Seien Sie eins.

Auf dieser Ebene sind wir alle ein einziges Wesen. Wir sind wahrhaftig eins im Geist, und der Zustand bildet die Basis für echtes Mitgefühl.

Wenn Sie den Gedanken noch weiter ausdehnen, dann gelangen Sie zu der Erkenntnis, dass jeder Mensch auf der Erde, ja jedes fühlende Wesen im Kosmos – ob nun Engel, Astralwesen, Toter oder Außerirdische mit Körpern und physischen Existenzen auf anderen Planeten –, dass jedes dieser Wesen die Fähigkeit besitzt, sich seines Bewusstseins bewusst zu sein. Deshalb kann es genauso wie Sie in den Zustand der Einheit treten – eine willentliche Einheit, die transzendental und perfekt ist.

Der Zustand führt über einen einfachen politischen Frieden hinaus, der manchmal auch der „geringere Friede" genannt wird.

Ich beschreibe hier den höchsten Frieden – den vollkommenen, inneren und spirituellen Frieden. In dem Zustand spüren Sie ohne den geringsten Zweifel, dass wir tatsächlich eins im Geist sind.

Mit dem Frieden verschwindet auch die Wurzel aller Konflikte, denn entgegen der Fokussierung auf die Trennung, wenden sich die Menschen der Einheit zu – und dies nicht nur aus einer intellektuellen oder philosophischen Perspektive, sondern aufgrund einer echten Erleuchtungserfahrung. Es ist ein erleuchteter Wesenszustand.

Ich kann Ihnen versichern: Das Gefühl ist wundervoll.

Alles was Sie benötigen, wurde Ihnen mit auf den Weg gegeben. Es befindet sich in Ihnen. Mein Anliegen ist es, Sie zu dieser Erkenntnis zu führen, damit Sie den Zustand selbst erfahren können.

Innerhalb und gleichzeitig zur Einheit existiert die Relativität. Wir sind hier. Wir haben verschiedene Körper. Es gibt Raum, Zeit, Sterne und Entfernungen. Doch die Dinge sind nicht unabhängig voneinander vorhanden – sie koexistieren und interagieren. Sie sind perfekt miteinander verwoben.

Es ist sehr wichtig, den feinen Unterschied zwischen dem Absoluten und dem Relativen zu verstehen, denn genau das ist die Reise, auf der sich unsere Seelen befinden. Haben wir diesen Unterschied tiefgründig erfasst und verstanden, wird es uns möglich sein, aus dem Zustand der unendlichen Bewusstheit heraus in die Welt der relativen Existenz zu manifestieren.

Ohne die fundamentale Erfahrung des stillen und endlosen Bewusstseins und ohne das Verständnis, wie sich die absolute Grenzenlosigkeit in der relativen Welt ausdrückt, können wir unser Wesen nicht vervollkommnen.

Jedes formgewordene Ding trägt in sich astrales Licht. Dieses Licht gründet sich auf die reine Idee und den Urgedanken in der Kausalwelt – dem Bereich des Kosmos, in dem die Ideen als Saatkristalle existieren. Die unendliche Bewusstheit lässt die Saatideen dann Wirklichkeit werden. Nehmen Sie die Idee und die Gedankenschwingung eines Apfels, und entfernen Sie seine Form und sein Aussehen. Können Sie sich einen Apfel als reine Gedankenessenz vorstellen?

Ich gebe zu, das klingt reichlich abstrakt. Doch aus dieser ideellen Gedankenschwingung gehen das Licht, die Form und die Gestalt des Apfels hervor. Stellen Sie sich vor, wie die astrale Vorlage sich immer weiter differenziert und schließlich eine physische Form annimmt. Dazu nutzt sie die subtilen sub-elektro-magnetischen Energien – Nullpunktenergien, Magnetismus und andere Kräfte, die dann die Atome und Moleküle des Apfels erzeugen.

Dieser Aufbau, diese göttliche Architektur, existiert in jedem einzelnen Ding – sei es nun eine Galaxie, ein Stern oder eine Person. Der bewusste Geist erschafft zunächst die ursächliche Idee eines Objekts, das sich daraufhin in den astralen und physischen Welten bildet.

Wesentlich ist allein das reine Bewusstsein. Durch den tiefen, stillen, nichtlokalen Geist können wir mit einem Objekt in Verbindung treten, es verschwinden und wieder auftauchen lassen oder an verschiedene Punkte der Raumzeit transportieren. Mit diesem Wissen gelang es einigen Yogis, ein Objekt zu dematerialisieren und wieder zu materialisieren, als besäßen sie ein Teleportationsgerät. Mit Hilfe des Bewusstseins können auch Sie sich mit einem Objekt verbinden, und wenn Sie verstehen, wie Bewusstsein und geistiger Stoff zu Materie werden, können Sie das Objekt auch beeinflussen. Es existiert keine Trennung, was auch immer uns unsere intellektuellen Konstrukte weismachen wollen. Wir erzeugen unseren Käfig selbst, und wir allein besitzen den Schlüssel dazu.

Es gilt, die gewohnten intellektuellen Konzepte wieder zu verlernen, und still in den „vereinigten Zustand" einzutreten – den Einheitszustand. Unter Einsatz eines subtilen Willens und Kraft aktiven Glaubens ist dann alles möglich: „Es wird geschehen". Verstehen Sie, was ich damit sagen will? Es wird geschehen. Es sei und es wird geschehen … ohne einen geringsten Hauch von Zweifel.

Durch diesen Vorgang wurde auch unsere eigene Existenz erschaffen. Das ist der Grund, warum wir immer noch mit unseren Körpern verbunden sind. Lassen Sie sich das durch den Kopf gehen: Sie bauen ein Haus. Die Idee zu dem Haus stammt aus ihrem bewussten Geist. Sie sahen es vor sich, zeichneten es und stellten es fertig.

Es ist der gleiche kreative Prozess, durch den der Schöpfer – das göttliche Wesen – den gesamten Kosmos erschuf. Und wir haben dieselbe Fähigkeit.

Deshalb wird oft gesagt: „Wer sein wahres Selbst kennt, hat Gott erkannt."

Eine weitere Frage lautet: Gibt es innerhalb der Astralwelt unterschiedliche Abstufungen?

Die Antwort ist definitiv: „Ja" – genauso wie es Abstufungen innerhalb der materiellen Welt gibt.

Sie können sich sowohl in die Kanalisation von Manhattan begeben als auch in einen wundervollen Garten. Die Entscheidung liegt bei Ihnen.

Innerhalb der Lichtwelten gibt es niedere und höhere Bereiche, unterschiedliche Stationen und Ebenen. Wenn jemand diese Welt in seinem Astralkörper verlässt, dann gilt das Prinzip: „Gleich und gleich gesellt sich gern". Jeder wird von dem angezogen, was er ausstrahlt.

Das bedeutet nichts anderes, als dass diejenigen mit einem bestimmten Bewusstseinslevel und bestimmten Neigungen automatisch zu Gleichgesinnten gezogen werden. Doch oft werden sie über ihre Gesellschaft nicht sonderlich erfreut sein. Verstehen Sie?

Sprechen Leute von der Hölle, dann handelt es sich um einen Bewusstseinszustand hinter dem Schleier unserer realen Welt. Ihr eigener Geisteszustand bestimmt, wem sie dort begegnen. Jene Welten werden durch Gedankenformen erschaffen, und falls manche Leute an schreckliche Dinge denken, erzeugen sie damit ebenso schreckliche Umstände.

Sie können einfach dasitzen und sich sowohl einen Rosengarten als auch eine Folterkammer vorstellen. Verstehen Sie? So funktioniert die Realität.

Innerhalb der Astralwelt existieren immer subtilere und feinere Ebenen bis hin zu den „feinsten himmlischen Ebenen", den höchsten Bereichen der Engel. Diese Verfeinerung des Geistes, der Gedanken und Energien führt bis zur Ebene des Avatars, der Ebene des Schöpfergeistes.

Es gibt unzählige Grade der Feinabstimmung, die alle nahtlos ineinander übergehen. Das gilt nicht nur für die astralen Ebenen. Dahinter existiert die sogenannte Ideen- oder Kausalebene – die Essenz der relativen Welt. Ab einem bestimmten Level treten Sie in einen Zustand ein, in dem Sie nicht einmal den Astralkörper benötigen, sondern als reiner Gedanken- oder Bewusstseinspunkt existieren. Ein ausgedehnter, wundervoller und göttlicher Zustand.

In meiner Nahtoderfahrung hatte ich beispielsweise keine spezielle Körperform. Ich befand mich in einem Punkt reinen bewussten Lichts – individuell, bewusst und ursprünglich. Diese Ursächlichkeit führte mich direkt in den unendlichen Geist.

Die Astralwelten bestehen zum größten Teil aus Gefühlen und strahlen in einem himmlischen Licht und Farben.

Die dahinterstehende Existenz – der Kausalbereich – hat noch feinere Frequenzen. Er ist essentieller, weniger differenziert und steht in direkter Verbindung zum reinen Gedanken und Geist.

Mir wird oft die Frage gestellt, wie das Konzept der Reinkarnation in diese Kosmologie passt. Dazu kann ich nur sagen: „Die Wahrheit wird euch frei machen, aber zunächst wird sie euch verärgern." Ich werde Sie also zunächst alle verärgern.

Tatsache ist: Die Lehren, die Ihnen über die Reinkarnation verkauft werden, sind nicht wahrer als andere orthodoxe Massenlehren.

Die Wahrheit über die Reinkarnation ist, dass sie einerseits wahr und dennoch absolut falsch ist. Erinnern Sie sich, was wir gerade erfahren haben. Jedes Individuum ist eine einzigartige Schöpfung. Sobald es einmal erschaffen wurde, existiert es in alle Ewigkeit als einzigartiges Wesen. Diese Individualität existiert hier und jetzt, sie wird für immer Bestand haben.

Und wie Sie bereits erfahren haben, ist der wache Geist in uns derselbe, der auch in allen anderen Wesen existiert.

Indem es mit diesem nichtlokalen Aspekt des Bewusstseins in Verbindung tritt, kann jedes Individuum jedes einzelne Leben aller Wesen auf der Erde oder im gesamten Universum erfahren, ob in der Vergangenheit, Gegenwart oder Zukunft.

Der Begriff Reinkarnation führt in die Irre, denn eigentlich geht es um die Erkenntnis der Einheit zwischen Individuum und Unendlichkeit. Jener Aspekt in uns, der das Unendliche Selbst darstellt, erlebt gleichzeitig auch jeden anderen von uns. In der Gegenrichtung kann sich das individuelle Bewusstsein in das ausgedehnte nichtlokale Bewusstsein begeben und daraufhin das Leben eines anderen erfahren. *Denn in Wirklichkeit sind wir immer das eine Wesen.*

Ich kenne mindestens fünf Leute, die schwören, Cleopatra gewesen zu sein! Und auf eine Art waren sie das auch, denn die Bewusstheit in uns ist allumfassend. Durch diesen Umstand kann eine archetypische Person – oder jemand wie Cleopatra, die eine solch entscheidende historische Rolle in unserer Gesellschaft gespielt hat – von verschiedensten Seelen gelebt werden.

Aber stirbt man einfach, verschwindet im Nirgendwo und wird dann als Joe Cohen in Brooklyn, New York, im Jahr 2030 wiedergeboren? Nein. Es herrscht eine falsche Vorstellung von der Reinkarnation, obwohl darin eine tiefe Wahrheit verborgen liegt. Doch wird diese selten gelehrt, weil sie abstrakter, nichtlokaler und viel komplexer ist.

Es ist möglich, dass Menschen mit individuellen Seelen in Resonanz zu Wesen ähnlicher Natur treten und gemeinsam oder allein mehrere Frequenzbereiche überspannen. Dagegen stimmt es nicht, dass man sein Leben in einem Körper beendet, dann ins Nichts der Bewusstseinsmatrix verschwindet, um wieder zu einem anderen Wesen oder einer Person zu werden. So funktioniert die Wirklichkeit nicht. Sie ist viel tiefgründiger, und die profunde Wahrheit lautet, dass *wir zu jeder Zeit alle Wesen sind.* Wenn wir es wünschen, können wir ein individuelles Wesen sein oder ein Leben in der Vergangenheit, der Gegenwart oder der Zukunft führen – und zwar *ganz und gar.*

Wissen Sie, wer Sie sind? Wissen Sie, dass sich das gesamte Universum in Ihnen befindet, dass deshalb der bewusste Geist in Ihnen allgegenwärtig ist und Raum und Zeit überschreitet? Und dass Sie jede seelische Erfahrung jedes Wesens im Universum erleben, und mit vollkommenem Mitgefühl mit ihm in Resonanz treten können?

In uns wohnt ein unendliches und ewiges bewusstes Wesen. Wenn Sie also das Wesen Ihres eigenen Geistes und Bewusstseins begreifen, versteht es sich von selbst, dass Sie im entspannten Schlafzustand die Grenzen der Raumzeit übertreten können und sehen, was in der nächsten Woche geschehen wird, was vor tausenden von Jahren geschehen ist. Oder Sie können das Leben eines Menschen führen, der vor Millionen von Jahren existiert hat ...

Wir nähern uns dem Erwachsenenalter der menschlichen Rasse und benötigen ein tieferes Verständnis der Dinge, damit wir nicht dem Aberglauben und der Dummheit verfallen, dass man gewisse Rituale durchführen muss, um im nächsten Leben nicht als Ameise wiederzukehren!

Wenn Sie natürlich erleben wollen, wie man sich als Eiche, Ameise oder Hund fühlt, dann können Sie das. Dazu brauchen Sie nicht auf das nächste Leben zu warten!

Wenn ich mit Delphinen unterwegs bin, dann akzeptieren sie mich, weil sie mich für einen von ihnen halten. Sie erfahren mich buchstäblich als Delphin, da ich zu einem Delphin *werde*.

Wenn Sie Ihren Körper verlassen und auf die nächste Ebene gelangen, dann werden Sie alle Erinnerungen mitnehmen. Sie werden sich an jeden einzelnen Menschen erinnern, dem Sie auf der Erde begegnet sind, und sich als Individuum durch alle Schöpfungswelten und Bewusstseinszustände hindurch weiterentwickeln. Und falls Sie es wünschen, können Sie irgendwann auch der Tropfen sein, der in den Ozean zurückkehrt.

Erinnern Sie sich, dass wir aus dem unendlichen Ozean Gottes hervorgegangen sind und wieder in diesen unendlichen Ozean zurückkehren werden. Das ist der Sinn und Zweck unserer Seelenreise.

Ein individuelles Leben ist nichts anderes als die Erfahrung der Glückseligkeit, aus dem Nichts in die Unendlichkeit zurückzukehren und darin die Vollkommenheit der Schöpfung zu erkennen und zu erleben.

Astralsicht

38

Durch die Vermittlung göttlicher Wesen, durch Gebete und durch eigene Anstrengung kann eine Seele von einer Ebene zur nächsten gelangen – ein unendlicher Entwicklungsprozess.

Möglicherweise muss sie dazu durch viel Leid hindurchgehen, denn es erfordert, alle Bindungen aufzugeben. Leid und Bindung sind Synonyme.

Verfängt man sich in einem bestimmten Glauben, einer Idee oder im Kummer, dann führt das automatisch zu Leid.

Ein weiser Mann hat einst die Hölle als den Zustand beschrieben, in dem man von Gewissensbissen geplagt wird, weil man sich dessen bewusst ist, was man getan hat – und viel wichtiger noch: was man *nicht* getan hat. Wahre Reue hat weniger damit zu tun, was man *getan* hat (solange man kein Serienmörder oder Ähnliches ist), sondern viel mehr mit dem, was man ausgelassen hat – die Ziele, die man nicht weiterverfolgt hat; die Freundlichkeit, die man zurückgehalten hat; die Zeiten, in denen man weniger egoistisch und gütiger hätte sein sollen. Das ist wahre Reue.

Wir haben eine etwas verschobene Perspektive: Wir bereuen das, was wir getan haben, obwohl wir uns viel eher darum sorgen sollten, was wir versäumt haben – positive und hilfreiche Taten.

Die Sünden des Nichthandelns übertrumpfen meist die Sünden des Handelns. Verpassen Sie also keine Gelegenheit, um Gutes zu tun, zu lieben, beieinander zu sein, sich aufzuopfern oder nutzen Sie die Chance, eine bessere Welt zu erschaffen, Menschen zu lieben oder Ihre Güte auszuweiten.

Jedes individuelle erschaffene Wesen fügt sich perfekt ins Gesamtgebilde ein. Im Einklang mit seinem einzigartigen Selbst gibt es einen optimalen Platz, eine auf ihn zugeschnittene Rolle im Ganzen.

Was ich hier beschreibe, ist nichts anderes als der Begriff „Dharma": Ihr vorgesehenes Einsatzgebiet und Ihr wahrer Weg. Dieser Weg ist von Person zu Person sehr verschieden; er kann bescheiden, aber auch großartig sein, abhängig davon, inwieweit wir unseren freien Willen einsetzen, um unser ganzes Potential aufzudecken und zu verwirklichen.

Der Zustand kosmischer Bewusstheit, auf den ich mich beziehe, hat schon immer existiert und wird auch ewig weiterexistieren. Er kennt keine Schranken. Ebenso hat das Universum schon immer existiert und wird für immer Bestand haben. Es ist genauso grenzenlos wie der ursprüngliche Geist. Der Gedanke, dass das Universum begrenzt sei und einen Anfang und ein Ende habe, ist falsch.

Die Ewigkeit der absoluten Ebene des bewussten kosmischen Geistes drückt sich zwingend logisch in einer unendlichen und ewigen Schöpfung aus.

Selbst der materielle Raum, wie wir ihn uns vorstellen, hat kein Ende. Er ist unbegrenzt. Wenn wir ans Ende dessen gelangten, was wir als Universum bezeichnen – was läge dahinter? Es ist unendlich.

Als kleines Kind habe ich ständig über diese Dinge nachgedacht. Beim Spazierengehen blickte ich in die Sterne und konnte es spüren, fühlen und sehen.

Auch das kosmische Ei, die himmlische Gestalt der Schöpfung, die ich als diskrete Form wahrnahm, war in sich ewig und unendlich. Es ist paradox ...

Wenn Sie mit astraler Sicht in den Nachthimmel blicken, werden Sie ein enormes Maß an Licht erkennen! Alles ist paradox und gerade dadurch vollkommen ...

Mit astraler oder ätherischer Wahrnehmung sehen wir unmittelbar, dass selbst die Tiefen des „leeren, dunklen Weltraums" von einem inneren Leuchten erfüllt sind. Können Sie es sehen?

Die verschiedenen Planeten und Sterne schwimmen in einem unendlichen Ozean himmlischen Lichts – Licht an Licht, ganze Welten aus Licht, die aus sich selbst heraus strahlen, wie das elektromagnetische Licht eines Sterns.

Eine nächste Frage könnte lauten: Existieren alle möglichen Realitäten gleichzeitig, und kann zwischen ihnen kommuniziert werden?

Die Antwort darauf hängt völlig vom Bewusstseinsgrad des Empfängers ab.

Aus einer hochgradig integrierten quantenholographischen Perspektive des Universums, in der alles ineinander verschachtelt ist, lautet die Antwort: „Ja". Wie in einem Hologramm können Sie in einem Teil des Universums das ganze Universum entdecken. Nichts existiert isoliert: Die Göttliche Einheit durchdringt alle Dinge.

Alle möglichen Realitäten geschehen folglich simultan und sind durch den nichtlokalen geistigen Stoff verbunden, den bewussten, intelligenten, verbindenden Aspekt aller Dinge. Bewusste Intelligenz ist der ultimative Kitt dieser verschiedenen Realitätsebenen. Auf der Ebene des Intellekts mögen wir von verschiedenen Dimensionen oder Paralleluniversen sprechen, doch in Wirklichkeit sind sie alle miteinander verwoben. Mit dem „Auge der Einheit" – dem Dritten Auge – können wir diese perfekte Vernetzung durch die Nichtlokalität des Geistes erfassen.

Aus einer anderen Wahrnehmungsebene könnte man behaupten, es existiere überhaupt keine Verbindung. Beispielsweise könnte man sagen, dass ganz sicher keine Verbindung zwischen Ihnen hier und einem Menschen in Indien bestehe. Da Sie sich weder berühren noch hören können, empfänden Sie diese Annahme zunächst als wahr.

Dem könnte man aus einer anderen Bezugsebene entgegenhalten: „Wir alle sind Teil der Biosphäre der Erde. Wir berühren die Erde und atmen daher die gleiche Luft. Folglich sind wir miteinander verbunden."

All dies sind intellektuelle Konstrukte, die der *wirklichen Funktionsweise* widersprechen. In Wirklichkeit rufen die feineren Resonanzfelder die dichteren hervor, und alle sind nahtlos miteinander verbunden. Es ist eine nichtlokale Verbindung und Resonanz, die durch bewusste Intelligenz hervorgerufen wird.

Wenn etwas von einem Punkt A zu einem Punkt B im Weltraum teleportiert wird, dann ist das nur möglich, weil diese Punkte – oder eine unendliche Anzahl Punkte – miteinander verflochten sind. Aufgrund der nichtlokalen Verflechtung von Energie, Materie, Raum, Zeit und Dimensionen durch den geistigen Stoff, hat jeder Punkt in Raum und Zeit Zugriff auf alle anderen Punkte in der Raumzeit. Die feineren Schichten des Kosmos – die astralen, mentalen und kausalen werden *zunehmend nichtlokaler.*

Daher gibt es eine „relative Nichtlokalität".

Jeder stellt sich Nichtlokalität in dem Sinne vor, dass etwas entweder nichtlokal oder lokal ist. Entweder ist es fest und linear, oder es ist nichtlokal.

Tatsächlich aber existiert die Relativität innerhalb der Nichtlokalität. Der Aufbau des Kosmos ist überaus exquisit: einerseits komplex und dann doch recht einfach, hat man erst einige grundlegende Prinzipien verstanden.

Bewegt man etwas von einem Punkt A zu einem Punkt B, indem man es „dematerialisiert" und am anderen Punkt wieder auftauchen lässt, bewegt man sich im Bereich der relativen Nonlokalität. Das materielle Objekt verändert dabei seinen Spin und seine Frequenz so, dass es sich dem annähert, was Mystiker als astrale oder ätherische Energie bezeichnen würden.

Da der Bereich *weniger* fest und bestimmt ist als die lineare Raumzeit, kann das Objekt ohne Zeitverzögerung am anderen Ort auftauchen. Dies funktioniert über nichtlokale Resonanz zwischen Knotenpunkten: Man betritt durch eine Art Spinresonanz sowohl Punkt A als auch Punkt B auf einer Ebene des Universums, die nichtlokaler ist als die lineare Raumzeit-Struktur.

Je mehr Sie sich also in die Resonanzfelder und Frequenzen jenseits der Lichtgeschwindigkeit begeben – jenseits des Grenzübergangs des Lichts – desto mehr nähern Sie sich den sogenannten ätherischen oder astralen Energiefeldern, die zunehmend nichtlokaler werden.

Die vollkommenste Nichtlokalität ist der reine, undifferenzierte Geist; am wenigsten nonlokal ist dagegen das feste, materielle Ursache-Wirkungs-Universum. Doch beide sind perfekt miteinander verwoben und bilden immer eine Einheit. Deshalb ist es möglich, den Zustand eines Objektes elektronisch zu beeinflussen, sodass es sich zunehmend nichtlokal verhält. Auf diese Weise kann es von einem Punkt zu einem anderen teleportiert werden.

Es ist zudem möglich, dies auf der ursächlichsten kosmischen Ebene durchzuführen – dem Punkt der tonalen Urgedankenschwingung, was die Geschwindigkeit im Verhältnis zur ätherischen Teleportation noch erhöht.

Die relative Geschwindigkeit und Nichtlokalität hängt also davon ab, in welche Feinstrukturräume man das Objekt bewegt – ob in den ätherischen, astralen oder kausalen Zustand, *der bereits in diesem Objekt verborgen ist.*

Ein außerirdisches Raumschiff beispielsweise – oder auch ein menschliches, das sich schneller als das Licht bewegt – beschleunigt nicht etwa, wie Sie es auf der Autobahn tun würden, von 80 km/h auf 100 oder 130 km/h.

Es wechselt einfach in einem Quantensprung vom einen Resonanzfeld, das wir „stabile, materielle Raumzeit" nennen, in eine andere Frequenz- und Resonanzebene.

Damit bewegt sich das Raumschiff außerhalb linearer Raumvektoren und kann sich unmittelbar an einen anderen Raumpunkt begeben – was natürlich die Lichtgeschwindigkeit bei weitem übersteigt. Dennoch ist dessen Geschwindigkeit nicht *unendlich*.

Um also von der Erde zu einem Planeten zu reisen, der, sagen wir, tausend Lichtjahre entfernt liegt, braucht es dennoch ein paar Tage, denn in dieser Form ist man nur *relativ* nichtlokal – jedoch noch nicht *vollkommen nichtlokal* wie im reinen Bewusstsein.

Eine Zivilisation, die in der Lage wäre, das Raumschiff und seine Insassen auf eine rein kausale Frequenz zu bringen, oder auf eine außerordentlich feine astrale Frequenz, könnte die gleiche Reise in noch kürzerer Zeit bewerkstelligen.

Eine reine Gedankenform, die direkt mit dem Geist verbunden ist, könnte wirklich unmittelbar, sofort, von einem Punkt des Universums zu einem anderen gelangen – egal, wie viele Lichtjahre auch dazwischen lägen. Dabei spielt die perfekte Nonlokalität der unendlichen Bewusstheit die entscheidende Rolle.

Das ist der Grund für die Relativität innerhalb der Nonlokalität.

Die beschriebenen Erfahrungen können Sie auch ohne technische Hilfsmittel in einem Luzidtraum machen. Darin bewegen Sie sich nichtlokal in Ihrem Geist- oder Astralkörper, der genauso real ist (oder vielleicht noch realer …) wie Ihr physischer Körper. Auf diese Art können Sie sehr leicht Ihren linearen Raumzeit-Koordinaten entkommen und sich an einen anderen Punkt auf der Erde begeben, während Sie physisch in Ihrem Bett liegen und schlafen. In dem Zustand können Sie in Echtzeit beobachten, was an einem anderen Punkt der Erde oder des Weltraums geschieht – Sie können auch Ihre derzeitige Zeitkoordinate verlassen, in die Zukunft reisen und Dinge sehen, die am morgigen Tag oder im nächsten Jahr geschehen werden. Das nennt man einen präkognitiven Luzidtraum.

Präkognition oder etwas zu sehen, was in der Vergangenheit geschah oder gerade an einem entfernten Ort passiert, wird durch die allgegenwärtige Natur des Bewusstseins ermöglicht. Wir können lernen, immer feinere und subtilere geistige Ebenen zu bereisen, während wir gleichzeitig in unserem Körper und individuellen Bewusstsein verweilen.

Diese Prinzipien wurden von fortschrittlichen außerirdischen Rassen in deren technologische Kommunikation integriert. Sie besitzen Kommunikationsgeräte mit mentalen Schnittstellen und können ohne Zeitverlust von einem Ort in der Raumzeit zu einem anderen, Millionen Lichtjahre entfernten Punkt kommunizieren. Derartige technische Geräte interagieren mit dem reinen Gedanken selbst, indem sie statt des normalen elektromagnetischen Bereichs einen sub-elektromagnetischen oder feineren Energiebereich nutzen.

Bewegt sich allerdings ein riesiges Raumschiff durch den Kosmos, erzeugt dieses Schiff eine Art Sog, einen Widerstand an der Schnittstelle zur materiellen, linearen Raumzeit. Springt es in die *Lücke* zwischen den feineren astralen und den materiellen Frequenzen, erzeugt das einen Widerstand, der einen unverzüglichen Transport verhindert.

Es muss eine Verbindung zum materiellen Universum aufrechterhalten, damit es wieder darin auftauchen kann. Daher ist dessen Geschwindigkeit nicht unbegrenzt. Auf kurze Distanz mag ein solcher Raumzeit-Transfer unmittelbar erscheinen, doch bei kosmischen Entfernungen kommt eine Zeit- und Raumkomponente zum Tragen.

Einige *sehr* fortschrittliche außerirdische Technologien sind nicht derartig beschränkt – doch handelt es sich dabei um echte Himmelsschiffe. Diese residieren in den höchsten und feinsten Strukturebenen des Kosmos und können von dort aus durch sämtliche astralen Ebenen herabsinken, um in der materiellen Welt aufzutauchen. Nicht alle außerirdischen Zivilisationen haben die Prinzipien und die Kosmologie in ihrer Technik verwirklicht.

Wie Sie wissen, lautet der Spitzname eines Bereichs der Area 51 „Dreamland", das Traumland.

Er erhielt seinen Namen, weil die ersten Experimente mit Überlichtgeschwindigkeit, bei denen sich Personen für längere Zeit in einem Raumschiff aufhielten, einem Luzidtraum ähnelten. Sie befanden sich in einer Art Wachzustand, doch hatte alles eine traumähnliche Qualität: Die Energieformen ähnelten Plasmen oder ätherischen Formen, und sowohl das Raum- als auch das Zeitempfinden veränderten sich.

39 Energieabstufungen

Ein Mann, der lange Zeit bei den Lockheed Skunk Works gearbeitet hatte, beschrieb mir ein persönliches Erlebnis, das mit den astralen Bereichen und Außerirdischen zu tun hatte. Dieser Mann ist auch einer unserer Zeugen. Er trat auf mich zu, weil er eine Erklärung für etwas suchte, das für ihn keinen Sinn ergab und das ihn seit Jahren wurmte.

In den 1960ern lernte er die Technik der „Astralprojektion", bei der man den physischen Körper verlässt und im Astralkörper reist. Jeder von uns, der einen Flugtraum hatte, hat so etwas schon erlebt. Dieser Mann hatte gelernt, dies bewusst zu tun, in einem entspannten, meditativen Zustand.

Eines Nachts, während seines Trainings, sagte ihm sein Lehrer, dass er nun bereit und fähig sei, seinen Körper zu verlassen.

Er legte sich nieder, entspannte sich und verließ spontan seinen Körper. Er schwebte durch die Decke seines Hauses in den Weltraum und knallte genau in die Seite eines außerirdischen Raumschiffs, das in der Atmosphäre über der Erde schwebte.

Er sagte, dass das Raumschiff erschüttert worden sei und die Besatzung ihn hätte sehen können.

Daraufhin hätten sie ihn angeblickt und ihm telepathisch gesagt: „Mein Gott, warum achtest du nicht darauf, wo du hinfliegst?" Dieser himmlische Faux Pas brachte ihn derart in Verlegenheit, dass er sofort in seinen Körper zurückgekehrt sei!

Was er dabei nie begriffen hätte, sagte er, wäre, dass er doch nicht in seinem physischen, sondern in seinem subtilen Astralkörper unterwegs gewesen sei und das Schiff, dem er begegnete, exakt die gleiche Dichte gehabt hätte wie er, als es zu dieser Kollision gekommen sei. Die Besatzung habe ihn genauso sehen können wie er sie, doch er sei nicht einfach ein paar herumfliegenden Seelen begegnet. Es habe sich um ein Raumschiff gehandelt!

Ich erwiderte: „Sie werden meine Antwort nicht mögen, aber als Raumfahrtingenieur werden sie es verstehen."

Außerirdische Raumschiffe, insbesondere wenn diese sich im erdnahen Bereich aufhalten, in denen sie mit Waffensystemen angegriffen werden könnten, befinden sich die meiste Zeit in einer dematerialisierten Form, in der sie schneller als das elektromagnetische Licht schwingen.

Obwohl sie demnach nicht materialisiert sind – keine feste Materie bilden –, handelt es sich dennoch um ein physisches materielles Raumschiff von einem anderen Planeten, mit Wesen aus Fleisch und Blut an Bord. Begegnen Sie diesen Wesen in einem Traum, werden Sie von ihnen wahrgenommen, weil sie sich in einem sehr ähnlichen Frequenzbereich aufhalten. Aber auch Sie können die Wesen sehen und mit ihnen und dem Raumschiff in Kontakt treten.

Das heißt nicht, dass es keine Außerirdischen oder sogar Engel sind. Es bedeutet, dass sie sowohl außerirdisch *als auch* interdimensional sind – falls

Sie den Begriff „Dimension“ verwenden wollen, auch wenn dieser Begriff hier in die Irre führt. Wir sprechen hier von einem kontinuierlichen Energie- und Realitätsspektrum, obwohl innerhalb des Kontinuums bestimmte Phasen existieren, die mancher als andere Dimension bezeichnen würde. Genau wie man gewisse Chemikalien oder Wasser- und Bodendichten unterscheiden kann, bilden sich bestimmte Frequenzbänder wie Streifen heraus.

Trotz der Abstufungen befindet sich alles in einer ununterbrochenen Kontinuität, ähnlich dem elektromagnetischen Spektrum von ultraviolett zu infrarot.

Besagter Mann hatte eine außerkörperliche Erfahrung, in der er bewusst und wach war. Es war keine bloße Einbildung. Nachdem er unkontrolliert gestartet war, krachte er in dieses Raumschiff, das die gleiche Dichte wie sein Astralkörper hatte. Und das Gefährt war außerirdischen Ursprungs, auch wenn es nicht vollständig materialisiert war.

Mit physischen Augen hätte kein Mensch ihn oder das Raumschiff beobachten können – solange dieser nicht darin geübt wäre, die subtilen Energien wahrzunehmen, die manche Wissenschaftler als „Neutrinolicht“ bezeichnen, das vom astralen Bereich abgestrahlt wird.

Manche Wissenschaftler haben bereits Sensoren entwickelt, um die Lichtart aufzuspüren, doch die Technologie wurde ihnen von der NRO gestohlen und im Weltraum installiert, damit diese dematerialisierte außerirdische Raumschiffe ausfindig machen und gezielt zerstören konnte.

Doch das ist ein ganz anderes Thema.

Wenn sich etwas für kurze Zeit dematerialisiert, dann springt das Objekt in einen Resonanzbereich mit quasi-plasmatischer, ätherischer Energie, die der Astralenergie stark *ähnelt*.

Innerhalb des astralen Bereichs existieren also verschiedene Abstufungen, von den dichteren Bereichen, die mit der materiellen Welt der Atome und der elektromagnetischen Energie verbunden sind, bis hin zu den feinsten, den sogenannten „höchsten himmlischen“ Bereichen. Jeder Astralbereich kann auch mit technologischen Mitteln betreten werden, wenn die Wissenschaft bereits weit genug entwickelt ist.

Der Zugang zu den höheren astralen Bereichen wird jedoch gut bewacht, denn um auf diesen Ebenen agieren zu können, braucht es ein hohes Maß an Erleuchtung. Die Ebenen werden sowohl von hochentwickelten Außerirdischen als auch von himmlischen Wesen bewacht, von der Gottheit selbst sowie von Kräften, die unsere irdischen Vorstellungen bei weitem überschreiten.

Es gibt extraterrestrische Zivilisationen, die uns technologisch um tausende oder sogar Millionen von Jahren voraus sind. Alle Individuen der Zivilisation befinden sich in einem kosmischen Bewusstseinszustand, im Gott- oder Einheitsbewusstsein oder in Bereichen, die selbst diese überschreiten. Ihre Technologien spiegeln deren Bewusstseinsgrad wider und ermöglichen ihnen einen Zugang zum und das vollständige Verständnis des materiellen Universums, der feineren Astralbereiche und der kausalen Ebenen des Kosmos.

Sie können in Erscheinung treten wie ein erleuchteter Meister, sich materialisieren, dematerialisieren und ihre Form verändern. Allein durch ihre Gegenwart spürt man, dass sie in hohem Maß erleuchtet sind.

Allerdings befinden sich nicht alle außerirdischen Zivilisationen, die interstellar reisen können, auf einer solchen Evolutionsstufe. Einige sind uns nur minimal voraus. Sie sind friedlich und haben einen globalen Frieden etabliert, sonst hätte man ihnen nicht gestattet, ihren Planeten zu verlassen. Sie befänden sich noch unter kosmischer Quarantäne.

Es gibt ein universelles Gebot, derartige Reisen zu unterbinden, ganz so, wie das auf unserem Planeten geschieht. Sobald sich aber eine globale friedliche Koexistenz entwickelt hat, erhält man als Spezies mehr und mehr Bewegungsspielraum. Technologische Entwicklungen und materielle Wissenschaften basieren immer stärker auf dem Verständnis des Bewusstseins.

Hochentwickelte außerirdische Rassen manifestieren alle ihre Raumschiffe und materiellen Bedürfnisse mit Hilfe von Frequenzen – die tonale Schwingung der Gedanken, deren Klangkomponente. Durch die Anwendung dieser Wissenschaft werden die echten Himmelsschiffe konstruiert, die aus der höchsten Astralebene stammen. Die Komponenten der Schiffe sind außerordentlich rein, wenn sie auf den materiellen Plan treten, und aus ihnen strahlt das vollkommene, himmlische Licht.

Deshalb strahlen die Schiffe, denen ich begegnet bin und die sich vor meinen Augen manifestierten, ein Licht aus, das nicht von dieser Welt stammt. Es ist äußerst rein und himmlisch, und dennoch sind die Schiffe völlig materialisiert und „fest".

Von Leuten, die diese hochentwickelten außerirdischen Raumschiffe untersucht haben, wurde mir gesagt, dass sie ungewöhnlich ausgeklügelt seien – selbst die schwerfälligsten von ihnen besäßen keine Nähte. Niemals konnte man irgendwelche Nähte entdecken. Wie werden solche Schiffe gebaut?

Auf keinen Fall nehmen die Außerirdischen ein Stück Eisenerz oder eine Legierung und hämmern sie in eine bestimmte Form! Stattdessen werden die Gefährte durch etwas erzeugt, das ich „Infra-Ultraschall" nenne. Dazu wird die astrale Matrix in eine Form gebündelt und derartig beeinflusst, dass eine Blaupause des Schiffs in den subtileren Bereichen entsteht, die dann als perfekte Gussform mit materiellen, physischen Molekülen in Erscheinung tritt.

Während des Entstehungsprozesses mittels Infra-Überschall durchtränkt die „ätherische" oder „astrale" Energie das Raumschiff mit Intelligenz. Auf einer subatomaren Ebene können die Schiffe so strukturiert sein, dass sich darin organisierende Intelligenz befindet: Das Raumschiff lebt. Im Grunde handelt es sich also um eine intelligente Biomaschine. Die „Maschinen" sind derart vollkommen, dass sie eine Art Selbstbewusstsein und eine eigene Intelligenz besitzen.

Einige meiner Interviewpartner, die den Abschuss eines der außerirdischen Raumschiffe erlebt hatten, beschrieben das Verhalten der Schiffe, als wären diese verletzt und würden versuchen, sich selbst zu heilen. Es schien, als hätten sie einen Kreislauf, ein Immunsystem und ein eigenes Bewusstsein. Wir reden hier über Raumschiffe!

Eines der Schiffe, das in New Mexico abstürzte, hatte einen tiefen Riss, den es selbst zu heilen versuchte. Unser Zeuge verglich den Vorgang mit einer Fleischwunde, die langsam zuheilt – nur dass diese sich wie in einem Zeitraffer schloss und der Riss vor seinen Augen verschwand.

Wir haben es mit einer unvorstellbar fortschrittlichen Nanotechnologie zu tun. Auf dieser Ebene nehmen die astralen und ätherischen Energien direkten Einfluss auf unsere physische Dimension und sorgen für die Organisation der Atome und Moleküle. Solche Raumschiffe besitzen eine künstliche Intelligenz und sogar eine eigene Lebenskraft. Es sind lebendige Maschinen und nicht etwa der Oldtimer Ihres Großvaters.

Man sollte sich nun fragen, warum die höherentwickelten Intelligenzen überhaupt Technologien oder Raumschiffe benötigen.

Sie haben diese nicht nötiger als wir. Auch wir können mit unseren Astralkörpern reisen, wohin wir wollen! Doch wenn die Wesen mit dem materiellen Universum auf einem materiellen Weg in Verbindung treten wollen, dann ist das nur über einen physischen Aspekt möglich. Sie entscheiden sich also für ein solches Schiff und benutzen es.

Es ist eine reine Frage der Entscheidung.

Sie könnten auch an jedem beliebigen Punkt ohne ein Raumschiff in Erscheinung treten. Doch das können wir Menschen auch. Selbst zu diesem Zeitpunkt der Geschichte besitzt die Menschheit die Fähigkeit zur Teleportation – unglücklicherweise in den Händen derer, die sie eigentlich nicht besitzen sollten –, um sich von einem Ort des Planeten zu einem anderen zu begeben. Und das, ohne ein Flugzeug, Schiff, Auto oder gar ein nachgebautes außerirdisches Raumschiff zu benutzen. Diese Technologie wurde innerhalb von klassifizierten Projekten entwickelt.

Die gesamte Menschheitsgeschichte kennt Berichte von Personen, die willentlich von einem weit entfernten Land aus ihren Körper bilokalisierten, um sich an anderer Stelle zu materialisieren und einen Freund zu besuchen. Selbst im 20. Jahrhundert existieren sehr glaubwürdige Berichte, die dies belegen.

Wenn wir dazu fähig sind, warum nicht auch die Außerirdischen?

Nichtsdestotrotz sind technische Mittel und Raumschiffe nötig, um unter schwierigen Umweltbedingungen materiell existieren zu können – zum Beispiel unter Wasser, im tiefsten Weltraum oder in ähnlichen Bereichen. Selbst äußerst weit entwickelte außerirdische Rassen besitzen also Raumschiffe.

Erinnern Sie sich an die Geschichte, bei der ein Außerirdischer 1997 in England durch das Erkerfenster schwebte, kurz nachdem Shari Adamiak und ich erfahren hatten, dass wir metastatischen Krebs hatten? Das Wesen kam direkt aus dem Himmel. Es strahlte wie ein Stern und kam aus einem Lichtpunkt im Weltraum, aus einem Raumschiff. Dieser Außerirdische besuchte uns in einer nahezu astralen Form, doch wir beide konnten ihn mit unseren physischen Augen deutlich erkennen. Es handelte sich nicht um eine Wahrnehmung höherer Sphären, sondern um materielles Licht, das sichtbar durch das Erkerfenster zum Kamin flog und sich dort als funkelndes und leuchtendes außerirdisches Wesen manifestierte.

Diese ETs stammen von materiellen Welten wie der Erde, auf denen biologische Wesen leben. Nur dass sich deren Bewusstsein bereits so weit entwickelt hat, dass ihre materielle Wissenschaft die feineren Bereiche des Kosmos versteht: das Bewusstsein, die Astralbereiche und die Frequenzen der Kausalebene.

Ihre materiellen Wissenschaften sind in der Lage, physische Objekte zu erschaffen. Dazu nutzen sie kausale Gedankenschwingungen, Töne und andere himmlische Wissenschaften. Wollen die Wesen aber physisch in Erscheinung treten, dann greifen sie auf ein materielles Schiff und einen materiellen Körper zurück. Sie nutzen es, obwohl sie auch in einem spirituellen Bewusstseinszustand zu uns kommen könnten – ebenso wie Menschen bereits heute schon spirituell durch den Weltraum reisen können.

Zwar haben wir Menschen die Fähigkeit, in einem spirituellen Zustand entfernte Orte zu sehen, aber es macht trotzdem Spaß, in seinem materiellen Körper im Auto das Smithsonian-Institut zu besuchen!

Allerdings kommt es auch häufig vor, dass die außerirdischen Raumschiffe aus Sicherheitsgründen von Wesen gesteuert werden, die nur eine Art biologischer Roboter sind.

Es existiert also eine relative Nichtlokalität, und die Technologien, die auf Basis dieser relativen Zustände und Abstufungen arbeiten, sind verschiedenartig, auch wenn sie aus einer kontinuierlichen Realität stammen. Man könnte das mit dem Unterschied zwischen einem Porsche und einem 7er BMW vergleichen. Sie basieren auf den gleichen Prinzipien, aber sind dennoch verschieden – und das auf sehr markante Weise.

Der Kosmos kann schier endlos erforscht werden – und damit meine ich nicht nur den dreidimensionalen materiellen Kosmos. Evolviert eine Spezies, stößt diese in die astralen Bereiche vor, bis sie über die feineren Ebenen in der Kausalebene landet – die *wiederum* dichtere und feinere Bereiche umfasst. Es gibt unendlich viele Abstufungen innerhalb des kontinuierlichen Spektrums, und in jedem der Bereiche existieren eigene Anwendungen, Technologien und Wissenschaften.

Meiner Erfahrung nach gibt es eine hochorganisierte interplanetarische und rassenübergreifende Gruppe, die sämtliche Begegnungen außerirdischer Zivilisationen mit aufstrebenden Planeten wie dem unseren plant und dirigiert. Es ist äußerst strukturiert – da draußen herrscht keine Anarchie!

Selbst in unserem Evolutionsstadium gibt es zumindest den Anschein internationaler Kooperation und Organisation, damit der internationale Luftverkehr und andere weltumspannende Aktivitäten geordnet ablaufen können.

Besagte interplanetarische Diplomatie ist hochfunktional und regelt und kontrolliert jede Interaktion mit der Erde schon seit geraumer Zeit – möglicherweise tat sie dies schon vor der uns bekannten Menschheitsgeschichte.

Immer schon hat es auf der Erde einzelne Personen gegeben, die die höchstmögliche Evolutionsstufe innerhalb der Schöpfung erreicht haben – doch kollektiv betrachtet gibt es noch viel zu tun. Die Menschheit verfügt über das gleiche Potential wie jede andere Spezies im Universum. Unser Vermögen, uns zu hochbewussten erleuchteten Individuen mit entsprechender Sozialstruktur zu entwickeln, ist genauso groß wie das jeder anderen universellen Zivilisation in Raum und Zeit. Dass wir diesen Zustand noch nicht erreicht haben, heißt nur, dass unsere Reise noch nicht beendet ist.

Deshalb denke ich, dass das Leben auf der Erde – und ganz besonders das der Menschheit – geschätzt und geliebt wird, gehegt, beobachtet und beschützt. Man freut sich darauf, dass wir bald erwachsen werden und damit aufhören, uns gegenseitig die Köpfe einzuschlagen; dass wir uns endlich wie zivilisierte Leute benehmen, und nicht wie eine Horde wildgewordener Höhlenmenschen.

Tatsächlich leben wir in genau der Zeit, in der ein dauerhafter Frieden auf der Erde einkehren wird. Mit „dauerhaft" meine ich hunderttausende von Jahren, eine ununterbrochene Phase des Friedens und erleuchteten Wachstums.

Diese Ära ist ein kosmischer Zyklus, der sich nicht allein auf die Erde beschränkt, sondern auch andere Planeten einbezieht. Sie könnten sich auf einer ähnlichen Entwicklungsstufe wie wir befinden, aber technologisch sogar weniger weit entwickelt sein.

Doch Sie sollten wissen, dass der Zyklus, in dem wir uns befinden, einen universellen Frieden auf der Erde und im Himmel herbeiführt – auf der Erde und im gesamten Kosmos. Wir leben in einer Zeit des größten Potentials – und der größten Herausforderungen …

Was unsere Fähigkeiten betrifft, brauchen wir uns nicht zu verstecken: Wir sind keiner anderen intelligenten Spezies im Universum untergeordnet, noch stehen wir über ihr. Wir sind absolut gleich, denn das gesamte Universum pulsiert in jedem Wesen. Das universelle Konzept „Mensch" hat das gleiche Potential wie alle anderen intelligenten Wesen, um zur vollkommenen Erleuchtung und zur Erkenntnis des Unendlichen zu gelangen und das damit einhergehende profunde Wissen umzusetzen.

Ich bin mir sicher, dass die außerirdischen Zivilisationen, die uns besuchen, zu einem ganz bestimmten Zweck hier sind und gewisse Funktionen erfüllen. Eine davon ist die Kontaktaufnahme mit Personen, die ihnen friedlich gesinnt sind sowie gewillt, ihnen offen entgegenzutreten. Aus diesem Grund war die CE-5-Initiative ein solcher Erfolg. Jeder Versuch, Außerirdische auf friedlichem Weg zu kontaktieren, wird hoch respektiert. Blicken wir der Wahrheit ins Gesicht: Von den sechs Milliarden Menschen auf diesem Planeten wissen nicht allzu viele über die Dinge Bescheid, und von denen, die es wissen, entscheiden sich nur wenige für einen aktiven und positiven Kontakt. Es ist an der Zeit, dass die Menschheit diesen friedlichen Kontakt herstellt.

40 Interstellare Gemeinschaft

Sie können das Wesen der Zukunft nicht erfassen, solange Sie nicht die Natur der Realität verstanden haben. Wenn wir über die Zukunft sprechen, können wir nur über *wahrscheinliche* Zukünfte reden. Die Details und Zeitlinien können sich wandeln, aber die Metathemen stehen fest. Das ist äußerst wichtig.

Kennen wir die Blaupause der neuen Welt, die in den Himmelsreichen bereits existiert, können wir auch das Muster der nächsten Millennien auf der Erde erkennen. Die Eiche befindet sich bereits im Samen. Wenn Sie wahrnehmen können, was in diesem Samen enthalten ist, dann können Sie auch den gesamten Reifeprozess des Baumes über hunderte von Jahren nachvollziehen.

Dennoch sind selbst die festen Metathemen mit „wahrscheinlichen Zukünften" durchmischt, denn der freie Wille des Menschen überschneidet den größeren existierenden Plan. Alles, was kollektiv getan wird, beeinflusst das Timing und den spezifischen Ausdruck dieses Weltzeitalters. Wir sind schon mehr als hundert Jahre überfällig, um eine Zeit zu verwirklichen, in der universeller Friede herrscht, es keine Armut mehr gibt, Freie-Energie- und Antigravitationsmaschinen zur Anwendung kommen und wir friedlich zu den Sternen reisen. Nur die Dummheit und der Missbrauch unseres freien Willens haben uns bisher davon abgehalten.

Menschen, die von sich behaupten, sie seien Medien oder Hellseher, und prophezeien, dass bestimmte Ereignisse zu einem bestimmten Zeitpunkt stattfänden, liegen meist völlig daneben. Entweder belügen sie sich selbst oder sie sind Scharlatane: Es gibt einfach zu viele Variablen, die den zugrunde liegenden göttlichen Plan und dessen Verwirklichung beeinflussen. Dieser muss *durch die Menschen* vollzogen werden. Durch den Einsatz des freien Willens kann der Prozess entweder unterstützt oder behindert werden.

Es existiert bereits ein großräumig angelegter spezifischer Plan – eine Blaupause der Architektur unserer Zukunft. Im Folgenden möchte ich versuchen, die Blaupause dieser herrlichen Struktur zu beschreiben.

Wahrscheinlich wurden bisher nur wenige Fundamente und Ecksteine des Plans verwirklicht, doch wenn wir verstehen, was der göttliche Architekt in der Blaupause vorgesehen hat, können wir einen guten allgemeinen Überblick gewinnen.

Zentral geht es um erhöhte Grade von Einheitsbewusstsein und Vernetzungen zwischen allen Existenzebenen. Ein mindestens 500.000 Jahre währendes Zeitalter des menschlichen Friedens und der Vervollkommnung steckt in den Kinderschuhen – und wir sind Zeugen der allerersten Lichtstrahlen.

Wir werden die vollständige Verschmelzung des spirituellen Bereichs mit der Wissenschaft erleben.

Die Entdeckung dieser universellen Wissenschaft und ihre Anwendungen werden dem ganzen Planeten zugute kommen und eine Zeit des Überflusses und des Friedens einläuten.

Das friedlich angewandte Wissen wird eine Zivilisation entstehen lassen, in der materielle Armut nicht mehr existiert, womit ein gerechter und andauernder Friede einhergeht.

Erst dann werden wir zu würdigen Mitgliedern einer interstellaren Völkergemeinschaft.

Die gegenwärtige Situation wird sich verändern, denn das muss sie. Es wird nicht ganz so einfach, wie es das vor 100 oder 150 Jahren gewesen wäre, denn dieses Möglichkeitsfenster haben wir versäumt. Durch unsere eigene Perversion und Rebellion, durch unsere Weigerung, das Richtige zu tun, sind wir nun in diesem Millennium angekommen, ohne wahren Frieden etabliert, ohne unsere Schwerter in Pflugscharen verwandelt zu haben.

Nun wird der Übergang außerordentlich schwer oder sogar katastrophal. Ich sage das ganz offen und mache mir keine Illusionen – und auch Sie sollten das nicht tun.

Wir lassen in diesem Hinblick nichts unversucht, auch wenn wir von Zeit zu Zeit sehr demoralisiert sind, verzweifelt und niedergeschlagen. Die Realität lässt alle Möglichkeiten offen, und alles ist in Bewegung.

Während wir die Risiken der gegenwärtigen Zeit nicht außer Acht lassen sollten, ist es von grundlegender Bedeutung, unseren Blick geradewegs auf den fernen Horizont auszurichten – die unausweichliche Zivilisation auf der Erde, zu deren Errichtung wir helfend beiseite stehen. Wir müssen weiter vorwärts schreiten, die richtigen Dinge tun und die Wahrheit aussprechen. Selbst wenn einige Leute die Wahrheit nicht hören wollen, muss sie gesagt werden.

In einem meiner Luzidträume in meiner Jugend schwebte ich wie ein UFO in der Luft. Ich fand mich in einem Teil der Welt wieder, an dem ich nie zuvor gewesen war: der Westküste Amerikas. Ich schwebte über der Bucht von Los Angeles und sah die Gebäude in Downtown. Zu jener Zeit gab es diese Gebäude noch nicht, aber heute stehen sie alle dort. Das größte von ihnen war das Bonaventure Center, das damals noch nicht errichtet worden war.

Es war taghell, und auf der Erde kam es zu gewaltigen Veränderungen. Plötzlich tauchte aus dem Pazifik ein Tsunami auf.

Wäre das Bonaventure Center einen Meter hoch, dann hätte diese Welle eine Höhe von zwei oder drei Metern – sie war also zwei- bis dreimal so hoch wie das höchste Gebäude in Los Angeles.

Der Tsunami überschwemmte die gesamte Bucht von L.A. Während ich dem Geschehen zusah, war ich innerlich seltsam ruhig. Ich verspürte absolut keine Angst. Die ganze Szenerie wirkte wie ein Film von Ereignissen, die eintreten würden, wenn wir nicht unseren Kurs veränderten.

Ich hatte diesen Traum ungefähr im Jahr 1970 – damals wurde noch nicht viel über globale Erwärmung gesprochen oder darüber, dass unsere Umwelt plötzlich kollabieren könnte.

Im Traum nahm ich wahr, dass es zu enormen geophysikalischen Umbrüchen und Klimaveränderungen kommen würde, die auf eine abrupte Katastrophe hinausliefen.

Als ich mich später im Traum umblickte, war der Himmel, so weit ich blicken konnte, mit außerirdischen Fluggefährten übersät, die zu unserer Unterstützung gekommen waren.

Wir leben in einer Zeit, in der die Wahrscheinlichkeit folgenschwerer und plötzlicher Naturkatastrophen zugenommen hat.

Innerhalb der geheimen Programme existieren „skalare" Waffensysteme, die gewaltige Erdbeben und derartige Umbrüche auslösen könnten. Zudem steht es außer Frage, dass diejenigen, die diese Projekte betreiben, vorsätzlich und mit bösartigen Absichten jene Technologien zurückhalten, die die Erde retten und ein Schmelzen der Polkappen sowie andere katastrophale Umbrüche verhindern könnten.

Sei es nun durch bestimmte Geheimtechnologien oder durch unsere soziale und industrielle Dummheit hervorgerufen – heutzutage warnen selbst die Hauptströmungen der Wissenschaft und das Pentagon vor klimatischen Umbrüchen und Umweltveränderungen.

Ich habe bisher nie öffentlich über die Dinge gesprochen, weil ich damit keine Panik auslösen will. Wir sollten jedoch wissen, dass wir uns mittlerweile an einem Punkt befinden, an dem diese wahrscheinliche Zukunft unglücklicherweise noch etwas wahrscheinlicher geworden ist.

Bezüglich der Geschehnisse hatte ich einen wiederkehrenden Traum, in dem mir eine farbige Weltkarte gezeigt wurde, auf der die Farben von blau über gelb zu orange und rot verliefen. Die blauen Gebiete bedeuteten weniger katastrophale geophysikalische Veränderungen, die gelben und orangenen waren mittelmäßig gefährdet, während die roten echte Katastrophengebiete bezeichneten. Diese roten Bereiche hießen entweder massive Zerstörung oder den Verlust ganzer Landmassen.

Der gesamte australische Kontinent war rot, ebenso viele Gegenden in Asien. Der Bereich mit dem meisten Blau war ein Gebiet im nördlichen Mittelwesten, auf den Hochebenen der USA, die sich bis nach Kanada erstrecken. Alle Küstengebiete waren orange oder rot, insbesondere der Pazifische Feuerring.

In Teilen Europas, ganz besonders in den Pyrenäen und bestimmten Alpengebieten, sah ich, wie alle Gas-Pipelines und die umliegenden Dörfer in Flammen aufgingen, als die Erde sich veränderte und ihre Kruste aufbrach.

Ganze Landzüge verschwanden, und andere tauchten aus den Ozeanen auf. Dies geschah nicht etwa in einem Zeitraum von tausend Jahren, sondern vielmehr über Nacht.

In einem anderen Luzidtraum sah ich, wie die Erde aus ihrer normalen Umlaufbahn geriet. Die Sonne schien an ihrem Platz zu bleiben, während sich der nächtliche Sternhimmel auf eigenartige Weise veränderte. Es kam zu gewaltigen klimatischen Umstürzen, und eine Reihe von Tornados fegte durch die gesamte zentrale USA, von den Rocky Mountains bis zu den Appalachen.

Die meisten wichtigen Städte ertranken in Chaos oder wurden zerstört.

Seit dem Beginn des Atomzeitalters wurde für den Fall ernstzunehmender Veränderungen ein Regierungssystem entwickelt, das sich Continuity of Government plan (Plan zur Weiterführung der Regierung) oder COG, nennt. Hier in Virginia existieren beispielsweise Untergrundbasen, aus denen eine parallele Notregierung ununterbrochen weiteroperieren könnte.

Ein enger Freund von mir hat in einer dieser Positionen gedient. Im Fall der Auslöschung der US-Regierung durch einen nuklearen Zwischenfall oder eine Naturkatastrophe hätte er die Position eines Ministers übernommen, der aus jener Einrichtung operiert hätte. Im Moment gibt es mehrere solcher Einrichtungen, von denen mir zwei bekannt sind: Eine ältere in Mt. Weather, VA, sowie diejenige ganz in der Nähe unseres Hauses, die auf dem neuesten Stand der Technik ist.

Hinter dem Projekt steckt die Idee, dass immer noch jemand die Regierungsgeschäfte führte, obwohl dies ziemlich schwierig wäre, da es zu massivem Chaos käme.

Ein weiterer Luzidtraum zeigte mir einen Asteroiden aus dem Weltraum, der bis zur Erde durchdringen konnte, weil wir die ETs dazu gezwungen hatten, sich hinter den Grenzübergang des Lichts zurückzuziehen.

Einer der kleineren Teile des Asteroiden traf auf die Erde, doch dann kündigte sich ein weiterer an, der um einiges größer war. Wir unterhielten uns über Ultrakurzwellensender mit anderen Menschen und erfuhren, dass ganz Nordamerika und Europa keinen Strom mehr besäße.

Der erste Asteroid hatte schon so verheerend eingeschlagen, dass jede Infrastruktur – jede Brücke und jede Straße – westlich von Mississippi in Stücke gerissen worden war. CONUS – das Kontinentalkommando der USA – mobilisierte das Militär in Richtung Westen, um Behelfsbrücken zu errichten und den Leuten vor Ort zu helfen.

Doch der Asteroid, der folgen sollte, war mehrere Male stärker als der erste. Wir konnten nichts weiter tun, als dazusitzen und auf den Einschlag zu warten.

In einigen Gebieten entzündete sich die Atmosphäre, und alles darunter verbrannte.

Nach diesem Kataklysmus gab es immer noch Menschen auf der Erde, die in einem kurzen dunklen Zeitalter lebten. Ich kann nicht sagen, wie lange es andauerte, aber gefühlsmäßig lag es zwischen einigen Monaten und sieben Jahren.

Dann befand ich mich wieder draußen im Weltraum, und mit Blick auf die Erde sah ich ein Licht – ein sowohl spirituelles als auch elektrisches Licht –, das aus Richtung Norwegen bzw. Skandinavien zu kommen schien. Es war sehr spezifisch. Der Zeitrahmen dieser Ereignisse lag um die Jahrtausendwende. Sonst sah ich nichts Besonderes.

Ich erinnere mich weiterhin daran, in den frühen 1970ern Schlagzeilen aus Tageszeitungen gesehen zu haben, die in Großbuchstaben bestimmte Ereignisse beschrieben – von denen einige bereits geschehen sind, wie der 11. September. Andere haben noch nicht stattgefunden. Es war, als sähe ich eine Wochenschau. Vielleicht klingt das lächerlich, aber ich konnte die Dinge farbig und sehr lebhaft wahrnehmen. Die Schlagzeilen wanderten durch die Zeit und deckten eine Periode von mehreren Jahren ab.

Zeit steht jedoch nicht fest. Sie ist genauso relativ wie der Weltraum. All die Dinge können geschehen oder auch nicht, *abhängig davon, wie wir handeln.*

Einige der Vorkommnisse konnten wir bereits vermeiden, andere nicht. Alles ist in Bewegung.

Um den ganzen Prozess zu verstehen, müssen wir das Zusammenspiel begreifen zwischen individuellen menschlichen Taten, den Handlungsweisen großer und mächtiger Institutionen, den Schöpfungen des menschlichen Kollektivs sowie dem göttlichen Plan. Gewisse Ereignisse sind unabwendbar, denn man wird uns davon abhalten, Mutter Erde innerhalb einer einzigen, nutzlosen Generation zu zerstören. Der Zweck der Erde besteht darin, noch hunderttausende von Jahren der Entwicklung intelligenten Lebens zu dienen.

Die Erde liebt uns und ist sehr geduldig, doch auch ihre Geduld kennt Grenzen. Wenn wir uns nicht verändern, wird sich die Erde ihrer Last entledigen.

Wie sie das tun wird? Wenn nötig genau wie ein Hund, der lästige Fliegen abschüttelt. Nehmen Sie das „Schütteln" wörtlich. Alles hängt davon ab, ob wir bewusst unseren freien Willen einsetzen, um die Last von ihren Schultern zu nehmen und unseren Umgang mit den Dingen zu verändern.

Keines dieser Ereignisse steht hundertprozentig fest. Sie sind wahrscheinlich. Doch da wir es abgelehnt haben, weise und einfach nur mit gesundem Menschenverstand zu handeln, werden sie nur wahrscheinlicher.

Unglücklicherweise verläuft der gegenwärtige Status Quo der ausgedehnten Kriegsführung, der verdeckten Aktionen und der schonungslos verstärkten Geheimhaltung konträr zum eigentlichen Ziel, was nichts Gutes für eine einfache Lösung des derzeitigen Dilemmas verheißt.

Menschen tun Dinge, die helfen oder Unheil anrichten, und die Außerirdischen stehen uns mit positiven Eingriffen zur Seite. Ganz sicher sind sie nicht hier, um uns zu schaden. Würden sie das tatsächlich wollen, dann gäbe es uns längst nicht mehr. Jedes Individuum spielt seine Rolle in diesem kosmischen Drama und kann den Verlauf des Ganzen beeinflussen und verändern. Das macht es so komplex.

Der Vorfall in Tschernobyl hätte noch weitaus schlimmere Folgen haben können. Erst vor kurzem sind Photographien von UFOs über dem Kraftwerk aufgetaucht, von denen vermutet wird, dass sie zur Stabilisierung vor Ort waren, um einige der schlimmsten Auswirkungen zu vermeiden.

Ich teile Ihnen die Dinge mit einer gewissen Zurückhaltung mit, damit niemand behaupten kann: „Dr. Greer hat gesagt, dass diese und jene Dinge hundertprozentig geschehen werden."

Genau das behaupte ich nicht. Ich rede hier von möglichen Ereignissen – von denen einige sehr wahrscheinlich stattfinden. Wir als Bevölkerung haben jederzeit kollektiv die Wahl, den Ausgang der Ereignisse zu verändern. Es ist niemals zu spät.

Die Frage ist: Hat die Erde so etwas schon einmal erlebt?

Ja. Wir sind diesen Weg schon einmal gegangen. Sie haben gewiss schon die Legenden von Atlantis gehört, von Lemuria und Mu im Pazifik. Es stimmt, dass es ganze Kontinente und Zivilisationen gegeben hat, die technologisch bereits genauso weit oder sogar noch weiter entwickelt waren als wir, und die keine Spuren hinterlassen haben. Zumindest wurden die Spuren, die man entdeckt hat, verheimlicht, da sie dem bestehenden Weltbild der orthodoxen Wissenschaft, Archäologie, Anthropologie und Religion widersprachen.

Erinnern Sie sich daran, dass Fanatismus heißt, seine Anstrengungen zu verdoppeln, wenn man sein Ziel verloren hat. Das wahre Ziel wurde von vielen Menschen vergessen, ob in der Religion oder in der Wissenschaft. Aus diesem Grund gelangen echte Informationen nicht an die Öffentlichkeit, denn diejenigen in Führungspositionen sind besessen von Macht, Kontrolldramen, falschen Glaubenssystemen und Korruption.

Der Unterschied besteht darin, dass im letzten Zyklus von rund 400.000 Jahren die Zivilisationen verschwanden und ein langer Zeitraum verging, bis sich die menschliche Gesellschaft wieder neu organisiert hatte. In dem neuen Zyklus, egal, wie dunkel er zunächst auch werden mag, hat der Morgen bereits gegraut. Der neue Tag ist angebrochen. Die nächste halbe Million Jahre wird davon geprägt sein, dass es keinen Bruch in der gesellschaftlichen Entwicklung geben wird, wenn wir den Übergang schaffen. Ich betone: *wenn wir den Übergang schaffen.*

Es wird eine andauernde und fortschreitende Gesellschaft für hunderttausende von Jahren geben, keinen Aufstieg und Fall diverser Kulturen, die einen bestimmten Erleuchtungsgrad erreichen und dann wieder in Unwissenheit, Krieg und eine weitere Steinzeit versinken.

Seit sich die Erde dreht, lässt sich keine Ära ihrer Geschichte mit der heutigen Zeit vergleichen, so unglaublich wundervoll ist diese.

Lassen Sie sich also nicht vom Chaos und dem Wahnsinn um uns herum verrückt machen. Ich teile Ihnen die Dinge nur mit, um gleichzeitig darauf hinzuweisen, dass mögliche Zukünfte existieren, die weniger besorgniserregend sind und kurz bevorstehen – und die von nun an in den nächsten Jahrzehnten jederzeit eintreten können.

Verhalten wir uns weise, können wir die schlimmsten Geschehnisse vermeiden.

Eines meiner luziden Erlebnisse spielt an Bord eines Raumschiffes, von dem aus ich auf Mexiko blicke. Ich sah den viertgrößten Vulkan der Welt, den Popocatepetl, der potentiell ausbruchsgefährdet ist.

Als ich zum ersten Mal physisch dort war, sagte ich, dass dessen Aktivität mehr und mehr zunehmen werde. Kurz darauf brach er häufiger aus. Man fragte mich daraufhin, woher ich das wissen konnte. Ich erklärte, dass alle diese außerirdischen Schiffe in seiner Nähe seien, um ihn zu stabilisieren und zu untersuchen, da er ein sehr instabiler Teil des Pazifischen Feuerrings sei.

Im Luzidtraum sah ich während der irdischen Umbrüche, wie tausende und abertausende von innerlich leuchtenden ovalen Raumschiffen in der Region um den Vulkan aus dem Erdboden kamen. Sie blubberten nach oben wie Blasen vom Grund des Ozeans. Stellen Sie sich tausende der leuchtenden Schiffe vor, die blasenartig in den Himmel schäumen. Wundervoll.

Zu diesem Zeitpunkt war die Bevölkerung der Erde stark dezimiert, ein Bruchteil der derzeitigen Population. Ich weiß nicht, wie viele noch übrig waren. Doch jene, die immer noch auf der Erde waren, hatten eine außergewöhnliche Lektion gelernt.

Wir müssen diese Lektion so oder so lernen. Die Frage ist nur, wie schwerwiegend die Vorfälle werden müssen, damit wir unsere Lektion lernen.

Bis heute haben es weder der Erste noch der Zweite Weltkrieg, weder der 11. September noch die Aussicht auf einen Umweltkollaps geschafft, die Perversion unseres kollektiven Verhaltens zu verändern.

Doch was auch immer geschehen mag, am Ende dieser Veränderungen, wie heftig sie auch sein mögen, werden die Überlebenden eine tiefgreifende Lektion gelernt haben. Sie werden geläutert sein und geloben, alle Waffen zu zerstören und die unglaublichen neuen Wissenschaften und Technologien ausschließlich zu friedlichen Zwecken einsetzen. Die Lektion wird sich so tief in die Psyche der Erdbewohner verwurzeln, dass sie nicht noch ein weiteres Mal gelernt werden muss.

Wir könnten die Lektion auch ohne einen solch traumatischen Wandel lernen. Bleibt die Menschheit dagegen weiterhin starrköpfig und widersetzt sich einem erleuchteten Wandel, so muss sie dazu gezwungen werden.

Bisher haben wir es versäumt, uns die weniger bedeutenden Ereignisse zu Herzen zu nehmen und den Wandel einzuleiten, und befinden uns deshalb, wie die Indianer sagen würden, „in der Zeit des Wandels" oder auch „der großen Reinigung".

Die Ereignisse, die ich hier beschreibe, sind nicht nur menschlich erzeugtes Chaos und Katastrophen, sondern Naturkatastrophen. Diese werden den Geist und die Herzen der Menschen durch ihr Bewährungsfeuer läutern, sodass sie sich von all den destruktiven Dingen abwenden, die sie bisher getan haben. Wir werden lernen, uns nicht gegenseitig hochzujagen aufgrund verschiedener Religionen, Rassen, Ideologien oder was auch immer – all der Nonsens, der seit tausenden von Jahren die menschliche Zivilisation ruiniert hat. Wir werden ein solches Denken ablegen. Dieses Mal allerdings für immer.

Wie ein Phönix aus der Asche werden wir sehr rasch eine fortschrittliche Zivilisation auf dem Planeten errichten, die durch einen andauernden Frieden gekennzeichnet sein wird. Wir werden fähig sein, all die erstaunlichen Technologien anzuwenden, die bereits hier und heute existieren. Alles, was wir benötigen, wurde der menschlichen Rasse bereits gewährt und ist *vorhanden*. Alles, was wir in den nächsten 500.000 Jahren nutzen, gibt es bereits auf der Erde – und das sind wirklich gute Nachrichten.

Phasenübergang 41

Ein Begriff aus der Quantenphysik – das Konzept namens „Phasenübergang“ – ist hier ganz nützlich.

Wenn Sie einen Behälter voller Helium bis zum absoluten Nullpunkt abkühlen, beginnt es zu kochen und sich heftig zu bewegen. Chaos und Unordnung nehmen zu, auch wenn sich einige Moleküle kohärent auszurichten beginnen. An dem Punkt, an dem ein Prozent – nicht 99 Prozent, sondern *ein* Prozent – der Moleküle innerhalb des Behälters kohärent ausgerichtet sind, treten *alle* Moleküle im gesamten Feld in Kohärenz. Man nennt diesen Zustand Superfluidität oder Supraflüssigkeit.

Das Helium hat dann fast magische Eigenschaften. Es verhält sich völlig anders, da alle Moleküle kohärent angeordnet sind. Doch kurz vor dem Augenblick dieser außergewöhnlichen Ausrichtung befindet es sich in einem höchst chaotischen und erregten Zustand.

Genau in dem Phasenübergang befindet sich die Geschichte der menschlichen Rasse. Zunächst wird es noch chaotischer und augenscheinlich ungeordneter. Wir sollten unseren Blick auf die Kohärenzinseln richten, die sich zur Zeit entwickeln, ja, wir selbst müssen zu solchen visionären Kohärenzinseln werden. Haben genügend Menschen diesen Zustand erreicht, dann kommt es zu einem Phasenübergang, der die menschliche Gesellschaft ziemlich rasch verändern wird.

Wie wird nun die positive Zukunft aussehen?

Glücklicherweise hat der Architekt in jedem von uns eine wundervolle Blaupause hinterlassen, die wir betrachten können, wenn wir nur beharrlich genug in uns blicken.

Wir müssen lernen, Seher zu werden, denn in dem Maß, wie wir diese Blaupause betrachten und verstehen, können wir sie auch verwirklichen.

Die Menschen werden immer noch Menschen bleiben, aber die Zeit exzessiver Gewalt und Kriege ist ein für allemal vorbei.

Die großen Kriege und die kolossalen Probleme werden der Vergangenheit angehören. Anfangs wird der Friede noch auf wackeligen Füßen stehen, während gewisse tollwütige Hunde fest angekettet werden. Dieser politische Friede wird in der Bevölkerung mehrheitlich zu erhöhtem Bewusstsein und Aufgeklärtheit – Erleuchtung – führen. Letztlich ist Erleuchtung der einzige Weg, der zu wahrhaft konstruktivem Verhalten führt. Deshalb gehen Friede und Erleuchtung immer Hand in Hand.

In den ersten Jahrzehnten nach dem Phasenübergang wird die Zivilisation auf Erden reformiert, transformiert und auf friedlichen, gewaltlosen Beschäftigungen neu gegründet. Geisttötende und steigende Armut und Krankheiten sind keine Umstände, unter denen sich Menschen besonders gut entwickeln und zur Erleuchtung gelangen.

Mit Hilfe der neuen Technologien werden wir über die nächsten gut hundert Jahre eine Zivilisation auf der Erde errichten, die von permanentem Frieden, der Beseitigung der Armut und von wachsendem Überfluss gekennzeichnet sein wird. Da die Technologien nur zu friedlichen Zwecken eingesetzt werden und jede Nation und jeder Erdenbürger gelobt, jegliche Versuche zu unterbinden, diese zu Kriegszwecken einzusetzen, wird es zu einer Blütezeit kommen, die es so in der gesamten Menschheitsgeschichte noch nicht gegeben hat.

Jedes Dorf und jede Gemeinschaft wird die Mittel besitzen, mit unbegrenzter und umweltfreundlicher Energie zu produzieren, sauberes Wasser zu erzeugen, Transporte zu gewährleisten, biologische Lebensmittel anzubauen usw.

Stellen Sie sich vor, zu geringsten Kosten an jeden Ort der Welt zu reisen und all ihre Bedürfnisse abzudecken. Ohne Energiekosten könnten Sie in jedem Klima mit Hilfe von Computern für entsprechendes Licht und Temperaturausgleich sorgen, um jede Nahrung anzubauen, die Sie wünschen. Die dazu erforderlichen Technologien existieren bereits heute. Es wird ausreichend Lebensmittel höchster Qualität für alle geben, ohne Petrochemikalien, Kunstdünger und Pestizide. Die gegenwärtigen Nahrungsmittel, ihr Wachstum und ihre Auslieferung, unterliegen enormen petrochemischen Prozessen. Der Schlüssel dazu lautet: Freie Energie.

Zwei Drittel der Erde bestehen aus Wasser – genug für alle, wenn man es entsalzen kann. Ohne die entsprechenden Energiesysteme ist das allerdings unmöglich. Ist die Energie erst frei verfügbar und im Überfluss vorhanden, wird sich auch dieses Problem erübrigen.

Weiterhin werden die Herstellungskosten sinken und zahlreiche saubere Produkte entstehen. Die größten Ausgaben bei der Herstellung diverser Produkte entfallen auf die Energie zur Rohstoffgewinnung, zum Transport, zur maschinellen Herstellung, zum Verpacken und zur Auslieferung.

Alles hängt größtenteils von der verfügbaren Energie ab. Was geschieht, wenn die Energiekosten auf Null sinken? In Harmonie mit der Natur entsteht eine völlig neue Welt des Überflusses und der umweltfreundlichen Nachhaltigkeit.

Durch die technologischen Fortschritte werden die Wochenarbeitsstunden auf 15 bis 25 Stunden reduziert, größtenteils freiwillig, während der Rest der Zeit mit Kreativität, Erholung, Lernen und anderen positiven Tätigkeiten gefüllt sein wird.

Der ökonomische Wandel, der mit den Technologien einhergeht, wird eine 40- bis 60-stündige Arbeitswoche überflüssig machen, denn das wäre sozial unverträglich. Dann werden die Menschen Zeit haben, ihr Dharma zu entdecken, ihre Berufung. Sie werden das tun, was ihren gottgegebenen und angeborenen Fähigkeiten entspricht – ihre Talente leben, anstatt nur aus reiner Überlebensnotwendigkeit ihren Lebensunterhalt zu verdienen.

Dadurch wird schließlich eine Kultur möglich, in der die allgemeine Bevölkerung höhere Bewusstseinszustände und Erleuchtung erfährt.

Das Zeitalter riesiger Großstädte wird ein Ende finden, dafür wird die Erdkugel voller kleinerer Dörfer sein.

Warum?

Ganz einfach: Wenn Sie in drei oder vier Minuten von Phoenix nach Paris fliegen können, besteht keine Veranlassung, sich auf engstem Raum in Städten zusammenzudrängen. Einige Leute werden lieber in größeren Gemeinschaften zusammenleben wollen, doch besteht keine ökonomische Notwendigkeit für riesige Metropolen mehr. ARV-Technologien machen den Transport schnell, überirdisch und effizient.

Reisemöglichkeiten mittels Antigravitation sorgen dafür, dass selbst die entferntesten Gebiete bewohnbar werden, ohne die Natur großräumig zu verändern.

In einem Luzidtraum sah ich, dass Chicago in einem subtropischen Breitengrad lag und dort sogar Palmen wuchsen. Auch die heutige Arktis und Kanada wurden mit einem komfortablen Klima bewohnbar.

Das Erdklima wird insgesamt wärmer sein, doch bis dahin kommt es voraussichtlich noch zu umfangreichen geophysikalischen Veränderungen.

Diese neuen Freie-Energie-Technologien werden eine hundertprozentige Wiederverwertung ermöglichen, auch für unser Wasser. Wasser wird aufgefangen und recycelt werden können, statt es einfach verdreckt in die Kanalisation oder den Erdboden zu spülen.

Ich spreche hier von Technologien, die bereits existieren, nicht von solchen, die noch erfunden werden müssten.

Bereits in den 1970ern sagte Archibald MacLeish, dass wir bereits Technologien besäßen, die jegliche industrielle Verunreinigung rückgängig machen könnten. Einzig die Menge an Energie, die wir für diesen Reinigungsprozess benötigten, wäre unrentabel, solange wir weiterhin fossile Energieträger zur Erzeugung verwendeten.

Ich spreche immer noch von den Anfängen dieser Entwicklung, in den ersten Jahrzehnten oder Jahrhunderten. In Zukunft werden uns die Wissenschaften, die auf der von mir geschilderten Kosmologie beruhen, ermöglichen, jeden Gegenstand und jeden Rohstoff einfach aus der Struktur des uns umgebenden Raums zu erschaffen.

Selbst diese Technologien existieren bereits. Welche materiellen Bedürfnisse könnten wir damit nicht befriedigen?

Es gibt keine – und das sind die besten Neuigkeiten. Es gäbe kein einziges unbefriedigtes materielles Bedürfnis. Auf dieser Grundlage könnte die Menschheit aus einem Zustand der Bedürfnisse und der Angst zu innerer Ruhe gelangen, um sich höheren spirituellen Zielen zu widmen.

Auch unsere Behausungen werden sich radikal verändern. Bedenken Sie, dass mit den Antigravitationssystemen Baumaterialien an jeden beliebigen Ort transportiert werden könnten – genauso, wie auch die Pyramiden entstanden sind. Wir könnten Gebäude aus allen möglichen für die Erde unschädlichen Materialien herstellen. Es gäbe Technologien, die viele der heutigen Chemikalien überflüssig machen würden. Mit Freier Energie bräuchte man für das Erwärmen und Abkühlen von Lebensmitteln und Gebäuden keine chemikalisch giftigen und schädlichen Komponenten, die nur versiegelt transportiert werden dürfen.

Die Technologien würden auch den Wohnungsbau revolutionieren, denn dieser wäre weitaus billiger und könnte mit völlig anderen Mitteln durchgeführt werden.

Die Architektur der Gebäude wäre zudem sehr abwechslungsreich. Sobald uns eine funktionierende Over-Unity- oder Freie-Energie-Maschine zur Verfügung steht, werde ich eine Vorführhaus inmitten der Wüste von Colorado, in Crestone, errichten, wo im Winter -20 Grad und im Hochsommer 80 bis 90 Grad vorherrschen.

Die Urvölker dieser Erde lebten in Dörfern zusammen und nutzten das umgebende Land für Ackerbau und Erholung, oder beließen es einfach in seinem natürlichen Zustand. Als Sozialtiere werden wir Menschen auch in der Zukunft in solchen Dörfern leben, nur diesmal auf höchstem technischen Niveau und völlig autark.

Heutzutage leben wir wie metastatischer Krebs: eine Großstadt, die durch Whopper-Villen [prunkvolle Fertighäuser] abscheulich zersiedelt wird, ergänzt von Vorstädten, in denen ein Haus dem anderen gleicht.

Psychologisch betrachtet sind die Menschen glücklicher, wenn sie in einer dörflichen Umgebung wohnen, Nachbarn und Freunde haben und zu Fuß oder per Rad einkaufen gehen oder kommunale Zentren erreichen können.

Zur Zeit verschlingen wir die gesamte Schönheit der Natur und überpflastern sie mit Einkaufszentren, Fertighäusern und Vorstädten.

Heutzutage müssen Häuser noch so geplant werden, dass ihre Stromversorgung über elektrische Kabel gewährleistet wird. In Zukunft werden die Hersteller aber jedes Gerät, das Elektrizität benötigt, mit einer eigenen Freien-Energie-Quelle versehen, womit Kabel überflüssig werden.

Damit werden die Kosten und Schwierigkeiten beim Bau eines Gebäudes stark reduziert. Die Konstruktionen werden einfacher, sauberer und natürlicher – weniger kostspielig, aber schöner.

Mit universeller Bewusstheit und den neuen Technologien werden wir eine völlig neue Welt entstehen lassen. Auf dieser Grundlage gedeiht eine friedliche und opulente Zivilisation, in der sich freie Menschen erleuchteteren Zielen widmen können. Wirtschaftsordnung, Produktionsprozesse und industrielle Struktur werden sich völlig wandeln. Infolge der Veränderungen wird es zu einer einzigen Weltwährung kommen. Zwar wird es noch Nationalgrenzen geben, aber deren Wichtigkeit wird zusehends abnehmen.

In der Medizin hängen die meisten Probleme, mit denen wir augenblicklich konfrontiert sind, mit unserem Lebensstil zusammen. 90 Prozent Ihrer Gesundheit werden davon bestimmt, was Sie zu sich nehmen, wie Sie leben und wie viel Sie sich bewegen. Zwar spielt auch die Genetik eine wichtige Rolle, aber selbst diese ordnet sich der Tatsache unter, wie Sie Ihr Leben führen.

In einem physischen Körper wird es immer zu irgendwelchen Vorfällen kommen – seien diese nun genetisch bedingt, durch einen Unfall oder durch schlechte Ernährung hervorgerufen.

Die geheim gehaltenen elektromagnetischen Technologien können selbstverständlich auch als Heil- und Diagnosewerkzeuge eingesetzt werden.

In den klassifizierten Projekten wurden Technologien entwickelt, mit deren Hilfe es möglich ist, Gliedmaßen vollständig nachwachsen zu lassen oder verletztes Rückenmark zu regenerieren. *Diese Geräte gibt es bereits.* Doch da sie auf den gleichen physikalischen Grundlagen basieren, würde eine Veröffentlichung der Geräte gleichzeitig das Geheimnis der Freien-Energie-Systeme preisgeben. Die Erkenntnisse der neuen Physik werden schließlich auch zu einer neuen Medizin führen.

Krankheiten, die heutzutage unheilbar erscheinen – von Krebs über AIDS bis zu anderen Infektionskrankheiten oder selbst ernsthafte Verletzungen –, werden vollständig heilbar sein.

Im Augenblick leben wir in einer sehr korrupten Welt, in der die Entscheidung, ob etwas an die Öffentlichkeit gelangt oder nicht, von einer riesigen medizinisch-industriellen Maschinerie getroffen wird. In dieser Welt geht es nicht um die Gesundheit oder die Wahrheit, sondern vielmehr darum, ob sich eine 100-Millionen-Dollar-Investition eines Pharmaunternehmens rentiert oder nicht.

Es geht allein um Geld und Machtmissbrauch.

Zur Zeit geben wir in den USA Unsummen an Geld für ein medizinisch ineffektives System aus, das viele Zustände und Krankheiten nicht heilen kann. Das wird sich ändern. In der Zukunft wird die Medizin sowohl auf höchstem technischen Niveau als auch ganzheitlicher arbeiten.

Die natürliche, genetisch bedingte Lebensspanne eines Menschen liegt bei etwa 120 Jahren. Diese werden wir bis ins hohe Alter vollkommen gesund auskosten können.

Es gibt eine Zeit der Geburt, eine Zeit zu leben und eine Zeit loszulassen, den Körper abzulegen.

Es existiert kein Grund, auf ewig in einem physischen Körper zu leben. Das Leben auf der Erde ist kostbar – aber auch das Leben in den astralen Lichtwelten.

Verstehen wir irgendwann die Schönheit des Lebens nach dem Tod, werden wir uns weniger davor fürchten, die Welt zu verlassen.

Selbst in dieser Hinsicht wird sich die Medizin meiner Meinung nach verändern. Ein Großteil der Kosten unseres Gesundheitssystems entfällt auf die letzten 60 Tage des Lebens, in denen oft völlig inhuman das Unvermeidliche hinausgezögert wird. In Zukunft werden wir unser Augenmerk darauf legen, ein gutes Leben zu führen – und eben auch gut zu sterben, friedlich zu Hause, umgeben von uns Nahestehenden, aber nicht von Maschinen.

Es gehört eine gewisse spirituelle Anmut und Weisheit dazu zu wissen, wann man loslassen und weitergehen sollte.

Ich glaube, dass sich die spirituelle Weisheit parallel zur Medizin entwickeln wird.

Wir werden die natürliche Lebensspanne so optimieren, dass wir bis ins hohe Alter eine bestmögliche Lebensqualität haben.

Im Augenblick sind Spiritualität und Wissenschaft noch getrennt, obwohl ein ausgebildeter Arzt auch ein sehr spiritueller Mensch sein sollte. Wir werden Ärzte sowohl in der Heilkunst als auch in der Spiritualität ausbilden, damit sie unvermeidlich sterbenden Menschen bei deren Übergang assistieren.

Die Reise aus unserer materiellen Welt in die bewussten Lichtwelten wird mehr dem ähneln, was Shari erlebt hat. Sie ist wundervoll. Jede Person, die transitiert, sollte spirituelle Unterstützung erfahren, sodass sie zu den höchstmöglichen Ebenen aufsteigt – je nach dem Grad ihrer Bewusstheit und ihres Lebensweges.

Mit dem Wachstum echter Spiritualität wird sich das verzweifelte Klammern an die letzten Lebenssekunden – unter hohem Kosten- und Schmerzenaufwand – zu einem Übergang wandeln, der mehr auf Mitgefühl basiert. Je materialistischer und weniger spirituell wir werden, desto neurotischer: wir genießen weder das Leben noch unser Ableben.

Der zunehmende allgemeine Wohlstand wird uns nicht nur erlauben, die Medizin und die Heilkunst zu optimieren, sondern auch die Ausbildung unserer Kinder. Wir werden lernen, bereits in frühen Kindesjahren wahrhaft zu unterrichten. Bestimmte meditative und spirituelle Techniken eröffnen ein enormes Potential und werden bereits im Alter von vier bis sechs Jahren gelehrt. Damit wird auch der allgemeine Intelligenzquotient steigen, der noch weit unter seinen Möglichkeiten liegt.

In der Dritten Welt führen Armut und Mangelernährung zu einer Verkümmerung des geistigen und physischen Wachstums der Kinder. Mit der Beseitigung der Armut – die nur durch die neuen Technologien vollzogen werden kann – wird auch das Potential dieser Kinder wachsen.

Sowohl in den Industrienationen als auch in den sich entwickelnden Staaten kommen viele Chemikalien und Gifte zur Anwendung – Schwermetalle und Bleifarben, die zur Boden- und Luftverschmutzung beitragen. All das wird nicht mehr nötig sein.

In unserer hochgelobten „Moderne" gibt so gut wie keine intakte Familie mehr. Die Scheidungsraten liegen bei über 50 Prozent; die Mehrheit der Kinder in einigen Randgruppen wächst ohne Vater auf.

Meiner Meinung nach handelt es sich dabei um ein spirituelles Problem. Ich denke, dass die Menschen beginnen werden, die Familie mit anderen Augen zu betrachten, als *ewige Verpflichtung*. (Manche werden sagen, dass ich hier sehr konservativ klinge. Doch diese Angelegenheit hat nichts mit konservativ versus liberal zu tun. Ich betrachte es nur aus einer spirituellen Perspektive.)

Wenn sich Menschen dazu entscheiden, Kinder in die Welt zu setzen, dann sollte dies eine dauerhafte Verpflichtung sein. Jedes Kind sollte geplant und gewollt sein. Wir werden also für jeden Einzelnen Möglichkeiten zur

Schwangerschaftskontrolle besitzen, und Paare werden erst dann Kinder haben, wenn sie bereit sind, die spirituelle, materielle und soziale Verantwortung für eine andere menschliche Seele zu übernehmen. Dies wird sich meiner Meinung nach als allgemeingültiger Wert durchsetzen. Weiterhin werden die Menschen insgesamt liebevoller und toleranter mit Familiensituationen umgehen, die nicht funktionieren. Sie werden Paare bei einer Scheidung oder verwaiste Kinder stärker unterstützen.

Obwohl ich eine Scheidung nicht verbieten würde, käme diese nur selten vor. Der Egoismus, der für gewöhnlich derartige Probleme hervorruft, wird verschwinden. Wir sollten uns mehr darauf konzentrieren, dass es unseren Kindern gut geht, wir sie lieben und offenherzig erziehen.

Die Menschen werden lernen, reife Partner zu finden, zu denen sie sich verbunden fühlen. Sie werden sich zu diesen zu bekennen und erst dann Kinder haben. Kinder sollten in der Geborgenheit einer Familie aufwachsen und mit Eltern, die sie unterstützen und die ihnen die nötige Liebe und Disziplin vermitteln. Jedes Kind wird als heiliges Pfand angesehen werden, das es zu schützen, zu ernähren und in Richtung Erleuchtung zu erziehen gilt.

Unsere postmoderne Kultur achtet derartige Werte nicht. Allerdings wird dieser Prozess auch durch unsere soziale und wirtschaftliche Ordnung begünstigt, die geistig lähmende Armut erzeugt und zur Zersetzung der Familien beiträgt.

Haben Sie sich einmal zusammengefunden und entschlossen, ein Kind in die Welt zu setzen – ob Sie es nun wissen (oder mögen!) oder auch nicht –, entsteht eine ewige Verbindung. Selbst wenn Sie in die andere Welt hinübergehen, werden Sie mit Ihrer Familie und Ihren Kindern zusammen sein, mit Ihren Enkeln und Urgroßenkeln. Es handelt sich um eine durchgängige Linie, und diese individuellen Seelen – als Teil der Schöpfung – leben ewig weiter, durch alle Ebenen der Evolution und des Bewusstseins. In den Menschen wird die Erkenntnis reifen, was für ein außergewöhnliches Ereignis es ist, eine Seele zur Welt zu bringen und ein bewusstes Leben zu erschaffen.

Haben die Leute diese verinnerlicht, werden sie auch die heilige Verpflichtung verstehen, die sie damit eingehen, und die Geduld haben, die Schwierigkeiten des Lebens gemeinsam zu meistern.

Ich bin ein großer Befürworter derjenigen, die homosexuelle Neigungen eingestehen und toleriere sie, weil ich diese Form der Liebe für eine natürliche Variante der menschlichen Existenz halte, die bereits zum Zeitpunkt der Geburt festgelegt wird. Die Engstirnigkeit, die heute dem Geschlecht und der Sexualität entgegengebracht wird, wird der Vergangenheit angehören. Sie tut es bereits, solange Sie nicht zu der unbelehrbaren Minderheit gehören, die wirklich glaubt, dass homosexuelle Männer und Frauen sowie Feministinnen die Ursache für den 11. September waren! Die aktuellen moralischen Fragen haben mit diesen Themen rein gar nichts zu tun – sie lenken uns nur von den wahren moralischen Fragen ab, mit denen wir uns auseinandersetzen sollten.

Selbst wenn wir die Frage der globalen Erwärmung außer Acht lassen, die Naturkatastrophen und die geopolitischen Folgen von Ölkriegen, hat allein das Leiden und die künstliche Armut, die durch die Zurückhaltung dieser Technologien entstanden sind, zu Millionen Toten geführt. Die Geheimpolitik hat Milliarden Menschen gezwungen, in Verzweiflung und Unwissenheit zu leben, ohne Bildung oder auch nur die Grundbedürfnisse zu decken, um ein würdevolles Leben zu führen.

Allein dieses Leid würde einen Wandel der gegenwärtigen Ordnung und eine Veröffentlichung der Technologien und neuen Wissenschaften rechtfertigen. Während die meisten Menschen sich darum sorgen, welche schrecklichen Kataklysmen über uns ökologisch, ökonomisch und geopolitisch hereinbrechen könnten, wenn wir unseren gegenwärtigen Kurs fortsetzen, lebt der größte Teil der Menschheit bereits in der Hölle der Armut und Verzweiflung. Für sie ist es bereits jetzt eine Katastrophe.

Bedenken Sie: Bevor wir das Eisenhower'sche Fernstraßennetz errichteten, benötigten wir ein solches Netz nicht. In der Zukunft werden alle Transporte zwischen Städten über antigravitative Magnetsysteme ablaufen, und die hunderte Milliarden Dollar, die bisher zur Instandhaltung und das Erbauen von Straßen auf der Oberfläche verwendet werden, würden für Bildung, Gesundheit und andere nützliche Zwecke zur Verfügung stehen.

Zudem werden riesige Flächen erstklassigen und landwirtschaftlich nutzbaren Bodens, der sich unter all dem Beton befindet, für die Landwirtschaft und zur Erholung bereitstehen.

Die Rohstoffe, die wir noch für Energie, Antriebssysteme, Transport und Oberflächenstraßen verbrauchen, würden der menschlichen Zivilisation in anderen Bereichen nützlich werden. Zudem geben wir mehr als eine Billion Dollar pro Jahr für militärisch-industrielle Operationen aus, die einen riesigen Anteil der Weltwirtschaft ausmachen. Auch die meisten dieser Rohstoffe würden für andere Zwecke bereit stehen.

Es ist also nicht so, dass uns die Ressourcen oder das Geld zur Erschaffung einer außergewöhnlichen planetaren Kultur fehlen würden. Sie wurden nur falsch eingesetzt und verschwendet.

Sobald sich die Dynamik ändert, ist alles möglich, was Sie sich vorstellen können!

Alle nötigen Technologien existieren bereits, ebenso wie das entsprechende Wissen. Außerdem gibt es genügend weise Menschen, um damit verantwortungsbewusst umzugehen. Warum hat der Wandel also noch nicht stattgefunden?

Auch die Strukturen und Institutionen der Religion werden sich stark verändern und größtenteils abgeschafft. Erinnern Sie sich, dass sich eine Priesterschaft – Rabbis, Pfarrer, Reverends, Mullahs usw. – nur entwickelt hat, weil nur wenige Menschen lesen konnten.

In einer Zeit allumfassender Bildung wird es keinen Analphabetismus mehr geben. Heute schon können die meisten Menschen bereits lesen und schreiben. Die Notwendigkeit eines zentralen Priestertums wird also verschwinden. Im Grunde bedürfen wir der religiösen Führerschaft schon seit 150 Jahren nicht mehr.

In naher Zukunft wird jeder Mensch eigenverantwortlich und unabhängig nach der Wahrheit suchen und für seine eigene spirituelle Entwicklung lesen, studieren, meditieren und beten. Es wird spirituelle Lehrer geben, aber keine erhabenen Menschen, die „Reverend", „Rabbi", „Imam" oder auch „Dalai Lama" genannt werden.

Die religiösen Strukturen haben in der Vergangenheit zeitweise gute Dienste geleistet, doch wurden sie auch – vorrangig von Männern – missbraucht, um Macht und Kontrolle anzuhäufen. Diese Dynamik hat absolut nichts mit dem ursprünglichen Sinn einer jeden Religion auf Erden zu tun – mit keiner einzigen – oder gar mit einem der Begründer dieser Religionen.

Wenn sich jemand mit dem Christentum, Judentum, Buddhismus oder was auch immer identifizieren kann, dann ist das in Ordnung. Der Klerus wird jedoch durch Laien ersetzt, die sich einfach gegenseitig austauschen. Gemeinschaften werden sich entwickeln, die nach spiritueller Wahrheit suchen und spirituelle Wirklichkeiten erleben, indem sie die Lehren und das gesamte Wissen der spirituellen Lehrer nutzen – und zwar aller spirituellen Lehrer. Sie werden sich in Räten oder Versammlungen ohne zentralen Priester treffen, in denen jeder einmal den Vorsitz innehat.

Ganz bestimmt werden Menschen mit größeren Fähigkeiten oder Erfahrungen andere unterrichten. Lehrer wird es immer geben. Doch die Zeit einer bezahlten professionellen Priesterschaft ist eindeutig vorbei. Sie ist vorbei, weil sie missbraucht wurde und die Leute nun selbst lesen und ihre eigene Wahrheit finden können. Es führt einfach in die Irre, wenn jemand anderes für Sie die Bedeutung der Wahrheit interpretiert. Wir können uns zwar gegenseitig unser Verständnis der Wahrheit mitteilen, aber letztlich findet sie jeder auf seine eigene Art und Weise. Spirituell gesehen ist es kindisch, sich die Wahrheitsfindung von einem Priester abnehmen zu lassen, denn damit geben wir auch unsere eigene spirituelle Verantwortung ab. Die Menschen sollten sich für ihre eigene spirituelle Entwicklung verantwortlich fühlen.

Das heißt nicht, dass es keine spirituellen Gemeinschaften, Organisationen oder Religionen mehr geben wird. Doch sie werden sich stark verändern: Falls sie nämlich wirklich auf Erleuchtung und Spiritualität abzielen – anstatt nur Macht oder Kontrolle anzustreben –, dann versuchen diese, jeden Einzelnen spirituell zu stärken.

Der kommende Abschnitt der menschlichen Evolution wird sich mit der Erfahrung spiritueller Entwicklung und dem wahren Verständnis des Göttlichen und Heiligen beschäftigen.

Die heutigen sogenannten großen „religiösen Themen" werden anders interpretiert werden. Man wird sich auf die ursprünglichen Lehren aller großen Propheten, Avatare und spirituellen Lehrmeister rückbesinnen: das Wissen um die Existenz des göttlichen Wesens und die Fähigkeit der Menschen, zu diesem bewussten Wesen zu beten, darin zu kontemplieren und es durch ihr Leben wirken zu lassen.

Die Verfälschung der religiösen Lehren geht eng damit einher, dass die Massen ihre spirituelle Macht abgegeben haben – an ein Priestertum, das diese willfährig missbrauchte.

Egal, wie viele gutmeinende Menschen im Klerus existieren: Immer wird es auch Demagogen geben, die dann schwächere Geister in ihren Bann ziehen und kontrollieren – sei es Jim Jones oder ein anderer Scheinheiliger, der den Dschihad oder die Inquisition ins Leben rufen will.

Diese fanatischen Denkweisen werden wir als solche erkennen und ablegen, ebenso unser nationales und ideologisches Denken, das eine massive Kriegsführung und Zerstörung rechtfertigt. Wir werden all das aufgeben – und zwar für immer.

Echte und wahrheitsliebende religiöse Gruppen werden einen tiefen und bleibenden Respekt für andere Gruppierungen empfinden. Mit der Zeit werden die Menschen die eine Wahrheit entdecken – und dass die religiösen Differenzen völlig nichtig sind, auf Lügen basieren oder Fehlinterpretationen und Verfälschungen der ursprünglichen spirituellen Lehren darstellen.

Schließlich werden wir eine universelle Spiritualität entwickeln. Erwachte Menschen können ganz einfach den Chauvinismus der „einen Sekte gegen die andere Sekte" nicht mehr beibehalten. Wahrhaft Erleuchtete erkennen, dass es tatsächlich keine Trennung gibt: In jeder Laterne strahlt dasselbe Licht, egal, wie diese Laterne äußerlich erscheinen mag: ob nun als Buddha, Krishna, Christus, Mohammed oder andere Manifestation der Gottheit. Die Menschen werden beginnen, nach dem wahren *Licht* zu suchen, und nicht aufgrund des *Scheins* der Laterne in Hass und Streit verfallen.

Während der Trennung des geistigen Körpers und der Seele vom physischen Körper – bei dem Vorgang also, den die meisten Menschen als Tod bezeichnen –, bleibt das Bewusstsein meiner Erfahrung nach kontinuierlich erhalten. Ich habe es nicht nur selbst erlebt, sondern auch von anderen Leuten erfahren, die ein Nahtoderlebnis hatten. Die Individualität bleibt erhalten – man besitzt alle Erinnerungen und alles Wissen. Wie ein Vogel, der seinen Käfig verlässt, fühlen Sie sich plötzlich befreit. Ihre neue Heimat befindet sich nun in den unendlichen Weiten des Kosmos, im astralen Bereich und in den Lichtwelten. Sie steigen zu einer Ebene auf, die Ihrem gegenwärtigen Entwicklungsstand und Ihrem auf der Erde erlangten Bewusstseinsgrad entspricht. Zudem verkehren Sie offen mit denjenigen, die Ihnen auf der Erde nahestanden.

In dieser geistigen Gestalt wachsen Sie immer weiter, in jeden kosmologischen Bereich, bis Sie sich mehr und mehr der Fülle der astralen Welten gewahr werden. Man könnte die wundervollen Welten des Wissens und Lichts auch als Himmel bezeichnen. Auf diesem Pfad werden Sie ewig voranschreiten, bis Sie sich aus einem erleuchteten Zustand heraus entscheiden, wieder mit dem Ozean zu verschmelzen. Der Tropfen Ihrer Individualität kann mit dem Ozean des unbegrenzten Göttlichen Geistes verschmelzen, aber Sie können ebenso als Individuum weiterexistieren und in diesen Bereichen tätig sein.

Die Individualität der einzigartigen Schöpfung – Sie selbst – kann nicht zerstört werden. Das erwachte Wesen in Ihnen und jeder anderen Kreatur ist eine Singularität, die schon immer existiert hat und ewig weiterexistieren wird. Doch auch Ihre individuelle Seele ist ewig vorhanden. Wir alle sind Teil der göttlichen Schöpfung. Unser individuelles Bewusstsein wird so lange bestehen bleiben, bis der Tropfen wieder in den Ozean zurückkehrt – und Sie haben die freie Wahl, dort zu verweilen oder auch nicht.

Alles besteht auf wundervolle Weise weiter. Sie werden Ihren Kindern, Ihren Geliebten, Ihren Vorfahren und Eltern begegnen, diese erkennen und von ihnen willkommen geheißen.

Sie werden andere Wesen sehen und mit Seelen in Kontakt treten, die den gleichen Grad an Fähigkeiten, Wissen und Bewusstsein erreicht haben.

Während des Übergangs sollten Sie sich an folgende Schlüsselsätze erinnern: „Vergiss alles, was du gelernt hast. Lass los, und geh in das höchste Licht."

Wir haben keine Vorstellung davon, in welche Höhen wir in diesem Augenblick steigen können, aber ich kann Ihnen Folgendes sagen: Am besten ist es, alles loszulassen, was Sie wissen, getan haben oder über sich selbst denken, und einfach in das höchste, göttliche Licht einzutauchen.

Was viele Menschen bei ihrem Übergang auf die nächste Ebene zurückhält, sind deren Bindungen, seien diese nun materialistischer oder egoistischer Natur, oder einfach das, was sie zu glauben wissen. Der Zustand reiner Losgelöstheit und der Wille, sich völlig dem göttlichen Licht hinzugeben, werden Sie zu den höchstmöglichen Existenzebenen tragen.

Worin liegt der Unterschied zwischen dem Erreichen dieser Stadien nach dem Tod und dem Erreichen des Gottes- oder Einheitsbewusstseins in einer Meditation hier auf Erden?

Alles hängt von der Bewusstseinsebene ab, die Sie auf der Erde erlangen. Es ist möglich, selbst hier im materiellen Bereich einen Zustand zu erfahren, der genauso hoch und außergewöhnlich ist wie alles, was Sie in Milliarden Jahren der Entwicklung außerhalb Ihres Körpers erreichen.

Andererseits empfinden die meisten Menschen nach dem Verlassen ihres Körpers eine außerordentliche Freude. Sie sind frei, glücklich und besitzen neue Fähigkeiten. In derartigen Bereichen manifestiert sich jede geistige Vorstellung: Imaginieren Sie ein Schloss, dann ist dieses Schloss in diesen Welten real.

Es gibt dort keine Grenzen.

Natürlich hat es auch auf diesem Planeten Menschen gegeben, die durch ihre Vorstellungskraft Dinge manifestieren konnten – obwohl das eher ungewöhnlich ist. In den astralen und kausalen Gedankenbereichen hingegen ist es außerordentlich einfach.

Das intensive Leiden in einem physischen Körper auf der Erde erweckt eine gleichstarke Gegenkraft: Man fühlt sich dazu getrieben, schneller als üblich spirituelle Freiheit und Erleuchtung zu erlangen. Das Leben auf der Erde erzeugt im Gegenzug die Möglichkeit einer rasanten Evolution. Darum ist ein Erdendasein so wertvoll. Das Vermögen, zur Erleuchtung zu gelangen oder höhere Bewusstseinszustände zu erreichen, um als Seele zu wachsen, ist auf der Erde viel verdichteter als auf jeder anderen Existenzebene.

Das ist das Mysterium des physischen Universums, ja, darum existiert es überhaupt. Aus diesem Grund gibt es einen physischen Körper und mit ihm das dazugehörige Leiden.

Ein Körperdasein bietet die großartige Gelegenheit, sich außerordentlich schnell in bestimmte Existenzbereiche zu entwickeln.

„Schnell" ist natürlich ein zeitlicher Begriff, und Zeit ist relativ. In der Astralwelt erleben Sie die Zeit völlig anders.

Die andere Seite der Realität ist so wundervoll und friedlich, dass Sie gar nicht das Verlangen verspüren, in die ewige Heimat zurückzukehren. Hier, in einem physischen Körper, können Sie täglich Leid verspüren. Auf eine Art eröffnet uns diese Existenzebene damit eine Schnellstraße zur spirituellen Evolution – wenn wir uns dazu entscheiden!

Das Mysterium von Opfer und Leid ist folglich eng mit der spirituellen Entwicklung verknüpft sowie mit dem Vermögen, bereits hier auf der Erde zu großer Erleuchtung zu gelangen. Man kann auch ein ganzes Leben in einem physischen Körper verbringen und niemals diese Möglichkeit in Anspruch nehmen. Egal, wie man sich auch entscheidet: Immer gibt es noch weitere Lektionen zu lernen.

Die Erde ist eine einzige große Schule, in der uns Kurse mit verschiedenen Lernzielen angeboten werden. Diese sind uns nur nützlich, wenn wir sie auch belegen.

Mit dem erlangten Wissen und spiritueller Erfahrung können wir dann aus unserem physischen Körper heraus in außerordentlich hohe astrale oder feinere himmlische Existenzbereiche vordringen oder gar direkt in die ursächlichen Bereiche des reinen Wissens – bis hin zur Verschmelzung mit dem unbegrenzten Wesen.

Die meisten Menschen wählen bei außerkörperlichen Reisen oder nach dem Tod einen Bereich der Realität, der von unserer Welt nur einen Schritt entfernt ist. Sie gehen aus der materiellen Welt in die astralen oder ätherischen Ebenen – einfach aus dem Grund, weil sie ihnen vertraut sind: Es gibt *Formen*. Diese Bereiche sind gemütlicher. Sie sind schön. Man spürt ungeheure Freiheit. Doch irgendwann erlangen wir alle ein Wissen, dass uns über die Ebenen hinausführt.

Begreift und erfährt man aber auf der physischen Existenzebene die Kosmologie, dann ist es möglich, seine Entwicklung mit dem eigenen Übergang zu vollenden.

Aufgrunddessen sollte man bereits auf dieser Ebene die Möglichkeit ergreifen, die feineren Ebenen der spirituellen Entwicklung kennen zu lernen – denn das erleichtert das Fortschreiten in den göttlichen Welten, wenn man einmal seinen Körper verlässt.

Man könnte fragen: „Was ist dann ein Gespenst?"

Ein Gespenst ist eine Person, die ihren Körper verlassen hat, aber immer noch so stark mit dieser Ebene verbunden ist, dass sie an bestimmten Orten oder Personen „klebt".

In der Notaufnahme hatten wir einmal einen schrecklichen Fall, bei dem eine vergiftete Person einen traumatischen Tod erlebt hatte. Spät in der Nacht, als die Notaufnahme leer war, saß ich mit den Schwestern in der Zentrale. Mit einem Mal ging das EKG-Gerät in dem Raum, in dem dieser Patient verendet war, von alleine an, die Vitrinen öffneten sich und es fielen Tröpfe und andere Gegenstände heraus!

Ein klassisches Poltergeist-Phänomen. Wir alle wussten, dass es diese Person war, die über die astralen-geistigen-emotionalen Schnittstellen auf die materielle Ebene einwirkte. Wenn Sie die bereits beschriebene Kosmologie verstehen, dann verstehen Sie auch die Physik eines Poltergeistes.

Die verärgerte und verwirrte Person war offensichtlich aufgebracht und in Rage. Ich wandte mich also an die göttliche Präsenz, nahm Kontakt zu der Seele auf und verband sie mit der Gottheit, bat sie zu gehen und geleitete sie mit einigen ihrer Kohorten auf die andere Seite. Sie ging.

Manche Leute würden fragen: „Welchen Zustand würde die Seele erreichen?"

Das kann man nicht vorhersagen. Die Entwicklung eines Wesens, das aus diesem Leben hinübergeht, wird sowohl von denen beeinflusst, die auf einer höheren Ebene auf der anderen Seite eingreifen, als auch von denen, die sich noch auf der Erde befinden.

Darum ist es sehr wichtig, für den spirituellen Fortschritt und die Erleuchtung derjenigen zu beten, die von uns gegangen sind.

Man sagt, es gebe drei Hauptwege, auf denen man sich nach dem Tod weiterentwickeln kann: Erstens durch die Gebete von Personen auf der Erde, zweitens durch die Fürsprache erleuchteter Wesen auf der anderen Seite und drittens, indem man im Namen der Verstorbenen auf der Erde gute Taten vollbringt.

In der Zukunft, die mir gezeigt wurde, wird dies zum Allgemeinwissen gehören. Wenn Menschen sterben, dann werden sie von spirituell bewussten Leuten umgeben sein, die die Sterbenden auf die andere Seite begleiten, damit sie in die höchsten Abschnitte der himmlischen Welten und zu größtmöglicher Erleuchtung gelangen.

Die sogenannte Hölle befindet sich in den niederen Bereichen der Astralwelt, wobei „niedriger" eigentlich nur „dichter" heißt. Menschen mit ähnlichen Neigungen und Verhaltensweisen, mit gleichartigen Energien, ziehen einander an. Natürlich können sich auch solche Wesen weiterentwickeln: Sie müssen dazu alles, was sie getan haben, hinter sich lassen, um Vergebung bitten und einfach loslassen, indem sie sich an das reine, göttliche Wesen wenden.

Jeder kann unmittelbar entrückt werden, wenn er sich aufrichtig Gott zuwendet, seine Taten loslässt, um Absolution und Vergebung bittet und sich dem höchsten Licht hingibt.

Letztlich kann niemand den Standpunkt eines anderen beurteilen. Darum heißt es: „Urteilt nicht, damit man nicht über euch urteilt."

Wir sollten jede Seele als belehrbar betrachten, als fähig, Erleuchtung zu erlangen.

Im Augenblick des Todes, mit dem letzten Atemzug, könnte selbst eine Person, die ein problematisches und manchmal sehr destruktives Leben geführt hat, all ihre Taten und Gedanken loslassen, sich dem höchsten Licht zuwenden und in eine sehr hohe Ebene aufsteigen.

Deshalb sollte man nie urteilen.

Dagegen können Menschen, die sich selbst als rechtschaffen und spirituell bezeichnen oder von anderen so genannt werden, im Augenblick des Todes derart stolz und egoistisch werden, dass sie damit einen riesigen Schleier erschaffen, der sich zwischen sie und das höchste Licht legt.

Im Moment des Todes benötigen wir also Demut, eine gewisse Gnade und den spirituellen Beistand anderer.

Ins kosmische Bewusstsein gelangen 43

Wir verwechseln die Landkarte mit der Wirklichkeit.

Ich kann Ihnen eine Karte von Washington, DC, geben, aber dann halten Sie nicht die Stadt selbst in Ihren Händen. Alles befindet sich in uns. Wir scheinen zwar durch unseren physischen Körper nach außen zu schauen – doch wir blicken dabei nur auf die Landkarte. In Wirklichkeit ist das Wesen des Geistes, des Bewusstseins, durch das wir uns selbst wahrnehmen, allgegenwärtig. Es durchdringt jeden Raum, jede Zeit und jeden Bereich der Kosmologie. Das bedeutet, dass Sie in einer Astralprojektion nicht „irgendwohin gehen", denn Sie sind bereits überall. Sie sind bereits allgegenwärtig, weil das die Natur des Geistes ist, der in Ihnen wohnt. Einzig Ihre Individualität kann sich etwas vormachen und diesen Vorgang als Tor oder Reise wahrnehmen.

Ist die Erfahrung außerordentlich tief, kann sich Ihr Körper sogar auflösen. Er wird für die Dritte Dimension unsichtbar und schwebt durch die ätherischen und astralen Existenzbereiche auf der anderen Seite der Realität, bis er wieder physisch auftaucht. Wir haben beobachtet, wie ganze außerirdische Raumschiffe in die astralen Energiebereiche verschwanden. Erinnern Sie sich an mein Erlebnis in Blanca Peak: Als ich in den Lichtstrahl trat, wurde mein Körper fast durchsichtig und ich dachte, dass ich gleich zu schweben begänne. Die anderen sahen aus verschiedenen Blickwinkeln, wie ich langsam unsichtbar wurde: Sie konnten durch mich hindurch sehen.

Der physische Körper und die physische Welt sind eng mit dem uns innewohnenden Bewusstsein verwoben. Das holographische Quantenuniversum verbindet durch die integrale Funktion bewusster Intelligenz jeden Punkt in Raum und Zeit und jeden Dimensionsbereich oder Abschnitt der Schöpfung mit jedem anderen.

Die Wahrnehmung von Entfernung und Trennung trifft nur für *eine* Ebene der Wahrnehmung zu. Auf einer anderen Ebene geht dieses scheinbare Getrenntsein in Nichtlokalität über.

Sie können folglich in die sogenannten anderen „Bereiche" vordringen, indem Sie die nichtlokalen Eigenschaften des Bewusstseins nutzen. Manche Leute erreichen dies durch chanten, singen, meditieren usw. Die Übungen stabilisieren und beruhigen den Geist, damit er die Grenzen unserer fixierten Wahrnehmung der materiellen dreidimensionalen Welt überschreiten und die dahinterliegenden Ebenen bereisen kann.

Bestimmte Menschen sind in der Lage, Geistwesen oder Auren von Menschen zu sehen, oder können sich eine Pflanze betrachten und spüren, welche Krankheiten diese heilen kann.

Das alles sind Geschenke, die bereits in uns verborgen liegen und deren Entwicklung von unserem eigenen Willen abhängt.

Innerhalb des Tropfens kann man den gesamten Ozean wahrnehmen. Da wir selbst diese Tropfen sind, befindet sich also in jedem von uns die Gesamtheit des Meeres.

Die kreative Schöpfung ist endlos. Wenn sich zwei Personen zusammenfinden und die einzigartige Genetik dieser beiden Menschen ein neues Wesen erschafft – dann ist in der neuen Genetik ein neues Wesen verschlüsselt, eine neue Seele.

Schöpfung findet immer aus sich selbst heraus statt. Das unendliche Wesen erschafft immer mehr bewusstes, intelligentes Leben.

Es mangelt nicht an Raum! Das Universum ist unendlich. Folglich ist auch die Anzahl der möglichen Wesen und Seelen unbegrenzt. Und jedes von ihnen trägt die Gesamtheit des bewussten Geistes in sich, jedes von ihnen wird irgendwann die Göttlichkeit erkennen und ein Tropfen werden, der in den Ozean zurückkehrt.

In diesem ersten und ursprünglichen Gedanken des höchsten Lichts ist alles als Samen angelegt. Die Möglichkeit all dessen, was erschaffen werden kann, jemals erschaffen wurde oder erschaffen wird, war *auf dieser Ebene der Kosmologie schon immer vorhanden.*

Wird ein neues Wesen erschaffen, dann stammt es aus der göttlichen Matrix, *die schon immer existiert hat.*

Es ist möglich, einen Bewusstseinszustand zu erreichen, in dem Sie gemeinsam mit dem göttlichen Wesen von all jenen umgeben sind, die jemals existiert haben, gerade existieren oder je existieren werden.

Einen solchen Zustand erlebte ich sieben Tage bevor Shari starb. Ich hörte unzählige wundervolle Stimmen singen: „Wir sind alle eins im Geist." Jedes Wesen war als perfekte ursächliche Ideenform zugegen, die direkt dem Schöpfer entsprang. Es war beeindruckend und überwältigend, eines der schönsten Erlebnisse meines Lebens.

Aus Gott sind wir also hervorgegangen, und zu Gott kehren wir zurück … Jedes Leben, das in diese – oder irgendeine andere – Welt geboren wird, war schon immer ein Teil der Schöpfung.

Der unbegrenzte Geist erzeugt aus eigenem Antrieb heraus die reine Kausalform und den Ton, aus dem das gesamte Universum hervorgeht.

Der Klang ist viel elementarer als die Form oder das Licht – er wurde vor diesen erschaffen. Deshalb sind Summen, Chanten, Mantren, Gebete und Gedanken – wiederholte Gedanken – so mächtige Fahrzeuge zur Transzendenz.

Jedes einzelne erschaffene Wesen trägt seinen eigenen Ton in sich, seine eigene Klangschwingung, die dann der Astralgestalt Form verleiht, die wiederum als Vorlage für das materielle Objekt selbst dient.

Verstehen Sie? Auf einer bestimmten Bewusstseinsebene können Sie mit Hilfe der Klangkomponente der Gedanken Dinge bewegen oder manifestieren und somit auf die materielle Welt Einfluss nehmen.

In der Zukunft werden wir Dinge herstellen, indem wir Elemente dieser tieferen und feineren Ebenen miteinander kombinieren. Auf der Ebene des Klangs und Gedankens können wir aus der Grundidee die Astralform zusammenstellen, damit sie sich dann in der dreidimensionalen Welt manifestieren kann.

Sanskrit ist eine alte Sprache, die Wurzel aller indogermanischen Sprachen. Die hinduistischen Weisheitsschriften der Veden, die in Sanskrit verfasst wurden, sprechen von Namen und Formen.

Sie beziehen sich damit auf die Klangschwingung von Objekten, die erst deren Form erzeugt. Menschen, die in bestimmten Techniken geübt sind, können tatsächlich einen Bewusstseinszustand einnehmen, in dem sie durch Klang- und Gedankenschwingungen Gegenstände physisch manifestieren – sei es ein Apfel, ein Ring oder irgendein anderes Objekt.

Es gibt eine Ebene der Kosmologie, in der sich das Saatgut allen Wissens befindet. Je nach Ihren Neigungen und Interessen können Sie aus dieser Bewusstseinsebene Wissen beziehen.

Eine sehr enge Freundin aus dem Militär erzählte mir, dass schon vor langer Zeit, offensichtlich in den 1960ern oder 1970ern, eine Technologie entwickelt wurde, mit der man Informationen, Ereignisse oder Gespräche aus dem sogenannten „weißen Hintergrundrauschen" des Weltraums extrahieren konnte. Unter Verwendung eines elektronischen Systems, das in der Marineeinrichtung White Oaks in Maryland entwickelt wurde, konnte man alles erfahren, was jemals an irgendeinem Ort gesagt oder getan wurde. Die Technologien der pechschwarzen Welt sind wirklich verblüffend.

Jeder Punkt in Raum und Zeit ist eine Türschwelle zu jedem anderen Punkt. Alles, was je existiert hat, hinterlässt eine Signatur, eine Essenz, die man betrachten kann und die in jedem Atom enkodiert ist. Die wahre Akasha-Chronik ist innerhalb der Struktur bewusster Intelligenz verborgen. Damit existiert sie überall und ist von jedem Punkt aus zugänglich.

Im amerikanischen Westen habe ich die alten Indianer gehört und gesehen, die in der Vergangenheit dort gelebt haben. Ich hörte ihre Trommeln, eine Art Tamburin und Gesänge. Sind Sie erst einmal auf diese Frequenz eingestimmt, dann scheinen die Rhythmen wie ein Film zu sein, der dort den ganzen Tag läuft.

Alles, was wir in unserem Leben tun und sagen, wird dauerhaft aufgezeichnet – wie in einem Bergkristall, nur auf der Ebene des Bewusstseins und des Geistes.

44 Eine himmlische Zukunft

Der große Zyklus, in den wir gerade eintreten, besteht aus hunderten von kleineren Zyklen. In rund tausend Jahren wird sich der größere Kreislauf mit der Erscheinung eines weiteren Avatars noch einmal steigern. Nach weiteren etwa tausend Jahren geschieht es erneut.

Diese Manifestationen der Gottheit werden die Menschheit schließlich befähigen, ihre wahre Bestimmung zu erkennen und das goldene Zeitalter auf der Erde einzuläuten. Die neue Ära wird weitaus mehr als nur einen politischen oder materiellen Friede mit sich bringen. Es wird eine Zeit wahrer Erleuchtung, in der mehr und mehr Menschen ins Gottesbewusstsein eintreten. Sogar in unseren materiellen irdischen Körpern werden wir die göttliche Vollkommenheit erfahren.

Das Hauptthema der nächsten Millennien wird die Errichtung einer göttlichen Kultur sein – einer Zivilisation, die auf der Erde in spiritueller Erleuchtung existiert. Während in diesen letzten Tagen des nun vergehenden Zeitalters nur ab und zu erleuchtete Wesen in Erscheinung treten, werden am Ende des nächsten Kreislaufs jeder Mann, jede Frau und jedes Kind – ja, jedes Neugeborene – in dem erleuchteten Zustand leben.

Die neuen Seelen werden bereits auf einer hohen Bewusstseinsebene in ihre Körper geboren. Doch ich spreche hier von einer Zeit, die noch tausende von Jahren in der Zukunft liegt.

Zunächst werden wir den Frieden der „angeketteten Hunde" etablieren – einen politischen Frieden. Schnell folgen dann allgemeiner Reichtum, das Ende der Armut und die Umwandlung der Erde in eine nachhaltige Zivilisation.

Die Entwicklung hingegen, dass alle Bewohner dieses Planeten im Zustand der Erleuchtung existieren und der Zustand zum Allgemeingut und Hauptzweck wird, erstreckt sich über die nächsten halben Million Jahre und ist deren übergeordnetes Thema.

Man könnte fragen: Gibt es danach überhaupt noch etwas zu erreichen?

Unendlich viel. All die zauberhaften Welten der feineren Strukturräume werden sich dem Wissen der Menschen öffnen, noch während diese auf der Erde weilen.

Die Erde wird eines der schönsten Juwelen in der Krone des Kosmos. Das ist ihre Bestimmung und das Schicksal der Menschheit.

Stellen Sie sich das für einen Augenblick vor: Letzten Endes werden wir technologiegestütztes Bewusstsein entwickeln sowie bewusstseinsgestützte Technologien. Die Wissenschaften, die wir heute als materiell betrachten, werden mit dem Wissen über das Bewusstsein vereint. Heilungs- und Transportwesen, Energieerzeugung, Produktion, Biologie und Landwirtschaft werden die Wissenschaft des Bewusstseins in ihre Anwendungen integrieren.

Schließlich wird diese Erkenntnis auch neue materielle Technologien und Wissenschaften hervorbringen. Wir werden begreifen, dass das universelle Bewusstsein bei jedem Vorhaben eingesetzt werden kann und aus purer Freude wundervolle Dinge erfinden.

Die frühen Stadien des irdischen Friedens werden von offenen Kontakten mit außerirdischen Zivilisationen begleitet. Es wird allgemein anerkannt sein, dass wir nicht allein sind und es nie waren. Auch die wahre Geschichte der Menschheit wird zum Allgemeinwissen gehören, darunter die Zyklen und Zeitalter fortgeschrittener, aber untergegangener irdischer Kulturen.

Die frühen Beziehungen zu außerirdischen Zivilisationen werden auf friedlichen Interaktionen beruhen, nicht auf Konflikten im Weltraum. Wir werden Botschafter mit anderen Völkern im Universum austauschen.

Die Wissenschaften, die eigentlich außerirdischen Ursprungs sind – darunter Bionik, künstliche Intelligenz, die Nichtlokalität des Geistes und der Materie sowie bewusstseinsgestützte Weltraum-Kommunikationstechnik –, werden von immer mehr Wissenschaftlern und Regierenden akzeptiert und verstanden.

Die Menschen werden erkennen, dass die außerirdischen Wesen und die Menschheit eine gemeinsame Grundlage haben: den reinen Geist. Die Wissenschaften, die sich aus diesem Verständnis ergeben, werden uns offen gelegt. Wir werden uns in den Weltraum aufmachen und andere außerirdische Welten und Kulturen erforschen – zuerst jene, mit denen wir uns am einfachsten identifizieren können. Nicht abrupt, sondern organisch, werden wir uns zu einer Zivilisation von Weltraumreisenden entwickeln.

Dazu müssen wir allerdings eine Schwelle überschreiten: planetaren Frieden.

Es wird hunderte Meilensteine und Kontakte geben, die vollkommen davon abhängen, wie weit die Evolution unseres Bewusstseins auf der Erde vorangeschritten ist. In dem Ausmaß, in dem sich unser Bewusstsein entwickelt und wir als Planetenbewohner zur Erleuchtung gelangen, werden wir auch mit ähnlich gearteten Zivilisationen in Kontakt treten.

Auf jedem Planeten wird es immer Personen geben, die als Pioniere die höheren Bewusstseinszustände betreten, bis schließlich die gesamte Gesellschaft ihrem Pfad folgt. Die Menschheit wird zunächst als Kollektiv ins kosmische Bewusstsein gelangen und sich daraufhin anderen kosmisch bewussten Welten anschließen.

Es wird zu interplanetarischem Kultur- und Technologieaustausch kommen.

Die Erde wird sich als außergewöhnliche und vielschichtige Kultur etablieren und zu einer universellen Kultur werden. Während die ersten tausend Jahre dieses neuen Weltzeitalters von Frieden und Überfluss auf planetarer Ebene gekennzeichnet sein werden, wird sich die Menschheit in den darauffolgenden Millennien zu einer kosmischen Kultur weiterentwickeln. Schließlich werden wir so weit gewachsen sein, dass auch andere Welten aus unserer Weisheit Nutzen ziehen können. Wir werden ihnen mitteilen, dass auch wir bereits auf ihrer Entwicklungsstufe waren – und damit zu einem Spiegelbild der älteren ET-Zivilisationen, die uns heute besuchen. Und genauso, wie uns heute Zivilisationen besuchen, die bereits globalen Frieden erreicht haben, werden wir selbst zu Abgesandten und Wächtern von Zivilisationen, die in ihr Reifestadium treten.

Die materiellen Objekte, die wir herstellen, werden von einer solch hohen Qualität sein, dass sie ein eigenes Bewusstsein haben. Unsere Kunstfertigkeit und unser Design werden derart außergewöhnlich, dass normale Gegenstände wie ein Kunstobjekt oder ein wundervoller Sonnenuntergang wirken und selbst als materielle Gegenstände eine himmlische Qualität besitzen.

Es wird Technologien geben, die ihr eigenes Leben führen und Bewusstsein haben. Beinahe alles, was wir herstellen, wird intelligente und bewusste Eigenschaften haben – sogar Dinge, die wir heute als „unbelebt" betrachten.

Wir werden erkennen, dass in Wirklichkeit nichts unbelebt ist – dass im Kosmos nichts existiert, das keine Lebenskraft oder Bewusstsein in sich trägt. Alles trägt Leben in sich, alles *ist* Leben, und alles ist bewusst – jeder Stein, jedes Mineral, jedes Atom und jedes Photon.

Da wir dies nicht nur intellektuell verstehen, sondern auf einer tiefen Ebene erkennen, wird es sich grundlegend auf unsere materiellen Wissenschaften auswirken.

Städte werden wie himmlische Gebilde aussehen und ein eigenes, inneres Licht ausstrahlen. Alles wird eine spezifische Lebensenergie und Bewusstsein in sich tragen. Blicken wir tausende Jahre in die Zukunft, wird die Erde eine wundervolle Biosphäre mit einer menschlichen Zivilisation sein, die eine göttliche, himmlische Qualität in jedem Lebensbereich verwirklicht hat.

Der menschliche Körper wird unseren inneren Zustand reflektieren. Wir werden einen Perfektionsgrad erreichen, bei dem es im gesamten Leben einer Person zu keinen Krankheiten oder Leiden kommen wird. Krankheiten werden nur äußerst selten auftreten. Ist dann die Zeit gekommen, um ins nächste Stadium überzugehen, werden wir freiwillig und bewusst unseren Körper verlassen.

Am Ende dieses 500.000-jährigen Zyklus wird sich jeder Aspekt des Lebens auf der Erde ins Göttliche verwandelt haben. Außerirdische und himmlische Wesen, Engel und Menschen werden sich gegenseitig wahrnehmen und miteinander kommunizieren.

Unsere heutige Welt, die durch einen dichten Schleier von der Wahrnehmung dieser anderen Ebenen abgetrennt ist, wird zu einer Welt der himmlischen Begegnungen und des Wissens.

Schließlich werden wir uns nicht mehr an die Unwissenheit klammern müssen, um uns sicher zu fühlen. Wir verstecken uns nicht länger hinter ihr und machen es uns in der Blindheit bequem, sondern werden im Sehen glücklich und frei. Dann werden wir nicht nur die außerirdischen Wesen begrüßen und zu den Sternen reisen, sondern auch die himmlischen Wesen, mit denen wir in einen offenen Dialog treten.

Wir blicken einem Zeitalter entgegen, in dem jedes irdische Wesen die himmlische Wahrnehmung und das universelle Bewusstsein erworben haben wird. Dann wird eine Zeit kommen, in der wir als Kollektiv beschließen, eine Welt zu erschaffen. Wir werden ein Raumschiff konstruieren, das in Form und Struktur mit dem gesamten Bordpersonal im Gottesbewusstsein verankert ist.

In diesem Zustand werden wir als Zivilisation durch den Kosmos reisen und als gottesbewusste, entwickelte Wesen die Lehrmeister anderer Kulturen werden.

Einiges von dem, was wir heute erleben, zeigt uns unsere eigene Zukunft. Jene, die die fortschrittlichsten außerirdischen Zivilisationen beobachtet haben, die materiell in Erscheinung treten können, während sie gleichzeitig im Gottesbewusstsein verankert sind, haben einen Blick auf die Zukunft der Menschheit erhascht.

Wenn wir uns als geeintes Volk von der Erde in den Kosmos aufmachen, fest verankert im göttlichen Einheitsbewusstsein, werden wir zu einem lebendigen Beispiel für die Zukunft anderer Kulturen – ganz so, wie uns die Außerirdischen heute unsere eigene Zukunft reflektieren.

Dieser wundervolle Kreislauf wird sich bis in alle Ewigkeit fortsetzen.

Können Sie sich eine solche Zeit vorstellen? Es ist unsere himmlische Bestimmung. Wir werden selbst zu „Außerirdischen" mit kosmischem Bewusstsein.

45 Die Generation des Wandels

Eine halbe Million Jahre ist eigentlich kein langer Zeitraum. Es mag uns vielleicht zunächst so vorkommen, aber wenn die Menschen erst einmal verstanden haben, dass das Leben ewig währt, wird auch die Zeit völlig anders wahrgenommen. Blicken wir aus dieser Zukunft auf die gegenwärtige Situation, sehen wir mit bitterer Süße, wie primitiv wir noch sind. Dennoch sehen wir in uns die Möglichkeit einer solchen Zukunft, in der die Erde von erleuchteten Wesen – unseren Nachkommen – bevölkert sein wird.

Jeder von uns wird bis dahin diese Erde verlassen haben. Doch wir werden die Hefe sein, die diese Welt und alle folgenden Generationen erhebt. Auf ewig werden wir mit der Erde, ihren Bewohnern und deren Kindern verbunden sein. Wir werden so lange diese Vision und das Wissen den Menschen auf der Erde mitteilen und aussäen, bis die Erde den Kulminationspunkt des Goldenen Zeitalters erreicht hat.

Lassen Sie sich nie von dieser chaotischen Übergangszeit verwirren. Richten Sie Ihren Blick auf den fernen Horizont – und wissen Sie, dass dieser Horizont gar nicht so fern ist, wie es scheint. Denn eigentlich ist er bereits hier, in uns …

Wir sollten uns also keine Sorgen machen, wenn die nächsten Tage, Jahre oder Jahrzehnte schwer, dunkel und chaotisch werden. Unsere gemeinsame Vision steht in den höheren Ebenen bereits fest. Egal, was die dunklen Kräfte dagegen tun werden, der göttliche Plan und das Schicksal der Erde und der Menschheit werden sich erfüllen. Diese Realität existiert bereits. Vergessen Sie einen Augenblick die Zeit. Vergessen Sie einen Augenblick ihre Dauer. Sehen Sie, dass der Plan auf einer tieferen Ebene der Schöpfung bereits existiert: universeller Friede, Reichtum und Überfluss, die Beseitigung der Unwissenheit, das Ende des Leidens und die zunehmende Erleuchtung jedes Menschen auf diesem Planeten. Die Erde selbst wird zu einem wundervollen Raumschiff, das durch den Kosmos schwebt. Auf der Ebene linearer Zeit liegt die wundervolle Welt noch in der Zukunft, doch in Wirklichkeit ist sie *bereits hier.* Sie können die Welt sehen und fühlen.

Man könnte uns auch als Kinder des Zwielichts bezeichnen. Das Licht ist zwar da – jedoch nur zur Hälfte, verborgen in der gegenwärtigen Dunkelheit. Aber „wo zwei oder drei in meinem Namen versammelt sind, da bin ich mitten unter ihnen". Wir können uns mit Leuten treffen, die unsere Vision teilen und gemeinsam auf die positive Zukunft hinarbeiten.

Wir sollten uns des Chaos bewusst sein, aber uns nicht allzu sehr darauf konzentrieren. Heutzutage fällt es leicht, das Negative zu sehen, doch um uns herum geschehen so viele schöne und positive Dinge. Wir können uns selbst dazu erziehen, uns auf das Gute und Positive zu fokussieren, es anzuziehen und zu verwirklichen. Es ist nicht leicht, da wir in einer zunehmend harten und destruktiven Welt leben. Doch das sollte uns nur noch mehr dazu antreiben, fest in der Wahrheit und der tieferen Vision verwurzelt zu bleiben.

Wir müssen den Mut aufbringen und uns für die Erleuchtung entscheiden, um Verantwortung für unsere eigene Entwicklung und die der Menschheit zu übernehmen.

Wir leben in der interessantesten aller Zeiten als die letzte Generation, die sowohl die alte als auch die neue Welt erfahren wird. Wir spielen eine Schlüsselrolle, die wir aus der Nähe gar nicht so gut erkennen können. Unsere Generation unterscheidet sich grundlegend von jeder vorhergehenden und jeder nachfolgenden. Wir sind die Generation des Wandels. Es ist zugleich überwältigend und wundervoll. Wir sollten uns über diese außergewöhnliche Zeit freuen, in der wir leben, und über die unvergleichlichen Möglichkeiten, die sich uns eröffnen.

An alles, was wir trotz der Schwierigkeiten dieser Zeit für die Errichtung des universellen Friedens tun, wird man sich noch tausende von Jahren erinnern und unsere Bemühungen zu schätzen wissen. Wenn wir die Gelegenheit wahrnehmen, dann erweisen wir der Menschheit einen unvergleichlichen Dienst, den keine andere Generation hätte leisten können – und das ist der Grund, aus dem wir hier sind.

46 Die Gruppenmeditation

Der Kontakt zu Außerirdischen und ein Gebet für die Erde

Lasst uns in Stille beisammen sitzen, jeder zentriert in sich selbst. Schließt die Augen, und nehmt ein paar tiefe, reinigende Atemzüge aus der heiligen, uralten Luft. Während ihr einatmet, zentriert euch, und weitet euer Bewusstsein aus. Beim Ausatmen entspannt euch, und lasst alle Negativität, alle Spannung und alle Ängste los. Fühlt, wie ihr in einen tiefen Frieden eintretet. Ihr atmet Licht und Leben, und dehnt mit eurer Lunge euer Bewusstsein aus. Lasst beim Ausatmen alle Bindungen und Verhaftungen los. Ihr seid zentriert und friedvoll.

Während wir hier in Stille beisammen sitzen, beobachtet euren Atem, wie er ein- und ausströmt, und bemerkt, dass ihr euch inmitten eines weiten Ozeans stiller Bewusstheit befindet.

Erlaubt euch nun, mühelos und sanft, die Bewusstheit zu spüren, die euren Atem beobachtet. Nehmt wahr, dass ihr bewusst seid und dass diese wache Bewusstheit in sich ruht.

Erkennt, dass es der bewusste Geist ist, der unbewegt und konstant alle Geräusche aufnimmt, alle Gedanken und Gefühle beobachtet und alles wahrnimmt, während er selbst still und leer ist.

Taucht nun in den weiten Ozean der stillen Bewusstheit ein. Begebt euch noch tiefer hinein und bemerkt, wie alle Wahrnehmungen zurücktreten und in der Ferne verschwinden. Ihr seid fest im inneren Ozean der Bewusstheit verankert.

Ihr seht, wie einfach es ist, wach zu sein und euch dieser Wachheit bewusst zu werden – ohne andere Wahrnehmungen wegzustoßen oder die Bewusstheit mühevoll zu suchen. Ohne große Anstrengung seid ihr einfach wach und euch des Geistes gewahr, der bewusst und still in euch lebt.

Taucht nun noch tiefer in den Ozean der bewussten Stille, in dem alle Wahrnehmungen wie entfernte Oberflächenwellen des Meeres erscheinen. Ihr seht, dass sich der unermessliche bewusste Geist in alle Richtungen unendlich weit ausdehnt. Diese Bewusstheit ist allgegenwärtig. Sie ist weder an den Raum noch an die Zeit gebunden und damit sowohl unendlich als auch ewig. Das ist die wahre Natur der Bewusstheit, durch die ihr euren eigenen Atem wahrnehmt, euer Selbst, euer Blickfeld, Geräusche und Gedanken. Spürt die Freude und den Frieden, die von der Gewissheit hervorgerufen werden, dass das wache Wesen, der Geist, immer in euch ist.

Wenn ihr nun alle Wahrnehmungen und sogar euer Selbst hinter euch lasst, seht ihr, wie sich die grenzenlose Bewusstheit ins gesamte Universum erstreckt. Jede Person in dem Kreis ist wach und bewusst. Zwar seid ihr einzigartige und unterscheidbare Individuen, doch ist das reine Licht des Bewusstseins in jedem von euch eine Singularität. Diese Bewusstheit ist eins, und durch sie sind wir ein Wesen in vielen Körpern, ein Licht, dass jede Seele und jeden bewussten Geist durchströmt.

Ihr spürt, wie die gleiche grenzenlose Bewusstheit die Erde unter euch durchdringt und sich bis in den Himmel über euch ausdehnt. Allgegenwärtig und bewusst existiert sie an jedem Ort. Getragen von der unermesslichen und grenzenlosen Bewusstheit dehnt ihr euch in den Himmel aus und seht, dass die gesamte Erde im Licht dieser Bewusstheit strahlt, und selbst der Weltraum und die Planeten unseres Sonnensystems inmitten dieses bewussten geistigen Ozeans schwimmen und rotieren.

Der einfache bewusste Geist in uns ist derselbe Geist, der alle Dinge durchdringt. Er ist allgegenwärtig, allwissend und ewig.

Wenn ihr euch noch weiter in den Weltraum begebt, seht ihr das gesamte Sonnensystem mit unserer wundervollen blauen Erde als Lichtkugel vor euch und bemerkt, dass sie ein eigenständiges, individuelles und bewusstes Wesen ist. Aus ihr strahlt das gleiche Bewusstsein, die gleiche Aufmerksamkeit, die auch euch wahrnimmt.

Auch die Sonne und alle anderen Planeten haben ihre eigene bewusste Identität und existieren als einzigartige Wesen. Ihre innere Bewusstheit, die auch jedes Atom, jedes Photon und den gesamten Weltraum unseres Sonnensystems durchflutet, ist der gleiche wache Geist, der auch in euch wohnt.

Wachst nun über unser Sonnensystem hinaus und erhebt euch über die ganze Milchstraße. Erweitert euer Bewusstsein über 100.000 Lichtjahre des Raums und begebt euch über den äußeren Rand der Milchstraße hinaus in den intergalaktischen Weltraum. Betrachtet unsere wunderschöne Spiralgalaxie, die Milchstraße, und seht, dass auch diese bewusst ist, reines Bewusstsein, das in Sternen und Planeten und einer unendlichen Anzahl bewusster Wesen erstrahlt und schwingt.

Blickt nun über unsere Milchstraße hinaus in den intergalaktischen Weltraum, der sich in alle Richtungen unendlich weit erstreckt, Milliarden von Galaxien, jede Einzelne mit Milliarden Sternensystemen, in denen Planeten voller intelligentem Leben schweben.

Mühelos taucht ihr nun in die unermessliche kosmische Bewusstheit und findet grenzenlosen Frieden, eine unbegrenzte, endlose Wachheit, die die gesamte Schöpfung durchdringt. Spürt, dass dieser kosmische Geist, die allgegenwärtige Bewusstheit, ewig unteilbar bleibt und die gleiche Wachheit ist, durch die auch ihr hier und jetzt und ewig bewusst sein werdet.

In dem bewussten Zustand nehmt ihr wahr, dass im endlosen Universum fortgeschrittene außerirdische Lebensformen existieren, die genauso bewusst sind wie wir. Diese Verbindung eint uns. Ihr wisst, dass es ein bewusstes Wesen ist, das sich in allem Leben ausdrückt. Dadurch tretet ihr mit ihnen in Verbindung. Ihr durchsucht den Kosmos, die Galaxien, die Milchstraße, unser Sonnensystem das Umfeld der Erde und gestattet euch, jedes außerirdische Volk in seinem wundervollen, himmlischen Raumschiff zu erblicken.

Seht ihr es, dann bittet um Erlaubnis, einzutreten. Falls ihr den Wesen an Bord begegnet, ladet diese ein, uns hier auf der Erde zu besuchen, wo wir als Gruppe gemeinsam die Zeit des universellen Friedens und der Errichtung einer erleuchteten Zivilisation auf der Erde erwarten.

Während ihr jedes einzelne dieser Wesen betrachtet, bemerkt ihr, dass sie mit einem interplanetarischen Rat in Verbindung stehen – ein spirituell hoch entwickelter Rat von Botschaftern. Ladet sie zu uns ein und zeigt ihnen unsere Galaxie. Nähert euch immer weiter unserem Sonnensystem, und weist ihnen den Weg zu unserem wundervollen Planeten Erde, den dritten Planeten unseres Sterns, der Sonne.

Während ihr mit ihrem Geist und ihrem Leitsystem in Verbindung tretet, zeigt ihr ihnen unseren genauen Standort. Nähert euch immer weiter an, bis zu unserem kleinen Kreis. Hier, an diesen Ort zu dieser Zeit, laden wir sie im Geist des universellen Friedens zu uns ein. Wir respektieren und würdigen unsere Einheit mit ihnen durch das universelle erwachte Wesen, den kosmischen Geist, der in allen Dingen wohnt.

Während ihr nun in eurem geistigen Auge diese Wesen seht, die sich auch eurer Anwesenheit bewusst sind, bittet sie, mit uns gemeinsam zu meditieren und zu beten, für die Erde und ihren Übergang in eine Zeit, in der sie ihr Schicksal als Ort des Friedens und der Erleuchtung erfüllen wird.

Lasst uns einander die Hände reichen, während wir dies tun. Mit uns beten und meditieren nicht nur die außerirdischen Wesen, sondern auch die himmlischen, die großen Propheten und die Erleuchteten. Alle stehen uns bei. Gegen den Uhrzeigersinn senden wir nun in unserem Kreis von Mensch zu Mensch ein goldenes Licht unseres Wachbewusstseins, ein wundervolles astrales Licht, das durch Einheit, Liebe und Frieden angetrieben wird. In seiner Bewegung von links nach rechts bildet das Licht einen Kreis und formt einen Ring aus Licht.

Im Geist füllen wir den Lichtring mit gewaltiger Energie und senden eine Lichtsäule von diesem Punkt nach oben, die als Strahl in den Weltraum dringt und die Liebe der Erde in sich trägt, die Einheit, die wir spüren und die Zeit des Friedens, die wir errichten.

Dieser Strahl ruft alle Wesen dazu auf, sich uns in Frieden anzuschließen. Wir sehen, wie sich der Strahl mit jeder Welt, jedem Stern, jedem Herzen und jedem Leben verbindet. Dieses goldene Licht durchdringt den gesamten Kosmos.

Auf gleiche Weise dringt das Licht nun auch in den Erdboden unter uns. Das Licht des Friedens, der Einheit und der Liebe durchtränkt die Erde, erhellt jedes Herz, erweckt jeden Geist und beleuchtet jeden dunklen Ort.

In dem lichten Zustand bitten wir das Höchste Wesen um Frieden für die Erde und darum, dass jedes selbstsüchtige Herz in eine sprühende Fontäne der Liebe und Großherzigkeit verwandelt werde. Wo auch immer Hass und Feindschaft herrschen, sehen wir Frieden erblühen. Jede Gier wandelt sich zu Nächstenliebe und Großmut. Alle Trennung und Traurigkeit wird zur Freude der Einheit und Liebe.

Gleichzeitig sehen wir, wie der Kosmos und alle erleuchteten Wesen, materielle, himmlische und göttliche, sich uns anschließen und unsere Vision mit ihrem Geist erfüllen. Wir sehen, wie die Erde in eine Zeit des Friedens eintritt, in der das Chaos ein Ende hat.

Vor uns liegen nun tausende Generationen von Menschen, die in Frieden auf der Erde leben und unglaubliche neue Technologien und Wissenschaften besitzen, die uns erlauben, im Einklang mit der Natur zu leben. Mit dem Reichtum und Überfluss verbannen wir alle Krankheiten und alle Armut, alle Ungerechtigkeit und alle Not.

Gegründet auf diesen Frieden und Wohlstand wenden sich die Herzen der Menschen schließlich dem Ziel der Erleuchtung zu. Damit werden wir in den Weiten des Weltraums willkommen geheißen und zu einer interstellaren Spezies, die in die Familie der planetaren Gesellschaften aufgenommen wird.

Während wir durch die Zeitalter in die Zukunft blicken, bitten wir das Höchste Wesen, uns für diesen Moment noch tiefer in die Ära der Erleuchtung schauen zu lassen. Das lässt uns die Zeit erkennen, in der jeder Mann, jede Frau und jedes Kind auf der Erde im Zustand kosmischer Bewusstheit leben, im Gottesbewusstsein. Die göttlichen Wissenschaften und die Erleuchtung werden sich durchsetzen.

Wir bitten den Höchsten Geist darum, uns zu Kanälen, Medien und Werkzeugen zu machen, die zur Errichtung des Friedens und den Eintritt in eine erleuchtete Gesellschaft beitragen.

Wir sehen, wie sich uns himmlische, außerirdische und göttliche Wesen anschließen, und dass wir nicht allein sind – ja, niemals allein waren. Wir bitten das Höchste Wesen um seinen Segen für unser gemeinsames Ziel, universellen Frieden und eine kosmische Zivilisation auf Erden zu errichten.

Das möchten wir als unser wertvollstes Geschenk unseren Kindern und Kindeskindern hinterlassen. Wir sind gewiss, dass diese wundervolle Vision bereits existiert, dass uns der Schöpfer bereits das Wissen, die Wissenschaften und die Weisheit in die Hände gegeben hat, um die neue Welt zu erschaffen und in der Realität zu manifestieren. Wir weihen unser Leben der Errichtung dieser göttlichen Zivilisation.

Namaste.

STEVEN M. GREER

THE DISCLOSURE PROJECT

DVD (englisch)

Im Mai 2001 erlebte das *Disclosure Project* von Steven Greer seinen Höhepunkt in einer Veranstaltung im nationalen Presseclub vor hunderten von Medienvertretern. Die DVD enthält zwei Stunden Zeugenaussagen von Ex-Militärs und anderen Insidern, die selbst über Radar UFOs gesichtet haben oder in Projekte involviert waren, in denen diese nachgebaut wurden. Ein hervorragender Einstieg in die Arbeit des *Disclosure Projects*!

Laufzeit: 2 Stunden

24,00 €

DAVID ICKE

UNENDLICHE LIEBE IST DIE EINZIGE WAHRHEIT *ALLES* ANDERE IST ILLUSION

DIE ENTLARVUNG DER TRAUMWELT, DIE WIR FÜR WIRKLICH HALTEN

284 Seiten,
80 Farb-Illustrationen
24,00 €
ISBN: 978-3-928963-12-1

David Icke erklärt in seiner unvergleichlich einleuchtenden Art, warum die „physikalische" Realität nur eine Illusion ist, die allein in unserem Gehirn existiert. Phantastisch? Na sicher. Aber David Ickes Argumentation ist sofort für jeden verständlich. Sein Buch entlarvt nicht nur jene Illusion, die wir für „Wirklichkeit" halten, sondern auch die Art und Weise, wie diese Illusion ständig neu erzeugt und aufrechterhalten wird, um uns in der falschen Realität eingesperrt zu halten.

Icke erklärt, wie es kommt, dass wir in einem „holographischen Internet" leben, in dem unsere Gehirne mit einem zentralen „Computer" verbunden sind, der uns allen die gleiche kollektive Realität füttert und aus der wir dann aus Wellenformen und elektrischen Signalen die holographische 3D-Welt zusammensetzen, die wir alle zu sehen glauben.

David Ickes Erzählstil, unterstützt von Neil Hagues herausragenden Illustrationen, werden die Realität – das Leben – von jedermann verändern, der den Mut hat, dieses Buch zu lesen.

Schnappen Sie sich also einen Sitzplatz – Sie werden ohnehin nur die vordere Stuhlkante benötigen.

DAVID ICKE

ALICE IM WUNDERLAND UND DAS WORLD TRADE CENTER DESASTER

Warum die offizielle Geschichte des 11. September eine monumentale Lüge ist

684 Seiten,
28,00 €
ISBN: 978-3-928963-11-4

Seit dem Tag des Horrors am 11. September 2001 wird den Menschen auf der Welt eine einzige, große Lüge erzählt. Die offizielle Geschichte über die Geschehnisse jenes Tages sind ein Konglomerat aus phantastischen Unwahrheiten, Manipulation, Widersprüchen und Anomalien. David Icke hat über ein Jahrzehnt damit verbracht, jene Mächte aufzudecken, die in Wirklichkeit hinter diesen Attacken stehen. Ihr Personal, ihre Methoden und ihre Agenda hat er in einer Serie von Büchern und Videos bereits enthüllt.

Er stellt nun die Ereignisse in ihren wahren Kontext, als Teil einer Agenda der verdeckten Kräfte, die hinter den Marionetten-Politikern die Fäden ziehen, um einen globalen Faschisten-Staat zu erschaffen, der auf totaler Kontrolle und Überwachung aufbauen soll. Aber so muss es nicht sein, und dies alles muss nicht unbedingt geschehen. Wir können die Welt von einem Gefängnis in ein Paradies verändern; die Macht dafür liegt, wie David Icke erklärt, in jedem von uns selbst.

CATHY O'BRIEN UND MARK PHILLIPS

DIE TRANCEFORMATION AMERIKAS

Die wahre Lebensgeschichte einer CIA-Sklavin unter Mind-Control

Wer David Icke liest, hat auch schon von diesem äußerst signifikanten Buch zum Thema Mind-Control gehört. Lange hat es gedauert, bis es ins Deutsche übersetzt wurde, nicht zuletzt wegen seiner oft schwer übersetzbaren Beispiele der „Wonderland"-Sprache, in der die Täter mit ihren Opfern kommunizieren.

Doch jetzt ist das Buch endlich da. 448 Seiten, voll gepackt mit den unglaublichsten (aber leider wahren) Erzählungen einer Sklavin des MK-Ultra-Programms.

Wir können nicht behaupten, dass die Lektüre ein reines Vergnügen sei – im Gegenteil: Es wird möglicherweise das schlimmste Buch sein, das Sie je gelesen haben. Warum Sie es dennoch lesen sollten?

Wegen seiner Nachricht, die uns alle angeht. Sie lautet:

AUFWACHEN!

448 Seiten, 51 Abb.

24,00 €

ISBN: 978-3-928963-05-3

GIULIANA CONFORTO
DAS ORGANISCHE UNIVERSUM

240 Seiten,
54 farbige Abb.
17,90 €
ISBN: 978-3-928963-08-4

Giuliana Conforto, eine italienische Astro-Physikerin, beschreibt eine radikal neue Sichtweise der Welt. Ihr Buch basiert auf Grundlage bisher vernachlässigter wissenschaftlicher Erkenntnisse über die sogenannte „dunkle Materie" des Universums.

„Von Satelliten gewonnene Daten enthüllen, dass unsere wissenschaftliche Sichtweise des Universums unglaublich begrenzt ist, denn wir können nur fünf Prozent der gesamten Masse sehen. Die anderen 95 Prozent des Universums setzen sich aus dunkler Materie und Licht zusammen. Diese dunklen Zustandsformen der Materie können unsichtbare und intelligente Welten bilden, und die sogenannte „schwache" Seite der Kraft verbindet jeden einzelnen Körper mit ihnen. Weil wir sie nicht sehen können, vernachlässigen wir jene Kraft. Unsere Illusion besteht in dem falschen Glauben, nur das sei real, was wir sehen können. Die sichtbare Welt ist aber nur eine von vielen virtuellen Realitäten: Sie stellt eine planetare Schule dar, in der wir Menschen unsere inneren Sinne und Gehirnpotentiale trainieren und entwickeln können."

NICK COOK

DIE JAGD NACH ZERO POINT

Verschluss-Sache Antigravitationstechnologie

DAS GRÖSSTE GEHEIMPROJEKT SEIT ENTWICKLUNG DER ATOMBOMBE

352 Seiten,
19,50 €
ISBN: 978-3-928963-14-5

Ein preisgekrönter Journalist begibt sich ins Herz ultrasensibler Luftwaffenentwicklung – einer Welt, so geheim, dass sie offiziell gar nicht existiert. Er schildert die kolossalen Anstrengungen der Wissenschaftler, die unerschöpfliche Kraft der Gravitation nutzbar zu machen.
Sein Buch erzählt die Geschichte einer Schatzsuche: nach einer Entdeckung, die sich als genauso mächtig entpuppen könnte, wie die Entwicklung der Atombombe.
DIE JAGD NACH ZERO-POINT untersucht die wissenschaftliche Spekulation, dass im Universum eine grenzenlose Quelle potentieller Energie existiert, in der auch der Schlüssel zur Aufhebung und Kontrolle der Schwerkraft liegen könnte. Der Wettlauf verschiedener Nationen um die Siegerposition in dem Rennen ist immens, denn diesen Preis zu erringen, würde die Fähigkeit bedeuten, militärische Flugzeuge zu bauen, die mit unbegrenzter Geschwindigkeit und Reichweite fliegen können – und zugleich das Potential zur Entwicklung der tödlichsten Waffe, die die Menschheit je gesehen hat.

„Eine außergewöhnliche Untersuchung, die tief ins größte Mysterium der Luft- und Raumfahrt vordringt."

Mail on Sunday (London)

„Cook erzählt von den Ergebnissen seiner Recherchen in der Art eines Spionage-Romans, von geheimen Treffen mit nervösen Zeugen an schlecht ausgeleuchteten Treffpunkten."

Guardian (London)